《高拱坝边坡开挖与治理》

编写委员会

主　任　李东林

副主任　陈雁高　徐建军　何福江

主　编　周　强　庄海龙　刘明生

副主编　殷　亮　谢　斌　段伟锋　魏海宁

撰　写　周　强　庄海龙　刘明生　殷　亮　谢　斌

段伟锋　魏海宁　熊　伟　黄熠辉　张　华

杨日昌　姚前前　帅　彬　刘　涛　蒋胜祥

周　勇　范　维　肖厚云　王　成　窦礼超

闫兴田　么伦强　曹丽锋　赵亚峰　汪　旭

高拱坝边坡开挖与治理

周　强　庄海龙　刘明生◎著

四川大学出版社

项目策划：唐　飞
责任编辑：唐　飞　李思莹
责任校对：蒋　玙
封面设计：墨创文化
责任印制：王　炜

图书在版编目（CIP）数据

高拱坝边坡开挖与治理 / 周强，庄海龙，刘明生著
. — 成都：四川大学出版社，2020.12
ISBN 978-7-5690-3931-3

Ⅰ.①高… Ⅱ.①周… ②庄… ③刘… Ⅲ.①高坝－拱坝－边坡－水利工程－工程施工 Ⅳ.①TV642.4

中国版本图书馆 CIP 数据核字（2020）第 208739 号

书名　高拱坝边坡开挖与治理

著　　者	周　强　庄海龙　刘明生
出　　版	四川大学出版社
地　　址	成都市一环路南一段 24 号（610065）
发　　行	四川大学出版社
书　　号	ISBN 978-7-5690-3931-3
印前制作	四川胜翔数码印务设计有限公司
印　　刷	成都金龙印务有限责任公司
成品尺寸	185mm×260mm
印　　张	24.75
字　　数	599 千字
版　　次	2020 年 12 月第 1 版
印　　次	2020 年 12 月第 1 次印刷
定　　价	88.00 元

扫码加入读者圈

◆ 读者邮购本书，请与本社发行科联系。
电话：(028)85408408/(028)85401670/
(028)86408023　邮政编码：610065
◆ 本社图书如有印装质量问题，请寄回出版社调换。
◆ 网址：http://press.scu.edu.cn

四川大学出版社
微信公众号

前言

进入21世纪以来，随着“西部大开发”“西电东送”等国家战略的深度开展，我国兴建了一大批以高拱坝或特高拱坝为代表的大型水电站，比如小湾、溪洛渡、构皮滩、拉西瓦、大岗山、锦屏一级、乌东德、白鹤滩、杨房沟等。这些水电站都具有高边坡、地质条件复杂等特点，其开挖治理难度较大，施工安全风险较高，边坡稳定问题突出。经过多年来的不懈努力，我国水电工程技术人员不断摸索、实践、总结，高边坡工程治理技术已经居于世界领先地位。

但是，随着市场经济的发展、竞争的激烈以及电力体制改革的不断深入，经济形势的变化和开发成本倒逼我国水电开发建设需要进一步转型升级。在当前新形势下，雅砻江杨房沟水电站成为国内首个采用设计施工总承包模式（EPC）进行建设的大型水电工程项目。作为雅砻江中游开发战略的重要工程，杨房沟水电站位于四川省凉山州木里县境内的雅砻江中游河段上，电站装机容量150万千瓦，由中国水利水电第七工程局有限公司、中国电建集团华东勘测设计研究院有限公司联合体承建。该水电站为一等大（1）型工程，工程枢纽主要建筑物由挡水建筑物、泄洪消能建筑物及引水发电系统等组成。其中，挡水建筑物采用混凝土双曲拱坝，坝高155m；工程边坡最大开挖高度385m，最大治理高度达到743m。

本书以杨房沟水电站为背景，详细介绍了其高陡边坡危岩防控技术、边坡开挖支护技术、边坡稳定分析及拱坝建基面岩体质量评价等，可为后续类似工程建设提供借鉴参考，在高边坡开挖治理等工程领域具有较高地推广应用价值。

由于作者水平有限，书中不当之处在所难免，敬请各位读者批评指正。

著　者
2020年7月

目 录

第一篇 高陡边坡危岩防控技术

第二篇 坝顶以上坝肩边坡开挖支护技术

第三篇 拱坝坝基及拱肩槽边坡开挖技术

第四篇 拱肩槽边坡陡倾角断层加固技术

chapter 1

第一篇

高陡边坡危岩防控技术

1 概述

1.1 研究背景

随着我国西部大开发战略纵深推进，大型基础设施工程高陡边坡高位危岩崩塌灾害问题日益突出，已成为影响或制约水利水电、公路、铁路、矿山等大型基础设施工程顺利建设的关键因素。但目前针对危岩的研究较为薄弱，主要原因有以下几个方面：

（1）危岩的地质基础工作较薄弱。由于高边坡地形多陡峭，长期以来人迹罕至，隐蔽性强，传统的勘察方法受到很大限制，通常以调查手段为主，导致勘探资料较少，无法对危岩的边界条件、控制性结构面特征、几何尺寸等基本特征参数准确量化。

（2）危岩的边界连通情况无法通过勘探揭露，而对于边界参数，若结构面连通率差之毫厘，则最终参数差距甚大，导致最终的定量判别难以准确应用。在实际施工过程中，操作难度较大。

（3）大型基础设施工程建筑物布置点多面广，建筑物等级不一，危岩位高、坡陡，且分布不集中，施工设备、材料等运输困难，施工用风、水、电等辅助设施布置难度大，支护排架搭设高度大，施工安全风险高，危岩治理方案的选择需综合考虑部位、安全、经济等因素，治理难度大。

因此，深入研究大型基础设施工程区开挖线以外危岩，构建高陡边坡危岩从高效辨别、防治成套技术到动态管控的全生命周期体系，对于优化工程设计，保障工程施工安全及后期运营安全，具有重大工程实践价值及重要意义。

1.2 国内外危岩研究现状

危岩（perilous rock 或 unstable rock mass）是指位于陡崖或陡坡上被岩体结构面切割且易失稳的岩石块体及其组合，其形成、失稳与运动属于斜坡动力地貌过程的主要表现形式。目前，国内外学术及工程技术界对危岩这类地质灾害科学内涵的界定存在一定差异，主要有三种，即危岩、崩塌（collapse 或 avalanche）和落石（rockfall）。从崩塌源发育机理和失稳模式来看，这些术语都具有一定的相似性，强调了同一个问题的不同侧面。而危岩则涵盖了危岩形成、破坏、失稳和运动全过程力学行为。

国内外对于危岩的研究开始的比较早，从苏联的波波夫、马斯洛夫，捷克的奎多、泽鲁巴到国内的张倬元、王士天、曾廉、胡厚田、陈洪凯、裴向军等，诸多专家学者都做过不同程度的研究。

尽管关于危岩的研究开始的比较早，但国内外在危岩的研究方面进展缓慢。迄今为止，危岩崩塌灾害仍是国内外研究最薄弱的地质灾害类型之一，尤其在危岩分类及辨识、发育机理、稳定性分析及有效防治等方面，处于定性、半定量阶段。国内外对危岩的研究主要集中在五个方面的研究：①危岩变形破坏模式研究；②危岩的稳定性分析方法研究；③危岩的风险性评价研究；④危岩失稳后（落石）运动路径研究；⑤危岩的防治措施研究。

1.2.1 危岩变形破坏模式及分类

危岩变形破坏模式的分类，是对危岩进行稳定性分析及采取合理有效治理措施的基础。迄今为止，对危岩变形破坏模式的分类尚未统一，存在多种方案，见表1.2.1－1。

表1.2.1－1 危岩主要分类表

分类依据	类型	特征
变形破坏模式	倾倒式	可分为两个亚类：Ⅰ．倾倒—折断—崩塌式；Ⅱ．倾倒—折断—滑塌式
	滑移式	有两种基本形式：平面破坏式和楔形体破坏
	压缩式	可分为两个亚类：Ⅰ．压缩—拉裂倾倒式；Ⅱ．压缩—拉裂—错落式
	错断式	也可称为错断坠落式
	滚（滑）落式	此类危岩完全脱离母岩，多为高位崩塌失稳岩体停滞在坡表而形成
规模（V）	巨型	$V \geqslant 10000m^3$
	特大型	$1000m^3 \leqslant V < 10000m^3$
	大型	$100m^3 \leqslant V < 1000m^3$
	中型	$10m^3 \leqslant V < 100m^3$
	小型	$1m^3 \leqslant V < 10m^3$
	危石	$V < 1m^3$
危岩所处相对高度（H）	低位	$H < 15m$
	中位	$15m \leqslant H < 50m$
	高位	$50m \leqslant H < 100m$
	特高位	$H \geqslant 100m$

续表1.2.1-1

分类依据	类型	特征
失稳后的运动方式	坠落式	危岩失稳后以自由落体方式向下坠落
	滑动式	危岩失稳后沿坡面顺坡向下滑动
	滚动式	危岩失稳后沿坡面向下滚动
	撞击式	危岩在运动（坠落、滑动、滚动）过程中，突然遇到阻碍产生的瞬间撞击行为
	跳跃式	危岩在快速运动过程中，遇到坡面坡度突然变化或撞击后产生的跳跃运动
	复合式	危岩失稳后以坠落、滑动、滚动、撞击、跳跃方式中的两种或以上的方式运动

1.2.2 危岩稳定性评价

危岩稳定性评价的方法主要有四大类：定性方法、定量方法、物理与数值模拟法和非确定性分析方法。定性方法主要有工程地质类比法和赤平投影图解法等；定量方法主要有极限平衡法（静力解析法）等；物理与数值模拟法主要有相似模型试验法和数值模拟法等；非确定性评价方法主要有灰色聚类评价法、比较识别法、可靠度分析法、时序分析法和刚体弹簧元法等。

1.2.2.1 定性方法

工程地质类比法又称工程地质比拟法，是危岩稳定性评价最基本的研究方法，其内容有自然历史分析法、因素类比法、类型比较法等，其实质是把已有的危岩研究经验应用到条件相似的新高边坡危岩的研究中，需对已有危岩进行广泛的调查研究，全面研究工程地质因素的相似性和差异性，分析研究危岩所处自然环境和影响危岩变形发展的主导因素的相似性和差异性。其优点是能综合考虑各种影响危岩稳定的因素，迅速地对危岩稳定性及其发展趋势做出估计和预测；缺点是类比条件因地而异，经验性强。

赤平投影图解法也是岩体稳定性分析的一种重要方法，罗永忠（2004）采用赤平投影图解法分析了达县城区立石子危岩的稳定性，并应用于实践，取得了良好的效果。

1.2.2.2 定量方法

极限平衡法是通过计算在滑移破坏面上的抗滑力（矩）与滑动力（矩）之比即稳定系数来判断危岩的稳定性。这种方法于20世纪初提出来以后，经过众多学者的不断修正，成为目前在工程实践中最常用的危岩稳定性分析方法。其优点是简单可行、结果明确。胡厚田（1989）、吴文雪（2003）和陈洪凯（2004）等分别根据各自的分类模式或具体工程特点，采用极限平衡法，提出了危岩失稳判据。成都理工大学用极限平衡法编写了SASW软件，可对边坡及洞室围岩中的岩石块体进行三维稳定性计算。

1.2.2.3 物理与数值模拟法

1）相似模型试验法

相似模型试验法是以相似原理为理论基础，针对所研究问题的实际情况，通过原型调研或前期研究成果，利用地质—力学分析，抽象建立模拟研究模型即建模。采用特定的方法如研究区地质体介质相似材料选择，边界条件（位移边界或应力边界）的设计，在一定条件下进行模型试验研究，以达到再现或预测研究对象中已存在或发生过的地质现象之目的，是危岩稳定性研究的一种重要方法。对于规模大、失稳危害性大的危岩，常采用此方法分析稳定性和失稳变形过程。哈秋舲（1995）利用相似理论，采用模型试验的方法分析了长江三峡链子崖危岩的稳定性和变形失稳过程。

2）数值模拟法

从20世纪60年代开始，人们就开始尝试采用数值计算方法来分析岩土体稳定性问题。在危岩稳定性应用方面，20世纪90年代中期，刘国明（1996）、何应强（1996）和杨淑碧（1994）等率先对危岩稳定性进行了有限元分析，随后众多专家学者采用有限元法对边坡进行了大量的研究分析，取得了诸多研究成果。

20世纪70年代，Cundall提出离散单元法DEM（Distinct Element Method），使得节理岩体模拟这种更接近于块体运动的过程模拟成为可能。

20世纪80年代，Cundall提出快速拉格朗日分析方法（Fast Lagrangian Analysis of Continue，FLAC），并由Itasca公司进行商业程序化。该方法采用显式时间差分解析法，大大提高了运算速度；适用于求解非线性大变形，但节点的位移连续，本质上仍属于求解连续介质范畴的方法。

石根华、Goodman等于1989年提出不连续变形分析法，简称DDA（Discontinuous Deformation Analysis）法，兼具有限元和离散元法之部分优点。该方法可以反映连续和不连续的具体部位，考虑了变形的不连续性和时间因素，可计算静力问题和动力问题，可计算破坏前的小位移和破坏后的大位移，特别适合危岩极限状态的设计计算。

赵晓彦（1995）通过UDEC（Universal Distinct Element Code）软件对万州长江库岸危岩在不同工况下的稳定性离散元数值分析，直观地揭示出危岩在不同工况下的破坏程度，得出危岩的主要破坏形式为倾倒式崩塌，并总结出危岩的大规模破坏发生在蓄水回水期等结论。

1.2.2.4 非确定性评价法

危岩稳定性的影响因素有很多，评价指标的类型众多，信息往往不完整。这些因素在一定程度上具有模糊性、不确定性，加上危岩稳定性定量分析中存在大量人为的、模型的或参数的等不确定性因素，使得危岩的稳定性分析具有随机性、模糊性和不确定性。目前仍没有一种十分精确的分析方法对危岩稳定性进行精确计算和描述。为了克服危岩稳定性工程地质评价工作中的随意性和不确定性，在确定性分析方法的基础上，人们尝试应用数学方法对整个评价过程进行定量或半定量描述，危岩稳定分析理论吸收现代科学理论中的耗散理论、协同学理论、混沌理论、随机理论、模糊理论、灰色系统理论、突变理论等，创立和发展了一批非确定性分析方法。

1）灰色聚类评价法

灰色聚类评价法是在灰色系统理论的基础上提出来的，其主要包括9个过程，即①危岩块体稳定性等级标准；②确定稳定性类别论域集；③确定评价因子集；④确定各影响因子对应的阈值集；⑤确定评定因子的阈值矩阵；⑥确定各因子的白化权函数；⑦确定聚类权矩阵；⑧确定聚类向量；⑨稳定性类别评价。胡斌、冯夏庭等利用该方法对清江电站Ⅴ号危岩块体进行了稳定性分析，表明危岩块体稳定性的灰色聚类评价法符合实际情况。此评价方法具有简单、实用，可以适应各种工程评价的需要等优点。

2）比较识别法

比较识别法的主要思想是在工程地质区域，考虑变形破坏方式及相应的变形破坏特征、位移关系式，针对各种可能的变形和破坏建立（或调整优化已有的）变形监测网，由监测资料计算得到变形区域的空间位移向量，对比各种可能的变形破坏方式相应的变形特征和位移关系式，从而辨识出实际发生的变形破坏方式、变形区域及变形演化成破坏的过程。

3）可靠度分析法

可靠度分析法是近年发展起来的评价危岩稳定状态的新方法，其基本思想是：首先根据危岩块体滑动破坏模式建立起危岩块体稳定性的极限状态函数方程，然后选取可靠度求解方法计算危岩块体稳定性的可靠度指标和破坏概率。与传统的确定性理论相比较，可靠度分析法能更好地反映危岩的实际状态，正确合理地解释许多用确定性理论无法解释的工程问题。危岩可靠性分析目前还处于研究和探索阶段，往往只作为确定性方法的一种补充和参考。

4）时序分析法

时序分析法是根据已监测危岩块体的数据，选择时间序列模型进行建模，利用建立好的模型对危岩块体位移变化进行预测，从而对危岩块体稳定性做出评价的方法。

5）刚体弹簧元法

张建海、范景伟、何江达提出一种用刚体弹簧元法求解边坡、坝基动力安全系数，并将该方法应用于实际工程。

1.2.3 危岩防治措施

危岩研究的主要目标是采用合理的防治措施，保护危岩影响范围内的人民生命财产的安全，避免安全事故的发生。

目前国内外防治危岩的对策概括起来可分为三类：主动防治措施、被动防治措施和主被动综合防治措施。

主动防治措施是指对危岩进行工程结构防治，提高其稳定性，避免其发生失稳的技术类型，包括清除、支撑、锚固、封填、灌浆、排水、护坡等。被动防治措施是指对可能失稳的危岩进行被动拦挡，避免造成灾害的技术类型，包括拦石墙（堤、栅栏）、被动柔性防护网、遮挡避让及森林防护等。主被动综合防治措施包括锚固—拦挡联合技术、锚固—支撑联合技术和SNS柔性网络锚固技术等。目前国内外整治危岩崩塌落石的措施概括起来有以下几种。

（1）清除：对于陡崖上的浮石、松动块体，采用人工解体除去，或者在巨大浮石上用风枪凿眼、静态破解体，化整为零，逐步消除，条件具备时还可考虑采用爆破清除。

（2）支撑：对于高陡的悬崖、倒坡状危崖采用浆砌条石或混凝土支撑，支撑的形式可以是柱、墙、或墩。

（3）锚固：对于裂隙较发育的柱状危岩，可采用锚杆、锚钉、锚索将危岩锚固于稳定的岩体上，外锚头可采用梁、肋、格构等形式以加强整体性。

（4）封填：对于高度不大的岩腔采用浆砌片石或混凝土封填。

（5）灌浆：用水泥砂浆或其他材料封闭裂缝，抑制裂缝的扩展，防止地表水体进入危岩。

（6）排水：在崩塌落石区内外设置畅通的截、排水系统。

（7）护坡护墙：采用浆砌、或混凝土保护坡面，适用于坡度不大，岩层破碎，节理发育，但整体稳定性较好的边坡，可防落石，防止继续风化。

（8）拦截：危崖下有一定宽度的空地可供修筑拦石墙时，即可在危崖脚以下修筑一级或多级拦石构筑物，拦石构筑物有重力式墙、拦石栅、板桩式拦石墙等，拦石墙要设置厚度不小于 115cm 的缓冲层以及落石槽，拦石墙要有足够的拦挡净空高度。

（9）遮盖：主要是指用钢筋混凝土筑成的明洞、棚洞，多见于铁路工程。

（10）SNS（Safety Netting System）柔性防护系统：1995 年由布鲁克（成都）工程有限公司从瑞士引进的一种先进的危岩落石防护新技术。这种柔性防护结构对于表面岩石破碎、坡面无茂密树林和灌木的新建路堑效果较好。它可以采用钢丝绳主动防护系统和 GTC 主动防护系统，直接对危岩进行约束，也可以采用被动防护系统拦截危岩、缓冲消耗掉危岩向下运动产生的动能。

1.2.4 现有研究的不足

危岩的失稳破坏即崩塌，是三大主要地质灾害类型之一，但是国内外真正开展广泛深入研究只是近四五十年的事情。虽然在理论和实践方面都取得了丰富成果，但是还未形成统一的评价系统，有很大的发展空间。其现有研究工作尚不系统，主要表现在以下几个方面：

（1）静力极限平衡计算方法的精度主要取决于边界条件和计算参数的准确性，其岩石抗剪强度及岩体平均抗压强度均应按试验和实际情况来确定。这种方法最大的缺点在于将岩体视为刚性体，边界条件过于简化，导致其结果偏差较大。

（2）危岩的分类及变形破坏模式，是危岩稳定性分析及治理措施研究的基础。迄今为止，对危岩及其变形破坏模式分类尚未统一，从不同角度出发存在多种方案。

（3）落石质量在计算过程中一般仅用于落石的能量计算，不论是大质量落石还是小质量落石，在进行运动特征计算时都使用相同的计算公式，且质量在滚落过程中不发生变化，即落石不断发生解体，这就使得现有的计算方法和落石实际运动情况存在着较大的差异。

（4）基于概率分析的落石运动特征研究目前还不深入，在部分实际工程中仍依赖参数较为单一的经验公式。虽然有部分的研究人员进行了现场的滚石试验，但试验规模较小，且试验中落石多为小质量的块石，故对于破坏能力巨大的大质量块石的运动特征的研究还有待于进一步的深入。

（5）落石物理模拟试验中，滚动摩擦系数的确定方法存在不确定性。由于边坡表面地形起伏变化复杂，不同坡面位置的覆盖层厚度和材料都可能相差甚远，因此难以确定某一具体位置的滚动摩擦系数。目前滚动摩擦系数的确定主要依靠对大量现场试验的反演分析，从而得出不同影响因素下的滚动摩擦系数取值范围。

1.3　杨房沟水电站危岩研究

以杨房沟水电站枢纽区开挖线以外危岩为研究对象，在收集已有研究资料和查明杨房沟水电站边坡所处河谷的形成演化与边坡岩体浅表生构造特征的基础上，采用原型调研与室内分析相结合、宏观分析与微观分析相结合、工程地质与岩体力学相结合的思路，重点对边坡的工程地质条件、力学参数、可能的变形破坏模式和边界条件开展深入系统的研究；引用极限平衡理论和边坡地质工程理论的方法对自然边坡、工程边坡的整体稳定性和危岩的稳定性进行分析与评价；确定工程边坡的重点不稳定部位；根据不稳定区的工程地质条件和可能的失稳模式，提出处理措施方案。

1）危岩（石）发育条件研究

查明危岩（石）发育边坡的岩性组合、结构特征、卸荷风化特征。在边坡结构调查中，重点是各类结构面、缓裂及其与其他结构面的组合特征；在卸荷风化特征调查中，重点是强卸荷带的发育特征。

2）危岩（石）分布及结构特征

查明潜在危岩（石）的分布、具体位置，并进行准确定位；准确测量潜在危岩（石）的形态参数，对确定的重点潜在危岩（石）和人力不可能抵达的部位采用三维激光扫描精确测量其几何形态参数；建立危岩（石）档案。

3）危岩（石）形成机制

在初步调查分析的基础上，对危岩（石）形成机制、类型进行分析，并绘制危岩（石）分布图。危岩稳定性评价结合危岩（石）失稳机理（模式）研究。

4）危岩（石）稳定性评价

以地质分析为主，建立块状花岗闪长岩危岩的稳定性判别标准，对于典型块体，辅以三维块体极限平衡计算（典型的或规模较大的）。

对于非贯通节理，考虑相似材料的选取原则，确定非贯通结构面模型试样配制方案。设计4种不同连通率的线连通型和面连通型非贯通结构面。进行非贯通结构面直剪试验。分析非贯通结构面强度、变形特性，分析扩展贯通过程，探究岩桥应力变化规律。研究非贯通结构面破坏机制和破坏模式。最后基于试验结果并考虑岩桥力学性质弱化修正，得到新的非贯通结构面抗剪强度模型。

5）危岩（石）危险性分级

危险性等级划分根据危岩赋存的地形、岩体结构和风化程度等特征，建立危险源稳定性现场判断标准、半定量判定标准，并根据其规模和稳定性综合确定。

6）危岩（石）运动模型及工程影响

结合危岩（石）规模和破坏形式，进行现场滚石试验和室内模型试验，研究不同块径、不同坡度、不同碰撞物的运动模型，建立预测函数，分析危岩（石）可能造成的冲击力、运动距离、弹跳高度等参数。工况包括施工期和运行期。

7）危岩（石）处理及防护措施

在稳定性评价的基础上，对于那些施加一部分防护即可达到安全要求的危岩（石），提出具体的处理及防护措施。

1.4 研究思路

通过收集前期研究成果和勘探试验资料，对杨房沟水电站工程边坡进行工程地质调查、测量、分析评价。

1）资料收集及消化

通过收集消化坝址区勘探试验成果，为两岸危岩调查、量测、分析评价奠定坚实的基础。

根据平洞结构面量测成果，归纳总结两岸边坡主要变形破坏模式及潜在不稳定块体组合，划分重点调查及量测区域。

根据试验成果，为确定控制性结构面的力学参数奠定基础。

2）现场调查

在消化前人资料的基础上，以杨房沟水电站坝址为中心，对上、下游河段的地形地貌、地层岩性、岩体结构、边坡结构类型、已有变形破坏迹象及变形破坏模式进行实地调查，重点是较大规模危岩的调查。

在保障安全的前提下，每岸至少穿越剖面3～5条，查明剖面线上的基本地质条件和危岩分布发育状况。对规模较大的危岩，应进行详细的定点观测与描述。

3）先进勘察技术多元化应用

对确定的重点潜在危岩（石）和人力不可能抵达的部位采用三维激光扫描、三维数码照相技术、无人机倾斜测量技术等国际领先的勘察方法多元化应用，能更加精确测量其几何形态参数，并建立危岩（石）档案。借用先进技术多元化应用于危岩勘察，对高位危岩的分布位置即大地坐标点查询、几何尺寸量测、危岩所处边坡坡度量测、节理裂隙的调查、危岩结构面的产状及切割状态等进行详细调查，避免高位危岩对重大工程建筑造成危害。

4）现场和室内试验

在现场进行滚石运动试验，在室内进行危岩运动模型试验，试验过程考虑不同块径、不同坡度、不同碰撞物等因素，模拟危岩整个运动过程中的能量损耗和弹跳高度、运动距离、冲击能量等物理量，建立预测函数。

5）室内分析计算

危岩稳定性评价结合危岩（石）失稳机理（模式）研究，以地质分析为主，建立危岩定性判别标准，辅以三维块体极限平衡计算（典型的或规模较大的）。

危险性等级划分根据危岩赋存的地形、岩体结构和风化程度等特征，建立危险源稳定性现场判断标准、半定量判定标准，并根据其规模和稳定性综合确定。

结合危岩（石）规模和破坏形式，并采用公式法和离散元动态分析法分析危岩

（石）一旦失稳，其可能造成的冲击力、运动距离、弹跳高度等参数。工况包括施工期和运行期。

在稳定性评价的基础上，首先区分不需支护和需要清除的危岩（石），对于那些施加一部分防护即可达到安全要求的危岩（石），再提出具体的处理及防护措施。

在以上研究基础上，结合研究成果，提炼危岩稳定性评价关键要素，建立危岩稳定性评价标准；同时结合失稳运动过程和冲击能量预测模型试验，建立危岩危险性分级标准。

2 杨房沟水电站地质环境背景

2.1 区域自然地理及地质条件

2.1.1 气象条件

工程区地处青藏高原与四川盆地过渡地带，属亚热带气候区。受地理位置和大气环流影响，全境属暖温带半湿润季风型气候，冬暖干燥，夏凉润湿，四季无明显区别。境内平均气温为11.5℃，7月份最高值为17℃，1月最低值为4.2℃，无霜期219.7天；年均降雨量为818.2mm，最高年降雨量为1050.2mm，最低年降雨量为541.0mm，雨季集中在6～9月，降雨量占全年总量的86%，见图2.1.1－1。特殊的地形地貌环境造成了本区气候瞬息万变，气象水文条件复杂，主要表现在以下几个方面。

（1）垂直分带性明显：5000m高程以上，长冬无夏，大气降水多以雨雪为主，是较典型的高寒气候带。3000～5000m高程范围内为高原气候带，无四季之分，只有雨、旱两季，每年6～9月为雨季。3000m高程以下的河谷地带，具有月平均气温较高（8.5℃）、降雨量充沛（年平均降雨量1065.8mm）、空气湿润等特点，属较典型的亚热带气候区。

（2）气候的突变明显：本区多为高山峡谷，气候瞬息万变，日温差一般为10余度。在降雨集中的季节里，一天之内往往阴晴交替，变化无常。

（3）降雨的集中性和突发性：本区的降雨量多集中在6～9月的雨季，月平均降雨量为150～230mm，占年降雨量的约74%；雨季多暴雨，突发性明显，降雨量大，而且极不均一的特点十分突出。

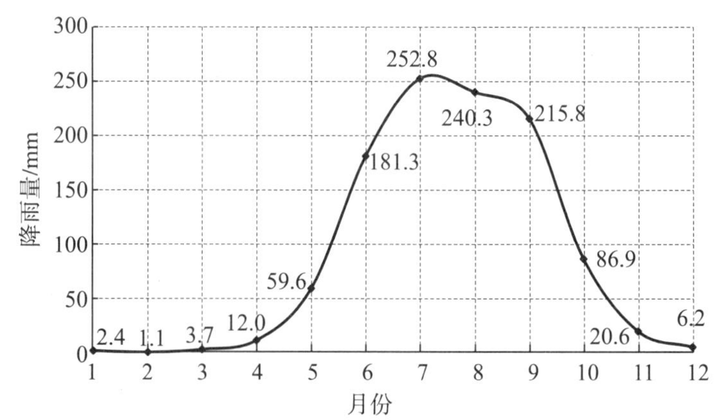

图2.1.1－1　多年平均降水量月变化曲线

2.1.2 水文条件

工程区内雅砻江是金沙江最大的一级支流，发源于青海省称多县巴颜喀拉山南麓，自西北向东南流经尼达坎多后进入四川省，至两河口以下大抵由北向南流，于攀枝花市果倮大桥下注入金沙江，是典型的高山峡谷型河流。流域地势北、西、东三面高，向南倾斜，河源地区隔巴颜喀拉山脉与黄河流域为界，其余周边夹于金沙江与大渡河流域之间，呈狭长形，流域面积 12.86 万 km^2。雅砻江及其主要支流水系流量充沛，年平均流量 $908m^3/s$，洪水期最大流量可达 $8010m^3/s$，水位受径流量大小和河谷宽窄程度的控制，各地变化不一，一般天然洪、枯水位变化幅度约 4m，最大可达 6m 以上。雅砻江属长流性河流，历史上曾多次发生重大洪灾，洪水过程多呈双峰或复式峰型，一般单峰洪水过程历时 6～10d。

雅砻江有众多支流，流域面积大于 $100km^2$ 的支流有 290 条，大于 $500km^2$ 的有 51 条，大于或接近 1 万 km^2 的主要支流有鲜水河、理塘河、卧落河、安宁河等。其中左岸最大支流是安宁河，它发源于冕宁拖乌北部羊洛雪山牦牛山的菩萨冈，古代称为孙水，清代始名安宁河。它有东西两源，东源称柯别河，西源称中江河，在拖乌大桥汇合后才有安宁河之名。安宁河干流穿冕宁，越西昌，通德昌，过米易，在攀枝花市小得石以下大坪地附近流入雅砻江，全长 326km。

2.1.3 区域地质概况

1）地质构造

在大地构造上，杨房沟水电站位于松潘—甘孜地槽褶皱系（Ⅱ）雅江褶皱带（$Ⅱ_2$）南端的雅江地向斜南部（见图 2.1.3－1）。雅江褶皱带东南侧为扬子准地台（Ⅰ）的康滇地轴（$Ⅰ_2$）和盐源丽江台缘褶带（$Ⅰ_1$），西侧为松潘—甘孜地槽褶皱系（Ⅱ）的玉树义敦褶皱带（$Ⅱ_3$）。本区所属的雅江地向斜作为雅江褶皱带内相对强烈下陷的次级单元，发育厚度大的地槽型沉积建筑，构造复杂，岩浆活动广泛强烈，一般有区域变质作用。

2）地震

区域内断裂较为发育，主要有安宁河—则木河断裂带、大凉山断裂带、鲜水河断裂带、龙门山断裂带、理塘—德巫断裂带等，这些断裂带晚第四纪以来活动强烈，并且与中、强地震的发生密切相关。自有地震记载以来，共记录到 $M_L≥7$ 级地震 8 次，主要分布于研究区东部川滇菱形块体边界断裂带上，历史地震对工程区影响烈度大于或等于Ⅵ度的有 5 次，最大影响烈度为Ⅶ度。

工程区内断裂构造较为发育，主要发育有 NNE 和 NW 向两组断裂，如肮牵断层、藏翁断裂、前波断裂、康乌断裂和高牛场断层组等，均为早、中更新世活动断裂，但不具备发生 6.5 级以上强震的构造背景，历史地震活动水平和频率较低，仅有破坏性地震 1 次，即 1944 年四川冕宁西 $5^3/4$ 级地震 1 次，1970 年以来仅发生 $M_L≥2.5$ 级地震 41 次，最大地震震级仅为 3.9 级。历史地震对杨房沟电站大坝最大影响烈度为Ⅶ度，产生影响的主要是川滇菱形块体东边界上的大地震和附近强震活动。

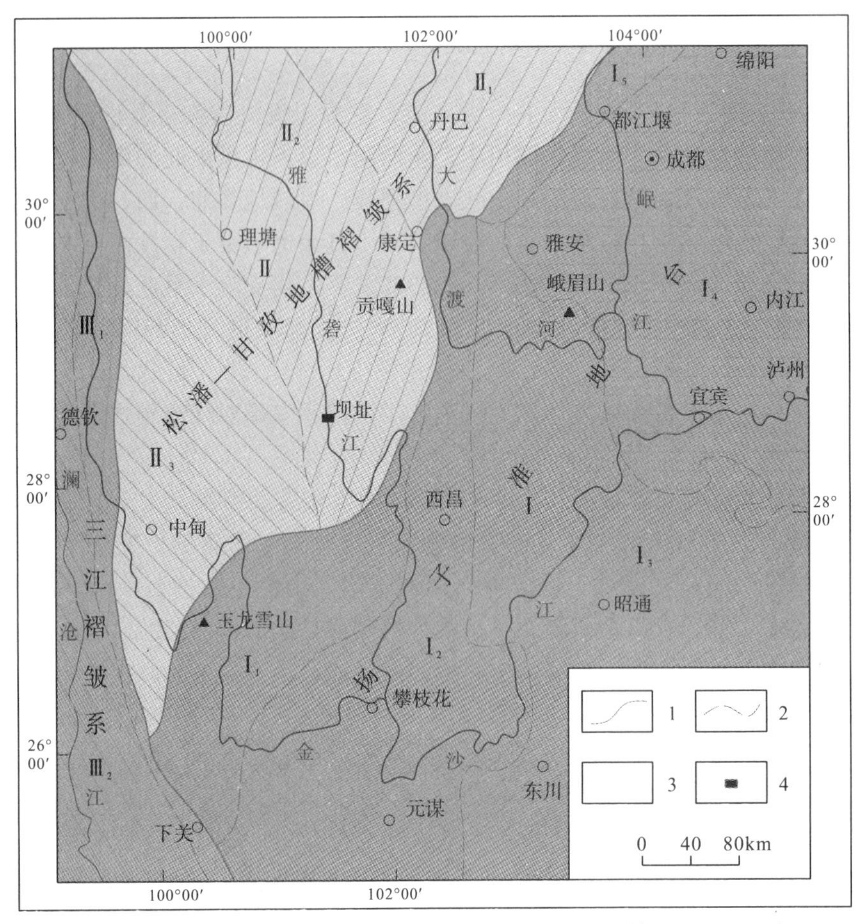

1-一级构造单元边界；2-二级构造单元边界；3-三级构造单元边界；4-坝址区。
扬子准地台（Ⅰ）：I_1盐源丽江台缘褶带；I_2康滇地轴；I_3上扬子台褶带；
I_4四川台拗；I_5龙门山大巴山台缘褶带。松潘—甘孜地槽褶皱系（Ⅱ）：
II_1巴颜喀拉褶皱带；II_2雅江褶皱带；II_3玉树义敦褶皱带。
三江褶皱系（Ⅲ）：III_1金沙江褶皱带；III_2澜沧江褶皱带

图 2.1.3－1　雅砻江杨房沟水电站区域大地构造简图

据1∶400万《中国地震动参数区划图》（GB 18306—2015），工程区地震动峰值加速度为0.10gal，地震基本烈度为Ⅶ度，场地区域稳定性较差。

综上所述，工程场址位于间歇性整体隆升的区域，离差异运动边界较远；场区内未发现活动断裂，也无中强地震记录，其地震危险性主要来自外围构造地震带强震的影响，根据区域构造稳定性勘察技术规程划分标准，工程场址区属构造稳定性较差，地震基本烈度为Ⅶ度。

2.2　枢纽区工程地质条件

2.2.1　地形地貌

枢纽区为高山峡谷地貌，地势北西高南东低。雅砻江总体以S30°～40°E流向流经坝址区，枯水期河面宽56～102m，水位高程1983～1985m，水深1.5～6m。河道从上游至下游变窄，水流上游急，下游变缓，枯水期水流稍平缓，雨季水流湍急。右岸年公沟口下游分布有漫滩堆积物，长约400m，宽25～60m。枢纽区两岸地形地貌分别见图2.2.1−1和图2.2.1−2。

两岸主要为陡坡地形，左岸为柏香栈，山顶高程2690m，高程2110m以下坡度总体45°～70°，高程2110～2300m局部为悬崖；右岸山名为古呱梁子，山顶高程2625m，坡度50°～70°。两岸地形较完整，仅局部岸坡稍显“凹”“凸”地形。因两岸边坡较陡，尤其是局部岸坡坡度为60°～70°，岩体表层节理裂隙发育，节理裂隙的随机组合，以及在风化、卸荷及地表水径流等综合作用下，局部岩体松弛，经常出现掉块现象。

图2.2.1−1　枢纽区左岸地形地貌

图 2.2.1-2　枢纽区右岸地形地貌

2.2.2　地层岩性

枢纽区出露地层主要为燕山期花岗闪长岩及上三叠统杂谷脑组板岩夹砂岩、新都桥组变质粉砂岩，变质粉砂岩层内局部夹含炭质板岩等。

1）三叠系上统杂谷脑组（T_3z）

以中薄层灰色板岩夹砂岩为主，岩层产状：N10°～50°EN W∠30°～65°为主。分布于右岸年公沟至旦波村一带，三岩龙断层的上盘。

2）三叠系上统新都桥组（T_3xd）

为浅灰～深灰或灰黑色变质粉砂岩，呈互层～中厚层为主，局部为薄层状，与下伏上三叠统杂谷脑组呈断层接触。右岸分布于年公沟口至三岩龙断层之间，岩层产状以N5°～30°E SE∠65°为主；左岸与侵入岩接触，岩性界线以N8°E方向延伸，分布于山内侧，岩层产状约N5°E SE∠70°，在PD47厂房探硐480m处揭露产状为N15°W NE∠30°～40°。

3）燕山期花岗闪长岩（$\gamma\delta_5^2$）

燕山期花岗闪长岩为坝址区主要出露岩性，深灰～浅灰色，花岗结构为主，块状构造。

4）第四系全新统（Q_4）

（1）冲洪积层（Q_{4apl}）：为漂石混合土，主要由漂石、块石、卵石及含砾石砂质粉土等组成。主要分布于杨房沟，厚5～10m。

（2）冲积层（Q_{4al}）：为混合土卵石，主要由卵石、漂石、块石、局部夹砂层及砾石层等组成。主要分布于雅砻江河床及两岸阶地，厚9～32.1m。

（3）崩坡积层（$Q_{4col-dl}$）：为碎石混合土，主要由碎石、含粉土砾石、局部夹块石及施工弃碴等组成。局部分布于两岸山坡及冲沟内，厚0.5～5m。

2.2.3 地质构造

枢纽区西侧为前波断层，距坝址右岸约1200m，北侧为三岩龙断层，距坝址右岸约200m，羊奶向斜褶皱轴向为北北西方向，坝区位于向斜的西翼，岩层产状N10°～30°W NE∠50°～80°，以及坝区东侧侵入岩沿向斜核部的侵入，由这种构造位置基本奠定了坝区的构造轮廓。在坝区出现的构造形迹主要为小断层及大量的构造节理裂隙组成的较为复杂的构造系统。按《水力发电工程地质勘察规程》（GB 50287—2016）岩体结构面分级标准，根据杨房沟坝址区结构面的规模、特性，将坝址区结构面分成五级，见表2.2.3－1。

表2.2.3－1 杨房沟水电站坝址区结构面分级

级别及编号		分级依据			工程地质特征
		带宽及延伸规模	性质	工程地质意义	
区域性结构面	Ⅰ级	带宽大于10m，延伸长大于10km	区域性断裂	控制区域构造稳定、山体稳定	断层带岩层扭曲，为碎块、碎裂岩夹岩屑、碎粉岩及断层泥
控制性构造结构面	Ⅱ级	带宽大于1m，延伸长度大于1km	不同构造时期的产物	坝肩、坝基岩体稳定性的控制性边界，及对主要建筑物边坡、坝基稳定性有明显影响	破碎带宽度多在1m以上，带内物质组成多为碎块岩、片状岩、岩屑，部分存在断层泥，且其岩体力学效应和强度特征主要受充填物的性质和厚度控制
一般性构造结构面	Ⅲ级	充填物厚度0.1～1m，延伸长度一般为0.1～1km	不同构造时期的产物	一定条件下对边坡、坝基、地下洞室稳定性有影响	充填物以岩块、岩屑夹泥为主，厚度以0.1～1m为主，部分面见泥膜及擦痕，岩体力学性质受结构面几何特性与充填物性质共同控制
小断层、长大裂隙	Ⅳ级	充填物厚度小于0.1m，延伸长度多数在0.1km以内，部分大于0.1km	不同构造时期的产物	可构成局部岩体稳定的控制边界	充填物以片岩、岩块夹岩屑硬性为主，部分为岩屑夹泥及面见泥膜软弱面，厚度小于0.1m，其岩体力学性质受结构面几何特性与充填物性质共同控制
短小裂隙	Ⅴ级	延伸长度一般小于20m	不同构造时期的产物	对局部岩体稳定具有一定的控制意义	多数硬性、半硬性无充填结构面，少数夹岩屑，随机分布，断续延伸，一般平直光滑，缓倾角裂隙一般平直粗糙或起伏粗糙

根据地面地质测绘及探硐资料，坝址区断层较发育，共发育 1 条Ⅰ级结构面、3 条Ⅱ级结构面、59 条Ⅲ级结构面、465 条Ⅳ级结构面，主要以走向 NNE、NEE～EW、NWW 向中陡倾角为主，缓倾角结构面较少发育。结构面宽一般为 0.02～0.5m，带内一般为碎块岩、岩屑夹泥质、钙质等，面多见擦痕及褐黄色铁锰质渲染。各级结构面的分布、发育规律及特征如下。

1）Ⅰ级结构面

坝址区共发育 1 条Ⅰ级结构面，即三岩龙断层，距离坝址最近距离约 430m，编号为 F1，产状 N25°E NW∠65°，宽 20～30m，带内为碎块岩、片状岩及岩屑，局部夹 3～5cm 断层泥及碎粉岩，带内岩体呈强风化状，局部扭曲，面起伏，见擦痕。

2）Ⅱ级结构面

坝址区共发育Ⅱ级结构面 3 条，编号分别为 F4、F5、F7，结构面性质以压性为主，带内岩石多经过强烈石墨化。它们的总体特征是：结构面宽度在 1m 以上，断裂内充填物多为岩块、片状岩或片状岩夹岩屑，部分存在断层泥，延伸长度一般大于 1km。

3）Ⅲ级结构面

坝址区Ⅲ级结构面主要为一般性断层及挤压破碎带。坝址区共发育 59 条Ⅲ级结构面，性质以压性或压扭性为主。结构面走向以 SN 向、近 EW 向及 NWW 向三组为主，占 50.0%，NW 向相对不发育，仅占 10.0%；倾角多为 31°～90°，占 95.0%；破碎带宽度一般为 11～50cm，占 95.0%，破碎带宽度大于 50cm 者仅占 5.0%。它们的总体特征是：断层宽度小于 1m，延伸长度小于 1000m，断层带内充填物多为岩块、角砾及岩屑，部分夹泥质或面附泥膜，面见擦痕。从结构面的类型分析，其主要属岩块岩屑型，为硬性充填物。

4）Ⅳ级结构面

坝址区Ⅳ级结构面共发育 465 条，主要为小规模断层，宽度一般为 0.02～0.05m，带内一般为碎块岩、岩屑夹泥质、钙质等，面多见擦痕及褐黄色铁锰质渲染，断层性质以压性或压扭性为主。Ⅳ级结构面走向以 NNE 向、近 EW 向、NWW 向及 NE 向为主，占 74.2%，NNW～NW 向相对不发育，仅占 10.8%；倾角多为 31°～90°，占 88.2%；破碎带宽度一般为 1～5cm，占 85.6%，破碎带宽度大于 5cm 者仅占 14.4%。

它们的总体特征是：延伸长度一般小于 100m，破碎带宽度多数小于 0.1m，断层带内充填物多为岩块、角砾及岩屑，部分夹泥质或面附泥膜，面见擦痕。从结构面的类型分析，其主要属岩块岩屑型，为硬性结构面，其次为岩屑夹泥型，为软弱结构面，面附泥膜、高岭土或有碎粉岩充填。

5）Ⅴ级结构面

Ⅴ级结构面为各类断续延伸的节理裂隙，根据坝址区左、右岸探硐及高程 2000m、2020m、2060m、2090m、2175m、2300m 等马道地质测绘资料的裂隙统计，分析结果如下：

左岸共统计到 12665 条节理，其产状分布优势情况为：中陡倾角较发育，缓倾角较少发育，结合节理面的性状特征，左岸节理主要为以下三组：①N0°～20°E SE（或 NW）∠60°～90°，面平直，多铁锰质渲染或充填 1～3mm 钙质，延伸长度以 5～10m 为主；②N80°～90°E NW（或 SE）∠50°～90°，面平直，铁锰质渲染或钙质充填，部分面见擦痕，断续延伸，延伸长度 5～15m，个别大于 15m；③N70°～80°W NE∠30°～60°，面平直，铁锰质渲染为主，个别夹岩屑及面见擦痕，平行发育，间距以 20～60cm 为主，局部表现为顺坡向，延伸长度 10～50m，个别大于 50m。其余北东向节理相对北西向节理较发育。

右岸共统计到 10873 条节理，其产状分布优势情况为：中陡倾角较发育，缓倾角较少发育，结合节理面的性状特征，右岸最发育节理为 NNE 向一组，其次 NWW 向～近 EW 向、NEE～近 EW 向两组略显优势：①N0°～20°E SE∠60°～90°（或 NW∠50°～60°），面多见钙质充填 1～5mm 及铁锰质渲染，面多见擦痕，延伸长度以 5～10m 为主；②N70°～90°E NW∠60°～90°，面平直，铁锰质渲染或夹岩屑，部分面见擦痕，断续延伸 10～20m；③N60°～90°W NE∠40°～60°（或 SW∠50°～70°），平行发育，间距 20～60cm，面铁锰质渲染及钙质充填，个别夹岩屑及面见擦痕，倾向 NE 的延伸长度为 10～50m，个别大于 100m，倾向 SW 的延伸长度为 10～20m。

2.2.4 岩体风化卸荷

1）岩体风化

坝址区岩体的风化程度主要受地质构造及地下水活动的影响，浅部岩体沿断层带及裂隙发育处附近岩体风化变质较明显，沿裂隙面产生锈蚀膜，沿断层带岩石产生变质，强度降低。地下水位变动范围内的岩体风化程度较强。边坡裸露的基岩以弱风化为主，局部见强风化岩体。

坝址区裸露基岩多呈弱风化，局部呈强风化。右岸花岗闪长岩体内与变质粉砂岩接触带附近局部存在囊状风化或风化深槽。坝址区高程 2120m 以下岩体风化总体情况如下：

左岸弱风化上段垂直深度 2.0～25.0m，水平深度 0.0～28.0m，弱风化下限垂直深度 16.0～76.0m，水平深度 15.0～60.0m。右岸弱风化上段垂直深度 2.0～38.0m，水平深度 2.0～17.0m，弱风化下限垂直深度 12.0～96.0m，水平深度 14.0～72.0m。河中风化较浅，覆盖层以下多为弱风化下段岩体～微风化岩体，弱风化下限垂直深度 10.0～33.6m。

2）岩体卸荷

由于坝址区地壳强烈抬升，河流下切强烈，形成两岸坡地形陡峻，顺河向的 NNW 向构造裂隙发育，随着后期地应力调整及重力作用，形成岩体卸荷及松弛现象。

坝址区卸荷带特征是多沿顺河的 NNW 向和 NNE 向或者与谷坡走向呈小角度夹角裂隙、断层发育，但卸荷深度不大。

强卸荷带：松弛带宽度较大，张开一般 1～3cm，局部张开达 12～20cm，带内岩体松弛较显著或整体松弛，并存在较明显的架空现象，带内充填有块碎石、岩屑、树根等，部分渗水～滴水，雨季沿裂隙见线状流水或串珠状滴水，带两侧岩体无明显变位，岩体多呈块裂结构，见图 2.2.4－1。

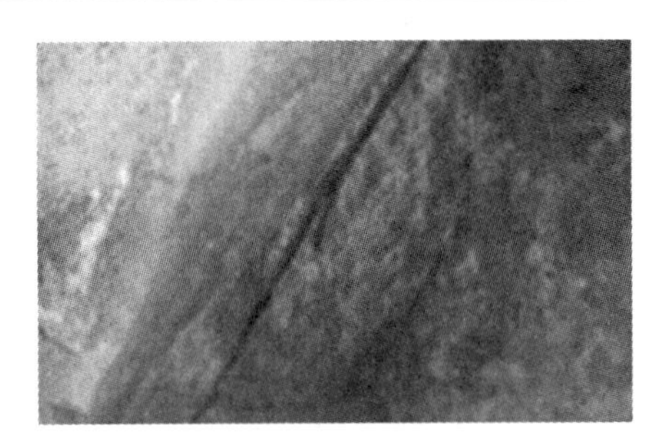

PD35 探硐硐深 2m 处

PD28 探硐硐深 2m 处

图 2.2.4—1　坝址区探硐强卸荷

弱卸荷带：卸荷裂隙张开度较小，一般为 1～5mm，延伸较短，周围岩体轻度松弛，带内充填岩屑夹泥膜或无充填，部分有轻度滴水和渗水现象，岩体主要呈镶嵌结构和次块状结构，少量块状结构，见图 2.2.4—2。

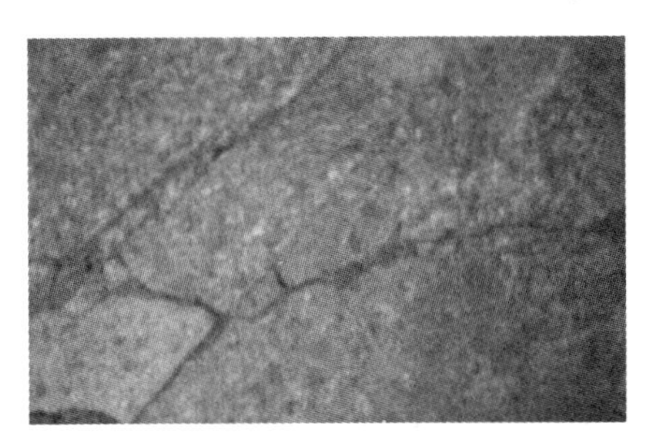

PD65 探硐硐深 14m 处

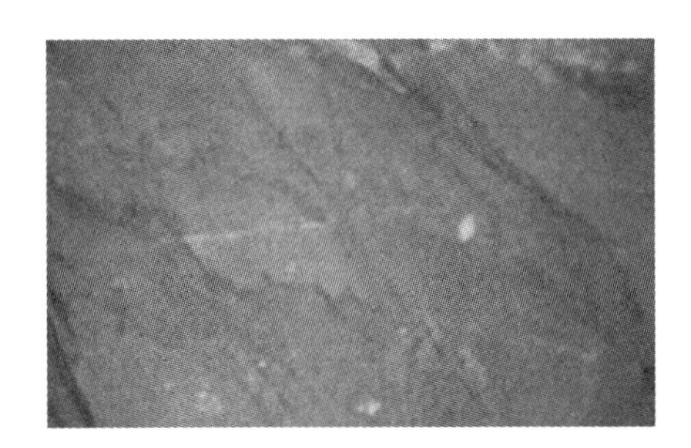

PD28 探硐硐深 8m 处

图 2.2.4—2　坝址区探硐弱卸荷

坝址区高程 2120m 以下岩体卸荷总体情况如下：

左岸坡强卸荷带垂直深度 0.0～15.0m，水平深度 0.0～11.0m，弱卸荷带主要表现为平行顺坡向节理发育，垂直深度 0.0～37.0m，水平深度 0.0～32.0m；右岸坡强卸荷带垂直深度 0.0～50.0m，水平深度 0.0～21.0m，弱卸荷带垂直深度 4.0～63.0m，水平深度 5.0～33.0m。

2.2.5　岩石物理力学性质

坝址区花岗闪长岩及变质粉砂岩弱风化上段、弱风化下段及微风化的钻孔岩芯中取岩样，进行室内物理力学性能试验，试验成果统计见表 2.2.5—1。

表 2.2.5－1 岩石物理力学性能试验成果统计

岩石名称	风化程度	量值	比重	湿重度(g/cm³)	抗压强度(MPa)		静弹模(GPa)	软化系数	冻融系数	泊松比	孔隙率	自然吸水率	冻融损失率
					干	饱和							
花岗闪长岩	弱风化上段	最大值	2.75	2.74	115.80	92.83	48.3	0.83	0.93	0.30	8.44	1.76	0.18
		最小值	2.62	2.57	39.78	29.67	16.5	0.71	0.77	0.24	0.85	0.34	0.00
		组数	7	7	7	7	7	7	7	7	7	7	7
		平均值	2.72	2.69	77.68	60.61	29.1	0.77	0.85	0.27	4.07	0.82	0.06
		大值平均值	2.74	2.73	105.56	83.93	38.4	0.80	0.90	0.29	6.91	1.60	0.10
		小值平均值	2.68	2.62	56.77	43.12	22.1	0.73	0.81	0.26	1.94	0.51	0.01
	弱风化下段	最大值	2.75	2.74	126.16	97.63	48.4	0.86	0.96	0.33	6.70	0.67	0.12
		最小值	2.68	2.66	61.70	45.50	19.7	0.61	0.76	0.21	0.73	0.27	0.02
		组数	12	12	12	12	12	12	12	12	12	12	12
		平均值	2.73	2.71	94.65	71.92	38.7	0.76	0.88	0.26	2.08	0.46	0.07
		大值平均值	2.74	2.73	112.34	81.89	45.1	0.84	0.91	0.29	4.18	0.60	0.09
		小值平均值	2.71	2.68	76.95	51.98	32.3	0.72	0.83	0.23	1.03	0.37	0.04
	微风化	最大值	2.77	2.76	147.99	122.38	60.1	0.89	0.97	0.26	8.54	0.62	0.12
		最小值	2.58	2.57	80.05	59.19	32.8	0.70	0.64	0.18	0.58	0.22	0.00
		组数	31	31	31	31	31	31	31	31	31	31	31
		平均值	2.73	2.72	109.90	87.05	44.3	0.79	0.86	0.23	2.33	0.34	0.05
		大值平均值	2.75	2.74	122.21	99.23	53.7	0.83	0.90	0.24	3.91	0.46	0.08
		小值平均值	2.68	2.65	98.36	77.02	38.4	0.75	0.80	0.21	1.33	0.28	0.02

续表2.2.5－1

岩石名称	风化程度	量值	比重	湿重度(g/cm^3)	抗压强度(MPa)		静弹模(GPa)	软化系数	冻融系数	泊松比	孔隙率	自然吸水率	冻融损失率
					干	饱和							
变质粉砂岩	弱风化上段	最大值	2.72	2.75	93.62	72.96	38.0	0.78	0.91	0.35	4.00	0.64	1.00
		最小值	2.68	2.66	36.65	26.15	21.3	0.73	0.80	0.26	1.08	0.25	0.02
		组数	2	2	2	2	2	2	2	2	2	2	2
		平均值	2.70	2.70	64.63	49.55	29.7	0.76	0.86	0.31	2.54	0.45	0.51
	弱风化下段	最大值	2.75	27.4	181.33	152.37	76.9	0.84	0.94	0.27	2.70	0.41	2.00
		最小值	2.65	2.65	76.78	64.04	31.8	0.75	0.83	0.18	0.48	0.13	0.01
		组数	7	7	7	7	7	7	7	7	7	7	7
		平均值	2.71	2.70	113.39	90.74	46.7	0.80	0.87	0.24	1.23	0.25	0.34
		大值平均值	2.73	2.72	141.00	114.89	57.2	0.83	0.91	0.26	2.06	0.31	2.00
		小值平均值	2.66	2.65	92.68	72.62	38.7	0.77	0.84	0.21	0.61	0.16	0.06
	微风化	最大值	2.76	2.76	210.58	159.59	81.7	0.92	0.94	0.25	2.42	0.26	0.11
		最小值	2.68	2.68	77.33	67.92	34.4	0.76	0.79	0.17	0.36	0.11	0.01
		组数	7	7	7	7	7	7	7	7	7	7	7
		平均值	2.73	2.72	127.44	103.95	58.5	0.82	0.86	0.22	1.45	0.18	0.04
		大值平均值	2.76	2.75	167.54	136.50	70.2	0.89	0.93	0.25	1.92	0.22	0.08
		小值平均值	2.69	2.69	97.37	79.53	42.8	0.78	0.83	0.20	0.84	0.12	0.02

由上表可知，弱风化上段花岗闪长岩饱和抗压强度范围值29.67～92.83MPa，平均值60.61MPa；弱风化下段花岗闪长岩饱和抗压强度范围值45.5～97.63MPa，平均值71.92MPa；微风化花岗闪长岩饱和抗压强度范围值59.19～122.38MPa，平均值87.05MPa。

弱风化上段变质粉砂岩饱和抗压强度范围值26.15～72.96MPa，平均值49.55MPa；弱风化下段变质粉砂岩饱和抗压强度范围值64.04～152.37MPa，平均值90.74MPa；微风化变质粉砂岩饱和抗压强度范围值67.92～159.59MPa，平均值103.95MPa。

2.2.6 地应力

坝址区共进行了多组二维及三维地应力测试，其中河床共进行了3组二维地应力测试；左岸共进行3组二维地应力测试，5组三维地应力测试（位于PD1、厂房硐PD47

探硐内)；右岸共进行1组二维地应力测试，2组三维地应力测试（位于PD2探硐内）。

1）河床

根据二维地应力测试成果分析，河床最大水平地应力范围值为4.09～20.8MPa，平均值11.70MPa，最小水平地应力范围值为3.85～13.77MPa，最大水平主应力方向范围N67°W～N88°W。由ZK121、ZK122及ZK136孔最大主应力值分布深度可知，河床岩体较高应力集中主要分布孔深为48.38～76.82m、105.88～116.62m，分布高程为1904.28～1932.90m、1864.66～1875.40m，基岩面以下埋深为26.18～67.82m、96.88～107.62m。

2）左岸

根据二维地应力测试成果分析，左岸最大水平地应力范围值为3.95～14.50MPa，最小主应力范围值为2.97～8.62MPa，平均值7.71MPa，最大水平主应力方向N84°W；在左岸引水系统的厂房探硐，最大水平地应力范围值为5.34～15.52MPa，最小主应力范围值为4.17～9.76MPa，平均值11.41MPa，最大水平主应力方向范围N79°W～N85°W。

根据三维地应力测试成果，左岸PD1硐深62m处最大主应力值为10.2MPa，方位角100°，倾角22.7°，硐深115m处最大主应力值为9.89MPa，方位角106.7°，倾角34.6°；PD47厂房硐测试区域的岩体的三组地应力测试成果综合分析，地应力方位按σZK155和σZK156两组考虑，即：第一主应力（σ_1）值为12.62～13.04MPa，方位角S61°～79°E，倾角13°～18°；第二主应力（σ_2）为10.83～11.08MPa，方位角S4°～9°E，倾角－46°；第三主应力（σ_3）为5.08～8.04MPa，方位角N°23～26°E，倾角－38°～－41°。

3）右岸

根据二维地应力测试成果分析，右岸最大水平地应力范围值为4.32～11.24MPa，最小水平地应力范围值为3.21～8.70MPa，平均值7.19MPa，最大水平主应力方向N78°W。

根据三维地应力测试成果，右岸PD2硐深65m处最大主应力值为7.49MPa，方位角100.4°，倾角－24.8°，第二主应力值为5.85MPa，方位角165.6°，倾角42.3°，第三主应力值为3.71MPa，方位角31.2°，倾角37.6°；硐深140m处最大主应力值为8.32MPa，方位角89.8°，倾角－27.6°，第二主应力值为6.9°，方位角180°，倾角0.1°，第三主应力值为5.48MPa，方位角86.7°，倾角62.3°。

地应力测试成果见表2.2.6－1和表2.2.6－2。

表2.2.6－1　坝址区各钻孔水压致裂应力测试结果

位置			最大水平主应力			最小水平主应力	
剖面线	岸别	钻孔	范围值（MPa）	平均值（MPa）	方向	范围值（MPa）	平均值（MPa）
勘Ⅱ线	河中	ZK121	10.1～20.8	13.93	N79°W	7.1～13.77	9.36
		ZK136	9.04～13.1	10.48	N82°W	5.77～9.30	7.51
		ZK122	9.43～18.53	13.98	N85°W	6.43～12.03	9.22

续表2.2.6－1

位置			最大水平主应力			最小水平主应力	
勘Ⅳ线	左岸	ZK137	3.95～14.50	7.71	N84°W	2.97～8.62	4.94
	右岸	ZK138	4.32～11.24	7.19	N78°W	3.21～8.70	5.64
引水发电系统	左岸	ZK152	8.46～15.48	11.68	N79°W	5.23～8.74	6.83
		ZK172	5.34～15.52	11.41	N85°W	4.17～9.76	7.60

表 2.2.6－2　坝址区三维地应力测试结果

编号	第一主应力（σ_1）			第二主应力（σ_2）			第三主应力（σ_3）		
	值（MPa）	方位角	倾角	值（MPa）	方位角	倾角	值（MPa）	方位角	倾角
σ_{PD1}（PD1 硐深 62m）	10.2	100°	22.7°	7.66	176.7°	－28.8°	5.32	42.2°	－51.9°
σ_{PD1}（PD1 硐深 115m）	9.89	106.7°	34.6°	7.99	171.9°	－31.2°	7.27	51.6°	－39.7°
σ_{PD2}（PD2 硐深 65m）	7.49	100.4°	－24.8°	5.85	165.6°	42.3°	3.71	31.2°	37.6°
σ_{PD2}（PD2 硐深 140m）	8.32	89.8°	－27.6°	6.9	180°	0.1°	5.48	86.7°	62.3°
σ_{Zk155}（PD47 硐内）	12.83	101°	13°	10.83	176°	－46°	5.4	23°	－41°
σ_{Zk156}（PD47 硐内）	13.04	101°	18°	11.08	171°	－46°	5.08	26°	－38°
σ_{Zk157}（PD47 硐内）	12.62	119°	－25°	11.03	45°	40°	8.04	179°	40°

注：正表示仰角，负表示俯角。

由以上地应力测试结果可知，坝址区地应力属低～中等应力区，左右岸及河床中部最大水平主应力方向较为一致，最大水平主应力方向为 N67°～88°W。从上往下地应力测值随深度增加而增大，局部地应力测值的差异反映了不同测试段岩体完整性、结构面发育程度的不同。岩体完整性好的测试段，其水平主应力量值较大，反之则较小。

2.2.7　岩体物理力学特征

根据坝址区现场、室内试验成果及坝基开挖揭露的地质条件，参照相关规程规范及其他工程经验，各类岩体定性及定量指标和力学参数建议值分别见表 2.2.7－1 和表 2.2.7－2，坝区结构面的分类及力学指标建议值见表 2.2.7－3。

表 2.2.7－1 杨房沟水电站各类岩体定性及定量指标

<table>
<tr><th rowspan="2">岩体质量分类</th><th colspan="4">定性指标</th><th colspan="6">定量指标</th></tr>
<tr><th>岩体基本特性</th><th>岩性</th><th>风化及卸荷</th><th>结构类型</th><th>地震波纵波速(m/s)</th><th>声波纵波速(m/s)</th><th>岩体完整性系数</th><th>RQD(%)</th><th>透水率(Lu)</th></tr>
<tr><td>Ⅱ</td><td>岩体完整～较完整，强度高，软弱结构面不控制岩体稳定，抗剪、抗变形性能较高</td><td>花岗闪长岩</td><td>微风化～新鲜</td><td>次块状～块状结构</td><td>3530～5500</td><td>4650～5500</td><td>0.55～0.77</td><td>64～82</td><td>0.4～1.4</td></tr>
<tr><td>Ⅲ</td><td>岩体较完整，局部完整性差，强度较高，抗剪、抗变形性能在一定程度上受结构面和岩块间嵌合能力控制</td><td>花岗闪长岩</td><td>弱风化下段、弱风化上段、弱卸荷</td><td>次块状～镶嵌结构</td><td>1640～3530</td><td>3500～4650</td><td>0.31～0.55</td><td>42～63</td><td>1.4～6.3</td></tr>
<tr><td>Ⅳ</td><td>岩体完整性差，抗剪、抗变形性能明显受结构面和岩块间嵌合能力控制</td><td>花岗闪长岩</td><td>弱风化上段、强卸荷；蚀变带</td><td>碎裂～块裂结构</td><td>1000～1640</td><td>2200～3500</td><td>0.12～0.31</td><td>20～41</td><td rowspan="2">>6.3</td></tr>
<tr><td>Ⅴ</td><td>岩体破碎或较破碎，岩体强度参数低、抗变形功能差</td><td>花岗闪长岩断层带</td><td>强卸荷、强风化</td><td>碎裂～碎块结构</td><td><1000</td><td><2200</td><td><0.12</td><td><20</td></tr>
</table>

表 2.2.7－2 杨房沟水电站各类岩体力学参数建议值

岩体质量分类	力学参数建议值										
	单轴饱和抗压强度(MPa)	变形模量(GPa)	泊松比	岩体抗剪断及抗剪强度							
				岩/岩				混凝土/岩			
				f'	c'(MPa)	f	c(MPa)	f'	c'(MPa)	f	c(MPa)
Ⅱ	80～100	13.0～19.0	0.21～0.23	1.35～1.45	1.10～1.40	0.80～0.90	0	1.00～1.10	1.00～1.10	0.65～0.75	0
Ⅲ	40～80	5.0～13.0	0.24～0.30	0.90～1.30	0.80～1.30	0.60～0.80	0	0.90～1.00	0.65～1.00	0.55～0.65	0
Ⅳ	25～40	2.5～4.0	0.31～0.35	0.70～0.80	0.50～0.70	0.50～0.60	0	0.70～0.90	0.55～0.65	0.45～0.55	0
Ⅴ	<25	0.2～1.0	—	0.40～0.50	0.10～0.20	0.35～0.45	0	0.45～0.55	0.20～0.30	0.30～0.40	0

表 2.2.7-3　杨房沟水电站岩体结构面分类及力学指标建议值

结构面类型		充填物特征	结合程度	两侧岩体	抗剪参数			
					f'	c' (MPa)	f	c (MPa)
节理	无充填型	节理闭合无充填	好~较好	完整~较完整	0.60~0.65	0.15~0.2	0.50~0.60	0
节理、断层、挤压破碎带	岩块岩屑型	充填碎块、岩屑，粉黏粒含量少	好~较好	完整~较完整	0.50~0.60	0.1~0.15	0.40~0.50	0
	岩块岩屑夹泥型	充填以岩块和岩屑为主，夹泥膜或泥质条带	一般~较差	较完整~较破碎	0.35~0.40	0.05~0.1	0.30~0.40	0
	泥夹岩屑型	充填以泥质为主，夹岩屑、碎块	差~很差	较破碎~破碎	0.20~0.30	0.01~0.05	0.20~0.30	0

3 危岩勘察方法

为查明枢纽区危岩分布及边界条件等分布特征，高位危岩综合运用三维激光扫描技术、三维数码照相及无人机倾斜摄影测量技术，结合现场地质精细描述及室内试验、分析，查明危岩发育部位及微地貌特征、岩体结构、拉裂缝深度、侧缘控制边界等工程地质条件，实现了对危岩各项特征准确界定，为后续危岩防治打下了扎实的基础。

3.1 三维激光扫描技术应用

高边坡危岩传统调查难度大、危险性高，三维激光扫描技术的高效率、高精度、远距离非接触测量等优势弥补了传统地质勘查方法的缺点。利用三维激光扫描技术可优化传统地质调查过程，且室内数据处理软件技术成熟，可实现对危岩的定量分析，如危岩几何尺寸测量，高精度危岩剖面图实切，结构面产状、迹长、连通率、间距等测量，危岩空间三维坐标精确获取，危岩边界范围准确界定，结构面强度参数获取等。

3.1.1 三维激光扫描系统

杨房沟水电站使用的是加拿大 Optech 公司最新仪器 ILRIS－LR，该仪器是市面上测距能力最长的地面三维激光扫描仪，与其他扫描仪相比，它具有最高点密度的扫描能力。ILRIS－LR 的设计使得冰、雪的扫描以及湿的地物表面的扫描成为可能，该仪器测距长度达 3000m，并配套使用高清晰的内置数码相机，扫描最大精度可达 4mm，定位精度达 8mm，采样点速率大于 10000 点/s，激光级别为Ⅲ，仪器重量 14kg。

三维激光扫描技术由软件和硬件两部分组成，硬件包括三维激光扫描仪、发电机、计算机、罗盘等（见图 3.1.1－1），软件包括 PolyWorks，Controller，Parser（见图 3.1.1－2～图 3.1.1－4）等。

图 3.1.1−1　三维激光扫描现场

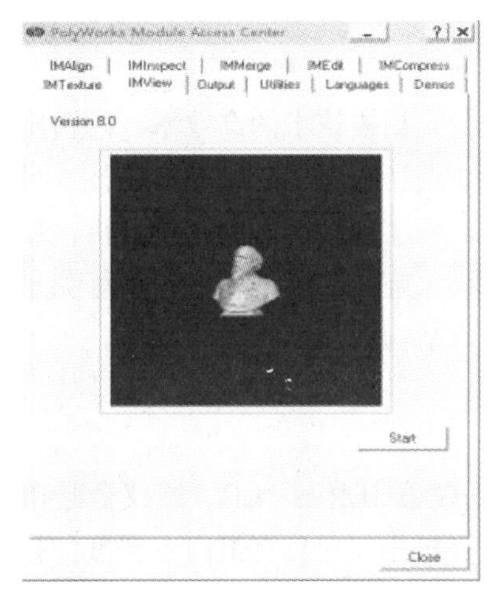

图 3.1.1−2　PolyWorks 数据处理软件界面

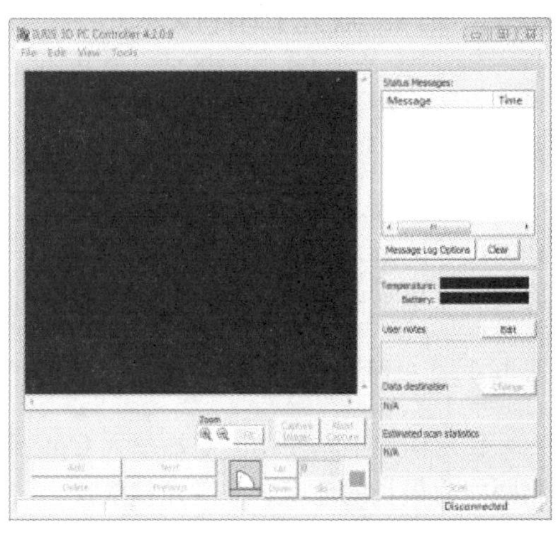

图 3.1.1−3　Controller 仪器控制软件界面

图 3.1.1−4　Parser 数据转换软件界面

通过多个水电站高边坡危岩调查经验，初步总结三维激光扫描技术在危岩调查中的工作路线，其工作步骤主要分为三个阶段（见图3.1.1－5）：首先是准备阶段，该阶段重点是选取适宜的测站，避免出现扫描盲区（见图3.1.1－6）；其次为数据收集阶段，如扫描图需拼接，应与上一幅数据重合1/3以上；最后为数据应用阶段，该阶段主要为获取地质信息，如危岩几何尺寸测量，高精度危岩剖面图实切，结构面产状、迹长、连通率、间距等测量，危岩空间三维坐标精确获取，危岩边界范围准确界定，结构面强度参数获取等。

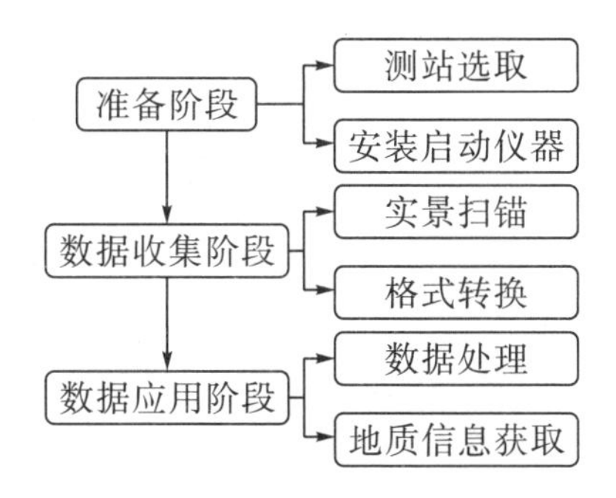

图3.1.1－5　三维激光扫描技术工作路线

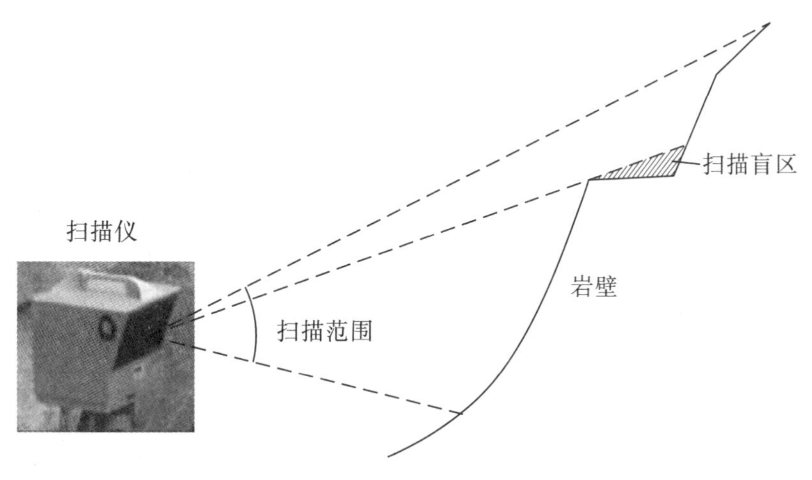

图3.1.1－6　扫描盲区示意图

3.1.2　三维激光扫描技术在危岩调查中的应用

杨房沟三维激光扫描工作对边坡进行了不同视角、不同高差的全面扫描，获得了危岩空间三维数据，为杨房沟水电站高位边坡危岩调查、险情排查及防治处理工作提供了可靠的数据资料，是传统调查方法难以实现的。结合危岩工程地质调查需求，现从以下几方面对危岩解译进行介绍。

1）三维全貌图及分析

通过对边坡三维数据的全面采集，共收集点云数据达百亿个，如此大的数据量普通计算机无法进行整体的拼接处理，因此采用数据抽稀的方法，将数据量减少至计算机可以处理的量级，将拼接完整数据导入MAPGIS后，可生成边坡三维全貌图（见图3.1.2－1），同时可以对边坡的高差、坡度、坡向等进行分析。

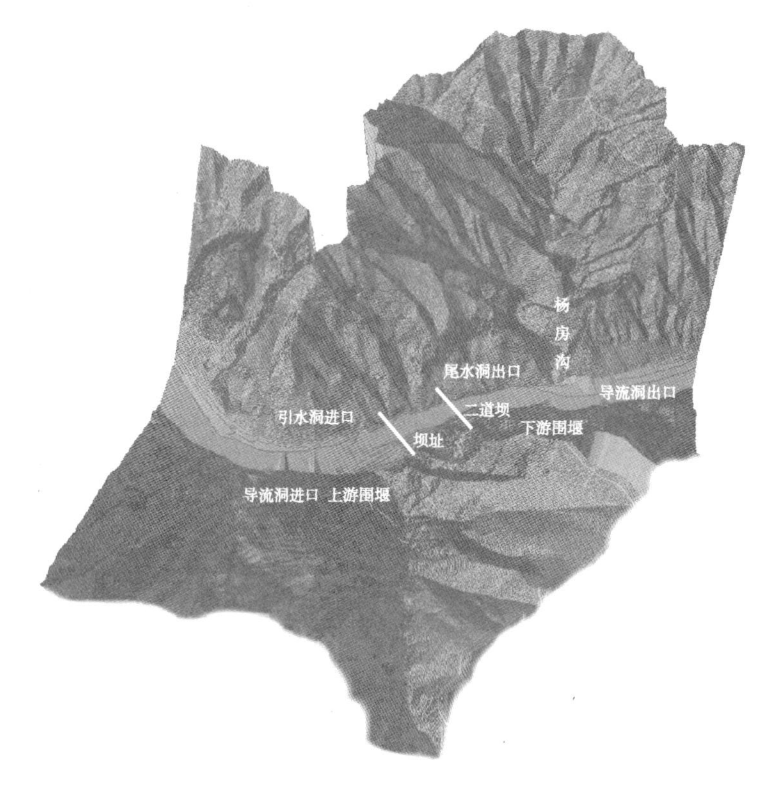

图 3.1.2－1　边坡三维全貌图

2）危岩准确定位

在危岩调查中，危岩准确定位极为重要，对指导工程防治施工具有重要意义。传统定位方法是现场确定危岩后在地形图或遥感图中圈出来，但由于地形图的比例差异以及不同人对于三维投影在二维图上的认识不同，导致传统定位的偏差较大，施工单位往往需要地质人员在现场进行指认，导致施工进度缓慢，费时费力。

利用三维激光扫描技术解译危岩边界条件后，可将边界点三维坐标准确导入工程地质平面图中，施工人员通过放点就能准确找到危岩的具体位置。但三维扫描图彩色效果不明显，直接解译危岩有一定难度。通过工程实践，总结出将二维的数码拍摄与三维激光扫描相结合的危岩快速定位方法。参考二维照片在三维图中圈出危岩相应位置时，可以将三维图进行任意角度旋转，使其视角与拍二维图视角相近（三维激光扫描仪内置相机，扫描同时将对扫描对象进行二维拍照），在相近视角下可以很精确地在三维图中圈出危岩位置。

3）危岩几何尺寸量取

危岩按规模可分为小型、中型、大型、特大型等，不同方量的危岩其危险性也不同，相应的防治措施也会有所不同，因此对危岩的方量的估算极为重要。边坡危岩所处位置陡峻险恶，且危岩自身自稳性不好，部分危岩现场不具备攀爬测量条件，传统的地质调查方法无法对危岩的几何尺寸进行近距离测量，而三维激光扫描技术的优势弥补了传统地质调查这方面的缺陷。通过三维激光扫描技术，可以较准确地估算危岩的长、宽、高、相对高差等几何尺寸数据，为危岩的稳定性评价、防治措施等提供了可靠的基础资料。

4）危岩控制性节理产状测量

（1）危岩是被多组结构面切割而形成的欠稳定或不稳定块体，因此控制性节理产状的测量是危岩调查的重要环节，但对于高陡边坡危岩结构面产状的近距离测量十分困难。利用三维激光扫描技术找出扫描图中出露的结构面，在该出露面上选取不在同一条直线上的3个点来拟合预测结构面，最后通过3个点的三维坐标可换算出结构面产状，但手工计算产状工作量大。董秀军等通过对数据处理软件的二次开发，研发了能直接计算并显示产状的实用程序。工程实践证明，该方法测量产状精确且简便。此外，还可对结构面进行迹长、间距等测量，实现岩体结构的精细测量。

（2）三维激光扫野外扫描实行多站点差异高程作业，扫描时间充分利用白天能见度较好的时段，扫描范围覆盖坝址区整个区域，所获取的三维点云数据全面而丰富，通过室内点云技术拼接、模型重建和渲染生成高质量、高清晰度的工程区边坡“三维激光图件”，生成图形具有时效、动态、立体等特点，保证了岩体结构测量所必需的各项数据的准确性，这为危岩调查提供了强有力的技术支持。

现场通过人工实测结构面产状特征与三维激光扫描解译结果进行比较，两种方法所测的结构面产状特征基本吻合，这一事实充分验证了三维激光扫描的精确性和可靠性。

3.2 三维数码照相技术应用

3.2.1 三维数码照相系统

三维数码照相技术由软件和硬件两部分组成，硬件包括数码相机、数码相机测控仪、三脚架、计算机、罗盘等（见图3.2.1－1）；软件为澳大利亚ADAM公司的3DMA系列软件，该软件分为三个子模块：3DM CalibCam、3DM Analyst及DTM Generator（见图3.2.1－2和图3.2.1－3）。

三维数码照相技术基本原理为：从两个不同部位对对象进行拍摄，获得一对普通数码相片，基于拍摄的目标场地图像，然后运用3DM CalibCam和3DM Analyst进行数学计算，获取对象的三维形态的数字信息，同时合成三维相片（见图3.2.1－4）。具体流程为：拍摄→照片匹配→照片合成（见图3.2.1－5）。三维影像模型建立包括图像编排、像对点匹配、控制点坐标设定、数码相机定向参数自动反算、数字图像处理、像对点坐标计算、三维曲面网格剖分、立体图像投影等工序。

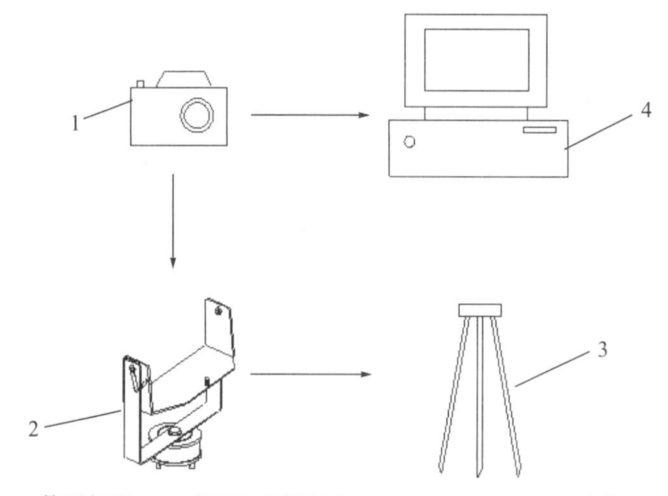

1—数码相机；2—数码相机测控仪；3—三脚架；　4—计算机

图 3.2.1－1　三维数码照相技术主要硬件

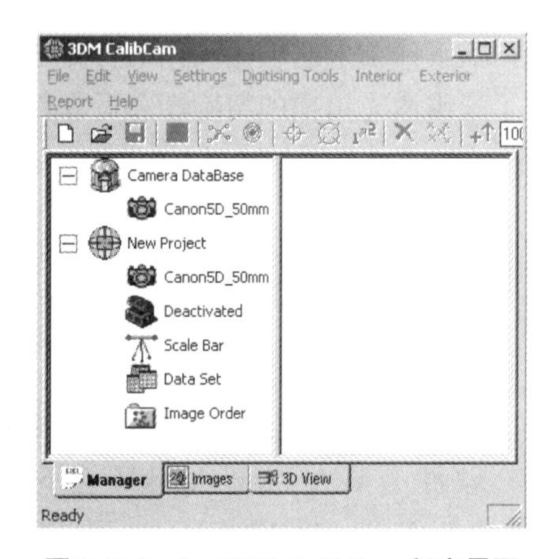

图 3.2.1－2　3DM CalibCam 程序界面

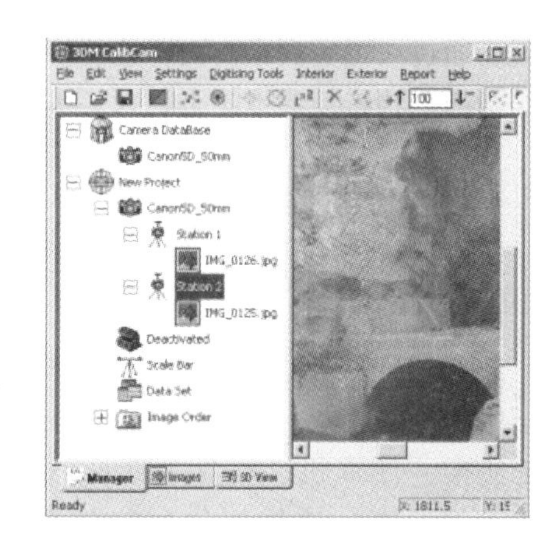

图 3.2.1－3　3DM CalibCam 导入站点界面

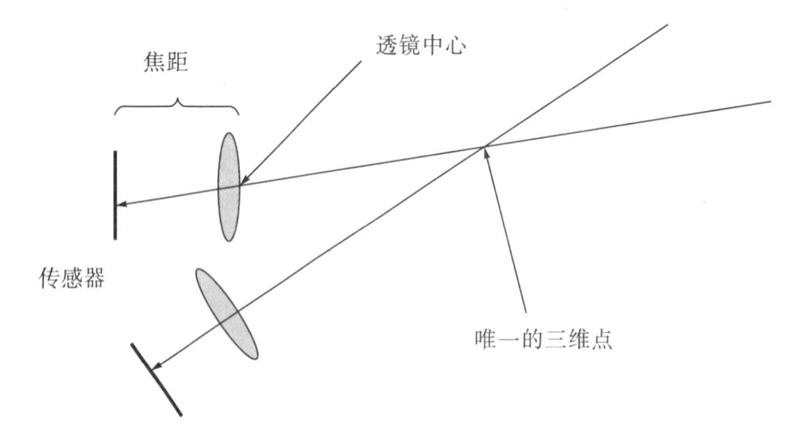

图 3.2.1－4　三维数码照相技术基本工作原理

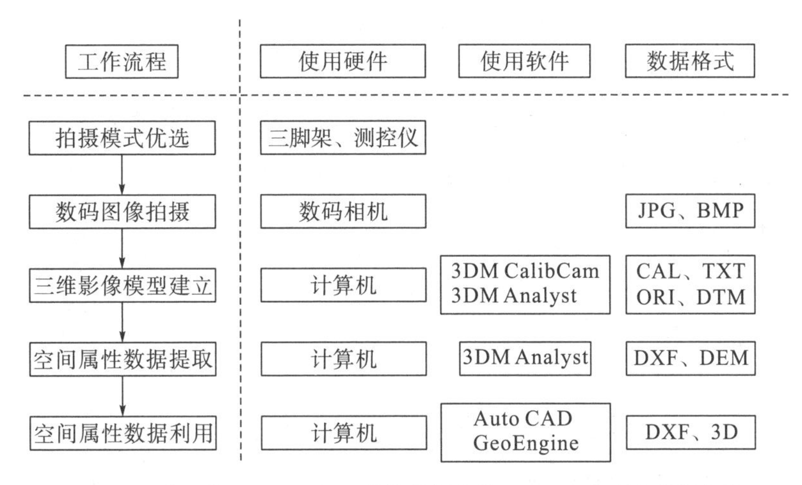

JPG —图像文件；CAL—相面检校数据文件；TXT—控制点数据文件；
ORI—方位元素校正数据文件；DTM—三维模型文件；DEM—数字高程模型

图 3.2.1—5　三维数码照相技术流程

3.2.2　三维数码照相技术在危岩调查中的应用

三维数码照相应用于高陡（岩质）边坡地质测绘中，有效地解决了人无法直接到达现场开展外业工作的矛盾，尤其是西部高山峡谷地形。同样，针对危岩的勘察，也可作为一项新的技术得以运用。从危岩数据利用方面来看，三维数码照相可系统获取危岩地质结构面的三维出露迹线，同时直接用于等高线的生成、任意一点三维坐标的提取、结构面迹长的测量和结构面信息的提取。

以杨房沟右岸危岩 WY19 为例进行分析。首先通过不同站点拍摄的照片运用 3DM CalibCam 程序生成三维影像模型（见图 3.2.2—1），运用三维模型可生成该危岩等高线（见图 3.2.2—2）及结构面倾角、倾向（见图 3.2.2—3）等特征信息，对传统调查方法难以实现的危岩调查起到很大的技术支撑。

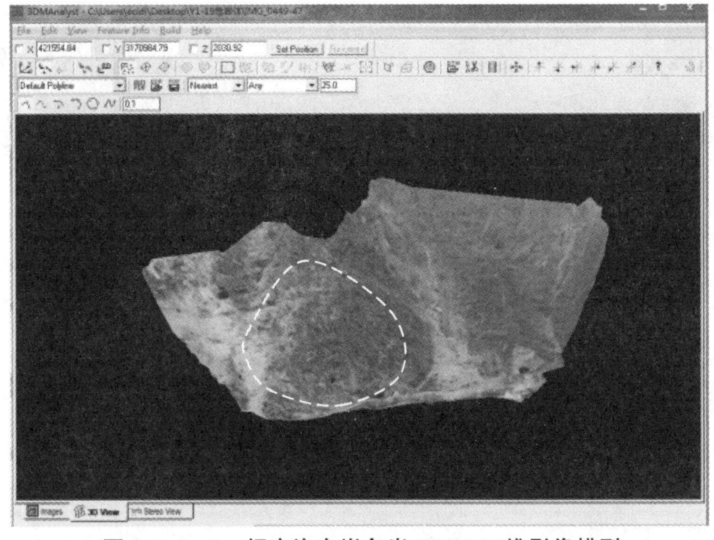

图 3.2.2—1　杨房沟右岸危岩 WY19 三维影像模型

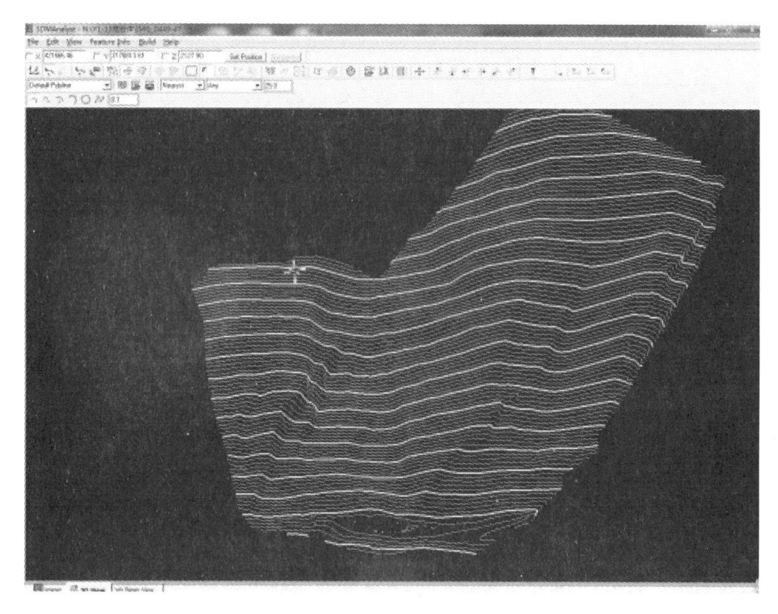

图 3.2.2−2　杨房沟右岸危岩 WY19 等高线生成

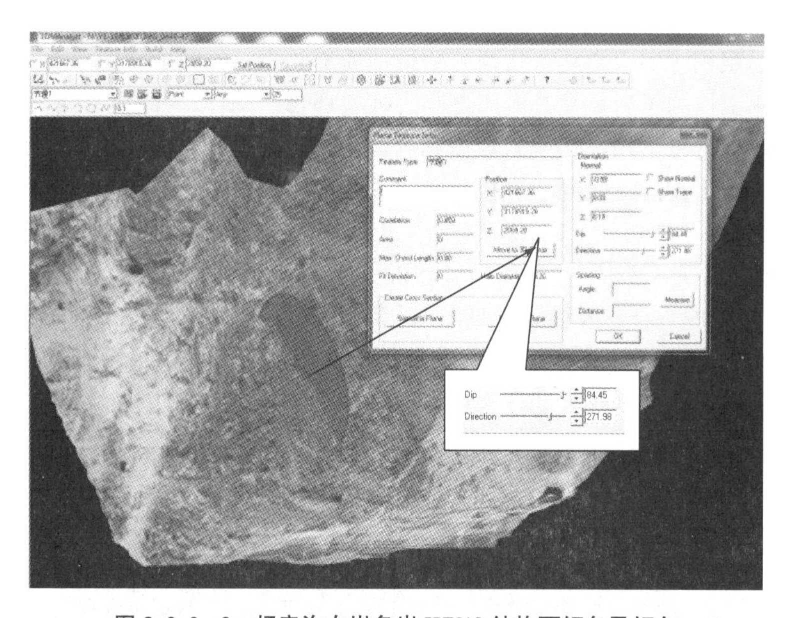

图 3.2.2−3　杨房沟右岸危岩 WY19 结构面倾角及倾向

3.3　无人机倾斜摄影测量技术应用

3.3.1　无人机倾斜摄影测量

倾斜摄影技术是国际测绘领域近些年发展起来的一项高新技术，它颠覆了以往正射影像只能从垂直角度拍摄的局限，通过在同一飞行平台上搭载多角度相机阵列，从而满足了从侧面纹理的采集需求。无人机倾斜摄影测量就是以无人机为飞行平台、影像传感器为任务设备的航空遥感影像获取系统（见图3.3.1—1），系统包括无人机平台、摄影传感器、地面站和导航系统。通过无人机上搭载的多台传感器从垂直、倾斜等不同角度采集影像，通过对倾斜影像数据处理并整合其他地理信息，输出正射影像、地形图、三维模型等产品。

数据采集平台选用由德国Microdrones公司完成研发、设计、制造的MD4—1000型无人机飞行平台（见图3.3.1—2）。该公司生产旋翼型无人机设备是当今民用领域最先进设备，其飞行姿态稳定，续航能力强，在较恶劣的天气情况下也能完成任务，飞行平台稳定可靠且抗风等级高达5级。

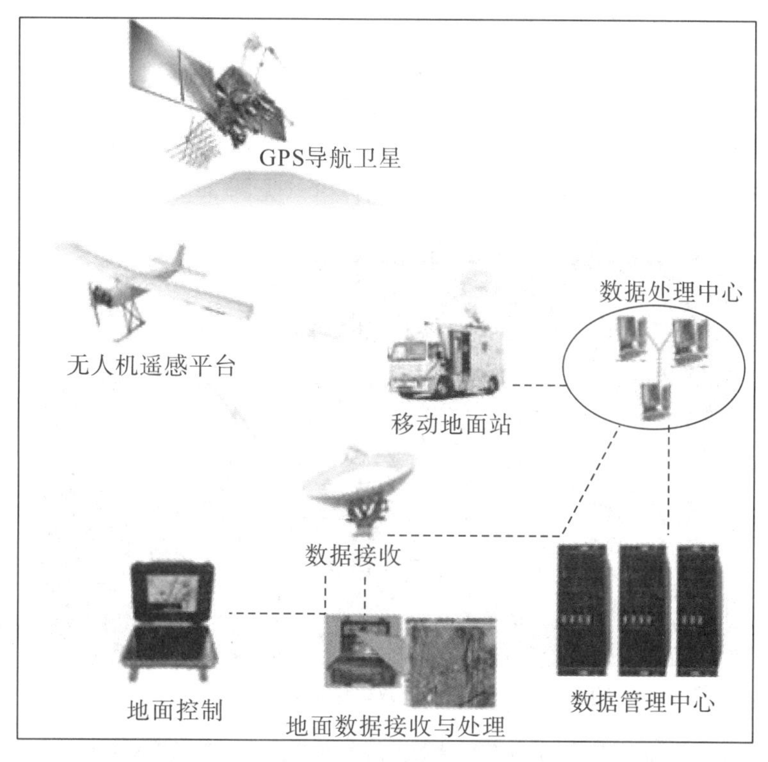

图3.3.1—1 无人机航摄系统

图3.3.1—2 无人机航摄系统飞行平台（MD4—1000）

3.3.2 无人机倾斜测量技术在危岩调查中的应用

杨房沟水电站枢纽区地形陡峭，部分山体坡度达到60°以上，有的甚至是垂直的悬崖，为了保证特别陡峭部分区域的清晰度，采用大疆“悟”无人机近距离多角度拍摄的方式采集侧面纹理。数据采集传感器采用一个正视，四个倾角为45°的五拼镜头。总像素高达10000万像素，单镜头约为2100万像素。数据处理选用Smart 3D软件，把预处理的照片导入Context Capture Center Master，导入照片姿态数据，添加控制点，设置坐标系统，对其进行空三处理。完成空三处理后可以导出三维模型、三维点云等多种类型数据成果。

1）研究区三维全貌图及危岩定位

利用空三处理导出杨房沟水电站枢纽区三维模型（见图3.3.2－1）。利用模型能够多角度自由平移、旋转、缩放的特点，不仅能够直观全面地了解坝址两岸整体情况，还能进一步细致观察评判已发现的多处危岩。危岩的结构特征及边界条件、结构面延展情况、裂缝长度等地质信息均能够在模型上清晰体现（见图3.3.2－2）。

图3.3.2－1　杨房沟水电站枢纽区三维模型

图3.3.2－2　杨房沟水电站坝址区三维模型细节

2）危岩测量及地形图生成

使用 Acute3D Viewer 软件对三维模型进行浏览时，不仅能够量测空间距离，了解危岩的基本数据信息，而且能够点选岩壁表面的关键节点建立产状面，选取并计算该部分被清理危岩的挖方量（见图 3.3.2－3），为成本计算提供基础的数据支持。三维点云数据经过后期点云处理软件的筛选分类处理以及加工，生成测区大比例尺等高线地形图数据成果（见图 3.3.2－4）。

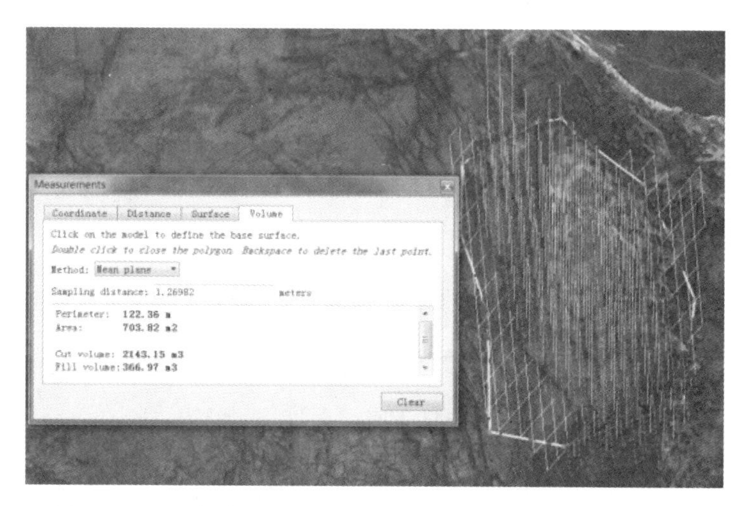

图 3.3.2－3　杨房沟左岸危岩 Z3－11 在三维模型上计算挖方量

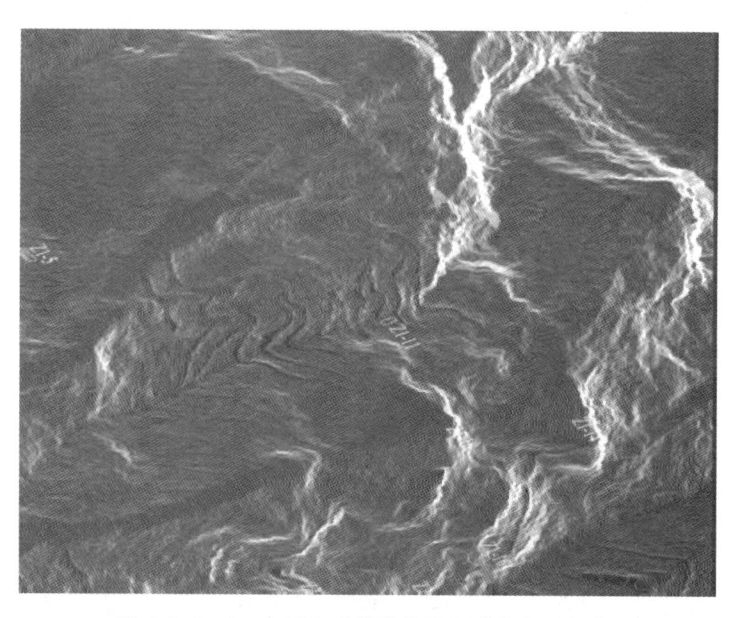

图 3.3.2－4　点云生成等高线及危岩分布（部分）

无人机倾斜摄影测量技术以大范围、高精度、高清晰的方式全面感知复杂场景，通过高效的数据采集设备及专业的数据处理流程生成三维模型成果，模型可以让用户从多个角度观察两岸边坡，更加真实地反映边坡的实际情况，基于成果影像获取包括高度、长度、面积、角度、坡度等的量测，准确提取危岩的位置、形态及规模等属性。

3.4 地质编录

对施工便道或栈道能到达的危岩均采用现场地质编录方式，对危岩范围、节理切割情况及产状、控制性结构面力学参数、危岩稳定性等进行进一步的定性、定量复核，确定最终的位置、类型、变形破坏机制等因素，对每块危岩的治理措施作进一步的明确。

4 危岩稳定性评价方法及危险性分级

4.1 危岩分类及其变形破坏机制

4.1.1 危岩分类

危岩的分类主要从以下四个方面考虑：①现场易识性，即通过已构建的危岩识别指标体系在现场易于识别危岩的类型；②与变形破坏机理相结合，危岩的类型一旦确定应明确其相对应的力学机制；③与稳定性相适应，不同类型危岩其稳定性有所差别，准确把握危岩稳定性是危岩危险性分析以及制定合理防治措施的重要基础；④与防治措施相对应，根据不同类型危岩变形破坏机理应能够方便的为此类型危岩的稳定性评价和防治措施提供可靠的依据。

基于以上考虑，结合工程区危岩特点，从宏观上将危岩划分为单体危岩和群体危岩。其中，单体危岩主要包括危石、危岩以及孤石；当单体危岩发育分布范围较广时，其往往具有成带（群）分布特征，这种由多个单体危岩组合而成的危岩带（群体）即为群体危岩，主要包括危石群、危岩带和孤石群。按规模对危岩进行分类，见表4.1.1－1。

表4.1.1－1 危岩分类

类型		主要特征
单体危岩	危石	整体切割较为密集，体积小于1m^3的易失稳的岩石块体
	危岩	被多组结构面切割，体积大于1m^3的易失稳的岩石块体
	孤石	与母岩脱离停留在坡表或嵌入覆盖层一定深度，靠与坡面的摩擦力、嵌合力或植被的阻挡保持现状的岩石块体
群体危岩	危石群	岩体整体切割较为密集，体积小于1m^3的易失稳的岩石块体成群发育。一般分布范围较大，岩石块体失稳模式类似，岩块之间具有力学关联性
	危岩带	陡崖或陡坡上受地形地貌和岩性组合控制具有力学关联的多个危岩成带分布。且一般分布范围较大，可同时具有多种类型的危岩、危石
	孤石群	由多个相邻近孤石所组成，主要赋存于地形坡度较缓或前缘有植被阻挡处

注：危岩规模分类按体积大小可分为：特大型（>1000m^3）、大型（100～1000m^3）、中型（10～100m^3）、小型（1～10m^3）、危石（<1m^3）。

危岩在形成演化过程中，不同阶段也会呈现出与其相对应的结构和形态特征，不同的结构和形态特征便可反映出其可能的变形失稳模式及其稳定性。因此，根据单体危岩的发育特征（与母岩关系、几何形态特征、边界条件、临空条件）和岩体结构特征进行分类，能更直观地识别工程区的危岩类型、明确体现该类型危岩的变形破坏机理，为危岩稳定性评价和防治措施提供可靠依据。按危岩的发育特征和岩体结构特征将其分为贴壁式、倒悬式、砌块式、墩座式、错列式、孤立式六种基本类型。其中，倒悬式按边界条件可分为悬臂式和坠腔式两亚类，砌块式按岩体结构还可细分为块裂式、板裂式和碎裂式。各单体危岩发育特征见表 4.1.1－2。

表 4.1.1－2　单体危岩发育特征

<table>
<tr><th colspan="2">类型</th><th>发育特征（与母岩相互关系）</th></tr>
<tr><td colspan="2">贴壁式</td><td>与母岩未完全脱离，后缘存在与边坡倾向一致的连通（如层面）或断续连通的中陡倾坡外主控结构面，贴于坡面上</td></tr>
<tr><td rowspan="2">倒悬式</td><td>悬臂式</td><td>底部前缘悬空呈梁板状凸出边坡表面，板梁根部与母岩连接</td></tr>
<tr><td>坠腔式</td><td>底部凹岩腔较为发育，悬于陡峻岩壁上，多受中陡倾坡外的结构面控制，主要发育于岩腔顶部或悬崖山嘴处</td></tr>
<tr><td rowspan="3">砌块式</td><td>块裂式</td><td>岩体整体切割较为密集，一般由呈块裂～碎裂结构的岩石块体叠置而成</td></tr>
<tr><td>板裂式</td><td>薄层状母岩浅表风化较为强烈，岩体节理裂隙发育，一般由呈碎裂～散体结构的岩石块体堆叠而成</td></tr>
<tr><td>碎裂式</td><td>整体切割密集，岩体破碎一般呈散体结构</td></tr>
<tr><td colspan="2">墩座式</td><td>岩体多面临空，仅底部与母岩连接，且连通率往往较大，呈墩座式置立于坡面上，稳定性由底部缓中倾结构面控制</td></tr>
<tr><td colspan="2">错列式</td><td>常发育于陡崖侧壁处，呈块状错列式排布，危岩块度大小受层厚控制</td></tr>
<tr><td colspan="2">孤立式</td><td>岩体已脱离母岩，多面临空，只底部与坡面接触，呈孤立状，多为上部失稳的危岩堆积于坡面上，一旦受到扰动，极易二次失稳</td></tr>
</table>

4.1.2　危岩变形破坏机制

危岩变形破坏机制的研究是危岩稳定性分析的前提，只有在查清危岩的变形破坏机制的基础上才能对其稳定性做出准确的判断，并对其合理防治措施的制定提供可靠的依据。危岩变形破坏机制见表 4.1.2－1。

表 4.1.2-1 危岩变形破坏机制

<table>
<tr><th colspan="2">类型</th><th>变形失稳模式</th><th>结构特征</th><th>变形破坏机制</th><th>示意图</th></tr>
<tr><td colspan="2" rowspan="3">贴壁式</td><td>滑塌
(平面式滑动)</td><td>后缘存在与边坡倾斜方向一致的、贯通或断续贯通的中陡倾角结构面，贴于坡面上</td><td>中陡倾坡外结构面在岩体卸荷过程中产生张拉裂缝，在自重力以及后期渐进风化作用促使裂缝扩张，成为潜在滑面，当滑移面向临空方向的倾角足以使上覆岩体的下滑力大于该结构面的抗滑力时，后缘拉裂面贯通，迅速滑落</td><td rowspan="3"></td></tr>
<tr><td>滑塌
(阶梯式滑动)</td><td>后缘存在陡缓相间结构面，滑面呈阶梯状</td><td>危岩中缓倾裂隙为主控结构面，滑移面呈阶梯状；沿中缓裂隙滑动，陡倾节理张开，并逐级向上传递变形，边坡破坏由前部向后部扩展</td></tr>
<tr><td>滑塌
(溃屈)</td><td>边坡岩体发育大量卸荷裂隙，岩体为块裂～碎裂结构，后缘存在陡倾贯通结构面</td><td>岩层中陡倾坡外或陡倾坡外结构面发育条件下，岩体在重力和风化应力等长期作用下卸荷松弛产生滑移～弯曲变形，并在坡脚附近产生压应力集中，当变形达到一定程度时，滑面贯通，整体失稳</td></tr>
<tr><td rowspan="2">倒悬式</td><td>悬臂式</td><td>倾倒</td><td>底部存在凹岩腔，后缘发育陡倾坡外拉裂缝</td><td>差异性风化使岩体底部形成宽浅凹腔，岩体产生重力式倾倒变形并于后缘产生拉裂缝，裂缝在重力以及后期风化作用下进一步扩张直至贯通，岩体立即向临空面倾倒失稳</td><td></td></tr>
<tr><td>坠腔式</td><td>坠落</td><td>底部悬空，后缘存在陡倾结构面</td><td>岩体在渐进风化和自重作用下，后缘主控结构面逐渐扩展，拉应力更集中在岩桥部位，当拉应力大于岩桥的抗剪强度时，裂缝继续发展，岩桥被剪断，危岩与母岩脱离而整体突然向下崩落</td><td></td></tr>
</table>

续表 4.1.2-1

类型		变形失稳模式	结构特征	变形破坏机制	示意图
砌块式	块裂式	滑塌（整体滑动）	整体呈块裂～碎裂结构，岩块间错动、旋转，裂隙张开，岩体松动	块裂～碎裂结构岩体节理裂隙发育，岩体在自重及外应力作用下卸荷松弛，岩块间发生错动，裂隙张开，整体靠底部岩块支撑，其一旦变形失稳将诱发整体滑塌	
	板裂式		薄层状岩体整体切割较为密集呈碎裂～散体结构，后缘陡倾结构面贯通或断续贯通	岩体卸荷过程中产生张拉裂缝，在自重力以及后期渐进风化作用促使裂缝扩张，成为潜在滑面，当裂隙进一步发展直至贯通向临空面剪出后整体发生滑塌	
	碎裂式		岩体整体切割密集较为破碎一般为散体结构	岩体整体切割密集，破碎岩体在外应力作用下而层层剥离失稳；当后缘存在卸荷裂隙时，其扩展直至贯通后整体发生滑塌	
墩座式		滑塌	岩体多面临空，仅底部与母岩连接且贯通率较大	岩体稳定性受控于底部与母岩的缓倾连接面，此结构面的重力以及风化应力等长期作用下逐渐贯通，岩体沿此结构面产生滑塌式破坏	
孤立式		滑塌（或偏心滚落）	失稳后的岩体（堆）停于或嵌入坡形较缓的崩坡积覆盖层或陡坡坡脚	水对基座的软化或溶蚀、拦挡的植被折断、自身渐进性风化等作用下，其与坡面的摩擦力、嵌合力降低，重心逐渐偏移失去支撑而失稳；当危岩嵌入坡表覆盖层或者悬挂于坡缘时，以滚落形式失稳，其未嵌入覆盖层时常以滑落方式失稳	

4.2 危岩失稳运动路径及运动特性

边坡上形成危岩，与坡脚高差可达数百米，具有巨大的能量。一旦危岩脱离母岩体，势能很快转化为动能，形成落石，落石起滚后将在重力和坡面的共同作用下向下运动，经过斜抛、碰撞和滑动等多种方式向下运动，给低高程人员、基础设施等造成直接破坏。归纳起来，落石在重力作用下主要以自由飞落，跳跃、滚动、滑动为主，在边坡坡角变化的地方，以及碰撞发生后，往往会形成落石的飞落；滚石在自由飞落过程中一旦遇到边坡坡面的阻挡，就会发生碰撞弹跳，当滚石在坡面通过撞击等方式逐渐消耗了动能后，落石就会在坡面上滚动，其中常见的是一种短距离的弹跳模式，往往形成一系列连续的抛物线。落石运动的状态与边坡坡面的不规则程度、落石的质量大小等因素有关。坡面不规则程度小时，落石主要做一种小的弹跳和滑移运动；反之，落石做一种有滑动的滚动，直到落石的动能消耗完为止。

据 Ritchie、Azzoni、郑颖人、黄润秋等学者研究表明（见图 4.2—1），由于工程场区不同、危岩基本特征（规模、岩体结构、失稳模式）以及坡面特征组合（坡度、植被、坡表强度）等的不同，危岩失稳后，沿着坡面运动的状态与建构筑物接触时的冲击功就会有较大差别，从而对建构筑物的破坏程度就有所不同。

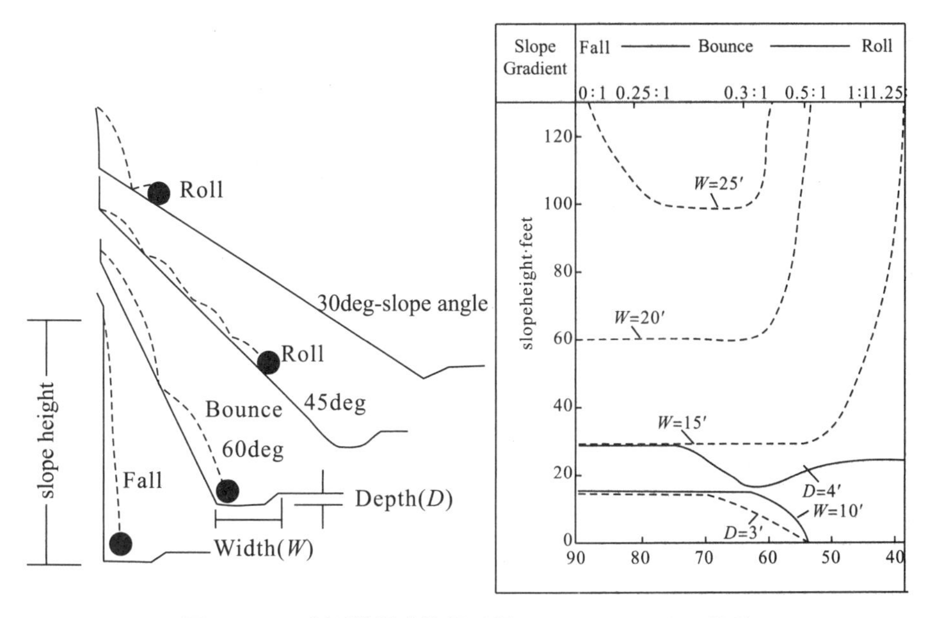

图 4.2—1　落石的运动特征（据 Ritchie、Azzoni，1995）

因此，进行现场落石试验，不仅是研究工程区危岩失稳后的运动特征最贴切有效的方式，而且对危岩的危险性分级和工程防治措施具有现实意义。

4.2.1　试验方案设计

研究不同质量、体积、形状的危岩在不同的坡面植被、覆盖层的性质、坡度，危岩失稳模式以及坡面坡度组合等情形下的运动特征，为危岩的被动防护措施提供理论依据，这对保护建筑物的安全运行具有十分重大的意义。

试验场地选择在杨房沟沟沟口上游 600m 处斜坡地带，该斜坡总体上缓下陡，总体高度 300.16m，斜坡段水平长度 352.06m，平均坡角 32°～75°，斜坡上部分布人为修建之字形马道，下部为较陡斜坡，坡面有部分崩积物覆盖，有利于落石安全停止和崩落距的测量，见图 4.2.1—1 和图 4.2.1—2。

图 4.2.1－1 试验场地照片

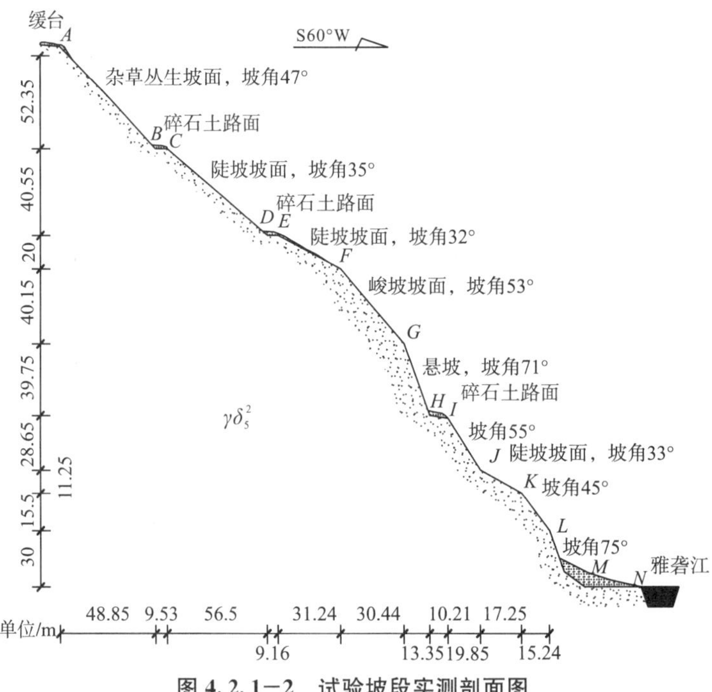

图 4.2.1－2 试验坡段实测剖面图

斜坡从上至下按分段线形的原则，用激光测距仪和地质罗盘定向实测剖面，将试验场地边坡划分为 AB，BC，…，MN 共 13 段。

试验所选落石为就近搬运的岩性、结构、形状、规模各异岩块，现场粗略计算平均岩块重度 27.2kN/m^3，具有工程区危岩特征广泛代表性。试验前搬运堆积于试验断面坡顶备用，并详细测量块体尺寸及形状指标，并做好编号。完成试验的共 134 块，其中有效并计入样本统计的共 121 块，包括立方体块体 27 块，长方形块体 27 块，近球形块体 24 块，片状块体 27 块，圆柱状块体 16 块。

定好测量网格并做好有关准备、安全防护工作后，记录落石编号和试验顺序号，将落石置于试验断面坡顶，放开后让其自由下落，实际上起始运动速度为零的坡表滚动和滑动。在坡面上各坡度转换点处布置竖直方向的标尺，在同高程分别设记录员，实验时，挥动旗帜为号，各记录点按下秒表，分以手工在坡底记录和描述落石运动通过各点的时间、运动状态以及运动状态发生改变时的位置（如由滑动变为滚动、滚动变为跳跃、跳跃转变为滚动等）跳跃时记录跳跃高度。对每块落石重复进行以上工作，直至所有试验结束。

4.2.2　试验成果与分析

岩块从边坡顶部滚落后，在坡面运动，受坡壁碰撞、覆盖层耗能、植被阻挡和平台消能影响，部分停滞于坡表较缓或平台处，其余落入雅砻江中。

通过对试验获取的各岩块质量、形状、弹跳次数、崩落距和运动时间等参数的统计，从崩落距和运动时间两个方面归纳分析得出工程区落石具有以下运动特征和规律。

1）落石水平方向运动特性

落石最终停留点距起始点的水平距离可以反映落石在坡表的运动能力，代表了落石纵向威胁范围，也是落实防治与被动防止工程措施布设的依据。实验结果表明，在坡段和试验条件相同的情况下，落石的运动能力以近似球形最大，最大崩落平距可达267m，平均约为208.43m；圆柱形和方形次之，平均分别约为197.3m和182.48m；以长方形和片状最小。由此可知，形状不同的落石形成的威胁区域是不同的，越近球形威胁范围越大。图4.2.2－1为不同形状落石水平运动距离对比。图4.2.2－2为不同落石质量水平运动距离对比。图4.2.2－3为不同弹跳次数水平运动距离对比。

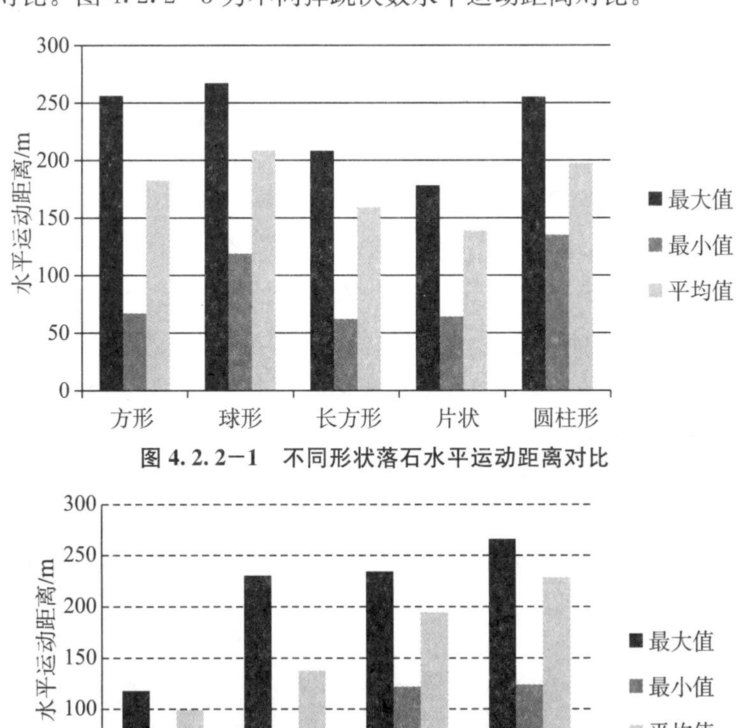

图4.2.2－1　不同形状落石水平运动距离对比

图4.2.2－2　不同落石质量水平运动距离对比

从图4.2.2－2可以看出，随落石质量的递增，其崩落平距同样呈现递增的态势。初步分析认为，场区落石质量越大，运动过程中动能越大，受植被、坡表起伏摩阻尼的影响相对越小，表现出较强的“抗干扰能力”。

从图4.2.2－3可以看出，整体上呈现随着弹跳次数的增多，大体上呈现崩落距增加的趋势。粗略地认为，岩块碰撞反弹后，落石脱离坡表遭遇空气阻力远小于摩阻力，其动能耗散较小，因此经多次弹跳后，其动能增加速率增快，致使崩落距较大。但统计结果与此规律也有一定偏差，表现在：最大的崩落距出现于岩块弹跳1次、2次时两种情况，与规律相悖。据现场试验的情况分析原因可能有以下三个方面：其一，样本空间较小，具有一定随机性、离散性；其二，与碰撞反弹接触的位置有关，相对基岩，覆盖层的耗能更为显著；其三，如40＃（圆柱形）、47＃（方形）、54＃（方形）岩块块体几何形态规整对于滚动有利，岩体结构较好，运动过程保持较好完整性危岩动能耗散较小，崩落距大。

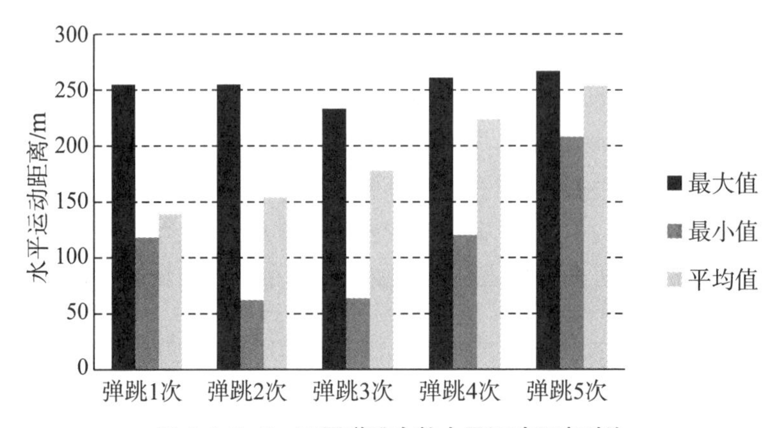

图4.2.2－3　不同弹跳次数水平运动距离对比

2）落石运动时间变化规律

以运动总耗时来统计（见图4.2.2－4），不同形状落石从平均值来看，片状最短，近球形相对最长，其余三种从大到小依次为圆柱形、方形、长方形。从现场试验的情况来看，片状岩块（如70＃、99＃岩块），由于形状扁平比表面积更大，运动过程中多以滑移为主，与坡表接触摩阻较滚动、弹跳等运动方式耗能更快，因此很快被阻滑停止运动。此外，从耗时变动空间来说，片状岩块也最大。分析认为这与试验场地选择有关，本场地地形上呈阶坎状，较多试验片状岩块均表现出滑移出缓台后进入陡坎段，其运动方式转变与其他形状的岩块类似的偏心式滚动和碰撞弹跳，致使部分试样并未过快停止运动。

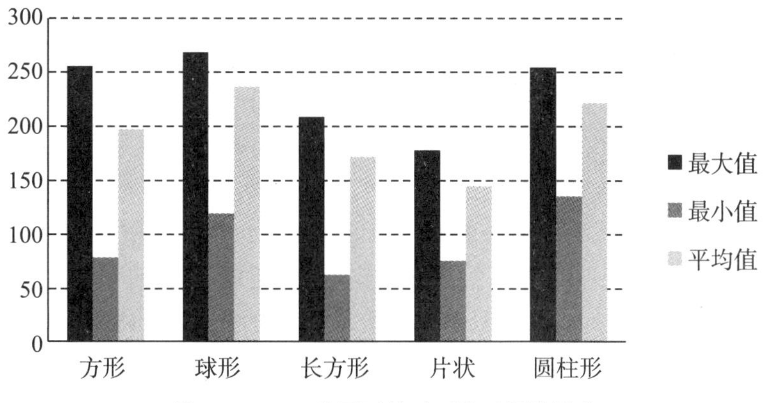

图 4.2.2−4 落石形状对到达时间的影响

试验结果表明（见图 4.2.2−5），随着岩块质量的增长，其运动总耗时与崩落距类似地呈现递增的趋势。但从平均值来看，其递增幅度不是特别明显，反映落石质量对其运动速度、加速度等影响相对不敏感。

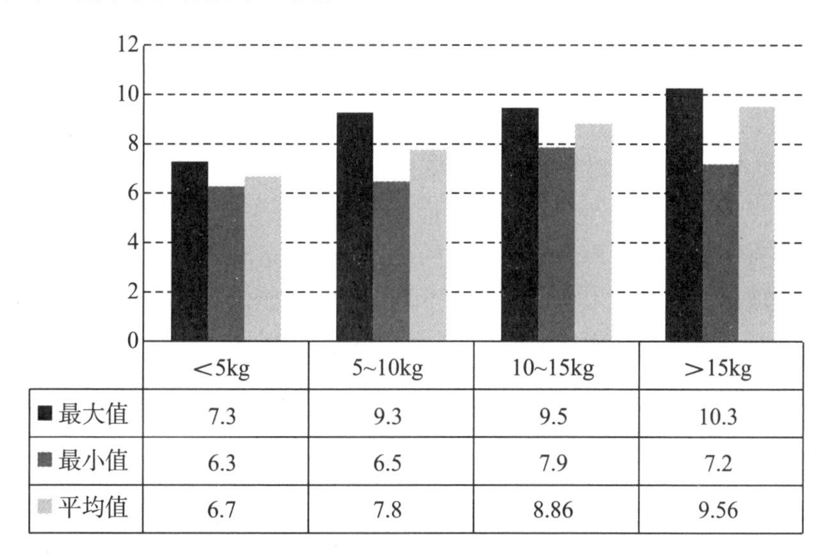

	<5kg	5~10kg	10~15kg	>15kg
最大值	7.3	9.3	9.5	10.3
最小值	6.3	6.5	7.9	7.2
平均值	6.7	7.8	8.86	9.56

图 4.2.2−5 落石质量对到达时间的影响

3）落石运动路径模拟

由于条件限制，缺乏雷达测速仪和红外位移测量仪，难以精确测绘并定量分析落石的路径特征，现场仅做了简要的定性描述。为了更好地揭示试验场区落石的运动机理，采用了美国著名的 Rocscien 公司 E. Hoek 教授团队开发的 Rocscien 商业软件中 rocfall 落石的统计分析模块对危岩失稳后的运动过程进行了二维路径模拟和分析。采用 Rock 砌软件对危岩落石的运动轨迹进行数值模拟时，需要做出如下假设：边坡的坡面是由若干段折线连接而成的；落石的形状为质量分布均匀的球体；落石及坡面均为各向同性弹塑性体；不考虑崩塌落石之间的水平相互作用力；忽略空气的作用力；落石碰撞后不发生碎裂，形态保持完整。具体落石运动轨迹模拟的基本步骤如下：①根据研究对象确定斜坡坡面形态和坡面物质特征，并根据坡面物质结构赋予不同的参数；②确定落石启动位置及其初始状态参数；③选择合理的落石统计数量，分析落石运动轨迹和落点分布情况；④绘制落石运动轨迹图，并对落石运动过程中的冲击能量、弹跳高度及运动速度进行分析。杨房沟共模拟了50个岩块从工程区试验边坡初始A点无初速度投放，自由沿边坡滚动、滑动、弹跳直至停止的可能运动的路径全过程。

通过路径模拟和数据分析可知（见图4.2.2－6和图4.2.2－7），落石运动全过程可简要解析如下：从A点无初速度地释放，顺坡AB段以滚动和滑移运动为主，速度从开始缓慢加速后，呈近线性增长至24m/s，动能也随之增长至2800J；随着动能和速度的逐渐递增，到与BC段时，由于马道的开挖，使其接触后迅速碰撞反弹，消耗部分能量，速度和动能呈急速下降至7m/s和500J；之后抛物线运动水平位移约6m后沿CD坡面滚动、滑移，由于速度与动能的下降，障碍物的阻挡作用占据主导作用，相当部分岩块受障碍物阻挡而在沿CD坡段做滑移运动时停留其上，约有16个随机岩块，一些零星岩块停留DE段开挖的马道上；由于前期的碰撞作用，造成岩块动能的减小，不足使其从DE马道平台呈抛物线抛出，而是大部分岩块继续沿坡面EF、FG滚动、滑移，动能与速度继续呈近直线型增加，岩体在EF、FG段运动时与坡面的摩擦，以及障碍物的碰撞造成少量岩块呈散乱状分布在该坡段，约有8个随机岩块；零星的岩块由于FG～GH段坡度发生急剧变化，岩体脱离坡面，停留在开挖的马道HI坡段；大部分岩体与HI坡段发生碰撞，其间动能与速度达到最大值；之后速度与动能均表现为明显的线性递增，大多数岩体以抛物线自由坠落运动形式在HI段起跳，之后在岩块运动过程中与IJ、JK和KL段发生多级碰撞耗能，且多形成2～3次弹跳，最大弹跳高度达到42m，且约有8个随机岩块于坡度较缓的JK段停止运动，而大部分平移速度较大的岩块跨过多级坡段后继续呈抛物线坠落，整体速度与动能依然呈增长状势；最后大部分岩块落入雅砻江，速度与动能在此段呈现折线性急速近触底式递减，且绝大多数停止运动于此段；极个别零星岩块随机性崩落到坡底。

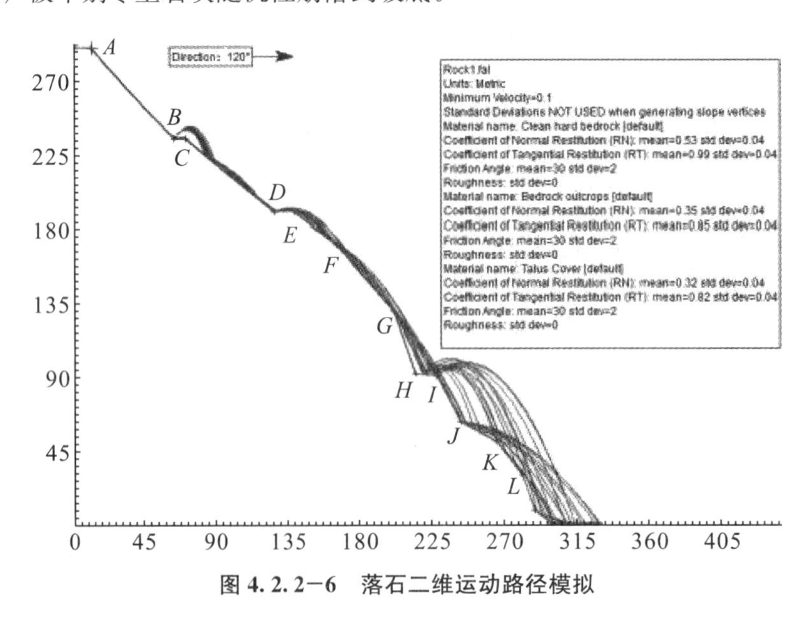

图4.2.2－6　落石二维运动路径模拟

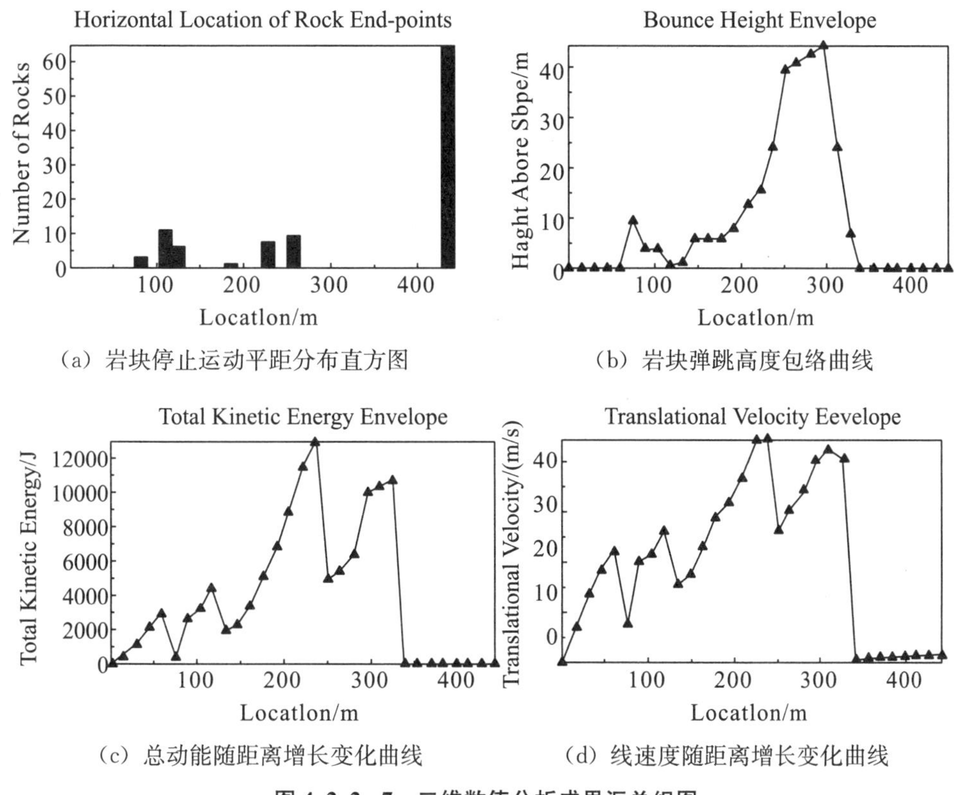

（a）岩块停止运动平距分布直方图　（b）岩块弹跳高度包络曲线

（c）总动能随距离增长变化曲线　（d）线速度随距离增长变化曲线

图 4.2.2－7　二维数值分析成果汇总组图

数值模拟落石运动路径特征与我们现场试验的结果具有高度相似，表明本次属性选取和参数设置与工程场区边坡特性具有较高吻合性。

从以上试验结果分析和模拟全过程分析可以得出工程区落石普遍运动特征及规律如下：

（1）形状不同的落石形成的威胁区域是不同的，比表面积越小，坡面阻滑作用越弱，而运动停止耗时却越长，因此越近球形崩落距越大，其威胁范围也越大。

（2）随落石质量的递增，其崩落平距与运动总耗时均呈现递增的态势，而总耗时相对崩落距的增长幅度更小，反映质量对其运动速度影响相对不敏感。

（3）由于花岗闪长岩岩体坚硬岩块每碰撞弹跳，其能量损耗幅度也较小，动能折减均在 10%以下。

（4）同一点投放的落石其崩落方向具有相似性，虽在接触碰撞过程中个别有解体现象，但其左右偏差小于 5°，这可能与试验场区坡面平整度有关。

（5）边坡坡度对落石的运动具有控制性作用，陡坡上多以滚动、滑移运动为主，缓坡上多以弹跳、滑移运动为主，且 80%以上的岩块均停止于缓坡或平台段。

（6）坡表材料弹性模量越大，强度越大，则落石与之碰撞耗能也越小，因此，落石于覆盖层段运动时耗能较基岩裸落段更为显著。

4.3 危岩稳定性评价方法

4.3.1 危岩稳定性的主要影响因素分析

长期的研究表明，影响危岩稳定性的因素众多、类型复杂。总的说来，主要有岩体的控制性结构面完备程度（岩体切割状态）、结构面张开程度、控制性结构面倾角以及地形坡度，降雨、人工爆破和地震等是影响危岩稳定性最主要的外界因素。岩体的控制性结构面完备程度（岩体切割状态）、结构面张开程度、控制性结构面倾角以及地形坡度等是危岩变形失稳的物质基础，降雨、人工爆破和地震等诱发因素为危岩的变形失稳提供了外动力因素或触发条件。工程地质条件为影响危岩稳定性的基本条件，反映天然状态下的危岩稳定性，与影响因素共同作用反映危岩稳定程度。

影响危岩稳定性的因素并不是相互独立的，往往是相互作用对危岩稳定性产生影响；有些因素对危岩的影响作用显著，起控制作用；有些因素通过与其他因素的相互作用对危岩稳定性产生显著影响。因此，评价指标的选择应建立在对工程地质条件充分研究的基础上，应便于现场快速判断。

4.3.2 危岩稳定性评价指标的选择

已有研究表明，影响危岩稳定性的主要因素包括岩体的控制性结构面倾角、主控结构面倾角及完备程度（岩体切割状态）、结构面张开程度以及地形坡度。

1）主控结构面倾角

主控结构面的特征决定危岩的变形失稳模式和可能性，是影响危岩稳定性较为关键的因素。主控结构面对危岩稳定性的控制作用表现为主控结构面倾角越大，危岩稳定性越差。根据主控结构面可分为滑塌式、倾倒式和坠落式。

滑塌式：主控结构面主要为倾坡外的结构面及其相应组合，倾角范围较大，主控结构面及组合交线倾角越大，危岩稳定性越差。

倾倒式：主控结构面一般为后缘卸荷裂或拉裂隙，倾角一般较大，且随着倾角的增大危岩稳定性变差，当主控结构面反倾时危岩稳定性最差。

坠落式：主控结构面主要为岩体后部中陡倾结构面，其次为底部缓倾结构面，主控结构面及组合交线的倾角越大，危岩稳定性越差。

2）主控结构面完备程度（岩体切割状态）

岩体被结构面切割，根据结构面发育特征的不同，构成危岩的岩体结构单元类型主要有整体结构、块状结构、次块状结构、镶嵌结构、碎裂结构。岩体结构单元类型影响危岩稳定性，主要体现在岩体越破碎，危岩稳定性越差。根据岩体切割状态可分为半切状态、半切割～全切割状态和全切割状态。

半切割状态：危岩受多组结构面切割，主控结构面贯通率较高，其余结构面贯通率较低。

半切割～全切割状态：岩体受多组结构面切割，主控结构面基本贯通或贯通率较高，其余结构面贯通率相对较高。

全切割状态：危岩受多组结构面切割，各组结构面均处于基本贯通状态。

3）结构面张开程度

危岩稳定性受结构面张开程度影响较大，危岩的边界以及主控结构面常由卸荷裂隙构成，边坡岩体的卸荷越强，卸荷裂隙张开越大，危岩稳定性越差。根据结构面的张开情况可分为闭合、部分张开和普遍张开。

闭合：各组结构面处于闭合状态，无充填。

部分张开：有1～2组结构面张开，结构面内泥质、岩屑断续充填，其余结构面处于闭合状态。

普遍张开：各组结构面均处于张开状态，部分结构面为岩屑、泥质充填，岩体松动。

4）地形坡度

地形坡度对危岩稳定性的影响表现在坡度越陡，危岩稳定性越差。同时，坡度对不同破坏模式危岩稳定性的影响也有一定差异。对于滑塌式危岩，地形坡度对危岩稳定性的影响主要表现在对其控制性结构面上；地形坡度越陡，岩体主控结构面及组合交线的倾角一般越大（略低于边坡坡度），并且岩体临空条件也越为优越，从而危岩主控结构面（底滑面）越容易暴露，危岩稳定性随主控结构面的倾角变大而变差。对于坠落式和倾倒式危岩，危岩发育处边坡坡度一般较陡，但随着边坡坡度的变大，岩体临空条件越好，促使岩体向临空面倾倒或张拉变形，岩体完整性变差，危岩稳定性也随之变差。

4.3.3 危岩稳定性评价定性分级标准

通过对危岩稳定性影响因素分析，选取了地形坡度、控制性结构面倾角、控制性结构面完备程度（岩体切割状态）和结构面张开程度四个稳定性判别指标为稳定性分级指标。

采用平面极限平衡法，计算典型危岩的稳定性系数，并进行定性评价与定量计算成果对比分析。分析结果如下：稳定性极差和差的危岩处于《滑坡防治工程勘查规范》（DZ/T 0218—2006）中欠稳定状态，稳定性较差的危岩对应基本稳定状态。稳定性系数1.05为稳定性极差和差的临界值。

经统计分析，建立以下滑塌式、倾倒式及坠落式危岩稳定性分级标准，见表4.3.3－1～表4.3.3－3。结合现场调查分析，对照分级标准，便可对危岩进行定性评价。

表 4.3.3-1　滑塌式危岩稳定性分级标准

稳定性判别	地形坡度	控制性结构面组合倾角	控制性结构面完备程度（岩体切割状态）	结构面张开程度	稳定性系数
极差	地形陡峻，坡度一般大于60°	控制性结构面或组合交线陡倾坡外（大于55°）	处于全切割状态，结构面基本贯通	结构面普遍张开，岩体松动，部分结构面泥质、岩屑充填	$1.0\leqslant K_f<1.05$
差	地形坡度一般为45°～60°	控制性结构面或组合交线中陡倾坡外（35°～55°）	处于半切割～全切割状态，结构面贯通率较高，部分结构面贯通	1～2组结构面张开，结构面内泥质、岩屑断续充填，其余结构面处于闭合状态	$1.05\leqslant K_f<1.2$
较差	地形坡度一般为30°～45°	控制性结构面或组合交线缓倾坡外（小于35°）	处于半切割状态，结构面贯通率较低	结构面基本处于闭合状态	$1.2\leqslant K_f<1.3$

表 4.3.3-2　倾倒式危岩稳定性分级标准

稳定性判别	地形坡度	控制性结构面倾角	控制性结构面完备程度（岩体切割状态）	结构面张开程度	稳定性系数
极差	地形陡峻，坡度一般大于60°	控制性结构面近直立或反倾（大于75°）	处于全切割状态，后缘结构面贯通率高，其余结构面基本贯通	结构面普遍张开，后缘裂隙呈V形张开，泥质、岩屑充填	$1.0\leqslant K_f<1.05$
差	地形坡度一般为45°～60°	控制性结构面陡倾坡外（60°～75°）	处于半切割～全切割状态，结构面贯通率较高，部分结构面贯通	结构面部分张开，后缘裂隙局部张开	$1.05\leqslant K_f<1.3$
较差	地形坡度一般为30°～45°	控制性结构面中陡倾坡外（45°～60°）	处于半切割状态，结构面贯通率较低	结构面基本处于闭合状态	$1.3\leqslant K_f<1.5$

表 4.3.3-3　坠落式稳定性分级标准

稳定性判别	地形坡度	控制性结构面组合倾角	控制性结构面完备程度（岩体切割状态）	结构面张开程度	稳定性系数
极差	地形陡峻，坡度一般大于60°	控制性结构面或组合交线近直立（大于75°）	处于半切割～全切割状态，结构面贯通率高，部分结构面贯通	结构面基本张开，仅受一组结构面控制且结构面贯通率高	$1.0\leqslant K_f<1.05$
差	地形坡度一般为45°～60°	控制性结构面或组合交线陡倾坡外（60°～75°）	处于半切割状态，结构面贯通率较高	主控结构面部分张开，其余结构面处于闭合状态	$1.05\leqslant K_f<1.5$
较差	地形坡度一般为30°～45°	控制性结构面或组合交线中陡倾坡外（45°～60°）	处于半切割状态，结构面贯通率较低	结构面基本处于闭合状态	$1.5\leqslant K_f<1.8$

4.3.4　危岩稳定性评价定量分级标准

4.3.4.1　概述

目前，按照不同的标准，危岩分类系统多样，但从工程防治的角度按照危岩失稳类型进行分类更有价值，可将危岩分为滑塌式危岩、倾倒式危岩和坠落式危岩三类。

当结构面倾向山外，上覆盖体后缘裂隙与结构面贯通，在动水压力和自重力作用下，缓慢向前滑移变形，形成滑塌式危岩，其模式见图 4.3.4－1（a）；当形成岩腔后，上覆盖体重心发生外移，在动水压力和自重作用下，上覆盖体失去支撑，拉裂破坏向下倾倒，形成倾倒式危岩，其模式见图 4.3.4－1（b）；多组结构面将岩体切割成不稳定的块体，当底部凹腔发育时，使局部岩体临空，不稳定块体发生崩塌，进而使上部岩体失去支撑，卸荷作用加剧，形成切割岩体的结构面，从而形成坠落式危岩，其模式见图 4.3.4－1（c）。

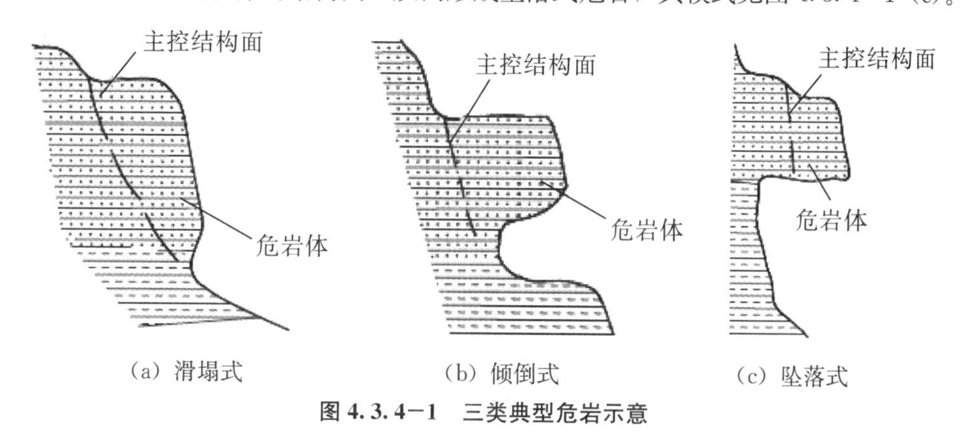

图 4.3.4－1　三类典型危岩示意

根据《滑坡防治工程勘察规范》（DZT 0218—2006）中危岩稳定性等级划分标准将危岩稳定性划分为不稳定、欠稳定、基本稳定和稳定四种状态，见表 4.3.4－1。

表 4.3.4－1　危岩稳定程度等级划分表

崩塌类型	危岩稳定状态			
	不稳定	欠稳定	基本稳定	稳定
滑塌式	$K_f<1.0$	$1.0\leqslant K_f<1.2$	$1.2\leqslant K_f<1.3$	$K_f\geqslant 1.3$
倾倒式	$K_f<1.0$	$1.0\leqslant K_f<1.3$	$1.3\leqslant K_f<1.5$	$K_f\geqslant 1.5$
坠落式	$K_f<1.0$	$1.0\leqslant K_f<1.5$	$1.5\leqslant K_f<1.8$	$K_f\geqslant 1.8$

规范所提出的平面极限平衡法计算是建立在一些假定前提下的：

（1）危岩在失稳破坏，脱离母岩运动之前，将其视为整体。

（2）除楔块式危岩按照空间问题进行稳定性分析以外，其余问题都将复杂的空间运动问题简化为平面问题，从而忽略了危岩侧限边界的影响。而实际调查中发现，危岩边界岩桥的连通情况对其稳定性影响较大。

（3）地震工况计算时，视地震力为一恒定静力作用，不仅不合理，而且忽略动力响应的触发效果，如竖直加速度对岩体的托举效应，地震拉张波对岩体结构的震裂效果以及 PGA 随高程递增有放大效应等。

已有结果表明，该方法在实际运用中与现场定性判断有一定偏差。但现行的危岩定量计算方法中（断裂力学、有限元、离散元和流变元等），都未能很好地解决边界条件设置等问题，相对滑坡稳定性评价理论和实践欠成熟。因此，危岩稳定性以地表定性判断为主，辅以定量计算来校核部分较大规模和典型的危岩。

4.3.4.2 计算原理

1）滑塌式危岩计算

滑塌式危岩根据其破坏方式的不同，可分为滑移型和平推型两类。

（1）滑移型。

当底滑面中陡倾坡外时，危岩的稳定主要靠结构面的阻滑和岩桥的锁固。计算模型见图 4.3.4—2，按单位宽度考虑，其稳定性按式（4.3.4—1）计算。

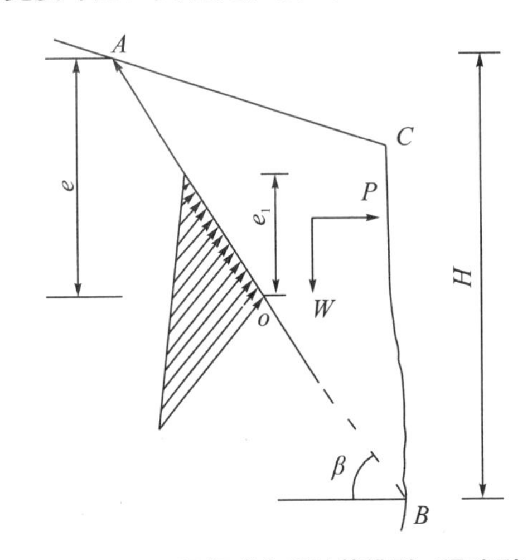

图 4.3.4—2 滑塌式危岩计算模型（滑移型）

法、切向作用力分别如下：

$$N = W\cos\beta - P\sin\beta$$

$$T = W\sin\beta + P\sin\beta$$

破裂面上的平均法向应力、平均剪应力及抗剪强度分别如下：

$$\sigma = \frac{N}{\frac{H}{\sin\beta}}$$

$$\tau = \frac{N}{\frac{H}{\sin\beta}}$$

$$\tau_f = \sigma\tan\varphi + c$$

稳定系数：

$$K_f = \frac{(W\cos\beta - P\sin\beta - Q)\tan\varphi + c\dfrac{H}{\sin\beta}}{W\sin\beta + P\cos\beta} \qquad (4.3.4-1)$$

式中 K_f——危岩稳定性系数；

W——危岩自重（kN/m^2）；

H——危岩高度（m）；

c——后缘裂隙黏聚力标准值（kPa），当裂隙未贯通时，取贯通段和未贯通段黏聚力标准值按长度加权和加权平均值，未贯通段取岩石黏聚力标准值的 0.4 倍；

φ——后缘裂隙内摩擦角标准值（kPa），当裂隙未贯通时，取贯通段和未贯通段内摩擦角标准值按长度加权和加权平均值，未贯通段内取岩石内摩擦角标准值的 0.95 倍；

β——软弱结构面倾角（°），外倾取正，内倾取负；

P——地震力（kN/m），由 $P=\xi W$ 计算，其中 ξ 为水平地震系数，工程场址区的地震基本烈度为Ⅶ度级烈度地区，$\xi=0.1$；

Q——裂隙静水压力（kN/m），由 $Q=\frac{1}{2}\gamma_W e^2$ 计算，其中 e 为裂隙充水高度（m），据陈洪凯等三峡危岩调查的实践经验，自然工况下取裂隙深度的 1/3，暴雨工况下取 2/3，水重度 γ_W 取 10kN/m。

（2）平推型。

当底滑面较缓时，危岩失稳的启动往往是由于裂隙水的浮托力和静水推力的共同作用。其计算模型见图 4.3.4－3 所示，其稳定性按式（4.3.4－2）计算。

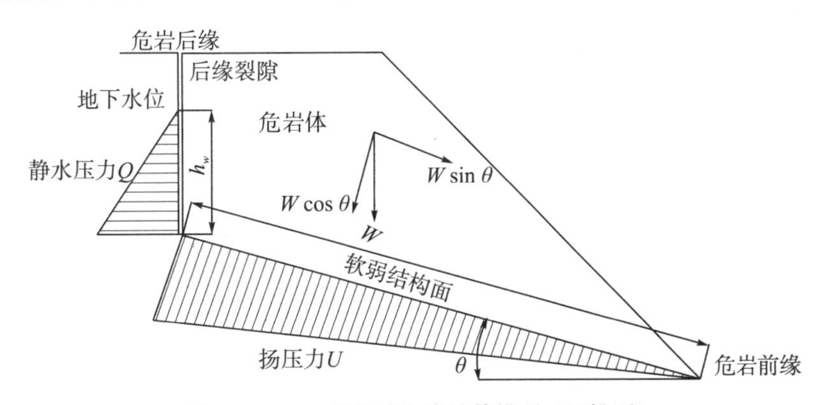

图 4.3.4－3　滑塌式危岩计算模型（平推型）

$$K_f=\frac{(W\cos\beta-P\sin\beta-Q-U)\tan\varphi+c\dfrac{H}{\sin\beta}}{W\sin\beta+P\cos\beta+Q\cos\beta}\qquad(4.3.4-2)$$

式中　U——扬压力（kN/m），由 $U=\frac{1}{2}\gamma_W e\frac{H}{\sin\beta}$ 计算；

其他符号意义同前。

2）倾倒式危岩计算

倾倒式危岩由于危岩块体的重心位置的不同，极限平衡计算中力矩平衡方程有较大差异。因此，分为重心在倾覆点外侧和内侧两种模型。

（1）重心在倾覆点外侧。

计算模型见图 4.3.4－4，按单位宽度考虑，不考虑基座抗拉强度，其稳定性按式（4.3.4－3）计算。取 C 点为倾覆点，为基座岩层弱风化外缘点。

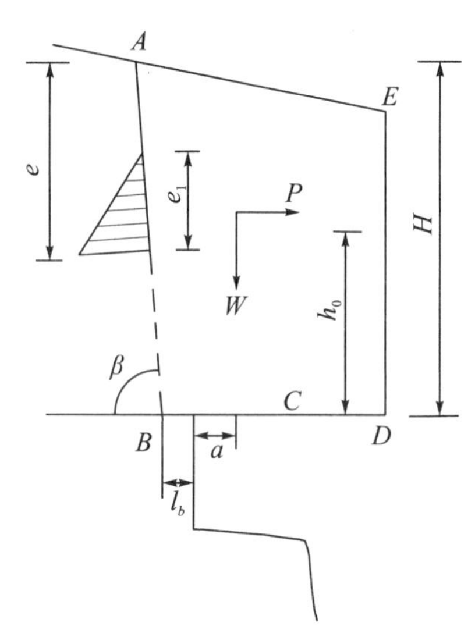

图 4.3.4－4　倾倒式危岩计算模型（重心在倾覆点外侧）

倾覆力矩：

$$M_{倾覆}=Wa+Ph_0+Q\left(\frac{1}{3}\times\frac{e_1}{\sin\beta}+\frac{H-e}{\sin\beta}\right)$$

抗倾覆力矩：

$$M_{抗倾}=f_{lk}\frac{H-e}{\sin\beta}+l_bf_{0k}$$

崩塌危岩稳定系数：

$$K_f=\frac{M_{抗倾}}{M_{倾覆}}=\frac{f_{lk}\dfrac{H-e}{\sin\beta}+l_bf_{0k}}{Wa+Ph_0+Q\left(\dfrac{e_1}{3\sin\beta}+\dfrac{H-e}{\sin\beta}\right)} \tag{4.3.4－3}$$

式中　f_{lk}——危岩抗拉强度标准值（kPa）；

f_{0k}——危岩与基座之间的抗拉强度标准值（kPa），当基座为硬质岩时，$f_{0k}=f_{lk}$，当基座为软质岩如炭质板岩时，取该软质岩的抗拉强度标准值；

a——危岩重心至倾覆点的水平距离（m）；

l_b——危岩底部主控结构面尖端至倾覆点的距离（m）；

其他符号意义同前。

（2）重心在倾覆点内侧。

计算模型见图 4.3.4－5，其稳定性按式（4.3.4－4）计算。危岩重心在倾覆点内侧时，围绕可能倾覆点 C。

倾覆力矩：

$$M_{倾覆}=Ph_0+Q\left(\frac{e_1}{3\sin\beta}+\frac{H-e}{\sin\beta}\right)$$

抗倾覆力矩：

$$M_{抗倾}=W_0+f_{lk}\frac{H-e}{\sin\beta}+l_bf_{0k}$$

危岩稳定系数：

$$K_f = \frac{M_{抗倾}}{M_{倾覆}} = \frac{Wa + f_{lk}\dfrac{H-e}{\sin\beta} + l_b f_{0k}}{Ph_0 + Q\left(\dfrac{e_1}{3\sin\beta} + \dfrac{H-e}{\sin\beta}\right)} \qquad (4.3.4-4)$$

式中符号意义同前。

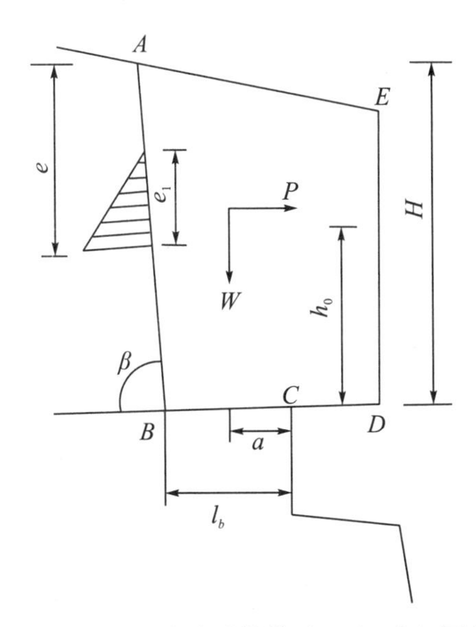

图 4.3.4—5　倾倒式危岩计算模型（重心在倾覆点内侧）

3）坠落式危岩计算

（1）对后缘有陡倾裂隙的悬挑式危岩按下式计算，稳定性系数取计算结果中的较小值，稳定性计算模型见图 4.3.4—6。

$$F = \frac{c(H-h)}{W} \qquad (4.3.4-5)$$

$$F = \frac{\xi f_{lk}(H-h)^2}{Wa} \qquad (4.3.4-6)$$

式中　ζ——危岩抗弯力矩计算系数，依据潜在破坏面形态取值，一般可取 1/12～1/6，当潜在破坏面为矩形时可取 1/6；

a——危岩重心到潜在破坏面的水平距离（m）；

f_{lk}——危岩抗拉强度标准值（kPa），根据岩石抗拉强度标准值乘以 0.2 的折减系数确定；

c——危岩黏聚力标准值（kPa）；

其他符号意义同前。

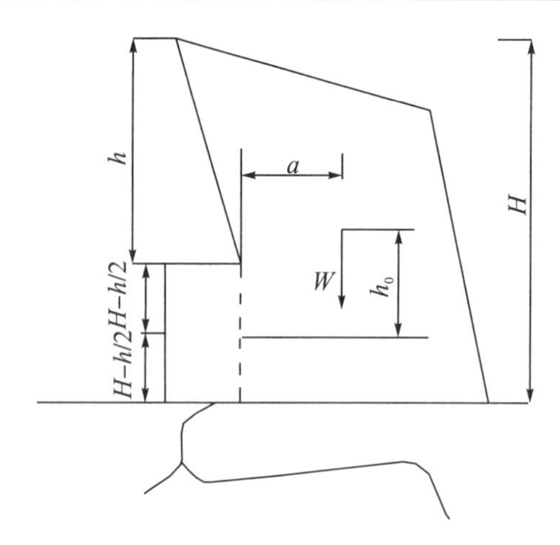

图 4.3.4-6 坠落式危岩稳定性计算模型（后缘有陡倾裂隙）

（2）对后缘无陡倾裂隙的悬挑式危岩按下式计算，稳定性系数取计算结果中的较小值，稳定性计算模型见图 4.3.4-7。

$$F=\frac{CH_0}{W} \tag{4.3.4-7}$$

$$F=\frac{\xi f_{lk}H_0^2}{Wa_0} \tag{4.3.4-8}$$

式中 H_0——危岩后缘潜在破坏面高度（m）；

f_{lk}——危岩抗拉强度标准值（kPa），根据岩石抗拉强度标准值乘以 0.3 的折减系数确定；

其他符号意义同前。

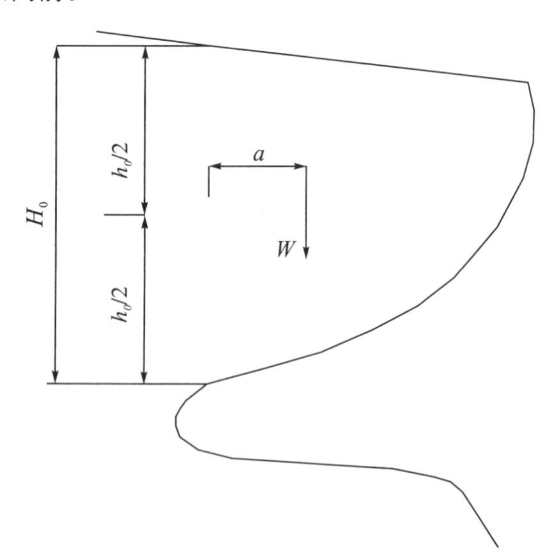

图 4.3.4-7 坠落式危岩稳定性计算模型（后缘无陡倾裂隙）

4.3.4.3 计算工况、稳定安全系数及计算参数

1）计算工况选取

致使危岩失稳而作用在其上的荷载主要包括危岩自重、裂隙水压力和地震力三类。

其中重力为永久工况，暴雨为短暂工况，地震为偶然工况。

工况一（天然工况）：自重+裂隙水压力（天然）。

工况二（暴雨工况）：自重+裂隙水压力（暴雨）。

工况三（地震工况）：自重+裂隙水压力（天然）+地震力。

2）安全标准

参考相关规范，稳定安全系数控制标准见表 4.3.4−2。

表 4.3.4−2　边坡设计安全系数

设计工况		永久工况（天然）	短暂工况（暴雨）	偶然工况（地震）
设计安全系数	滑塌式	1.3	1.3	1.2
	倾倒式	1.5	1.5	1.3
	坠落式	1.8	1.8	1.5

3）计算参数确定

岩石计算参数主要根据试验成果，并结合工程地质类比来综合确定。结构面抗剪力学参数，有明显破坏现象的可通过反算求得，无明显破坏现象的可通过试验成果取值。裂隙水压力按裂隙蓄水能力和降雨情况确定，据陈洪凯等三峡危岩调查的实践经验：自然工况下取裂隙深度的 1/3，暴雨工况下取 2/3。

4.4　危岩危险性分级

危险性（risk）是一个统计学概念，根据联合国人类环境会议筹备委员会（1971年）的定义：危险性是指某事物由于自身安全系数比较低，容易引发事故或发生不良效应的预期频率，可分为高（H）、中（M）、低（L）和忽略不计（N）。宏观意义上的危险性不仅包括事物本身的特性，还包括其发生不良现象的危害性；而部分学者提出的狭义上的危险性仅指其自身属性。本书提及的危岩危险性均指宏观意义上的危险性。

危岩崩塌灾害作为地质灾害的重要组成部分，研究其危险性，对防灾减灾预案的设立和防治工程的设计有着重要的现实意义，对其危险性的研究需建立相应的危岩危险性评价体系。危岩危险性评价体系的建立是一个系统工程，涉及的主要和核心问题是评价方法的选定、评价指标的选取以及评价体系的建立。目前关于地质灾害危险性的评价方法很多，主要有神经网络法、信息量法、信息权法、模糊综合评判法和回归分析法等。上述方法均具有样本数量越大，样本代表性越强，其评价标准可靠性越高的特点。但所需要的工程区大量样本数据，短时间内较难获取。因此，坝址区危岩的危险性分级标准建立以定性判别为主，遵循简便适用的原则，能真实反映研究区危岩发育对枢纽区水工建筑施工、运行的影响。

危岩崩塌灾害作为一种特殊的地质灾害，其发生和破坏机理、运动和破坏过程是有别于其他地质灾害的。危岩灾害本身具有不同其他地质灾害的差异性，其危险性分析是在稳定性评价的基础上对危岩成灾的可能性和发生概率进行分析评价。危岩灾害不同于其他地质灾害的显著特点主要表现在以下几个方面：①危岩的破坏失稳具有突然性；②危岩破坏失稳后的运动速度快，且运动轨迹和形式多变；③危岩灾害的成灾机理是对受灾体的侧面冲撞或正面撞击造成受灾体的破损或伤亡；④危岩灾害成灾过程具有明显的阶段性，其过程包括危岩破坏阶段、失稳后运动阶段（滚石运动）、对受灾体冲撞阶段。因此，危岩危险性主要由危岩的稳定性、失稳后的运动轨迹以及灾害体到达承灾对象时所产生的破坏能力（冲击力大小）所决定。由以上分析以及危岩灾害危险性的定义可知，危岩失稳形成灾害主要受三个要素控制：危岩发育规模、危岩自身稳定性和威胁对象的等级。

针对坝址区而言，两岸边坡地形坡度较陡，植被覆盖率较低，中高高程危岩或其他危险源一旦失稳后，其运动速度较快一般都能抵达承灾对象并且产生较大的冲击力，低高程危岩或其他危险源失稳后对公路、车辆以及行人亦能产生较大威胁。因此，对工程区危岩危险性分析时可忽略高差的影响，应在危岩规模和稳定性基础上针对其威胁对象进行危险性等级的划分。

参考雅砻江锦屏一级、二级水电站坝区危岩危险性评价标准和大渡河大岗山环境边坡危险源危险性评价标准，按危岩规模、危岩稳定性及威胁对象等级“三要素”将危岩的危险性分为危险性大（Ⅰ级）、危险性中（Ⅱ级）、危险性小（Ⅲ级）三个等级（见表4.4－1和表4.4－2）。

表 4.4－1　危岩规模为中型或中型以上时的危险性等级

稳定性	威胁对象		
	永久水工建筑	临时建筑	公路、车辆
稳定性极差	危险性大（Ⅰ级）	危险性大（Ⅰ级）	危险性大（Ⅰ级）
稳定性差	危险性大（Ⅰ级）	危险性大（Ⅰ级）	危险性中（Ⅱ级）
稳定性较差	危险性大（Ⅰ级）	危险性中（Ⅱ级）	危险性小（Ⅲ级）

注：当危险源分布于构筑物上游或下游侧，不会直接危害工程安全，主要影响过往交通、设备和人员安全时，危险性级别可适当降低。本书按体积大小将危岩分为：特大型（>1000m^3）、大型（100～1000m^3）、中型（10～100m^3）、小型（1～10m^3）、危石（<1m^3）。

表 4.4－2　危岩规模为小型及以下时的危险性等级

稳定性	威胁对象		
	永久水工建筑	临时建筑	公路、车辆
稳定性极差	危险性大（Ⅰ级）	危险性中（Ⅱ级）	危险性小（Ⅲ级）
稳定性差	危险性大（Ⅰ级）	危险性中（Ⅱ级）	危险性小（Ⅲ级）
稳定性较差	危险性小（Ⅲ级）	危险性小（Ⅲ级）	危险性小（Ⅲ级）

注：当危险源分布于构筑物上游或下游侧，不会直接危害工程安全，主要影响过往交通、设备和人员安全时，危险性级别可适当降低。本书按体积大小将危岩分为：特大型（>1000m^3）、大型（100～1000m^3）、中型（10～100m^3）、小型（1～10m^3）、危石（<1m^3）。

5　杨房沟枢纽区边坡危岩分布及稳定性评价

5.1　危岩分布

枢纽区左岸边坡整体上呈底部及下部较缓、中上部较陡，山体后缘大多呈陡壁状，总体坡度一般为45°～70°；坡面冲沟、浅沟较为发育，在横向上呈“沟”“梁”相间的特征，岩体临空条件优越；右岸边坡坡形较为完整，地形坡度55°～75°，局部陡崖。边坡出露的地层岩性为花岗闪长岩，岩体以弱风化为主，次块状～块状为主，部分镶嵌结构，局部块裂结构，无较大规模的断层切割山体，裂隙型小断层较发育；受小断层、节理裂隙等因素控制，浅表层岩体完整性差为主，局部较破碎，岩体类别以Ⅲ类为主，部分为Ⅳ类岩体。总体上，枢纽区边坡整体较稳定，但在特有的边坡形态、地层岩性以及构造形迹组合下危岩较为发育。

枢纽区工程边坡开挖线外共发育危岩84处（含潜在不稳定岩体WY19、开关站后边坡危石区Z_K1～Z_K3），其中左岸发育43处，右岸发育41处。危岩主要发育于坡度较大的山体后缘陡崖（陡壁）以及山脊（梁）等临空条件优越的部位。按左右岸分区研究，考虑边坡或危岩对水工枢纽建筑物的影响，又将左、右岸工程区各边坡危岩进行细分，在危岩评价时根据各建筑物工程区对开挖线外危岩进行了分区评价，分为拱肩槽左右岸边坡、坝头左右岸边坡、水垫塘左右岸边坡、引水发电系统进出口及地面开关站边坡、围堰边坡等。

2019年汛期排查，又确定了44处危岩，其中，右岸雾化区下游26处危岩，编号Y_K1～Y_K26，进水口顶部施工便道以下至进水塔顶高程2102m间的冲沟及自然边坡7处危岩，编号Z_K4～Z_K10，左岸坝肩边坡2处危石，编号Z_K11、Z_K12，右岸坝肩边坡8处危岩，编号Y_K27～Y_K34，开关站上游陡崖区1处，编号Z_K13；排查出的危岩除进水口顶部施工便道以下至进水塔顶高程2102m间的冲沟及自然边坡7处危岩外，大都分布在需进行治理的陡崖危石区内。枢纽区工程边坡开挖线外危岩分布见表5.1－1和表5.1－2。

表 5.1-1　枢纽区工程边坡开挖线外左岸危岩分布统计

位置	危岩编号	高程（m）		坡度（°）	主要岩性	规模（m^3）
		最低	最高			
坝头边坡	Z1-15	2282	2333	85	花岗闪长岩	3541
	Z1-17	2310	2322	65	花岗闪长岩	394
	Z1-22	2404	2434	78	花岗闪长岩	469
	Z2-11	2171.2	2180	59	花岗闪长岩	47.6
	Z3-9	2260	2298	63	花岗闪长岩	140.4
	Z3-13	2261	2311	71	花岗闪长岩	867
	Z_K11	2290	2292	66	花岗闪长岩	1
	Z_K12	2294	2300	70	花岗闪长岩	3
水垫塘边坡	Z3-1	2020.5	2024.4	54	花岗闪长岩	12
	Z3-2	2019	2037.2	67	花岗闪长岩	27
	Z3-6	2067	2074	65	花岗闪长岩	16.8
	Z3-7	2078	2094	61	花岗闪长岩	84
	Z3-8	2170	2195	64	花岗闪长岩	134.4
	Z3-10	2280	2319	83	花岗闪长岩	3281
	Z3-11	2208	2256	82	花岗闪长岩	982
	Z3-12	2238	2257	65	花岗闪长岩	56
	Z3-14	2261	2308	52	花岗闪长岩	2552
	Z3-17	2276	2306	55	花岗闪长岩	734

续表5.1－1

位置	危岩编号	高程（m）		坡度（°）	主要岩性	规模（m^3）
		最低	最高			
引水洞进口及地面开关站边坡	Z1－5	2153.5	2157	55	花岗闪长岩	54
	Z1－7	2481	2574	77	花岗闪长岩	1846
	Z1－8	2474	2544	50	花岗闪长岩	1257
	Z1－9	2312	2476	82	花岗闪长岩	3379
	Z1－10	2451	2500	84	花岗闪长岩	4173
	Z1－11	2244	2250	47	花岗闪长岩	78
	Z1－12	2295	2307.5	57	花岗闪长岩	22.4
	Z1－13	2310	2322	55	花岗闪长岩	312.5
	Z1－14	2283	2291.5	53	花岗闪长岩	324
	Z1－18	2205	2213	68	花岗闪长岩	138
	Z1－19	2233	2239	62	花岗闪长岩	18
	Z1－20	2255	2262	54	花岗闪长岩	17
	Z1－21	2431	2455	79	花岗闪长岩	259
	Z1－23	2228	2231	60	花岗闪长岩	20
	Z1－24	2208	2210	50	花岗闪长岩	4.5
	Z1－25	2323	2328	60	花岗闪长岩	6
	Z1－26	2363	2376	50	花岗闪长岩	14
	Z1－27	2427	2432	45	花岗闪长岩	30
	Z1－28	2321	2341	65	花岗闪长岩	228
	Z1－29	2308	2325	75	花岗闪长岩	192
	Z1－30	2360	2363	55	花岗闪长岩	54
	Z_K1	2294	2316	60	花岗闪长岩	38×22
	Z_K2	2302	2340	55	花岗闪长岩	45×38
	Z_K3	2344	2415	58	花岗闪长岩	25×29
	Z_K4	2133	2140	60	花岗闪长岩	12
	Z_K5	2142	2146	55	花岗闪长岩	8
	Z_K6	2133	2150	70	花岗闪长岩	10
	Z_K7	2150	2153	60	花岗闪长岩	3
	Z_K8	2165	2172	55	花岗闪长岩	20
	Z_K9	2180	2182	70	花岗闪长岩	2
	Z_K10	2175	2176	65	花岗闪长岩	0.8
	Z_K13	2150	2230	80	花岗闪长岩	40×80
尾水洞出口边坡	Z3－15	2190	2229	54	花岗闪长岩	287
	Z3－16	2114	2191	55	花岗闪长岩	1090
上游围堰边坡	Z1－6	2073	2079	48	花岗闪长岩	8

表 5.1－2　枢纽区工程边坡开挖线外右岸危岩分布统计

位置	危岩编号	高程（m）		坡度（°）	主要岩性	规模（m^3）
		最低	最高			
拱肩槽边坡	Y2－6	2062.4	2070.8	49	花岗闪长岩	75
	WY19	2007	2104	76	花岗闪长岩	66150
	Yk27	2320	2322	63	花岗闪长岩	1
	Y_K28	2290	2300	50	花岗闪长岩	0.9
	Y_K29	2290	2290	0	花岗闪长岩	1
	Y_K30	2250	2260	60	花岗闪长岩	6×10
	Y_K31	2250	2270	70	花岗闪长岩	5×20
	Y_K32	2245	2275	60	花岗闪长岩	5×30
	Y_K33	2245	2260	55	花岗闪长岩	3×15
	Y_K34	2240	2250	70	花岗闪长岩	3×10
坝头边坡	Y1－9	2178	2204	68	花岗闪长岩	22.5
	Y1－10	2166	2168.5	60	花岗闪长岩	13.1
	Y1－12	2164	2172	73	花岗闪长岩	40
	Y1－13	2250	2258	61	花岗闪长岩	43.2
	Y2－11	2130.7	2135.1	74	花岗闪长岩	50
	Y2－17	2221.7	2225.5	82	花岗闪长岩	22.5
	Y2－19	2203.7	2209	59	花岗闪长岩	8
	Y2－20	2240	2265.5	79	花岗闪长岩	110
	Y2－21	2263.5	2280.4	71	花岗闪长岩	50
	Y2－22	2302	2354	83	花岗闪长岩	2431
	Y2－23	2240.1	2246	65	花岗闪长岩	80
	Y2－24	2237	2246	66	花岗闪长岩	15
	Y2－25	2250	2299	82	花岗闪长岩	2759
	Y2－26	2295	2372	64	花岗闪长岩	2446
	Y2－27	2357	2465	80	花岗闪长岩	1008
	Y2－28	2373	2408	81	花岗闪长岩	225
	Y2－29	2289	2336	74	花岗闪长岩	2247
	Y2－30	2300	2356	74	花岗闪长岩	1374
	Y2－31	2338	2398	68	花岗闪长岩	982
	Y2－32	2256	2274	58	花岗闪长岩	90
	Y2－33－1	2170	2230	55	花岗闪长岩	10032
	Y2－33－2	2110	2165	58	花岗闪长岩	4125
	Y2－33－3	2090	2140	57	花岗闪长岩	3750

续表5.1－2

位置	危岩编号	高程（m）		坡度（°）	主要岩性	规模（m^3）
		最低	最高			
水垫塘边坡	Y3－4	2078	2103	68	花岗闪长岩	400
	Y3－6	2104	2130.5	42	花岗闪长岩	136
	Y3－8	2242.5	2248	70	花岗闪长岩	25
	Y3－9	2260	2268.1	50	花岗闪长岩	56
	Y3－10	2247	2253.9	48	花岗闪长岩	40
	Y3－11	2338	2365	70	花岗闪长岩	243
右岸雾化区	Y_K1	2107	2022	45	花岗闪长岩	49
	Y_K2	2012	2015	70	花岗闪长岩	4.5
	Y_K3	2012	2020	50	花岗闪长岩	96
	Y_K4	2014	2021	66	花岗闪长岩	84
	Y_K5	2012	2012	45	花岗闪长岩	6
	Y_K6	2014	2021	50	花岗闪长岩	6
	Y_K7	2020	2034	75	花岗闪长岩	336
	Y_K8	2022	2024	75	花岗闪长岩	12
	Y_K9	2025	2035	65	花岗闪长岩	75
	Y_K10	2033	2043	50	花岗闪长岩	120
	Y_K11	2032	2043	78	花岗闪长岩	231
	Y_K12	2034	2043	60	花岗闪长岩	81
	Y_K13	2037	2041	50	花岗闪长岩	30
	Y_K14	2070	2074	52	花岗闪长岩	20
	Y_K15	2058	2066	70	花岗闪长岩	80
	Y_K16	2048	2051	80	花岗闪长岩	6
	Y_K17	2048	2063	67	花岗闪长岩	135
	Y_K18	2046	2049	50	花岗闪长岩	15
	Y_K19	2043	2054	68	花岗闪长岩	49.5
	Y_K20	2070	2074	75	花岗闪长岩	3
	Y_K21	2010	2018	67	花岗闪长岩	80
	Y_K22	2018	2021	70	花岗闪长岩	7
	Y_K23	2024	2026	60	花岗闪长岩	5
	Y_K24	2026	2028	70	花岗闪长岩	2
	Y_K25	2030	2035	65	花岗闪长岩	10
	Y_K26	2012	2032	68	花岗闪长岩	30

续表5.1－2

位置	危岩编号	高程（m）		坡度（°）	主要岩性	规模（m^3）
		最低	最高			
围堰边坡	Y1－8	2250	2266	72	花岗闪长岩	84
	Y1－11	2220	2240	68	花岗闪长岩	150
	Y3－1	2029	2036	49	花岗闪长岩	9
	Y3－2	2028	2038	63	花岗闪长岩	27
	Y3－3	2006	2031.5	66	花岗闪长岩	66
	Y3－5	2106	2139	71	花岗闪长岩	140
	Y3－7	2034	2060	68	花岗闪长岩	161
	Y3－12	2328	2353	68	花岗闪长岩	92
	Y3－14	2246	2275	69	花岗闪长岩	110
	Y3－16	2525.7	2555.5	62	花岗闪长岩	157.5

5.2 主要陡崖危石区分布

枢纽区左岸边坡整体上低高程较缓、中上部较陡，总体坡度一般为45°～70°；右岸边坡坡形坡度55°～75°。岸坡出露岩性为花岗闪长岩，浅表层岩体以弱风化为主，主要为次块状～镶嵌结构，次为块裂结构。弱风化上段水平深度一般2～14m，弱风化下段水平深度一般23～57m。强卸荷带水平深度一般0～10m，弱卸荷带水平深度一般10～30m，浅表岩体完整性差为主，局部较破碎。

陡崖危石随机掉块对枢纽区建筑物和施工期的人员、设备构成安全隐患，根据威胁枢纽区建筑物和施工场地等对象的不同，将枢纽区岸坡陡崖危石分布分为8个区，左岸5个区，右岸3个区。

5.2.1 左岸

左岸分为5个区，分别为开关站后陡崖危石区、开关站后陡崖危石区上游陡坡危石区、坝头上游侧坡陡崖危石区、坝头下游侧坡陡崖危石区和尾水出口陡崖危石区。

1）开关站后陡崖危石区（ZD1）

开关站后陡崖危石区（ZD1）位于两山脊之间区域，山体相对单薄，高程为2280～2550m，高差约270m，坡度70°～80°，多为直立陡崖（见图5.2.1－1）。区内浅表岩体以弱风化为主，卸荷较强，浅表节理发育，发育断层f_{39}、f_{44}、f_{94}计3条，其中断层f_{39}产状N10°E SE∠25°，带宽10～30cm，带内为片状岩、岩屑，岩体呈强风化状，面平直粗糙，铁锰质渲染严重；断层f_{44}产状N50°E⊥，带宽3～5cm，带内为碎块岩、片状岩，呈强风化状，铁锰质渲染；断层f_{94}产状N25°E SE∠70°，带宽30～40cm，带内为蚀变岩，局部夹石英，呈强风化状，面粗糙，铁锰质渲染。节理发育，主要发育3组：①N60°～65°W SW∠45°～50°；②N10°～20°E NW∠80°；③N70°～80°E NW∠70°～80°，节理面多平直，延伸较短，间距为 0.1～0.5m。浅部岩体局部受结构面密集切割，稳定性较差。

边坡内无大规模断层发育，断层走向与边坡夹角大（50°～90°），均为逆坡向发育，边坡整体稳定，受小断层、优势节理裂隙、卸荷等因素影响，存在局部稳定问题。区内分布有 6 处危岩，分别为 Z1－7、Z1－8、Z1－9、Z1－27、Z1－28 和 Z1－29。另外，陡崖存在危石随机掉块隐患，掉块将对开关站和进水口内建筑物构成威胁，危险性大。

图 5.2.1－1　开关站后陡崖危石区（ZD1）分布

2）开关站后陡崖危石区上游陡坡危石区（ZD11）

开关站后陡崖危石区上游陡坡危石区 ZD11 位于 ZD1 陡崖区上游测，高程为 2260～2465m，高差约 205m，顶部为山脊，坡度 50°～70°，局部为陡崖（见图 5.2.1－2）。区内基岩裸露，浅表岩体弱风化，强卸荷，节理发育，主要发育 3 组节理：①N60°W SW∠50°；②N10～20°E NW/SE∠80～90°；③N80°W NE∠80°，节理面多微张，平直光滑，断续延伸较长，间距为 0.1～0.5m，其中优势节理①为顺坡向外倾中陡倾角节理，与边坡走向夹角小（20°），对边坡稳定不利。

边坡内无大规模断层出露，整体稳定，但浅部岩体 NWW 顺坡向优势节理及 NNE 向陡倾角节理很发育，岩体完整性差～较破碎，掉块现象发育，坡面多呈阶梯状展布，厚度 2～4m 不等，其中危石群 Z_K1～Z_K3 区域已形成倒悬岩体，稳定性较差，易产生局部失稳。区内分布有 1 处危岩，编号为 Z1－30，发育于上游山脊。此外，上游陡崖单薄，地形高陡，存在危石随机掉块隐患，掉块将对开关站和进水口内建筑物构成威胁，危险性大。

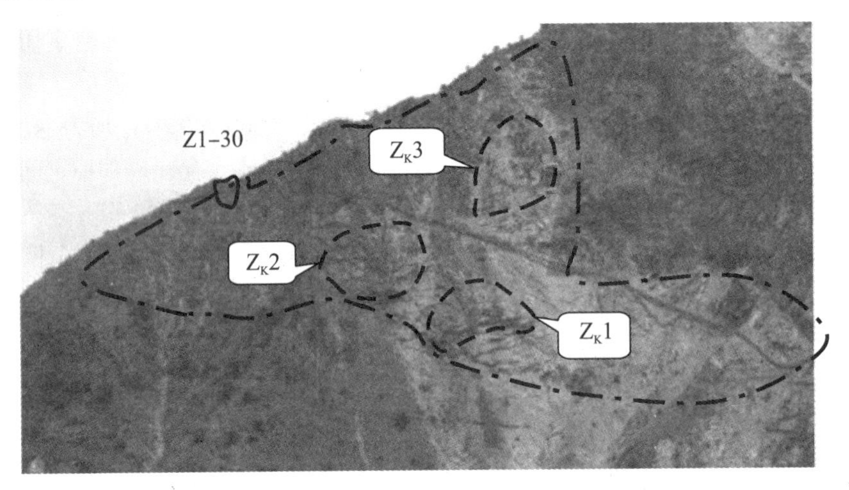

图 5.2.1-2 开关站后陡崖危石区上游陡坡危石区（ZD11）分布

3）坝头上游侧坡陡崖危石区

坝头上游侧坡陡崖区位于坝头上游侧，高程为 2190～2330m，高差约 140m，地形陡峭，坡度 50°～70°，局部为直立陡崖（见图 5.2.1-3 和图 5.2.1-4）。

区内浅表岩体以弱风化为主，节理发育，主要发育 3 组节理：①N30°E SE∠55°；②N85°E NW∠55°；③N25°E NW∠85°，间距为 0.1～0.5m。坡面岩体局部受结构面密集切割，稳定性较差。

浅层岩体较破碎～完整性差，局部破碎。强卸荷带水平深度一般 3～11m，弱卸荷带水平深度一般 6～32m。

边坡整体稳定，受坡面优势节理组合切割等因素影响，存在局部稳定问题。区域上部分布有 2 处危岩，分别为 Z1－15 和 Z1－17 及清坡后遗留的 Z_K11、Z_K12 松散危石，陡崖存在危石随机掉块隐患，将对缆机平台和大坝施工构成威胁，危险性大。

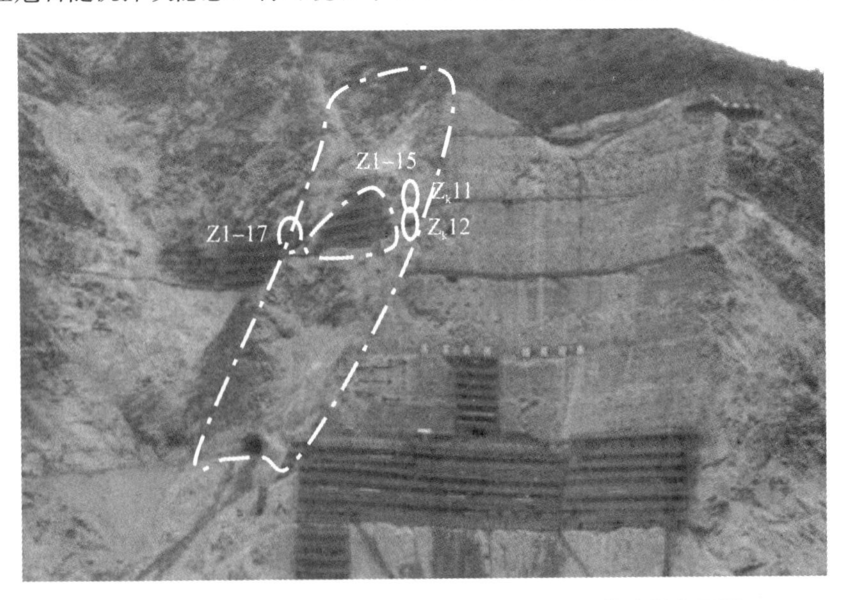

图 5.2.1-3 左岸坝肩上游侧高程 2190～2330m 段陡崖危石区

图 5.2.1−4　左岸坝肩上游侧局部破碎岩体

4）坝头下游侧坡陡崖危石区

坝头下游侧坡陡崖区地形陡峭，坡度 60°～80°，局部见倒悬现象（见图 5.2.1−5 和图 5.2.1−6），高程为 2102～2310m，高差约 208m。

图 5.2.1−5　左岸坝肩下游侧高程 2102～2310m 段陡崖危石区

图 5.2.1-6 左岸坝肩下游侧陡崖危石区中的破碎岩体

区内浅表岩体以弱风化为主，节理发育，主要发育 4 组节理：①EWN∠85°，接触面平直粗糙，闭合无充填；②N45°W SW∠50°，接触面平直粗糙，局部张开 1～2cm；③N40°E NW∠65°，接触面平直粗糙，闭合无填充；④EW S∠43°，接触面平直粗糙，局部张开 1～5cm。坡面岩体局部受结构面密集切割，有较多危石分布。

浅层岩体较破碎～破碎，强卸荷带水平深度一般 3～12m，弱卸荷带水平深度一般 6～32m。

边坡整体稳定，受坡面优势节理组合切割等因素影响，存在局部稳定问题。区内分布有 Z3-8、Z3-13 危岩。该区陡崖存在危石随机掉块隐患，对大坝、水垫塘及边坡施工人员及设备构成威胁，危险性大。

5）尾水出口陡崖危石区

尾水出口陡崖区位于发电系统尾水出口边坡开口线以上区域，高程为 2095～2200m，高差约 105m，以陡崖为主，坡度 50°～80°，浅表岩体破碎（见图 5.2.1-7 和图 5.2.1-8）。

该区边坡走向约 N17°W，岩性为花岗闪长岩，弱风化，表层岩体呈强卸荷，节理发育，主要发育 3 组节理：①N10°W SW∠70°；②N20°E SE∠50°；③N65°W SW∠80°，面平直粗糙，张开 0.5～2cm，局部见铁锰质渲染或附钙质，局部受节理切割，岩体较破碎。

浅层岩体较破碎～完整性差，局部破碎。强卸荷带水平深度一般 3～12m，弱卸荷带水平深度一般 6～32m。

边坡上未发现大规模断层发育，边坡整体稳定。但边坡局部处于两面临空的山脊凸出地段，风化卸荷相对强烈，边坡小断层及裂隙较发育，NNW 顺坡向优势节理也较发育，局部表层因节理及卸荷裂隙组合易形成危石，导致掉块现象。将对尾水出口边坡、二道坝的施工人员及设备构成威胁，危险性大。

图 5.2.1－7　尾水出口边坡高程 2095～2200m 段陡崖危石区

图 5.2.1－8　尾水出口边坡陡崖危石区中的破碎岩体

5.2.2　*右岸*

右岸分为 3 个区，分别为坝头正面坡高位陡崖危石区、坝头上游侧坡陡崖危石区和水垫塘陡崖危石区。

1）坝头正面坡高位陡崖危石区

坝头正面坡高位陡崖危石区位于坝肩边坡开口线以上两山脊之间的三角区域，高程为 2300～2480m，高差约 180m，以陡崖为主，坡度 50°～80°（见图 5.2.2－1）。

区内边坡岩体浅表节理发育，主要发育 5 组节理：①N20°～40°W NE∠85°，可见延伸 0.3～1.5m，间距 0.2～0.5m，接触面平直光滑，局部见张开 1cm；②N65°E NW∠60°，可见延伸 0.3～1m，间距 0.1～0.3m，接触面平直光滑，闭合无填充；③N10°～20°E SE∠75°～80°，可见延伸 0.3～2m，间距 0.1～0.4m，接触面平直粗糙，局部见张开 1cm；④N80°W SW∠35°～40°，可见延伸 0.5～2m，间距 0.5～0.8m，接触面平直粗糙，闭合无填充；⑤N70°E SE∠60°～65°，闭合～微张，面平直，延伸一般，平行发育多条，间距0.3～0.8m。岩体局部受结构面密集切割，稳定性较差。

浅层岩体较破碎～破碎，浅层岩体质量以Ⅲ类为主。强卸荷带水平深度一般5～10m，弱卸荷带水平深度一般10～20m。

边坡上未发现大规模断层发育，边坡整体稳定，但边坡处于两山脊三角区域地段，风化卸荷相对强烈，分布危岩Y2－26、Y2－27、Y2－28、Y2－29、Y2－30、Y2－31和Y3－11，局部表层会因风化卸荷出现掉块现象，将对右岸坝肩边坡、水垫塘边坡开挖支护施工人员及设备构成威胁，危险性大。

图5.2.2－1　坝头正面坡高位陡崖危石区

2）坝头上游侧坡陡崖危石区

坝头上游侧坡陡崖区位于右岸坝肩边坡上游侧（见图5.2.2－2），高程为2000～2370m，高差约370m，边坡高陡，地形坡度70°～80°，地表出露弱风化花岗闪长岩，浅表强卸荷；前缘陡峻两面临空，局部岩体底部崩落形成凹腔（见图5.2.2－3）。

边坡节理发育，主要发育4组节理：①N25°W SW∠35°，面平直粗糙，微张；②N33°E SE∠68°，可见延伸2～6m，面平直粗糙，闭合无填充；③EW N∠85°，面平直粗糙，充填岩屑，局部张开1～2cm；④N50°W NE∠85°，面平直粗糙，闭合无填充。

边坡岩体完整性差为主，局部较破碎，强卸荷带水平深度一般5～10m，弱卸荷带水平深度一般10～20m。

边坡整体稳定，受结构面切割组合影响，分布有Y1－8～Y1－12危岩，另有结构面随机组合形成的危石在暴雨、大风、爆破振动等工况下存在下落掉块现象；该边坡上掉块对下部的围堰、坝肩边坡、大坝基坑等工作面施工存在安全隐患，危险性大。

图 5.2.2−2 坝头上游侧坡陡崖危石区

图 5.2.2−3 坝头上游侧坡陡崖中的危石发育状况

3）水垫塘陡崖危石区

水垫塘陡崖危石区位于右岸坝肩边坡下游侧（见图 5.2.2−4），高程为 1985～2300m，高差约 315m，边坡陡峻，地形坡度 60°～70°，边坡上危石较发育（见图 5.2.2−5）。该区高程 2102m 以下边坡为雾化区系统支护范围。

图 5.2.2-4　水垫塘陡崖危石区边坡

图 5.2.2-5　水垫塘陡崖危石区边坡局部危石分布

地表出露弱风化花岗闪长岩，镶嵌～次块状结构，浅表强卸荷。边坡发育小断层和节理，主要发育 3 组节理：①N80°～85°E NW∠45°～60°，闭合～微张，面平直粗糙，局部充填岩屑，延伸长，平行发育间距 0.1～0.5m；②N30°E SE∠65°，闭合，面平直光滑，延伸长，平行发育间距 0.1～0.5m；③N45°W SW∠50°，闭合，面平直粗糙，断续延伸，平行发育间距 0.2～0.5m。

边坡岩体完整性差为主，局部较破碎，强卸荷带水平深度一般 4～21m，弱卸荷带水平深度一般 5～33m。

边坡整体稳定，受小断层和节理切割组合影响，边坡局部存在潜在不利组合块体，分布有 Y2－11、Y2－17、Y2－19、Y2－20、Y2－23、Y2－24、Y2－32、Y2－33－1、Y2－33－2、Y2－33－3、Y3－5 和 Y3－6 危岩。另外，边坡岩体较破碎，2019 年汛期对高程 2102 以下雾化区边坡进行排查，确定了 26 处危岩（危石区），在高程 2200m 以上确定了 8 处危岩（危石区），存在危石掉块隐患；该边坡上掉块对下部的缆机平台、坝肩边坡、大坝基坑、二道坝及水垫塘边坡等工作面施工存在安全隐患，危险性大。

5.3 稳定性评价

5.3.1 左岸坝头边坡

(1) 左岸坝头工程边坡开挖线外共发育危岩 8 处，主要发育于边坡坡度较大的山体后缘陡崖（陡壁）以及山脊（梁）等处。危岩规模以大型危岩为主，单处危岩最小规模为 1m³，最大规模为 3541m³，危岩总方量约 5462m³。危岩类型为危岩及危石群，其中危岩 6 处，为 Z1－15、Z1－17、Z1－22 、Z2－11、Z_K11 和 Z_k12；危石群 2 处，为 Z3－9 和 Z3－13。

(2) 危岩失稳模式以滑塌式和坠落式为主，其中坠落式危岩 5 处，为 Z1－15、Z1－17、Z1－22、Z3－9 和 Z3－13；滑塌式危岩 3 处，为 Z2－11、Z_K11、Z_K12。

(3) 经定性分析，危岩稳定性差～极差，其中稳定性差危岩 5 处，为 Z1－17、Z1－22、Z3－9、Z_K11 和 Z_K12；稳定性较差危岩 1 处，为 Z3－13；稳定性极差危岩 2 处，为 Z1－15 和 Z2－11。

(4) 通过定量计算与定性评价对比分析，稳定性极差的危岩处于欠稳定状态。

(5) 经危险性分析，8 处危岩危险性等级均为危险性大，危害对象为大坝及缆机平台。

5.3.2 右岸坝头边坡

(1) 右岸坝头工程边坡开挖线外共发育危岩 23 处，主要发育于边坡坡度较大的山体后缘陡崖（陡壁）以及山脊（梁）等处。危岩规模以中、大型危岩为主，单处危岩最小规模为 8m³，最大规模为 10032m³，危岩总方量约 31923.3m³。危岩类型为危岩及危石群，其中危石群 4 处，为 Y2－20、Y2－26、Y2－27 和 Y2－32，其余 19 处为危岩。

(2) 危岩失稳模式以滑塌式、坠落式和倾倒式为主，其中滑塌式危岩 19 处，为 Y1－9、Y1－10、Y1－13、Y2－17、Y2－19～Y2－29、Y2－31 和 Y2－33－1～Y2－33－3；坠落式危岩 3 处，为 Y1－12、Y2－30 和 Y2－32；倾倒式危岩 1 处，为 Y2－11。

(3) 经定性分析，危岩稳定性以差为主，少量极差和较差，其中稳定性差危岩 17 处，为 Y1－9、Y1－10、Y1－12、Y2－11、Y2－20～Y2－23、Y2－25～Y2－28、Y2－30、Y2－31 和 Y2－33－1～Y2－33－3；稳定性较差危岩 4 处，为 Y1－13、Y2－17、Y2－24、Y2－29；稳定性极差危岩 2 处，为 Y2－19 和 Y2－32。

(4) 通过定量计算与定性评价对比分析，稳定性差的危岩处于欠稳定～基本稳定状态。经危险性分析，23 处危岩危险性等级均为危险性大，危害对象为大坝及缆机平台。

5.3.3 左岸拱肩槽边坡

左岸拱肩槽工程边坡开挖线外附近无危岩分布，但边坡高陡，地表出露岩体为花岗闪长岩，浅表岩体主要为块裂～次块状结构，岩体质量以Ⅲ类、Ⅳ类为主，边坡浅表分布强卸荷岩体，局部稳定性差。

5.3.4 右岸拱肩槽边坡

（1）右岸拱肩槽工程边坡开挖线外发育危岩 9 处（Y2－6、Y_K27～Y_K34），为小、中型危岩，规模为 0.9～75m^3，发育 1 处潜在不稳定岩体（WY19），规模为 66150m^3。

（2）危岩失稳模式以倾倒式、滑塌式为主，个别为坠落式，潜在不稳定岩体 WY19 失稳模式为滑塌式。

（3）经定性分析，危岩 Y2－6、Y_K27～Y_K34 和潜在不稳定岩体 WY19 稳定性差。

（4）通过定量计算与定性评价对比分析，稳定性差的危岩处于欠稳定状态。

（5）经危险性分析，危岩 Y2－6、Y_K27～Y_K34 和潜在不稳定岩体 WY19 危险性等级为危险性大，危害对象为右岸拱肩槽和拱坝。

5.3.5 左岸水垫塘边坡

（1）左岸水垫塘边坡共发育危岩 10 处，以中、大型危岩为主，单处危岩最小规模为 12m^3，最大为 3281m^3，危岩总方量约 7879.2m^3。危岩类型为危岩及危石群，其中危岩 8 处（Z3－1、Z3－2、Z3－6、Z3－7、Z3－11、Z3－12、Z3－14 和 Z3－17），危石群 2 处（Z3－8、Z3－10）。

（2）危岩失稳模式有滑塌式和坠落式，其中滑塌式危岩 5 处（Z3－1、Z3－7、Z3－10、Z3－12 和 Z3－17），坠落式危岩发育 5 处（Z3－2、Z3－6、Z3－8、Z3－11 和 Z3－14）。

（3）危岩稳定性以较差～差为主，局部极差，其中稳定性较差危岩 3 处（Z3－10～Z3－12），稳定性差危岩 6 处（Z3－1、Z3－2、Z3－7、Z3－8、Z3－14 和 Z3－17），稳定性极差危岩 1 处（Z3－6）。

（4）经危险性分析，10 处危岩的危险性均为大，危害对象为水垫塘。

5.3.5 右岸水垫塘边坡

（1）右岸水垫塘工程边坡开挖线外共发育危岩 32 处，以中、大型危岩为主，部分小型，单处危岩最小规模为 2m^3，最大规模为 400m^3。危岩类型为危岩及危石群，其中危岩 25 处（Y3－4、Y3－8、Y3－9、Y3－10、Y3－11 和 Y_K1～Y_K20），危石群 7 处（Y3－6、Y_K21～Y_K26）。

（2）危岩失稳模式有滑塌式和坠落式，其中坠落式危岩发育 8 处（Y3－6、Y3－8、Y3－10、Y_K5、Y_K6、Y_K14、Y_K16 和 Y_K17），其余 24 处为滑塌式危岩。

（3）危岩稳定性以差为主，局部较差，其中稳定性极差危岩 9 处（Y_K1、Y_K7、Y_K9、Y_K16、Y_K19、Y_K20、Y_K21、Y_K24 和 Y_K26），稳定性差危岩 21 处（Y3－4、

Y3－6、Y3－8、Y3－10、Y3－11、Y_K2～Y_K6、Y_K8、Y_K10～Y_K15、Y_K17、Y_K18、Y_K22、Y_K23 和 Y_K25），稳定性较差危岩 2 处（Y3－9 和 Y_K15）。

（4）经危险性分析，除 1 处危岩的危险性为中等（Y3－9）外，其余 31 处危岩的危险性均为大，危害对象为水垫塘、二道坝。

5.3.7　引水洞进口及地面开关站边坡

（1）引水洞进口及地面开关站工程边坡开挖线外共发育危岩 32 处，以中～特大型危岩为主，个别为小型，单处危岩最小规模为 0.8m^3，最大规模为 4173m^3。危岩类型为危岩及危石群，其中危岩 19 处（Z1－5、Z1－11、Z1－12、Z1－14、Z1－18～Z1－21、Z1－23～Z1－25、Z1－29、Z_K4～Z_K10），危石群 13 处（Z1－7、Z1－8、Z1－9、Z1－10、Z1－13、Z1－26、Z1－27、Z1－28、Z1－30、Z_K1～Z_K3 和 Z_K13）。

（2）危岩失稳模式有滑塌式和坠落式，其中滑塌式危岩 23 处（Z1－5、Z1－10、Z1－11、Z1－19～Z1－21、Z1－23、Z1－24、Z1－27～Z1－30、Z_K1～Z_K10 和 Z_K13），坠落式危岩发育 9 处（Z1－7～Z1－9、Z1－12～Z1－14、Z1－18、Z1－25 和 Z1－26）。

（3）危岩稳定性以较差～差为主，个别为极差，其中稳定性较差危岩 6 处（Z1－8、Z1－10、Z1－18、Z1－24、Z1－25 和 Z_K5），稳定性差危岩 20 处（Z1－5、Z1－7、Z1－9、Z1－11～Z1－13、Z1－19～Z1－21、Z1－23、Z1－26、Z1－28、Z1－29、Z_K2～Z_K4、Z_K6、Z_K8、Z_K10 和 Z_K13），稳定性极差危岩 6 处（Z1－14、Z1－27、Z1－30、Z_K1、Z_K7和 Z_K9）。经危险性分析，有 21 处危岩的危险性均为大，危害对象为引水洞进口及地面开关站。

5.3.8　尾水洞出口边坡

（1）尾水洞出口工程边坡开挖线外共发育危岩 2 处（Z3－15 和 Z3－16），为大～特大型危岩，单处危岩最小规模为 287m^3，最大规模为 1090m^3。危岩类型为危岩，总方量 1377m^3。

（2）危岩失稳模式均为坠落式。

（3）危岩稳定性均为较差。

（4）经危险性分析，危岩 Y3－16 的危险性为大，危岩 Y3－15 的危险性为中等，危害对象为尾水洞出口。

5.3.9　上游围堰边坡

（1）上游围堰工程边坡开挖线外共发育危岩 3 处，为小～大型危岩，单处危岩最小规模为 8m^3，最大规模为 150m^3，危岩总方量约 242m^3。危岩类型均为危岩。

（2）危岩失稳模式有滑塌式和坠落式，其中滑塌式危岩 1 处（Z1－6），坠落式危岩发育 2 处（Y1－8 和 Y1－11）。

（3）危岩稳定性较差～极差，其中稳定性较差危岩 2 处（Y1－8 和 Y1－11），稳定性极差危岩 1 处（Z1－6）。

（4）经危险性分析，3 处危岩的危险性均为中等，危害对象为上游围堰。

5.3.10 下游围堰边坡

（1）下游围堰工程边坡共发育危岩 8 处，以中、大型危岩为主，单处危岩最小规模为 $9m^3$，最大规模为 $161m^3$，危岩总方量约 $762.5m^3$。危岩类型为危岩及危石群，其中危岩 6 处（Y3－1、Y3－3、Y3－5、Y3－7、Y3－14 和 Y3－16），危石群 2 处（Y3－2 和 Y3－12）。

（2）危岩失稳模式有滑塌式和坠落式，其中滑塌式危岩 1 处（Y3－5），坠落式危岩发育 7 处（Y3－1～Y3－3、Y3－7、Y3－12、Y3－14 和 Y3－16）。

（3）危岩稳定性以差为主，局部较差，其中稳定性差危岩 7 处（Y3－1～Y3－3、Y3－7、Y3－12、Y3－14 和 Y3－16），稳定性较差危岩 1 处（Y3－5）。

（4）经危险性分析，5 处危岩的危险性为大（Y3－2、Y3、Y3－7、Y3－14 和 Y3－16），3 处危岩的危险性为中等（Y3－1、Y3－5 和 Y3－12），危害对象为下游围堰。

6　危岩防治措施

6.1　枢纽区危岩特点

（1）杨房沟水电站工程区两岸坡节理发育，浅部岩体卸荷作用明显，局部岩体松动，山脊突出或边坡陡峻的局部形成了危岩、危石群，陡崖地段多有危石分布。

（2）危岩分布范围广、数量多、陡崖破碎区面积大。枢纽区工程边坡开挖线以外危岩共128处，上下游分布范围从开关站边坡至尾水出口边坡，长度约950m，高程为2000～2550m，高差约550m，块体体积最大10032m^3，最小0.8m^3，中型～特大型危岩占82%。潜在不稳定岩体1处（WY19），总方量66150m^3。危岩分布位置统计见表6.1－1，危岩体积统计见表6.1－2。

表6.1－1　危岩分布位置统计

项目	拱肩槽边坡	坝头边坡	水垫塘、雾化区边坡	进水口、开关站边坡	尾水出口边坡	围堰	合计（个）
左岸	0	8	10	32	2	1	53
右岸	2	31	32	0	0	10	75
合计（个）	2	39	42	32	2	11	128
占比（%）	1.6	30.4	32.8	25.0	1.6	8.6	100

注：表中含潜在不稳定岩体1处（WY19）。

表6.1－2　危岩体积统计

项目	危石（<1m^3）	小型（1～10m^3）	中型（10～100m^3）	大型（100～1000m^3）	特大型（>1000m^3）	合计（个）
左岸	1	9	17	14	8	49
右岸	1	10	31	15	10	67
合计（个）	2	19	48	29	18	116
占比（%）	1.7	16.3	41.0	25.0	16.0	100

注：表中含潜在不稳定岩体1处（WY19）；上表不含危石群12个。

（3）危岩失稳模式以坠落式和滑塌式为主，倾倒式较少。稳定性级别以差为主，个别稳定性极差，危险性级别为中等或大。失稳模式、稳定性级别、危险性级别统计分别见表6.1－3～表6.1－5。

表6.1－3　危岩失稳模式统计

项目	倾倒式	坠落式	滑塌式	合计（个）
左岸	0	21	32	53
右岸	2	21	52	75
合计（个）	2	42	84	128
占比（%）	1.5	33.0	65.5	100

注：表中含潜在不稳定岩体1处（WY19）。

表6.1－4　危岩稳定性级别统计

项目	较差	差	极差	合计（个）
左岸	12	31	10	53
右岸	10	52	13	75
合计（个）	22	83	23	128
占比（%）	17.0	65.0	18.0	100

注：表中含潜在不稳定岩体1处（WY19）。

表6.1－5　危岩危险性级别统计

项目	小	中等	大	合计（个）
左岸	0	11	42	53
右岸	0	19	56	75
合计（个）	0	30	98	128
占比（%）	0	23.5	76.5	100

注：表中含潜在不稳定岩体1处（WY19）。

（4）危岩治理治理难度大、工程量大、施工期普遍较长。由于枢纽区地形陡峭，危岩位高、坡陡，且分布不集中，导致施工设备、材料运输困难，施工用风、水、电等辅助设施布置难度大，存在陡峭边坡超高排架搭设、精细化爆破控制、高位锚索下索、长大裂隙回填灌浆等一系列技术难题，施工安全风险高。

6.2　危岩治理总体目标及原则

根据枢纽区边坡危岩分布、失稳模式、稳定性、危险性等主要因素，确定危岩治理总体目标及原则如下。

（1）总体目标：确保工程永久运行安全，尽可能降低施工期安全风险。

（2）总体原则：分区段、分重点、永临结合、全面有效、安全经济。

6.3 设计方法

（1）现场设计：设计前移，在施工过程中，借助形成的施工便道对危岩范围、节理切割情况及产状、控制性结构面力学参数、危岩稳定性等进行进一步的定性、定量复核，对每块危岩的治理措施进一步的明确。

（2）个性化设计：根据危岩的位置、类型、变形破坏机制、稳定性评价及危险性分级、对枢纽建筑物及施工安全的影响、治理施工条件等因素，以总体治理原则为基础，针对各处危岩分别制定适合其自身条件的个性化治理方案。

（3）动态设计：通过危岩监测成果分析，评判危岩治理效果；对于变形或应力监测异常情况，参建相关方（包括业主、监理、地质及设计、监测、施工等）根据高陡边坡高位危岩高效辨识系统的成果，对地质及设计提出的差异化防治成套技术，采用快速决策机制进行明确，在实施过程中进行动态跟踪及调整。

6.4 治理措施

6.4.1 治理措施方案比较

危岩治理基本措施可分为“防”和“治”。其中，“防”包括挡渣墙、主动防护网、被动防护网、安全监测等；“治”包括开挖清除、锚固、截排水、固结灌浆等，对以上各种措施进行比较，见表6.4.1−1。经综合比选，对危岩主要采用开挖清除、锚固，并根据具体情况布置排水措施，重点危岩进行安全监测；对坡面随机滚石、落石、陡壁危石区主要采用主动、被动防护网进行防护；个体治理措施根据其具体情况合理选择。

表6.4.1−1 治理措施方案比较

治理措施	主要优点	主要缺点
开挖清除	经济可靠，可以彻底根除危岩隐患	爆破开挖可能造成新的块体问题，对控制爆破施工要求高
挡渣墙	技术简单有效、经济实用	需要具备一定宽度的挡渣平台，对高陡边坡适用性较差
混凝土、钢架支撑	技术简单有效、经济实用	危岩下部需具备合适的支撑点，对地形要求高
锚固	技术成熟，结构简单，不明显改变环境，不会造成新的块体问题	需要搭设支护排架，具备搭设排架的地形条件，对于高陡边坡，施工难度大、施工期安全风险高、排架等辅助工程量大
固结灌浆	增加结构面的黏结强度，提高结构面参数	灌浆压力不易控制，可能不利块体稳定
主动、被动防护网	不受地形地貌和场地条件限制，施工简单，对坡面随机滚石、落石、陡壁破碎区有较好的防治效果	能够提供的加固力相对较小，对较大块体不适用

续表6.4.1－1

治理措施	主要优点	主要缺点
排水	技术简单有效、经济实用	顶部截水沟对于高位陡崖施工困难，坡面排水孔需要搭设支护排架，需具备搭设排架的地形条件，对于高陡边坡，施工难度大、施工期安全风险高、排架等辅助工程量大
安全监测	技术简单有效、经济实用，能够提供变形及支护锚杆受力数据，提前预警，争取进一步处理及撤离时间	仅起到“防”的作用，不能“治”，不能作为主要治理措施

6.4.2 治理措施方案选择

根据危岩特征，经综合分析，明确治理措施具体方案分类见表6.4.2－1。

表6.4.2－1 危岩治理措施方案选择

治理措施类型	危岩基本特征	治理措施	危岩数量占比
Ⅰ类	①直接危害工程施工或运行； ②稳定性差； ③开挖后不会形成次生危岩	开挖清除	36%
Ⅱ类	①直接危害工程施工或运行； ②稳定性差； ③开挖后坡面仍存在不利组合块体	开挖清除＋锚固	35%
Ⅲ类	①直接危害工程施工或运行； ②稳定性差，主要为坡面随机掉块问题； ③位于高陡边坡，不具备搭设排架锚固的施工条件； ④陡崖顶部或单薄山脊	清除表层浮渣、碎石松动块体后进行主动防护网	29%、陡崖危石区
Ⅳ类	坡面随机掉块、滚石、落石、浮渣	被动防护网、挡渣墙防护	枢纽区工程边坡开口线以上区域系统拦挡

6.5 施工基本原则

（1）必须严格遵照“自上而下”的原则开展危岩治理施工，对有明显滑动和崩塌迹象的危岩需先进行清除或支护，再进行喷锚及柔性防护系统的施工。严禁在没经过论证确认安全的情况下进行下一道工序的施工。

（2）对于开挖（清除）后停滞在坡面的散落块体，应及时进行清理。在危险地带应设置明显的警示标志并实行有效的行人、车辆管制。

（3）对边坡开口线附近（3～5m）的覆盖层应进行清理；对危岩施工及边坡施工产生的虚渣、浮石等须及时清理。

（4）危岩治理应避免在大风、雨天施工，在雨季施工，应有保证工程质量和安全施工的保障措施。在施工过程中，应做好施工用水的管理工作，控制施工用水对坡面岩体稳定性的影响；做好开挖坡面周围及坡面上的排水措施，拦截地表水，注意保护坡面免受冲刷和侵蚀破坏。在暴雨发生后，应检查边坡稳定情况，在确认边坡稳定后，再进行施工作业。

（5）由于现场调查的局限性，不可避免地存在一些未发现的危岩。在施工过程中，发现的危岩应参照类似危岩治理措施按现场技术人员的要求进行处理。

（6）主动防护网、被动防护网、挡渣墙等措施实施后，应根据设计要求设置施工永久通道，以便定期检查、清理、维修及加固。

6.6　施工技术

杨房沟水电站工程区两岸坡面岩体节理发育，花岗闪长岩卸荷作用明显，岩体局部松动，山脊突出或边坡陡峻的局部块体形成危岩或危石群。对于危岩处理，开挖线内的危岩不需要采取专门的工程治理措施，在开挖过程中予以清除即可，而开挖边坡范围外的危岩，则需对危岩采取清除、随机锚杆（锚筋桩、1000kN 预应力锚索）、喷 C25 混凝土、混凝土框格梁、排水孔、防护网（GNS2 型主动防护网、RX1－075 型被动防护网）、挡渣墙等措施进行处理。

根据施工总进度的安排，开挖区外危岩计划分三期进行处理。一期处理内容：左右岸坝肩边坡、左岸尾水出口边坡开挖线正上方的危岩治理（即影响前期边坡开挖施工的部位）及右岸覆盖层清理；二期处理内容：左岸进水口、开关站上部的危岩治理、右岸上下游围堰顶部危岩治理；三期处理内容：左右岸其余零星部位危岩治理。

6.6.1　施工通道布置

施工通道包括人行通道和材料通道两部分，经现场踏勘，并通过经济分析后，采取下述方法进行布置。

6.6.1.1　人行通道布置

1）左岸人行通道

（1）从高场坪左侧已有便道往中心炸药库方向前行约 800m 后，跨杨房沟搭设人行便桥至杨房沟的沟右侧山体，沿右侧山体修建人行通道翻过山脊到达左岸坝肩边坡危岩治理区。

（2）从跨杨房沟高线桥右岸桥头搭设简易钢爬梯至尾水出口边坡上部危岩治理区。

（3）当缆机平台以上危岩处理完成以后，从缆机平台交通洞支洞口修建一条至进水口、开关站上部危岩工作面的施工便道。

2）右岸人行通道

从右岸上游索道桥桥头沿旦波崩坡积体前期便道拓宽修建至右岸坝肩边坡 2400m 高程（Y2－27 危岩下部），若遇陡峭部位，采用栈桥或爬梯的形式通行。优先处理上部 Y2－27、Y2－28 危岩，完成后修建下部栈桥通道，连接至原有的 2300m 高程右岸缆索吊卸料平台，再接至各个工作面。

便道宽 0.8～1.5m，临边设置防护栏杆。危岩施工便道布置的核心在于不能将便道设置于危岩的正下方，必须在其上下游方向或山背后绕行。

6.6.1.2　材料通道布置

（1）危岩处理的材料运输通道主要利用前期已经形成的 20t 缆索吊，其横跨雅砻江左、右岸，位于左、右岸 2300m 高程。缆索吊的作用至关重要，现已被叶巴滩等其他工程借鉴。

（2）对于汽车能够到达的部位，直接利用汽车运输，汽车不能到达的部位，采用缆索吊吊运，缆索吊不能覆盖的地方，采用骡马驮运至工作面附近，人工结合自建索道（0.5t，含吊篮及滑轮重量）搬运到危岩处理区。

自建索道主承载索采用 ϕ16 的 6×37S+IWR 的钢丝绳，钢丝强度极限 1770N/mm^2，最大长度约 610m；牵引索设计为 ϕ12 的 6×19S+IWR 钢丝绳。天车及挂钩按 0.1t 起吊吨位进行设计与加工，预留安全裕度；索道允许净荷载为 0.4t（不含天车及挂钩等）。另索道配置行程开关、报警装置等设施，过程中定期进行检修和保养。

6.6.2　施工风、水、电布置

6.6.2.1　供风

由于左右岸危岩分布极为零散，采用集中供风与分散零星供风相结合的方式进行供风。

1）集中供风

分别在左右岸缆索吊 2300m 高程卸料平台附近设置 1 座压气站作为集中供风站，作为相对集中及用风量较大部位的危岩锚索、锚杆、主被动防护网施工供风风源。每个压气站配置 2～3 台 17m^3/h 柴油动力型空压机，供风主管采用 DN65 钢管，支管采用 ϕ50、ϕ25 软管。

2）分散供风

分散零星供风主要为施工便道施工、零星部位危岩清除及不便于采取集中供风的部位供风。主要采用 3m^3 小型油动空压机供风。小型空压机根据现场实际情况灵活布置，供风管主要采用 ϕ25 软管。

6.6.2.2　供水

1）左岸施工供水

（1）系统水形成前：主要利用杨房沟内的溪水，在杨房沟防洪坝处设置一座水泵房，采用高扬程水泵沿沟右侧山坡翻过山脊抽至缆索吊平台上方水池，水池根据危岩分布状况，采用了 7 个 3～5m^3 胶桶分布在各个区域，每个区域的胶桶相互串联形成一定规模的容积。低于水池部位采用自流式进行分布供水，高于水池部位供水再采用小水泵抽至工作面。

（2）系统水形成后：采用高扬程水泵直接从缆机平台交通洞施工支洞系统水管处抽水至危岩处理区进行供水。

2）右岸施工供水

（1）系统水形成前：主要利用山顶的泉水，若泉水不满足施工强度要求，利用雅砻江内的江水，在上游索道桥附近设置一座水泵房，抽至缆机平台交通洞施工支洞口水箱，再采用高扬程水泵沿山坡至开挖区外侧山脊2500m高程平台水池，水池采用4个$3m^3$胶桶串联形成容积为$12m^3$供水池，再采用自流式进行分布供水，高于水池部位供水再采用小水泵抽至工作面。

（2）系统水形成后：从上坝交通洞系统水接口，接一趟供水管至缆机交通洞施工支洞洞口，再采用高扬程水泵从缆机交通洞施工支洞口抽至2500m高程平台水池，再接至各工作面。

实际施工过程中，右岸山顶泉水水量充足，沿前期形成的左右岸20t缆索吊的5t辅助吊运索，布置了一趟ϕ50水管从右岸跨江行至左岸，补充左岸施工用水。

6.6.2.3 供电

1）左岸供电

从高线混凝土生产系统附近业主提供的10＃或11＃电缆接线口接一根不小于$50mm^2$的铜芯电缆经杨房沟高线桥至杨2洞口处，采用钢丝绳＋抱箍拉紧牵至缆索吊锚固平台，缆索吊锚固平台处配置一个容量500kVA的1＃箱变，再采用铜芯线从配电箱接至工作面。为了避免施工用电中断，在1＃箱变处配置了1台150kW的柴油发电机，作为左岸施工用电的备用电源。

2）右岸供电

从低线绕坝洞出口原有电源点引出一根不小于$70mm^2$的铜芯电缆沿上游开挖轮廓线外布置至高程2500m附近，并设置配电箱，再采用铜芯线从配电箱接至工作面。局部离配电箱较远部位的危岩治理施工用电配置30kW的小型柴油发电机供电，柴油发电机根据现场情况灵活布置。右岸在2360m高程5t辅助缆索吊锚固平台处，设置1台150kW的柴油发电机作为施工备用电源。

6.6.3 危岩开挖

1）破碎、零散危岩处理

破碎、零散的危岩，采用风镐、铁锹清除，清除的部分石渣主要用于危岩施工便道的加宽填筑，剩余石渣料人工装袋就近临时堆存、堆存到一定量时采用索吊吊运至山脚，再利用25t汽车运至渣场。

2）开挖

（1）薄层松散覆盖层，采用风镐、铁锹清除。

（2）较坚硬且体积较大的孤石采用钻孔爆破的方式进行破碎，主要由人工清除，另外WY19等个别危岩具备大面开挖条件后由人工配合机械清理。左右岸开口线以外截水沟局部存在开挖，由于开挖方量小，爆破方式同孤石一样解爆。

（3）对于能采用反铲直接开挖的覆盖层，若覆盖层开挖宽度满足反铲安全运行要求，采用小型反铲进行开挖。

6.6.4 爆破

6.6.4.1 爆破材料及设备

炸药：主要采用Φ32mm、Φ25mm乳化炸药。

传爆器材：导爆索。

起爆器材：电雷管和导爆索。

钻孔机械：YT－28型气腿钻。

6.6.4.2 孤石解爆爆破参数

危岩处理40m³以下石方爆破暂定为孤石解爆范畴，按照以下爆破参数施工。

1）最小抵抗线W

$$W=(20\sim40)d$$

式中，d为药卷直径，取32mm，故

$$W=(20\sim40)\times32\text{mm}=640\sim1280\text{mm}$$

取$W=0.7\sim1.2$m。

2）炮孔间距a

$$a=mW$$

式中，m为炮孔邻近系数，取1.4，故

$$a=(0.7\sim1.2)\times1.4=0.98\sim1.68\text{m}$$

取$a=1.0\sim1.5$m。

3）炮孔排距b

$$b=0.866a$$

$$b=0.866\times(1.0\sim1.5)=0.866\sim1.3\text{m}$$

取$b=0.9\sim1.2$m。

4）装药量Q

$$Q=qaWH$$

式中，q为岩石爆破单位耗药量，取0.25～0.55kg/m³；H为孔深，取1.0～2.5m。

取$Q=0.21\sim2.25$kg。

5）装药结构及堵塞长度

根据单位耗药量、炮孔排间距和孤石大小综合考虑。采用Φ32mm药卷，连续装药，不分层装药，由雷管激发。堵塞长度根据孤石具体情况进行控制，一般控制在1.0m左右。

6）起爆方案

多个孤石可以同批串联起爆，爆破顺序按自下而上的方式进行。

6.6.4.3 大体积危岩处理爆破参数

危岩处理40m³以上石方爆破为大体积危岩爆破范畴，部分危岩爆破方量较大，为400～500m³，采取分层预裂爆破方式，分层厚度4m，按照以下爆破参数施工。

1）预裂孔参数

（1）炮孔间距 a。

据经验公式：

$$a=(7\sim12)D$$

式中，D 为钻孔孔径，取 42mm，故

$$a=42\times(7\sim12)=294\sim504\text{mm}$$

取 $a=45$cm。

（2）不耦合系数。

根据经验公式：

$$D_d=D/d$$

式中，D 为钻孔直径，取 42mm（成孔）；d 为药卷直径，取 25mm。故

$$D_d=42/25=1.68$$

（3）线装药密度 Q_x。

根据经验公式：

$$Q_x=0.188a\sigma^{0.5}$$

式中，a 为孔间距 0.3～0.5m；σ 为岩石极限抗压强度（kgf/cm^2），杨房沟工程初选 600kgf/cm^2。故

$$Q_x=0.188\times45\times24.49=207.2\text{g/m}$$

取 250g/m，底部加强装药 2～3 倍。

2）主爆孔参数

$$Q=gabH$$

式中，g 为岩石爆破单位耗药量，取 0.25～0.55kg/m^3；a 为主爆孔间距，取 1.2m；b 为主爆孔排距，取 1.2m；H 为台阶高度，取 3m。

经计算，Q=1.3～3.0kg。单孔装药量取 1.2～3.0kg。

3）装药结构

预裂爆破装药结构分三方面：孔口堵塞长度和堵塞方法；线装药密度；底孔加强装药。主爆孔采用连续装药。

（1）预裂孔采用间隔装药，药卷直径 25mm 或者 32mm，炸药采用乳化炸药。边坡线装药密度 150～350g/m，孔口用炮泥封堵药包，堵塞长度为 1.0～1.2m，部分堵塞长度根据实际情况相应调整。

（2）采用绑竹片，空气间隔装药，同时注意堵塞时过紧对间隔装药的影响。

（3）预裂爆破孔底加强装药，靠孔口填塞段减弱装药。

4）起爆方案

预裂爆破孔提前前一排主爆孔 100～200ms 起爆。预裂爆破单段起爆药量不大于 50kg。

6.6.4.4 现场爆破施工控制要点

（1）布孔、钻孔：施工前按照危岩的大小选定爆破方式，根据上述爆破设计进行布

孔；采用空压机带 YT－28 型气腿钻进行钻孔，钻孔钻至设计深度后，用空压机的压缩气体进行清孔，将钻孔内的石屑、石粉及积水吹排干净。

（2）制作药包：加工药包前，对爆破器材进行检查，过期、受潮、变质、锈蚀和破损变形的爆破器材禁止使用；加工起爆药包应在爆破作业面附近的安全地点进行，加工数量不应超过当班爆破作业需用量。

（3）装药、填塞和连线：使用木质炮棍装药，必须按设计的炮孔装药量、炸药品种等认真装药。装药后采用炮泥填塞炮孔，填塞长度满足设计要求，填塞过程不得破坏起爆线路。多个孤石爆破时采用微差爆破，同批孤石爆破的起爆顺序按照孤石分布高程差自下而上进行起爆。

（4）警戒、起爆：起爆前发出音响信号，预备信号响起，所有与爆破无关的人员立即撤出危险区，向危险区边界派出警戒人员；在确认人员、设备全部撤离危险区，具备安全起爆条件时，发出起爆信号并起爆。

（5）检查爆破现场：爆破后，爆破员按规定等待时间后进入爆破地点，检查爆破效果和有无盲炮，发现盲炮及时处理。

（6）撤除警戒：经检查确认安全后，发出解除警戒信号并撤离警戒人员。

6.6.5 危岩治理

对于不能清除的危岩，采取随机锚杆（锚筋桩、1000kN 预应力锚索）、喷 C25 混凝土、混凝土框格梁、排水孔、防护网（GNS2 型主动防护网、RX1－075 型被动防护网）、挡渣墙等措施进行治理，其主要施工方法与常规边坡支护方式类似，本章节不再详细叙述，只针对超高排架、悬挑排架及锚索施工等做出一定论述。

6.6.6 危岩施工排架

杨房沟水电站左右岸危岩处理边坡陡峻，局部为陡坎和倒悬体。右岸边坡基本为垂直坡面，左岸边坡大面为 70°～90°陡坡，覆石清理后局部存在小范围的倒悬体。由于左右岸边坡局部均存在凸起倒悬岩体，坡面陡峭，排架搭设立杆无生根处，加之处理高差大，施工难度非常巨大，安全风险十分突出。

结合现场危岩实际情况，根据排架施工安全规范要求，采取了多种形式进行排架搭设，并取得了成功。

6.6.6.1 排架高度在 50m 以内的斜坡及垂直落地排架

1）排架结构

采用 Φ48×3.5mm 钢架管搭设，搭建结构为双排落地脚手架，排架横向间距 1.8m，纵向间距 1.5m，步距 1.8m，排架内侧立杆距岩面距离 0.3～1.0m，其横向搭建宽度不小于 2.3m，小横杆安装时必须紧靠岩石表面，最大搭建高度 50m 以内。

2）立杆布置

施工排架的立杆设置在坚硬的岩石地面上，立杆与岩石接触部位先找平后钻孔预埋 Φ28 锁脚锚杆。立杆底部距离岩面约 20cm 布置一道纵向及横向扫地杆，由于岩面不平，立杆底部布置不在同一高程上，将高处的纵向扫地杆向低处延长两跨与立杆固定，高低差不大于 1m。靠边坡上方的立杆轴线到边坡的距离不小于 500mm。

3）连墙件布置

双排脚手架立杆设置锁脚锚杆，锁脚锚杆采用垂直插筋。插筋采用 Φ28 螺纹钢筋，长度 L=1.2m，入岩深度 0.8m（岩石破碎地带入岩深度加深至 1.2m），外露 0.4m；插筋灌注 M20 高强度等级水泥砂浆进行锚固，以确保排架立杆基础的受力稳定。

排架连墙件采用刚性连接，间排距按照 2 步 3 跨进行布置，插筋均采用 Φ28 螺纹钢筋，长度 L=0.7m，入岩深度 0.5m，外露 0.2m，灌注 M20 高强度等级水泥砂浆进行锚固（采用安全绳吊人用手风钻施工，浆液待凝时间超过 3 天才开始搭设排架），连接点偏离主节点的距离不得大于 30cm。连墙件连接方式：坡度大于 65°的边坡，采用短架管套住插筋灌注水泥砂浆方式固定，短架管与小横杆采用活动扣件连接；坡度小于 65°的边坡，采用插筋与小横杆直接焊接的方式；焊缝长度不得小于 5 倍钢筋直径，焊缝宽度不得小于 0.6 倍钢筋直径，焊缝厚度不得小于 0.35 倍钢筋直径。

柔性拉锚连墙件插筋采用 Φ28 螺纹钢筋，钢筋长度 0.7m，入岩深度 0.5m，外露 0.2m，柔性拉锚采用 Φ16 钢绳，与排架外侧立杆、大小横杆结合部为绳卡固定，拉锚绳与水平面成上倾 45°角，绳卡固定每端不少于 3 道。柔性拉锚连墙件按照 6 步 3 跨进行布置。

4）垂直落地排架

虽然排架设计最大搭建高度为 50m，但是垂直落地排架可将高度每 22～24m、宽度每 40m 设为一个单元，从下至上分单元搭设，一个单元验收完成后再进行下一单元排架的搭设。相邻单元排架采用小横杆刚性连接为一个整体，以提高排架整体的稳定性。

6.6.6.2 顺坡排架

1）排架结构

采用 Φ48×3.5mm 钢架管岩山体顺坡搭设，搭建结构为两排排架，排架横向间距 1.8m，纵向间距 1.5m，步距 1.8m，纵向扫地杆距岩面 0.3m，小横杆垂直于岩面。排架搭设最大高度为 36m，若超过 36m，在 36m 处设置锁脚锚杆（即重新起脚）以后，再往上搭设，以此类推。

2）连墙件插筋布置

排架立杆底部设置锁脚锚杆，锁脚锚杆根据现场情况最好采用垂直插筋，底部三排插筋采用 Φ32 螺纹钢筋，长度 L=2.4m，入岩深度 2.0m，外露 0.4m，为确保锚杆和排架连接牢固，外套 Φ48 钢套管，同时锚杆必须加工有弯钩（若无弯钩必须采用焊接进行连接，焊接长度不小于 10cm），以防止套管在外力作用下向排架外侧滑动，内部灌满 M20 砂浆，以确保排架立杆基础的受力稳定。

排架连墙件采用刚性连接，间排距按照 2 步 2 跨进行布置，插筋均采用 Φ32 螺纹钢筋，长度 L=1.6m，入岩深度 1.2m，外露 0.4m，灌注 M20 高强度等级水泥砂浆进行锚固。

其余连接方式与落地脚手架类似。

6.6.6.3　悬空排架

1）排架结构

采用Φ48×3.5mm钢架管搭设，搭建结构为三排脚手架，排架横向间距1.8m，纵向间距1.5m，步距1.8m，纵、横向扫地杆距岩面0.2m。悬空排架搭设最大高度为14.4m，若超过14.4m，在14.4m处设置锁脚锚杆（即重新起脚）以后，再往上搭设，如此循环。每根立杆均设置锁脚锚杆。

2）连墙件插筋布置

三排脚手架立杆设置锁脚锚杆，锁脚锚杆形式与落地脚手架类似。为确保锚杆和排架连接牢固，外套Φ48钢套管，同时锚杆必须加工有弯钩（若无弯钩必须采用焊接进行连接，焊接长度不小于10cm），以防止套管在外力作用下向排架外侧滑动，内部灌满M20砂浆，以确保排架立杆基础的受力稳定。

其余连接方式与落地脚手架类似。

6.6.6.4　24m高度范围内带支撑平台的垂直悬挑排架

1）排架结构

采用Φ48×3.5mm钢架管搭设，搭建结构为双排排架，排架横向间距1.8m，纵向间距1.5m，步距1.8m，排架内侧立杆距岩面距离0.3～1.0m，其横向搭建宽度不能小于2.3m，小横杆安装时必须紧靠岩石表面，最大搭建高度24m。

2）立杆布置

施工排架的立杆应设置在支撑平台上，立杆底部放入8＃槽钢凹槽内。每根立杆对应槽钢部位焊接Φ28，$L=0.15$m螺纹钢筋对立杆进行固定。

3）支撑平台设置

排架每24m高度左右设置支撑平台减载结构，支撑平台采用8＃的槽钢，钢支撑结构间距1.5m，平台宽度不小于2.8m，上支撑8＃槽钢入岩深度为2.5m（外露2.8m），下支撑8＃槽钢的入岩深度为2.0m，上、下支撑钻孔孔径110mm，用M25水泥砂浆注浆饱满，支撑平台上固定2根8＃的槽钢（通常布置、与立杆间距对应、凹槽向上）作为排架立杆基础，每根立杆对应槽钢部位焊接Φ28，$L=0.15$m螺纹钢筋对立杆进行固定。

其余连接方式与落地脚手架类似。

6.6.6.5　排架高度为50～70m的垂直排架

1）垂直落地双排排架

采用Φ48.3×3.6mm钢架管，搭建结构为双排排架。排架立杆横距$L_b=1.30$m，立杆纵距$L_z=1.50$m，步距$h=1.50$m。排架内侧立杆距岩面距离0.3～1.0m，小横杆安装时必须紧靠岩石表面，排架搭设每20m设置一层减载钢平台。

减载平台采用8＃槽钢，钢平台结构间距1.5m，平台宽度不小于2.0m，上支撑8＃槽钢入岩深度为4.0m（外露2.0m），下支撑8＃槽钢的入岩深度为2.0m，上、下支撑钻孔孔径110mm，用不小于M20水泥砂浆注浆饱满。减载平台上支撑槽钢外露段与排架内外立杆均双面满焊，焊缝高度不小于4mm，排架大横杆安装至平台上部。

2）垂直悬挑排架

采用 Φ48.3×3.6mm 钢架管搭设，搭建结构为双排脚手架，排架立杆横距 L_b = 1.30m，立杆纵距 L_z=1.50m，步距 h =1.50m，排架内侧立杆距岩面距离 0.3～1.0m，其横向搭建宽度不能小于 1.70m，小横杆安装时必须紧靠岩石表面，垂直方向每 9.0m 设置一层支撑平台。

悬挑排架底部设置支撑平台，支撑平台采用 8♯槽钢，钢支撑结构间距 1.5m，平台宽度不小于 2.0m，上支撑 8♯槽钢入岩深度为 4.0m（外露 2.0m），下支撑 8♯槽钢的入岩深度为 2.0m，上、下支撑钻孔孔径 110mm，用不小于 M20 水泥砂浆注浆饱满，支撑平台上固定 2 根 8♯的槽钢（通常布置、与立杆间距对应、凹槽向上）作为排架立杆基础，每根立杆对应槽钢部位焊接 Φ28，L=0.15m 螺纹钢筋对立杆进行固定。

其余连接方式与 50m 以内落地脚手架类似。

6.6.6.6 排架高度为 70～100m 的排架

1）支撑隔离平台

在排架高度方向上的中部高程（下部控制在 50m 以内），设置封闭隔离平台，此平台可作为上部排架的支撑。

在隔离平台高程实施一排锚筋桩（3Φ28@1.5m，L=12m，入岩 9m，外露 3m），对该部分岩体起加强锚固作用，外露部分采用［14a、［10 槽钢及钢模板形成封闭平台，防止上部坠物伤害下部施工人员，同时作为上部脚手架搭设的起脚平台。

锚筋桩上部垂直锚筋桩方向施工［14a 槽钢与锚筋桩焊接，［14a 槽钢上部平铺钢模板，钢模板与［14a 槽钢接触部位点焊。悬挑平台斜撑采用［10 槽钢，斜撑底部用风镐找平，与锚筋满焊（Φ28 锚筋，入岩 0.8m，外露 0.4m）。平台上拉杆采用 Φ16 钢筋斜拉，拉杆端头弯起 30cm，弯起段与锚筋桩满焊。

2）排架结构

采用 Φ48.3×3.6mm 钢架管搭设，搭建结构为双排脚手架，脚手架立杆横距 L_b= 1.50m，立杆纵距 L_z=1.50m，步距 h=1.80m。内侧立杆距岩面距离 0.3～1.0m，横向水平杆安装时必须紧靠岩石表面。脚手架底部进行倒拉加固处理，脚手架搭设上升过程中根据实际地形立杆尽量坐落在基岩面上。

3）水平杆布置

纵向水平杆设置在立杆内侧，单根杆长度不小于 3 跨。纵向水平杆接长采用搭接进行连接。纵向水平杆作为横向水平杆的支座，用直角扣件固定在立杆上。

4）立杆及扫地杆布置

上部悬挑脚手架立杆基础坐落在悬挑平台［14a 槽钢的槽内，与［14a 槽钢点焊。下部垂直落地式脚手架的立杆设置在完整基岩上，若局部为破碎岩层或松散覆盖层，将破碎岩层或覆盖层平整、夯实、找平，并在立杆底部的基础上设置垫板，垫板的长度不少于 2 跨，宽度不小于 200mm，厚度不小于 50mm，布设必须平稳，不得悬空，保证每根立杆摆放在垫板的中部。双排脚手架立杆底部设置锁脚锚杆。

其余连接方式与 50m 以内落地脚手架类似。

6.6.6.7　剪刀撑

（1）每道剪刀撑宽度不应小于4跨，且不小于6m，斜杆与地面的倾角应为45°～60°。

（2）每一道剪刀撑跨越立杆的最多根数与地面倾角的关系见表6.6.6－1。

表6.6.6－1　剪刀撑跨越立杆的最多根数与地面倾角的关系

剪刀撑斜杆与地面的倾角	45°	50°	60°	备注
剪刀撑跨越立杆的最多根数	7	6	5	

（3）剪刀撑斜杆的连接应采用搭接的方式，搭接长度不应小于1.0m，并应采用不少于2个旋转扣件固定，端部扣件盖板的边缘至杆端距离不小于100mm。

（4）当高度超过24m时，在外侧全立面连续设置剪刀撑；当高度在24m以下时，悬挑排架也在外侧全立面连续设置剪刀撑；其余落地排架必须在外侧两端、转角及中间间隔不超过15m的立面上，各设置一道剪刀撑，并由底至顶连续设置。

（5）排架两侧端部临空面从下至上连续布置一道斜撑，特殊排架在排架中间每10跨布置一道斜撑，从下至上连续布置。

6.6.6.8　通道设置

1）上下通道

上下人行通道设置在脚手架外侧，搭设通道的杆件必须独立设置。架高6m以下采用一字形斜道，架高6m以上采用之字形斜道。

斜道构造应符合下列要求：

（1）人行斜道宽度不小于1m，坡度宜采用1∶3（高∶长）。

（2）拐弯处设置平台，宽度不小于斜道宽度。

（3）斜道两侧及平台外围均必须设置栏杆，栏杆高度为1.2m。

（4）斜道梯步采用脚踏板，每一步踏板高30cm。

2）水平通道

（1）通道满铺竹夹板，板与板之间靠紧，竹夹板横铺时，在横向水平杆下增设纵向支托杆，纵向支托杆间距不大于1.5m。

（2）水平通道宽度不小于1.0m。

（3）通道两侧设置栏杆，栏杆高度为1.2m。

3）其他

排架最顶部及外立面均挂设密目防护网。

6.6.7　危岩锚索施工

6.6.7.1　锚索钻孔

（1）采用全站仪测量定位，钢卷尺结合控制点坐标确定锚索孔孔位，钻机倾角、方位角采用全站仪控制，锚索钻孔过程中结合罗盘对钻机的方位角及倾角校核，确保在钻孔施工中方位角和倾角受控。锚索孔位通过测量确定好之后，钻机先通过导链人工搬运到和锚索高程附近的排架通道上，再通过导链人工在铺满木板的通道上移动钻机至锚索开孔位置。钻机就位之前，在锚索开孔位置利用架管扣件搭建锚索施工承重平台。通过测量放点利用两根顺着锚索方位和倾角的架管与排架立杆锁定，再进行加固，钻机通过葫芦导链吊运到架管上，初步固定后，再次利用测量校核锚索方位角和倾角。满足要求后固定牢固，开始钻进。

（2）锚索孔采用风动冲击回转钻进工艺施工。钻进过程中，孔斜控制采用粗径钻杆加设扶正器，开孔应严格控制钻具的倾角及方位角，当钻进20～30cm后应校核角度，在钻进中及时测量孔斜及时纠偏，钻孔过程中应进行分段测斜，及时纠偏，钻孔完毕再进行一次全孔测斜，保证终孔孔轴偏差不得大于孔深的2%。

部分锚索由于位于岩体破碎区域卡钻、塌孔的现象时常发生，主要采用的是微调锚索孔、放慢钻孔速度及多次扫孔等方法进行施工。

（3）预应力锚索的锚固端应位于稳定的基岩中，终孔孔深应大于设计孔深40cm，终孔孔径不得小于设计孔径10mm，若孔深已达到设计图纸所示的深度，而仍处于破碎带或断层等软弱岩层时，适当延长孔深，继续钻进，直至地质条件合格为止。

（4）当锚索孔造孔过程中因排碴（或岩粉屑）困难而影响进尺时，可采取空气潜孔锤泡沫钻进技术，增强排碴的效果，达到提高工作效率的目的。

（5）钻孔完毕时，连续不断地用风和水轮换冲洗钻孔，冲洗干净的钻孔内不得残留废渣和积水。如存在岩溶和断层泥质充填带的情况下，为防止岩层遇水恶化，宜采用高压风吹净钻孔中粉尘。必要时，下设专用反吹装置清孔，以排净孔内积渣，便于锚索安装到位和保证灌浆质量。

6.6.7.2 锚索制作与安装

1）锚索材料

锚索钢绞线采用1860MPa级低松弛高强度无黏结钢绞线。

2）切割下料

按设计要求的尺寸或实际钻孔深度下料，采用砂轮片切割机对钢绞线切割下料，实际切割下料长度＝实际孔深＋锚具厚度＋张拉设备工作长度＋千斤顶以外的外露长度＋锚墩厚度。下料前注意检查钢绞线的表面，没有损伤的钢绞线才能下料。

3）编锚

钢绞线按一定规律编排并绑扎成束，采用无锌铁丝作捆绑材料。沿锚索的轴线方向每隔1～2m设置隔离架或内芯管，锚固段每隔2m设置隔离板一块。钢丝或钢绞线两端与锚头嵌固端牢固连接，两嵌固端之间的每根钢丝或钢绞线长度一致。锚索捆扎完毕，采取保护措施防止钢丝或钢绞线锈蚀，运输过程中防止锚束发生弯曲、扭转和损伤。

4）锚索安装

经检验合格后的锚索方可下入孔内，安装前用通孔器检查锚孔畅通情况，确保顺利安装。锚索安装时用人工平稳快速地安装。锚索安装过程中注意保护锚索附件，保证在将锚束体推至预定深度后，排气管和注浆管畅通、阻塞器完好。若排气管和注浆管不通，拔出锚索体处理畅通后重新安放。

由于杨房沟危岩分布高程较高、山体陡峭，材料、设备运输至工作面极为困难，左右岸危岩治理材料、设备进入工作面依靠前期形成的20t缆索吊吊运至左右岸2300m高程卸料平台后，靠人工结合0.5t缆索吊运输至工作面，局部无法安装0.5t缆索吊和高排架上，均采用人工一字形排开后“扛”至工作面。现场编锚及下锚基本借助高陡排架、附近洞室或临时便道形成编锚平台，待编制完成并通过验收以后，采用人工结合风绳进行下锚。

6.6.7.3 锚索注浆

1）注浆材料

注浆采用水泥砂浆或纯水泥浆进行灌注，浆液采用JZ－400高速搅拌机现场拌制。

2）注浆计量

采用灌浆自动仪记录计量。

3）注浆

锚固段灌浆长度符合施工图纸要求，阻塞器位置准确，在有压注浆时，不得产生滑移和串浆现象。尽量采用先下锚束后灌浆的施工方法，注入锚固段的浆液量进行精确计算，确保锚束放入后，浆液能充满锚固段。下放锚束后尽快将浆液注入锚固段，保证锚束安放到施工图纸规定的位置。

锚索灌浆过程中遇到长大裂隙，经常出现串浆、漏浆等情况，施工过程中按照如下方法进行处理：

（1）孔与孔间实行同步灌浆或交叉灌浆。

（2）灌浆过程中发现明显漏浆的找出漏浆源，采用“棉纱＋砂浆”进行封堵，封堵完成后在继续灌浆，直至灌浆饱满为止。

（3）灌浆过程中无明显漏浆源，但吃浆量较大的锚索，采用连续变换灌注浆液浓度、间断灌注浆液等方法进行灌注（间隔30min），如此循环，直至灌浆饱满为止。

6.6.7.4 锚墩浇筑

在孔口安装钢垫板、钢套管、结构钢筋等预埋件，将二次注浆管焊接在导向钢套管上，同时用丝堵将二次注浆管进行保护。

锚墩钢筋制作前，清除岩面上松散岩层和浮动的岩石，并将基岩面凿毛，按设计图纸布置插筋，并安装螺旋钢筋、导向套管及锚垫板、混凝土垫墩钢筋笼，调整它们与钻孔的位置，使它们的中心线重合。同时将钢筋笼、导向套管及锚垫板、螺旋钢筋焊为一体，以保证其强度与整体性。

立模模板要平整、光滑、拼缝严密，尺寸要符合设计要求，模板要固定绑扎牢靠。

锚墩混凝土采用手推车配合人工输送。在锚索附近较平缓部位采用架管扣件搭设混凝土搅拌平台，布置0.35m^{3}强制式搅拌机，锚墩混凝土采搅拌机在现场拌制，人工采用手推车二次运到锚索施工排架处，在采用葫芦吊至锚墩处进行浇筑施工。混凝土浇筑采用Φ50软轴振捣棒振捣密实。

为保证锚墩混凝土早期强度能满足锚索张拉的需要，混凝土配比中可掺入适量的早强减水剂。为保证锚墩混凝土的浇筑密实，混凝土采用二次振捣法施工。

浇筑完24h后方可拆除模板，对混凝土表面有蜂窝麻面的要进行修复处理，并注重对混凝土垫墩的养护。

锚墩浇筑混凝土严格按照C35混凝土的设计配合比加入水、水泥、碎石及砂子的数量，其级配选用一级配，混凝土搅拌要均匀，入仓混凝土要进行振捣，特别是边、角一定要振捣密实。浇筑完成后要抹平混凝土垫墩表面。

6.6.7.5 张拉准备及施工

1）张拉准备

对锚索孔口范围的脚手架进行加固形成锚索张拉操作平台，并在临空面加护栏保证操作人员安全，用导链辅助进行千斤顶和油泵等设备的转移和就位。

张拉前先对拟投入使用的张拉千斤顶和压力表必须进行配套标定，并绘制出油表压力与千斤顶张拉力的关系曲线图。张拉设备和仪器标定间隔期控制在6个月内，超过标定期或遭强烈碰撞的设备和仪器，重新标定后方可投入使用。

去除外露张拉端钢绞线的保护套，并将油脂清洗干净；对张拉机具进行检查和清理，依次安装工作锚具、工作夹片、限位板、千斤顶、工具锚、工具夹片等（监测锚索在工作锚具下先安装监测仪器），连接液压系统，仔细检查各系统的运行情况，确保无误后开始进行张拉。

2）张拉施工

锚固段的固结浆液、承压垫座混凝土等达到设计规定的承载强度后进行张拉。

张拉方式：首先对锚索钢绞线进行逐根预紧张拉，然后采用千斤顶进行整体张拉。

张拉力逐级增大，最大值为锚索设计荷载的1.05～1.1倍，稳压10～20min后锁定。

锚索张拉锁定后的48h内，若锚索应力下降到设计值以下，再进行补偿张拉，直至满足设计值为止。

6.6.7.6 锚头保护

（1）张拉或灌浆完成后，除用于安全监测的锚索外，锚具外的钢绞束除留存15cm外，其余部分切除。

（2）外锚具或钢绞线束端头，按施工图纸要求用混凝土封闭保护，混凝土保护的厚度不小于10cm。

6.6.8 危岩治理应急处置措施

由于危岩分布较广，处理工程量较大，历时周期长，造成相当一部分危岩需要在汛期或雨季进行施工，且非雨季节风速又过大，因此需制定应急处置措施。

雅砻江流域暴雨一般出现在6～9月，主要集中在7、8两月，一次降雨过程为3d，主雨段一般为1～2d，暴雨时段地质灾害频发，如山体落石、崩塌、泥石流等地质灾害。另外，杨房沟多年平均风速为0.8m/s，多年平均最大风速为16.2m/s，极端最大风速为24.6m/s。

杨房沟首先建立健全了危岩施工安全监督管理体系，成立了专门的应急处置机构，并制定了相应的分工及工作职责，对出现险情的应急启动程序及紧急撤离路线、避险点等做出了明确的规定。其次，对危岩施工的危险源进行了辨识评价，对特殊气候条件下的施工风险进行了分析，结合分析评价制定了一系列针对性措施。

根据现场实际地形情况，结合避险要求，经过综合考虑选择在以下部位布置了应急避险棚：

（1）左岸：在 20t 缆索吊操作平台下游约 20m 处设置一个紧急避险房，紧急避险房长 14m，宽 5.5m；在左岸 2490m 高程坝肩开口线以上边坡山顶处设置一处避险棚；在左岸尾水边坡 2170m 高程平台处设置一处避险棚。

（2）右岸：在 20t 缆索吊 2330m 高程平台布置一处避险棚；在 Y2－27 危岩靠上游约 2400m 高程处布置一处避险棚。

以上几个部位避险棚离各施工作业面相对较近，且周围相对空旷，避开高边坡及冲沟，相对于其他位置安全风险较小。避险棚内备足雨衣、雨伞、干粮及常用医疗药品等。避险棚采用 Φ48 架管搭建，底部埋设插筋，顶部满铺彩钢瓦，彩钢瓦四边采用竹跳板或架管下压进行加固，防止大风对彩钢瓦造成破坏；避险棚迎坡面采用竹跳板进行安全防护。

7　危岩监测与预警模式

7.1　安全监测

杨房沟枢纽工程区对规模较大的5个危岩进行了监测，其中左岸危岩为Z1－12、Z3－10，右岸危岩Y2－28、Y2－33－1、WY19，共投入观测2套多点位移计、6个表面变形测点、7台锚索测力计、12支锚杆应力计。

7.1.1　锚杆应力

截至2019年10月19日，枢纽工程区危岩共投入观测12支锚杆应力计。监测成果详见表7.1.1－1，实测应力过程线见图7.1.1－1。

由监测成果表和过程线图可知，左、右岸危岩安装的锚杆应力计实测最大应力为14.60MPa（RwytZ3－10－2），测值整体不大，说明经过处理，危岩支护效果较好。

表7.1.1－1　危岩锚杆应力计监测成果

监测部位	设计编号	埋设高程（m）	测点	测点深度（m）	实测应力值（MPa）	备注
					2019－10－19	
右岸Y2－28危岩	RwytY2－28－1	EL.2400.99	1#	3.0	—	仪器电缆损坏
	RwytY2－28－2	EL.2391.70	1#	3.0	－1.67	
右岸Y2－33－1危岩	RwytY2－33－1	EL.2190	1#	3.0	－10.96	
	RwytY2－33－2	EL.2145	1#	3.0	－6.60	
	RwytY2－33－3	EL.2145	1#	3.0	－0.68	
	RwytY2－33－4	EL.2095	1#	3.0	1.37	
左岸Z3－10危岩	RwytZ3－10－1	EL.2276.90	1#	3.0	－5.47	
	RwytZ3－10－2	EL.2287.80	1#	3.0	14.60	
左岸Z1－12危岩	RwytZ1－12－1	EL.2304	1#	3.0	—	仪器电缆损坏
	RwytZ1－12－2	EL.2304	1#	3.0	—	仪器电缆损坏
右岸WY19危岩	RwytWY19－1	EL.2071	1#	3.0	－1.80	
	RwytWY19－2	EL.2041	1#	3.0	4.45	

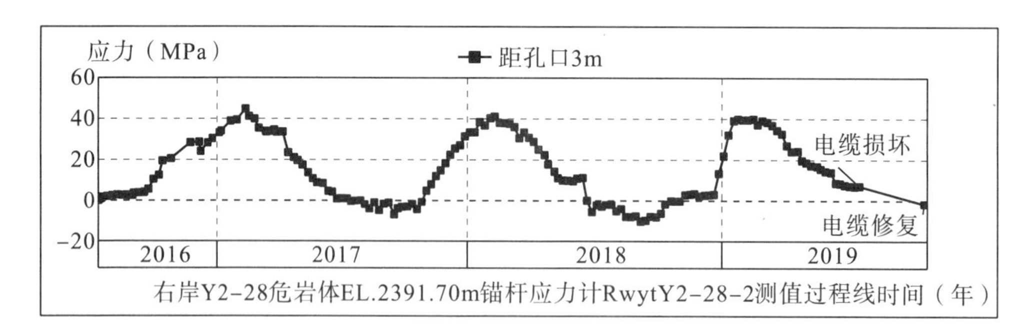

右岸Y2-28危岩体EL.2391.70m锚杆应力计RwytY2-28-2测值过程线时间（年）

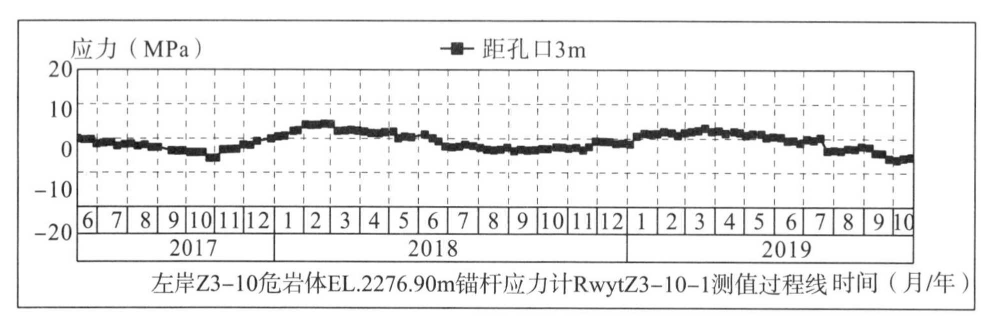

左岸Z3-10危岩体EL.2276.90m锚杆应力计RwytZ3-10-1测值过程线 时间（月/年）

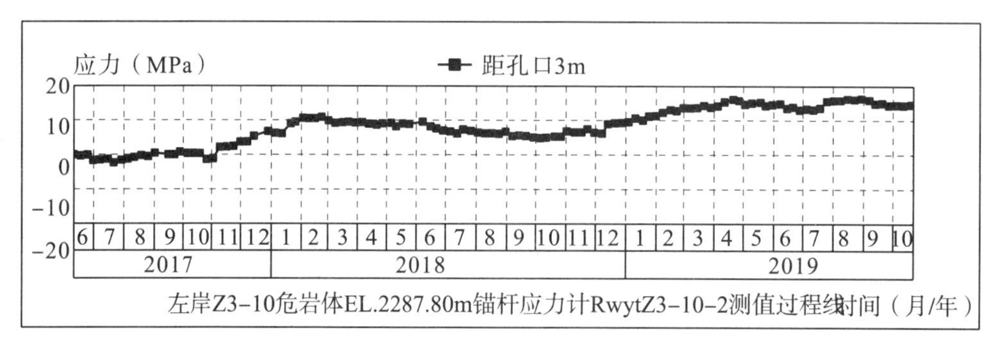

左岸Z3-10危岩体EL.2287.80m锚杆应力计RwytZ3-10-2测值过程线时间（月/年）

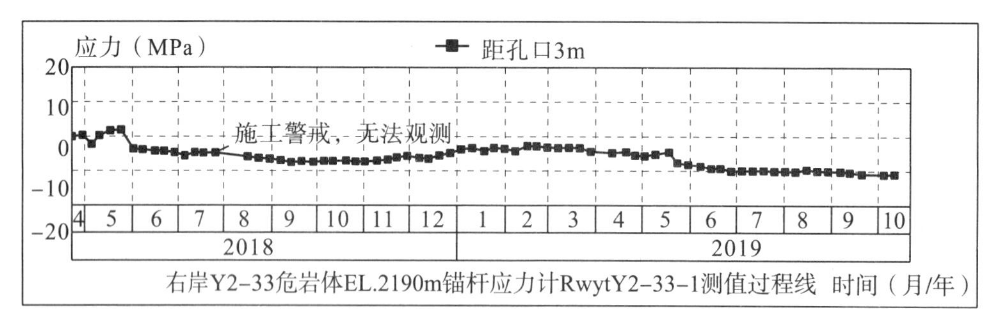

右岸Y2-33危岩体EL.2190m锚杆应力计RwytY2-33-1测值过程线 时间（月/年）

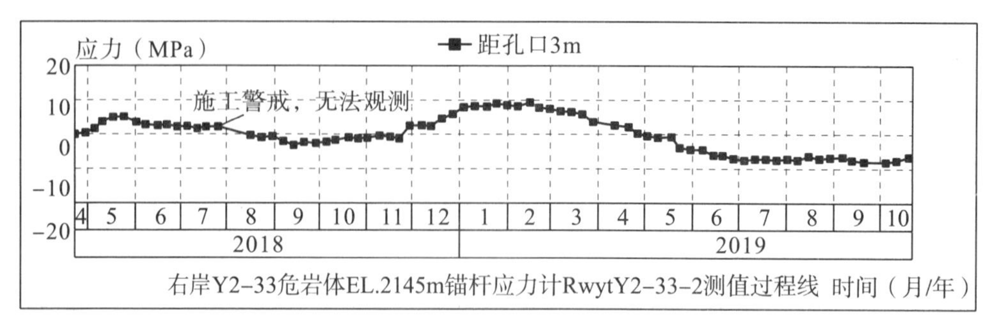

右岸Y2-33危岩体EL.2145m锚杆应力计RwytY2-33-2测值过程线 时间（月/年）

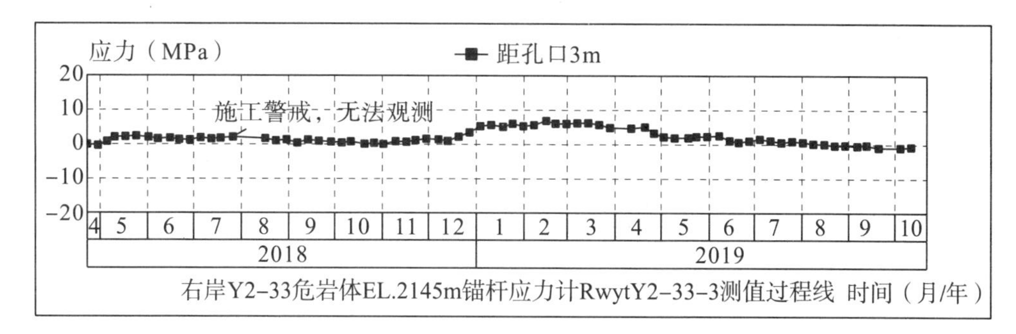

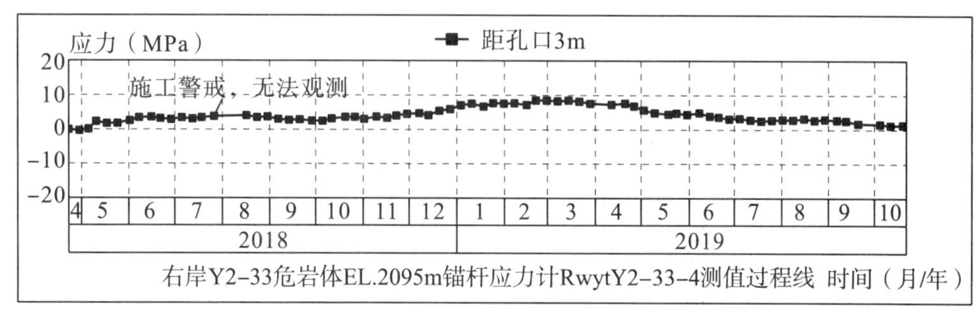

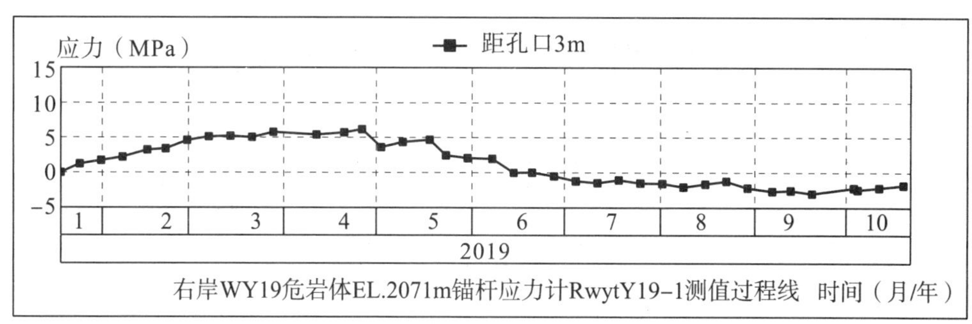

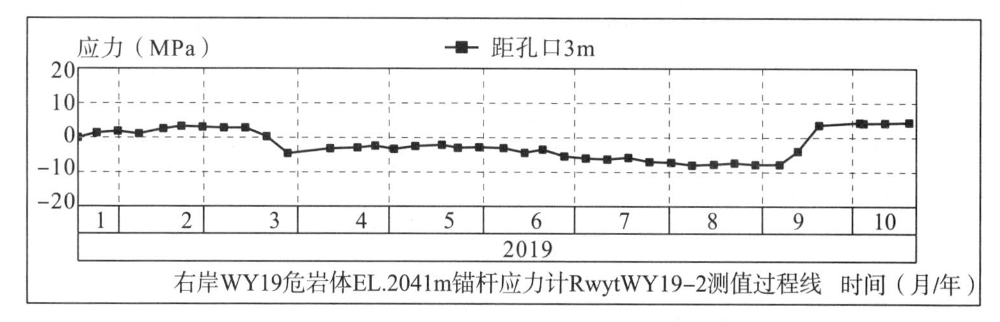

图 7.1.1-1　危岩锚杆应力计测值过程线

7.1.2　锚索荷载

截至 2019 年 10 月 19 日，枢纽工程区危岩共投入观测 7 台锚索测力计。监测成果详见表 7.1.2-1，实测荷载过程线见图 7.1.2-1。

由监测成果表和过程线图可知，锚索测力计设计值均为 2000kN，锁定荷载介于 1751.90～2107.30kN，实测荷载介于 1686.98～1990.93kN，荷载损失率介于 3.71%～6.38%，说明锚索支护效果较好。

表 7.1.2—1　危岩锚索测力计监测成果统计

监测部位	高程（m）	测点编号	设计荷载（kN）	锁定荷载（kN）	实测荷载（kN）	损失率
					2019—10—19	
右岸Y2—33—1危岩	2183.0	DPy2—33—2	2000	2023.7	1928.57	4.70%
	2140.0	DPy2—33—4	2000	2107.3	1990.93	5.52%
	2130.0	DPy2—33—5	2000	2005.4	1877.39	6.38%
右岸WY19危岩	2071.0	DPwy19—1	2000	1989.7	1892.08	4.91%
	2046.0	DPwy19—2	2000	1751.9	1686.98	3.71%
	2041.0	DPwy19—3	2000	1796.7	1729.3	3.75%
	2031.0	DPwy19—4	2000	2038.9	1955.96	4.07%

注：荷载损失率正值表示与锁定值相比，锚固力减小；负值表示与锁定值相比，锚固力增加。

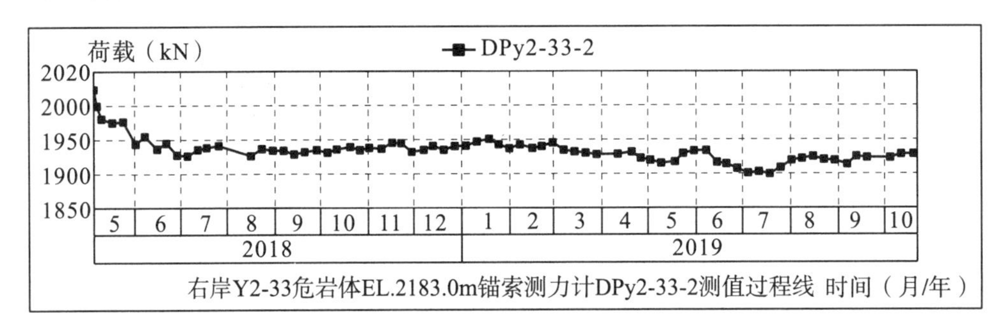

右岸Y2-33危岩体EL.2183.0m锚索测力计DPy2-33-2测值过程线 时间（月/年）

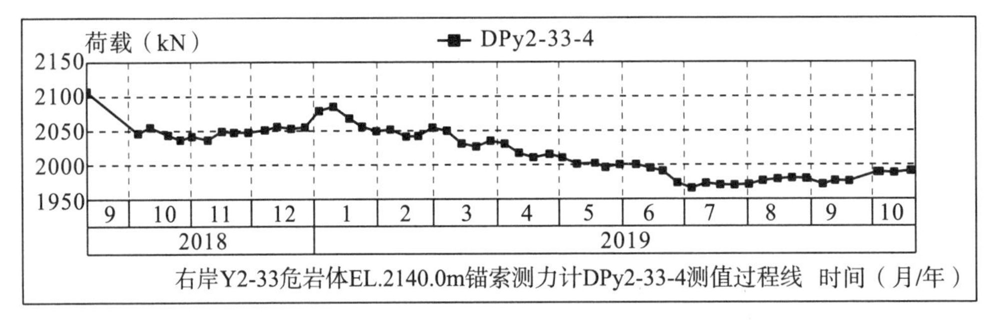

右岸Y2-33危岩体EL.2140.0m锚索测力计DPy2-33-4测值过程线 时间（月/年）

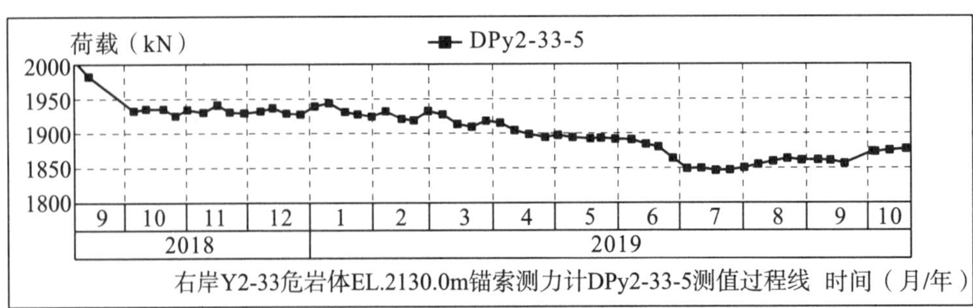

右岸Y2-33危岩体EL.2130.0m锚索测力计DPy2-33-5测值过程线 时间（月/年）

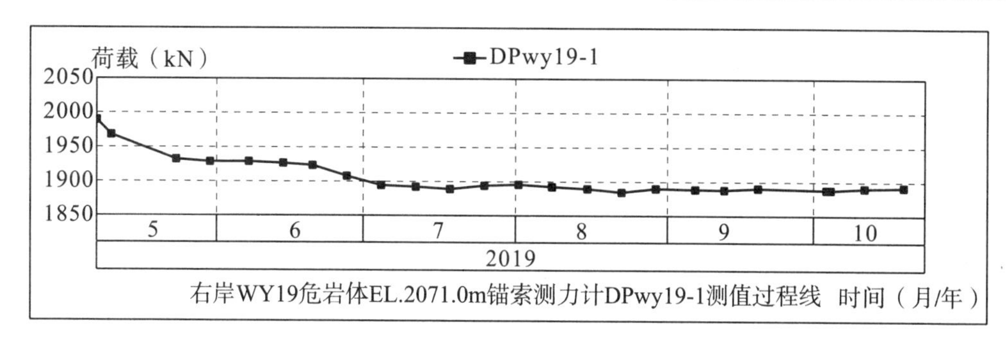

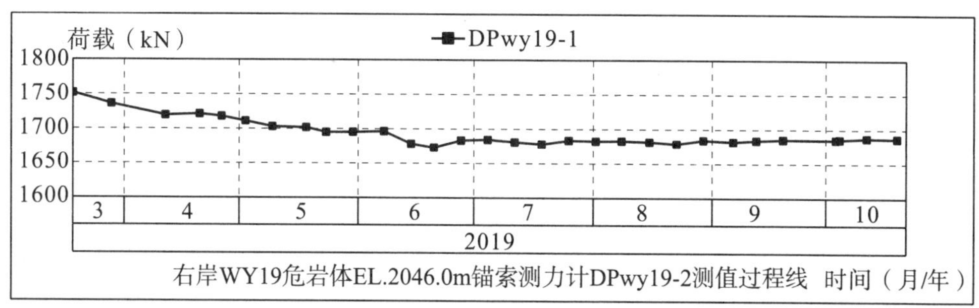

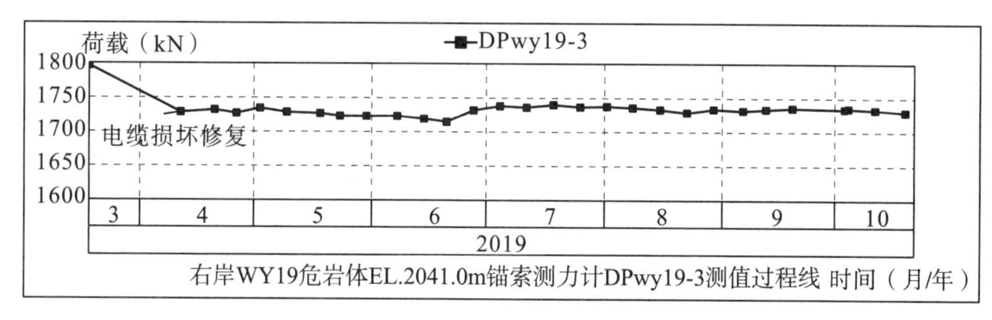

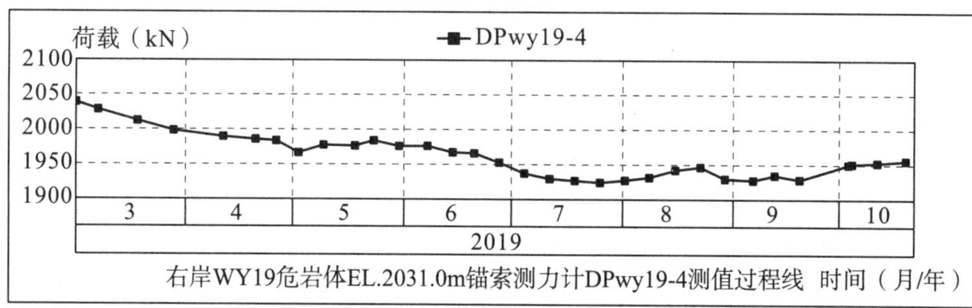

图 7.1.2－1　危岩锚索测力计测值过程线

7.1.3　多点位移计

截至 2019 年 10 月 19 日，枢纽工程区危岩共投入观测 2 套多点位移计。监测成果详见表 7.1.3－1，实测位移过程线见图 7.1.3－1。

由监测成果可知，多点位移计实测累计位移 0.43mm，WY19 危岩深部变形较小。

表 7.1－3　危岩多点位移计监测成果统计

监测部位	设计编号	埋设部位	测点	测点深度（m）	位移量（mm） 2019－10－19	备注
右岸 WY19 危岩	Mwy19－1	EL. 2071m 孔深 50m	孔口	—	－0.15	
			1＃	14.0	0.14	
			2＃	21.0	0.21	
			3＃	27.0	0.29	
	Mwy19－2	EL. 2040m 孔深 50m	孔口	—	0.43	3＃测点电缆损坏
			1＃	4.0	0.24	
			2＃	19.0	—	
			3＃	27.0	0.29	

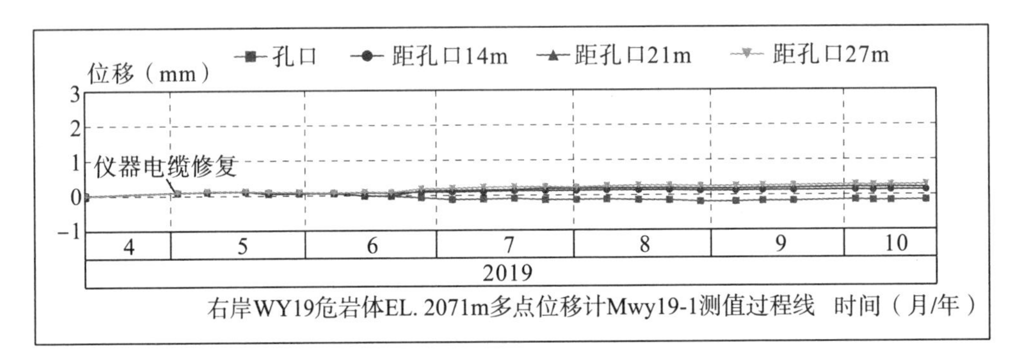

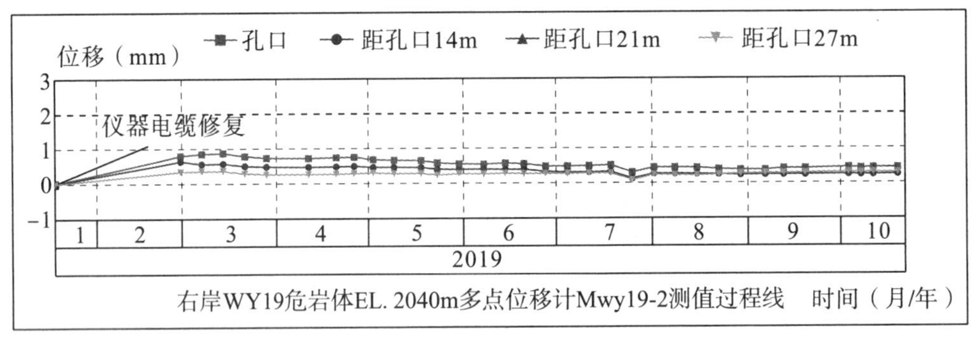

图 7.1.3－1　危岩多点位移计测值过程线

7.1.4　表面变形

截至 2019 年 10 月，在左、右岸危岩共安装埋设了 6 个表面变形测点。

当前临空向最大位移量为－3.2mm，顺河向最大位移量为 8.8mm，垂直向最大位移量为 7.4mm，变形均较小。

表 7.1.4—1 危岩表面变形成果统计

监测部分	设计编号	高程（m）	方向	累计位移（mm）2019—10—18	备注
右岸 Y2—33—1 危岩	TPy2—33—1	2140	X	0.2	
			Y	—3.0	
			H	4.2	
	TPy2—33—2	2129	X	0.0	
			Y	0.7	
			H	4.1	
右岸 WY—19 危岩	TPwy19—1	2358	X	—	测点破坏
			Y	—	
			H	—	
	TPwy19—2	2306	X	2.0	
			Y	1.2	
			H	7.4	
左岸 Z1—9 危岩	TPz1—9—1	2358	X	—0.8	
			Y	7.0	
			H	5.0	
左岸 Z1—13 危岩	TPz1—13—1	2306	X	—3.2	
			Y	8.8	
			H	3.5	

注：①X 为临空向，“+”表示向河床变形，“—”表示向山体变形；②Y 为顺河向，左岸“+”表示向下游变形，左岸“—”表示向上游变形，右岸“+”表示向上游变形，右岸“—”表示向下游变形；③H 为垂直向，“+”表示下沉变形，“—”表示向上抬变形。

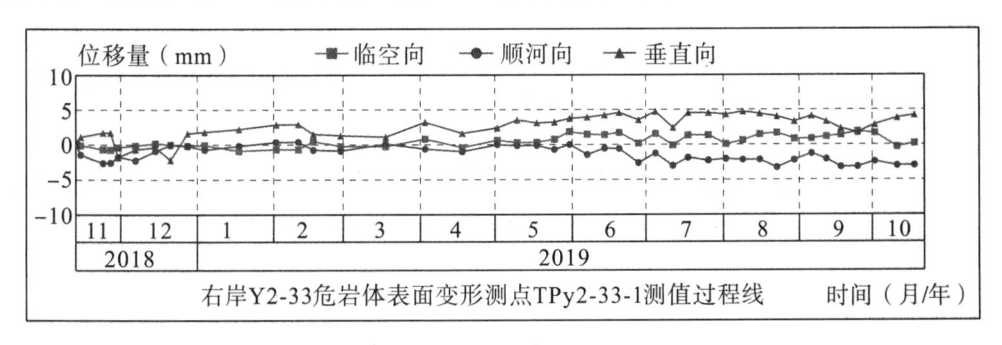

右岸Y2-33危岩体表面变形测点TPy2-33-1测值过程线

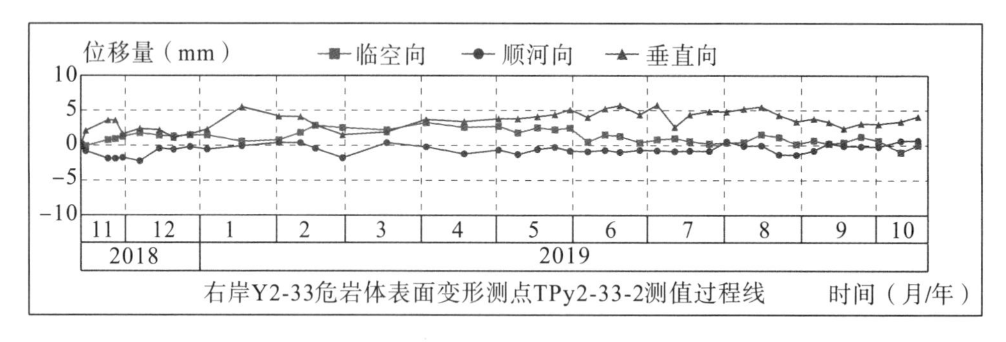

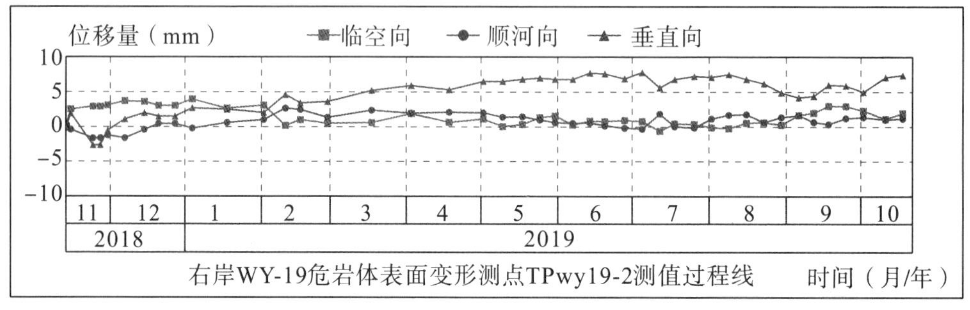

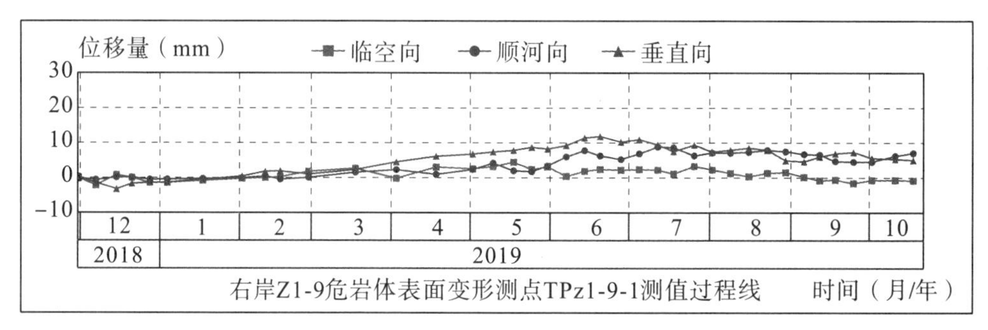

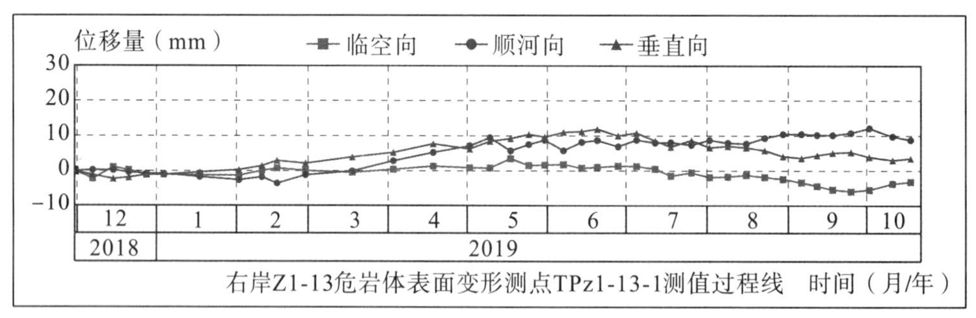

图 7.1.4－1　危岩表面变形测点测值过程线

7.1.5　小结

杨房沟左、右岸危岩已安装埋设的锚杆应力计实测最大拉应力为 14.60MPa，锚索测力计实测荷载介于 1686.98～1990.93kN，荷载损失率介于 3.71%～6.38%，说明危岩支护效果较好。多点位移计、表面变形测点变形均很小，各个布置观测的危岩均较稳定。

7.2　预警模式

表面和岩体内部变形是反映危岩稳定情况的重要指标，锚杆、锚索支护受力可以辅助判断危岩的稳定情况，在实际操作中，判断危岩稳定以变形监测成果为主，支护受力为辅的预警模式。

首先设定变形观测警戒指标，警戒指标选取总变形量和变形速率，分别设定警戒值，总变形量警戒值取 20mm，变形速率取 1mm/d。

若变形测值超过警戒值，可通过是否超越仪器量程或测值合理范围初步排除观测失误。若未出现上述情况，应组织人员进行复测，巡视变形部位，进一步排除偶然因素影响。若上述情况皆不存在，则应通过查看附近以及其他测点（包括支护受力监测成果）数据情况判断危岩的整体稳定情况，当有多个测点的测值超过警戒值或多个测点的测值有增大趋势时，应引起重视，加密监测和巡视频次，必要时撤离危岩下部作业人员。

chapter 2

第二篇

坝顶以上坝肩边坡开挖支护技术

8 杨房沟坝肩边坡开挖支护设计

8.1 边坡设计标准

8.1.1 边坡级别与设计安全系数

根据《水电枢纽工程等级划分及设计安全标准》（DL 5180—2003）及《水电水利工程边坡设计规范》（DL/T 5353—2006）的有关规定：水电水利工程边坡按其所属枢纽工程等级、建筑物级别、边坡所处的位置、边坡重要性和失事后的危害程度，划分边坡类别和安全级别。杨房沟工程枢纽区边坡等级见表 8.1.1−1。

表 8.1.1−1 杨房沟工程枢纽区边坡等级

边坡种类	边坡类型	边坡级别
挡水建筑物边坡	A类	Ⅰ级边坡
引水发电系统边坡	A类	Ⅰ级边坡
泄洪消能区边坡	A类	Ⅱ级边坡
消能区下游边坡	A类	Ⅲ级边坡
旦波崩坡积体边坡	B类	Ⅰ级边坡

相应的边坡设计安全系数见表 8.1.1−2。

表 8.1.1−2 边坡设计安全系数

边坡类别和级别		持久状况	短暂状况	偶然状况
A类	Ⅰ级	1.25～1.30	1.15～1.20	1.05～1.10
	Ⅱ级	1.15～1.25	1.05～1.15	1.05
	Ⅲ级	1.05～1.15	1.05～1.10	1.00
B类	Ⅰ级	1.15～1.25	1.05～1.15	1.05

8.1.2 荷载和荷载组合及设计工况

8.1.2.1 荷载和荷载组合

1）荷载

（1）岩体自重。

花岗闪长岩岩体重度平均值取 26.5kN/m^3。

(2) 地下水压力。

坝址区地下水文动态特性研究表明，基岩裂隙水主要分布在花岗闪长岩和变质粉砂岩中。根据勘探成果，坝址区左岸地下水埋深 27.1～188.2m，右岸地下水埋深 9.4～109.5m。总体上花岗闪长岩区裂隙水埋藏较深，右岸浅于左岸，高高程的地下水位埋藏较深，沟谷附近地下水位埋深相对较浅。

(3) 加固力。

当边坡计算块体的稳定安全系数不能满足设计控制标准时，需要进行加固处理。加固措施主要以预应力锚固为主（如 1000kN 级和 2000kN 级预应力锚索），加固力均按主动力考虑施加于边坡计算块体上。加固力的方向暂定为：沿计算块体滑动或倾倒方向的反向，下倾 15°。

(4) 地震作用。

根据国家地震局地震预测研究所提出的《四川省雅砻江杨房沟水电站地震安全性评价报告》及《杨房沟水电站坝址设计地震动参数补充报告》，经国家地震局烈度评定委员会审定，杨房沟工程区域地震基本烈度为Ⅶ度，坝址区边坡工程以 50 年为基准期，超越概率为 5%确定设计概率水准，相应的地震水平加速度为 191.5gal。地震作用按拟静力法计算，水平向地震惯性力代表值计算公式如下：

$$F_i = \frac{a_h \xi G_{Ei} \alpha_i}{g}$$

式中 F_i ——水平向地震惯性力代表值；

a_h ——水平向地震加速度代表值，本工程取 191.5gal；

ξ ——地震作用的效应折减系数，本工程取 0.25；

G_{Ei} ——边坡块体的重力作用标准值；

α_i ——动态分布系数，本工程取 1.0。

2) 荷载组合

边坡稳定分析中，荷载可以分为基本荷载和偶然荷载。基本荷载包括岩体自重、地下水压力和加固力；偶然荷载为地震荷载。因此，稳定计算时荷载组合分为以下两类作用组合。

(1) 基本荷载组合：岩体自重+地下水压力（+加固力）。

(2) 偶然荷载组合：基本荷载组合+地震作用。

8.1.2.2 边坡的设计工况

根据不同的运行工况，确定相应的荷载组合。边坡块体的稳定分析应分别考虑施工期和运行期。施工期为短暂设计状况，自然边坡局部块体考虑基本荷载组合，运行期按下列三种设计工况进行设计。

(1) 持久设计工况：主要为正常运用工况，荷载采用基本荷载组合设计。

(2) 短暂设计工况：主要为暴雨或泄洪雾化雨等情况，荷载采用基本荷载组合设计。

(3) 偶然设计工况：主要为遭遇地震情况，荷载采用偶然荷载组合设计。

8.1.3 边坡稳定分析方法

边坡抗滑稳定分析的方法是刚体极限平衡法及 3DEC 离散元方法。下面简单介绍两种计算方法边坡稳定性安全系数的定义。

8.1.3.1　刚体极限平衡法

刚体极限平衡法假定可能滑动块体为刚体，根据块体边界条件的平衡条件，计算块体安全度。杨房沟工程块体的滑动模式分为平面滑动和双面滑动（或楔形体滑动），各模式的块体安全系数计算方法如下。

1）平面滑动模式

如果对于块体所有的非临空面中有且只要有一个面约束其运动，则其处于单面滑动模式，其滑动方向为单滑面的倾角方向。设滑动面上作用的法向力为 $\vec{T}$，下滑力的合力等于 $\vec{S}$，滑动面的内摩擦系数为 f_i、黏聚力为 C_i、面积为 A_i，则块体抗滑稳定安全系数为

$$K = \frac{|\vec{T}| f_i + C_i A_i}{|\vec{S}|}$$

2）双面滑动模式

如果对于块体所有的非临空面中有且只要有两个面 i 和 j 约束其运动，则其处于双面滑动模式，其滑动方向为两滑面的交棱线方向，则根据矢量运算，其交棱线可表示为

$$\vec{n}_{ij} = \frac{\vec{n}_i \times \vec{n}_j}{|\vec{n}_i \times \vec{n}_j|} \mathrm{sign}[\vec{F} \cdot (\vec{n}_i \times \vec{n}_j)]$$

在假定块体沿两滑面的交线滑动的条件下，滑动力为

$$\vec{S} = (\vec{F} \cdot \vec{n}_{ij})\vec{n}_{ij}$$

根据力的合成法则，投影到两法线所在的平面的力为

$$\vec{T} = \vec{F} - \vec{S}$$

再向两平面法向分解得两个滑面上的法向力 $\vec{T}_i$ 和 $\vec{T}_j$ ，由正弦定理有

$$\begin{cases} |\vec{T}_i| = |\vec{T}| \sin(\vec{T},\vec{n}_i)/\sin(\vec{n}_i,\vec{n}_j) \\ |\vec{T}_j| = |\vec{T}| \sin(\vec{T},\vec{n}_j)/\sin(\vec{n}_i,\vec{n}_j) \end{cases}$$

于是，块体抗滑稳定安全系数为

$$K = (|\vec{T}_i| f_i + C_i A_i + |\vec{T}_{jk}| f_j + C_j A_j)/|\vec{S}|$$

式中，f_i 、f_j ，C_i 、C_j ，A_i 、A_j 分别为滑面 i 、j 的内摩擦系数、黏聚力和面积。

刚体极限平衡法中作用于底滑面的地下水按一定水头的扬压力考虑，作用于拉裂面的地下水按相同水头的静水压力考虑。

8.1.3.2　3DEC 离散元法

3DEC 是由 Itasca 咨询有限公司基于离散单元法开发的岩土工程数值计算程序。离散元的主要特征：一是允许离散体发生有限位移和转动，包括完全的脱离；二是计算过程中能够自动识别接触状态的变化，保证了能够适应于任何复杂机理问题的研究，弥补了传统解析方法（如极限平衡）最严重的不足——这类方法往往需要事先假设变形和破

坏的方式。3DEC 具备同时考虑岩块体连续变形和结构面非连续变形的求解方式，兼顾了岩体和结构面的变形破坏，能够满足对杨房沟坝址区边坡的研究；采用模拟大量结构面和假设岩块为刚体的方式可以帮助突出重点地研究结构面对边坡变形和破坏的影响，可以很好地帮助分析坝址区边坡结构面控制的变形破坏机理。

在采用 3DEC 进行边坡稳定性分析评价时，边坡失稳和稳定性的评价方式包括位移场特征和安全系数两个方面。离散元计算中的位移包括两个部分，即连续变形产生的位移和破坏以后产生的运动位移，其中前者适用于岩块和结构面，后者则只沿结构面产生。结构面的连续变形是指结构面达到破坏以前所具备的变形，就像节理剪切试验过程中节理面在出现一定量的剪切变形以后，剪切荷载才达到峰值和出现破坏性滑移。剪切荷载达到峰值之前节理面变形产生的位移就是一种连续变形，达到峰值以后，如果荷载依然存在，则出现运动位移。运动位移的产生明确无误地传达了岩体已经沿结构面发生破坏的信息，此时结构面也进入张拉（法向荷载为零）或剪切型屈服状态，位移场方向也会顺应运动块体下滑力的方向，从而可以非常明显地区分破坏区和稳定区。块体沿结构面破坏以后的位移大小不再趋于稳定（除非接触到新的介质体后稳定下来），具备随时间增长的特点，这可以用来帮助鉴别岩体的是否发生失稳。对于块体滑移破坏来说，运动位移就是块体滑动力超过阻滑力的结果，代表了安全系数小于 1 的情形。3DEC 具备安全系数计算功能，采用了被广泛接受的强度折减法计算。安全系数计算中采用了自动搜索的方式，为分析工程中关心的问题和区域。此外，3DEC 计算中还采取了人工强度折减计算的方式。

8.2 坝顶以上坝肩边坡开挖设计

8.2.1 左岸坝顶以上坝肩边坡开挖设计

左岸坝顶 2102m 高程以上设有施工期供料平台和缆机平台。供料平台根据施工布置要求，高程也为 2102m。缆机平台根据施工布置要求，其上、下游方向为 NW34.43°，上平台开挖高程为 2189.8m，平台宽 9.43m，下平台开挖高程为 2187m，宽 11.83m。结合供料平台和缆机平台，左岸 2102m 高程以上边坡分级为 2130m、2160m、2175m、2187m、2189.8m、2220m、2250m、2280m、2310m。左岸坝顶以上最大开挖边坡高度约 230m。坝顶高程 2102m 以上边坡开挖坡比为 1∶0.2～1∶0.5，其中高程 2310m 以上为 1∶0.5，其余坡比为 1∶0.2～1∶0.3。

8.2.2 右岸坝顶以上坝肩边坡开挖设计

右岸坝顶 2102m 高程以上设有施工期缆机平台。缆机平台根据施工布置要求，其上、下游方向为 NW34.43°，上平台开挖高程为 2185.8m，平台宽 5.16m，下平台开挖高程为 2184.5m，宽 9.15m。结合缆机平台，右岸 2102m 高程以上边坡分级为 2130m、2155m、2184.5m、2185.8m、2215m、2245m、2275m。右岸坝顶以上最大开挖边坡高度约 205m。坝顶高程 2102m 以上边坡开挖坡比为 1∶0.2～1∶0.5，其中高程 2275m 以上为 1∶0.5，其余坡比为 1∶0.2～1∶0.3。

8.2.3 左、右岸缆机基础边坡开挖设计

（1）左岸缆机基础边坡下游侧地基梁段即利用坝肩边坡 2187m 高程平台，上游侧架空段基础边坡根据地形地质条件和缆机基础结构布置要求分级开挖，开挖平台高程从高到低依次为 2172m、2162m、2150m、2140m、2135m、2125m，平台宽度 3.0～12.0m。其中，2187m 平台至上游侧 2172m 平台边坡开挖坡比为 1∶0.4～1∶1，2172m 以下侧向边坡开挖坡比均为 1∶0.2，2150～2135m 及 2140～2125m 平台之间开挖坡比为 1∶0.3，后期与混凝土结构结合，靠山侧边坡开挖坡比为 1∶0.3。

（2）右岸缆机基础边坡下游侧地基梁段即利用坝肩边坡 2184.5m 高程平台，上游侧架空段基础边坡根据地形地质条件和缆机基础结构布置需要分级开挖，开挖平台高程从高到低依次为 2167m、2140m，平台宽度为 6.6～8.0m。其中，2184.5m 平台至上游侧 2167m 平台边坡开挖坡比为 1∶1～1∶0.2，2172～2140m 平台侧向边坡开挖坡比为 1∶0.2，靠山侧开挖坡比为 1∶0.2，后期与混凝土结构结合。

8.3 坝顶以上坝肩边坡支护设计

8.3.1 左、右岸坝顶以上坝肩边坡支护设计

8.3.1.1 浅层支护

支护根据不同的岩体类别采用相应的支护措施及参数，浅层喷锚支护措施详见表 8.3.1－1。

表 8.3.1－1 坝顶以上坝肩边坡喷锚支护参数

支护分区	边坡岩体类别	支护措施及参数
B区	Ⅳ类	支护措施：系统锚杆＋挂网喷混凝土＋系统排水孔＋随机预应力锚杆 ①系统锚杆：布置砂浆锚杆 Φ32，L＝6m/Φ28，L＝6m，间排距 2m×2m，开口线锁口锚筋桩 3Φ32@3m，L＝12m，马道锁口锚杆 Φ32@1.5m，L＝12m； ②挂网喷混凝土：系统挂网，喷 C25 混凝土厚 15cm，钢筋 Φ6.5@15cm×15cm； ③系统排水孔：Φ76@5m×5m，L＝4m，每级马道一排深排水孔 Φ100@6m，L＝10m； ④随机预应力锚杆：120kN，Φ32，L＝12m； ⑤马道采用 C25 混凝土封闭，厚 15cm
C区	Ⅲ2 类	支护措施：系统锚杆＋挂网喷混凝土＋系统排水孔＋随机预应力锚杆 ①系统锚杆：布置砂浆锚杆 Φ28，L＝6m/Φ25，L＝6m，间排距 2m×2m，开口线锁口锚筋桩 3Φ32@3m，L＝12m，马道锁口锚杆 Φ32@1.5m，L＝9m； ②挂网喷混凝土：系统挂网，喷 C25 混凝土厚 15cm，钢筋 Φ6.5@15cm×15cm； ③系统排水孔：Φ76@5m×5m，L＝4m，每级马道一排深排水孔 Φ100@6m，L＝10m； ④随机预应力锚杆：120kN，Φ32，L＝12m； ⑤马道采用 C25 混凝土封闭，其中缆机平台上平台混凝土厚 20cm，其他厚 15cm

续表8.3.1-1

支护分区	边坡岩体类别	支护措施及参数
D区	Ⅲ1类	支护措施：系统锚杆+挂网喷混凝土+系统排水孔+随机预应力锚杆 ①系统锚杆：布置砂浆锚杆 Φ25/28，L=4.5m，间排距 3m×3m，开口线锁口锚筋桩 3Φ32@3m，L=12m，马道锁口锚杆 Φ32@1.5m，L=9m； ②挂网喷混凝土：系统挂网，喷 C25 混凝土厚 15cm，钢筋 Φ6.5@15cm×15cm； ③系统排水孔：Φ76@5m×5m，L=4m，每级马道一排深排水孔 Φ100@6m，L=10m； ④随机预应力锚杆：120kN，Φ32，L=12m； ⑤马道采用 C25 混凝土封闭，厚 15cm
E区	Ⅱ类	支护措施：随机锚杆+随机喷混凝土+随机排水孔+随机预应力锚杆 ①随机锚杆：布置砂浆锚杆 Φ25，L=6m/4.5m，马道锁口锚杆 Φ32@1.5m，L=9m； ②随机喷混凝土：随机素喷 C25 混凝土，厚 10cm； ③随机预应力锚杆：120kN，Φ32，L=12m； ④随机排水孔：Φ76，L=4m，每级马道一排深排水孔 Φ100@6m，L=10m； ⑤马道采用 C25 混凝土封闭，厚 15cm

8.3.1.2　深层支护

坝顶以上坝肩开挖边坡除采用常规喷锚支护外，部分边坡采用预应力锚索支护，锚索支护主要在以下三种情况下布置：

（1）为确保左、右岸缆机平台的稳定与安全，在缆机平台高程以下各布置 4 排锁口锚索。由于两岸边坡高高程开口线附近地质条件相对较差，因此在左、右岸边坡沿开口线附近开挖边坡坡面上布置 1 排系统锁口锚索。

（2）为进一步降低坝顶以上开挖边坡高度，部分弱风化、无卸荷岩体采用 1∶0.2 的开挖坡比，为确保施工期及永久运行期边坡安全，上述部位设置锚索以加强支护处理效果。

（3）对左、右岸坝肩开挖后，边坡存在着不利的局部随机楔形块体需要用预应力锚索进行锚固，以解决施工期局部稳定问题。同时，为确保两岸开挖边坡面出露的强卸荷岩体的稳定和安全，在强卸荷岩体出露部位进行系统锚索支护。

预应力锚索支护的设计参数见表 8.3.1-2。

表 8.3.1-2　预应力锚索支护设计参数

类型	锚索设计吨位	长度	间距、排距	支护部位
Ⅰ型	2000kN	30m/40m	5m、5m	缆机平台以下一级边坡布置 4 排，局部强卸荷岩体出露边坡系统布置
Ⅱ型	1500kN	35m	—	结合开挖边坡结构面发育情况随机布置
Ⅲ型	1000kN	25m/35m	5m、5m	左岸供料平台以下一级边坡布置 2 排，边坡开口线附近锁口，左、右岸坝顶以上Ⅲ2 类岩体边坡布置 2 排

8.3.2 左、右岸缆机基础边坡支护设计

（1）左岸缆机基础边坡支护锚索分层布置，其中2182m高程布置一排1500kN预应力锚索，间距5m，$L=30$m，下倾10°，在2159m高程布置一排2000kN预应力锚索，间距5m，$L=30$m，下倾15°，为确保后期结构稳定，在最低一级平台外侧约2122m高程布置一排锚索加C25混凝土框格梁连接，锚索形式为2000kN预应力锚索，间距6m，$L=30$m，下倾15°，混凝土框格梁尺寸为50cm×50cm。边坡支护锚索锁定张拉力为0.9倍拉力设计值。

（2）右岸缆机基础支护锚索分层布置，其中后缘边坡2183m高程布置一排共两根1500kN预应力锚索，$L=30$m，下倾15°，侧向边坡2180m高程布置一排1500kN预应力锚索，间距5m，$L=30$m，下倾5°，在2164m高程布置一排2000kN预应力锚索，间距5m，$L=35$m，下倾15°，为确保后期结构稳定，在最低一级平台外侧约2135m高程布置一排锚索加C25混凝土框格梁连接，锚索形式为2000kN预应力锚索，间距4m，$L=40$m，下倾15°，混凝土框格梁尺寸为50cm×50cm。边坡锚索锁定张拉力为0.9倍拉力设计值。

左、右岸缆机基础边坡浅层支护均根据地质条件和后期缆机基础结构稳定需要进行分区支护，包括以下几种类型：

（1）A型支护参数为系统砂浆锚杆Φ28，$L=6.0$m/4.5m，间排距2m×2m，梅花形布置，外露10cm与挂网钢筋焊接，挂网Φ6.5@20cm×20cm，喷C25混凝土15cm，系统排水孔Φ76@3m×3m，梅花形布置，$L=5$m，上仰10°，边坡最下侧沿马道或坡脚线上方2m布置1排深排水孔Φ100@6.0m，$L=10$m，仰角10°，每级边坡沿马道或边坡开口线均设置3Φ32锁口锚筋桩，$L=9.0$m@3m，倾角75°。A型支护适用于所有后期不与缆机基础结构结合的开挖面。

（2）B型支护参数为系统砂浆锚杆Φ28，$L=6.0$m，间排距2m×2m，梅花形布置，外露1.3m，局部破碎岩体随机挂网Φ6.5@20cm×20cm，随机喷C25混凝土15cm，系统排水孔Φ76@3m×3m，$L=5$m，仰角10°，边坡最下侧沿马道或坡脚线上方2m布置1排深排水孔Φ100@6.0m，$L=10$m，仰角10°，每级边坡沿马道或边坡开口线均设置3Φ32锁口锚筋桩，$L=9.0$m@3m，外露1.5m，端部弯折0.5m，倾角75°。B型支护适用于所有后期将与缆机基础结构结合的侧坡开挖面。

（3）C型支护参数为后缘矩形布置3排系统锚筋桩3Φ32@2m×2m，$L=12.0$m，外露1.5m，端部弯折0.5m，后倾20°，除系统锚筋桩范围外，其余部位布置系统砂浆锚杆Φ28，$L=6.0$m，间排距2m×2m，矩形布置，外露1.3m。C型支护适用于所有后期将与缆机基础结构结合的平台底面。

8.4 边坡开挖与支护施工主要技术要求

8.4.1 开挖主要技术要求

1）一般要求

（1）为保证边坡开挖开口线以上的边坡稳定和以下的施工安全，需首先完成开口线以上边坡危岩的清除或加固处理施工，才能进行相应部位的开挖支护等施工。表面岩石破碎并易掉块区域应做必要的防护或处理措施。

（2）在建筑物永久边坡开挖前，应按设计图纸和监理工程师指示，先开挖好永久边坡上部开口线以外的截排水系统，以防止雨水漫流冲刷边坡。

（3）边坡开挖应自上而下进行，严禁采取自下而上的开挖方式。

（4）边坡开挖支护施工应严格控制开挖爆破，及时进行支护。边坡开挖线附近应采取锁口锚筋桩或锚索进行先固后挖的施工顺序。爆破后首先对每层工作面出现的危石及时进行清除，对可能存在的随机切割不稳定体进行随机支护，然后出渣，最后进行系统支护施工。

（5）边坡的支护应在分层开挖过程中逐层进行，实行边开挖边支护和锚固的原则，严禁“一坡到底”再作支护和锚固，且支护进度应与开挖下降高度相适应，避免因支护不及时而出现边坡稳定问题。

2）质点振动速度安全值

在现场爆破试验未取得正式结论之前，在设计边坡、平洞、竖井、锚喷支护区、已浇混凝土等附近的爆破，安全质点振动速度暂按下述所列标准控制。质量安全振动速度见表 8.4.1−1。

表 8.4.1−1 质点安全振动速度

单位：cm/s

项目	龄期（d）				备注
	0～3	3～7	7～28	>28	
混凝土	1.5～2.0	2.0～3.0	3.0～5.0	5.0～8.0	
坝基灌浆	禁止放炮	1.5	2～5	不大于 5	
锚索	1～2	2～5	5～10	不大于 10	锚杆参考执行
排水洞基础、壁面	10				
竖井基础、壁面	10				
缆机平台及供料平台	由爆破试验确定				
坡面岩体	建基面		10		距离爆破梯段顶面 10 处
	上下游边坡		15		爆破区上一马道内侧

3）开挖质量控制标准

开挖到位后，应进行纵、横断面测量，并需加密各建筑物建基面水准测点，标明建基面超欠挖部位。超欠挖指标见表 8.4.1－2。

表 8.4.1－2 边坡、建筑物基础开挖工程超欠挖指标

部 位	允许偏差（cm）		
	超挖	欠挖	平整度
建筑物以外的边坡、基础	≤30	≤10	
建筑物范围内的边坡、基础	≤20	≤0	≤15
永久平台开挖面	≤20	≤10	≤15

8.4.2 边坡开挖与支护施工相互关系

边坡开挖支护施工过程中，应根据边坡开挖揭示地质条件与变形观测情况，协调好边坡开挖与支护施工的关系，以满足边坡稳定和限制坡体破坏变形为总体原则，即下层开挖应保证上部未完成支护坡体的安全为准。根据现场实际情况，杨房沟水电站岩质边坡开挖与支护施工的相互关系如下。

（1）浅层支护：见图 8.4.2－1，①支护施工（挂网喷混凝土、锚杆、排水孔等）应在④开挖施工前（爆破前）完成，④爆破完成后立即开展②③的支护，⑤爆破前应完成②的支护，即未完成浅层支护施工的坡面高度最大为 30m。

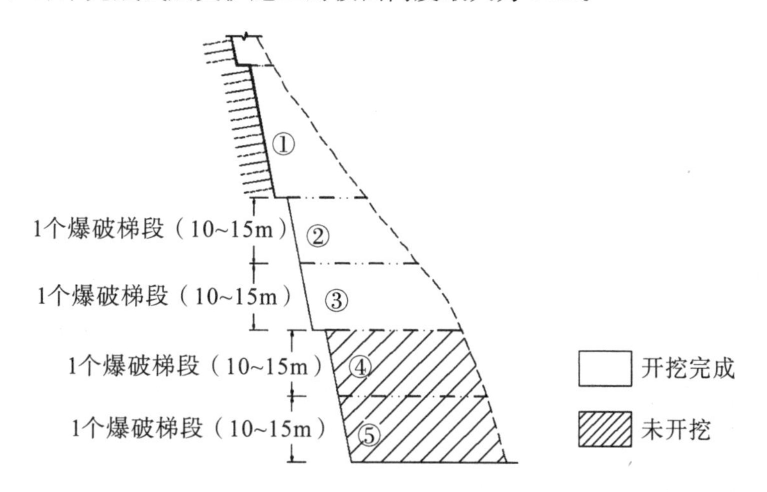

图 8.4.2－1 边坡浅层支护与开挖关系

（2）深层支护：见图 8.4.2－2，①支护施工（锚筋桩、预应力锚索等）应在⑥开挖施工前（爆破前）完成，⑥爆破完成后立即开展②③的支护，⑦爆破前应完成②的支护，即未完成深层支护施工的坡面高度最大为 60m。

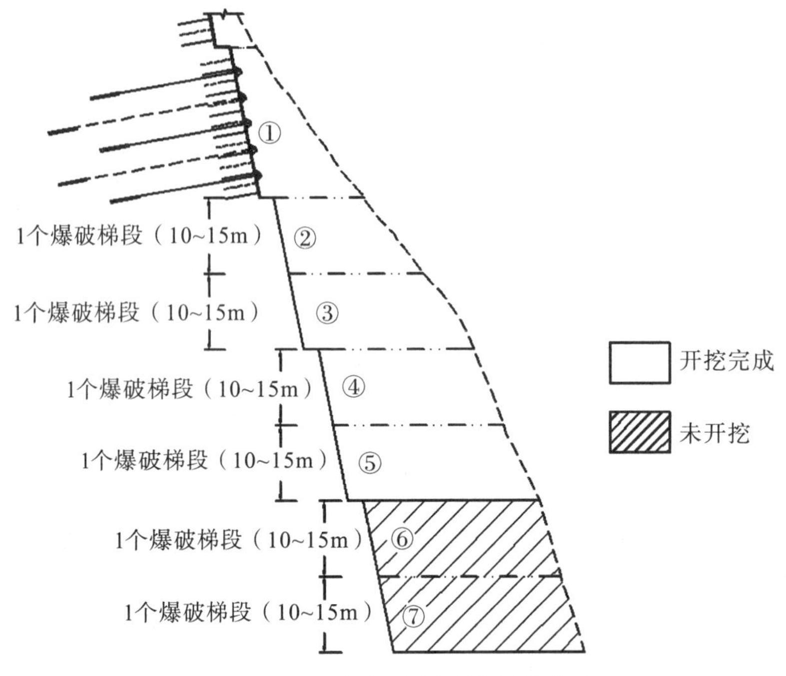

图 8.4.2－2　边坡深层支护与开挖关系

（3）对于边坡开挖中出露不利断层、软弱夹层或卸荷松动体、不利组合块体等不良地质情况，或边坡岩体质量较低、自稳条件较差，以及边坡变形异常（拉裂、局部滑动等不利迹象），应及时通知设计进行原因分析及稳定性复核，并按指定支护处理措施完成后再进行下一层边坡开挖施工。

8.4.3　边坡变形管理标准

在变形观测数量、范围满足反映边坡稳定的情况下，暂定边坡变形管理标准控制见表 8.4.3－1。本标准在施工过程中，可根据安全监测成果分析，结合边坡实际变形破坏特征（如拉裂、局部滑移等）进行必要调整。

表 8.4.3－1　边坡位移速率、累积变形增量与警戒等级及要求管理标准控制表

警戒等级	位移速率（mm/h）	累积变形增量（mm）	警戒要求
一级	1	10	警戒，加强监测、巡视，研究加固措施
二级	2	15	下方作业人员撤离，可能局部塌落
三级	4	25	全部撤离，报警，可能整体滑落

注：①位移速率警戒阈值，引用自《水电水利工程边坡设计规范》（DL/T 5353—2006）。

②累积变形增量阈值为辅助控制指标，根据《四川省雅砻江杨房沟水电站可行性研究阶段坝址区边坡稳定性三维数值分析报告》研究成果暂定，当强度折减系数不超过 1.4 时，边坡岩体的变形增量基本都不超过 10mm。

③在使用本管理标准时，应首先对变形监测信息进行筛选和分析，确认其准确性和有效性。累积变形增量为边坡开挖后随着时间累积而得到的监测数据值；变形速率不计开挖瞬间导致的变形释放，即一般根据开挖结束后 4～7d 内或连续多天的变形速率进行统计。

9 坝肩边坡开挖施工

9.1 施工规划

9.1.1 通道布置

（1）施工通道布置是所有高边坡开挖最重要的前置因素，布置得当，可减少施工成本，加快施工进度；反之，将会严重制约边坡施工进展。高拱坝边坡在主体开挖施工前，均会提前布置交通主干道，主要交通可分为上、中、下三线。上线一般布置至缆机安装平台，中线一般布置至坝顶高程平台，下线一般布置成过坝交通，连接上下游围堰堰顶高程或者桥梁。两岸均需独立布置，其中低线可形成环线交通，后期对过坝交通进行封堵。杨房沟水电站、锦屏一级水电站等高边坡在主体开挖前，均提前形成了左右岸缆机平台交通洞、上坝交通洞、低线过坝交通洞、上游索桥、下游永久大桥等主干道。

（2）边坡开挖前期，还可以利用危岩处理施工通道。为了使机械设备能够到达开挖作业面，可在危岩处理使用的缆索吊下方适当位置，布置便道至边坡开挖揭顶部位，便道宽度、坡度能够满足机械设备通行即可，必要时须对便道边坡进行支护、加固。杨房沟水电站、叶巴滩水电站在危岩治理前，均提前在高高程部位建设了20t过江缆索吊，并从缆索吊的卸料点，均布置了机械便道到达开挖揭顶线。

9.1.2 挡渣墙布置

目前的水电工程建设，坝肩高边坡开挖大多在大江截流之前就已经开始，石渣下江会带来环水保风险。遇到此类问题，可在左右岸河滩或者冲沟部位，利用钢筋笼或者混凝土提前形成挡渣墙，挡渣墙内要有一定的容量，以拦截边坡石渣，避免石渣下江。集渣部位需能够布置施工出渣通道，以便及时挖除、运走石渣，留足拦渣空间。

9.1.3 边坡洒水降尘

因环水保及职业健康需要，高边坡开挖前须做好洒水降尘措施。尤其是在冬季，大多数河谷均为干季，此时段降雨少，气候干燥，刮风频繁；加之高拱坝边坡多陡峭、两岸高边坡开挖下渣、危岩覆盖层清理、松散岩体轻撬、钻机造孔等形成的粉尘易在风力的作用下飘逸笼罩整个施工区域。因此，提前布设好洒水降尘设施尤为重要。

1）现场主要粉尘来源

（1）干钻形成的粉尘（边坡地形地质条件受限，实施水钻难度大）；

（2）松散岩石轻撬滚落形成的粉尘；

（3）覆盖层清理形成的粉尘；

（4）边坡开挖及向下抛渣形成的粉尘；

（5）爆破自身产生的粉尘；

（6）河谷刮风掀起的扬尘等。

2）粉尘影响

（1）影响施工区域环保；

（2）作业人员职业健康；

（3）机械设备效率降低，使用寿命减少；

（4）粉尘随风飘散在整个作业区域，能见度较差，影响施工安全和进度；

（5）作业环境影响协作队伍稳定。

3）降尘方式及原理

根据工作面的布置和粉尘产生的原因，边坡开挖产生的粉尘分为以下三种情况进行处理。

（1）工作面上的降尘处理：工作面上的粉尘主要来源于干钻、装药爆破、推渣、挖装等。扬尘处理的方式采用定点喷水降尘。爆破后专职洒水人员立刻对爆破区域进行喷水，有效防止爆破烟尘扩散、并湿润爆破后的渣料，减少挖装和推渣产生的粉尘。

（2）坡面上的降尘处理：坡面上产生的扬尘，主要是石渣在下江过程中细小粉尘自然飞扬、大块石渣和坡面撞击引起的坡面粉尘飞扬、风吹动坡面粉尘引起的粉尘飞扬。结合实际施工情况可在要下江的弃渣上先进行洒水，使渣料湿度增大，降低扬尘；定时定点对容易产生扬尘的坡面喷水以降低粉尘。

（3）道路上的扬尘处理：道路上的扬尘主要由于施工道路干燥，施工设备在行驶中产生扬尘，处理方式为定时对场内施工道路喷水湿润路面，减小粉尘。

4）降尘洒水供水管路及设备布置

以杨房沟水电站为例，简述降尘洒水供水管路及设备布置方式。

（1）右岸：前期分别在右岸上坝交通洞口高程 2102m 和右岸缆机平台交通洞口高程 2185m 各设置一个喷水点，采用 ϕ108 钢管连接至右岸上坝交通洞内的系统供水管路上。后期，在右岸山顶挖一个 $24m^3$（4m×4m×1.5m）的蓄水池，蓄水池底部及周边铺设彩条土工布和透明塑料薄膜防渗。水池中的水来源于从山顶边坡引下来的山沟水。再用一台 600m 高扬程水泵通过一根 ϕ50 塑料水管沿施工便道抽至右岸边坡开挖面顶部高程 2275m。在高程 2275m 部位设置一台高射程风送式喷雾机（射程 60～80m，喷雾机型号：RB100），对爆破后的区域进行洒水湿润和在甩渣时对渣料下江的坡面进行洒水降尘。风送式喷雾机安装高程随开挖面的下降可随层下移，至右岸 2185m 高程时可接用缆机平台交通洞内的系统水，再往下至基坑开挖时可接用各高程布设的系统水。

（2）左岸：前期在左岸缆机平台交通洞口高程 2190m 处设置一个喷水点，采用 ϕ108 钢管从左岸上坝交通洞内的系统供水管路上接引，同时在左岸山顶设置一台喷射机（水雾炮型号：A0UT－135）。另外，根据现场实际情况，从右岸连接一根 ϕ32 塑料水管，沿 5t 辅助缆索吊缆索敷设至左岸 5t 辅助缆索吊锚固点，形成供水条件，并在适当位置设置喷水点。后期在左岸边坡开挖面顶部布置两台高射程风送式喷雾机（射程 60～80m，喷雾机型号：RB100），风送式喷雾机安装高程随开挖面向下移。由于风送式喷雾机的用水量大，为满足用水需求，在左岸高程 2300m 缆索吊卸料点下游侧采用 10 个 $5m^3$ 塑料水桶串联成一个 $50m^3$ 蓄水池作为风送式喷雾机水源，蓄水池中的水通过在杨房沟大桥处分接的 3 根 ϕ50 塑料水管经尾水顶部边坡抽送至蓄水池中。由于左岸缆机平台交通洞施工支洞中的供水与尾水顶部边坡的 3 根 ϕ50 塑料水管接在同一供水管上，此系统供水管无法满足两个工作面同时供水，为满足降尘供水需求，把尾水顶部边坡的 3 根 ϕ50 塑料水管作为主要供水管路，再在左岸缆机平台交通洞设置一个 $19.1m^3$ 的储水罐（利用 $19.1m^3$ 的油罐）作为缆机平台交通洞施工支洞处的两个喷水点水源，并在此处增设一台移动式消防炮（PSKDY50ZB 最小射程 65m），向下游开挖面及石渣下江坡面进行洒水降尘。高扬程风送式喷雾机必须安装在平坦坚硬的地面上，平时派专人进行看护。

（3）工作面：降尘水枪喷嘴采用喷射水枪喷嘴结构，喷射水枪安装在橡胶管或帆布管上。由于管路中水的流速和压力都比较大，水枪处反冲力较大，喷射时必须将喷射水枪固定在专用支架上，水枪可以旋转、调整喷射角度及方向。专用支架可采用型钢焊接、加工，并固定牢靠。

（4）降尘供水要求有足够的水量和压力，才能达到较好的降尘效果。对较高高程的工作面，可采用在供水管上安装管道泵增压，将压力增大至 0.8MPa；对较低高程的工作面，利用水的自重形成的压力，可以达到较好的喷水/雾效果。

5）洒水降尘运行管理

成立专门的降尘作业班组，每班安排 6～8 人，共分为 2 个班，以确保全天 24h 进行降尘作业设备的维护与运行。

在日常降尘作业过程中，要求对每个班组成员除配发劳动保护用品外，还需配发管路维护所需的手钳、扳手、铅丝、手锯等基本工具和材料。

班组成员必须根据作业面及降尘需要，及时完成喷枪位置、角度、方位、管路的转移拖动任务，确保降尘工作达到最佳效果。

在每个洒水降尘工作点设置专人看管，做到及时开关喷水（喷雾）设备，供水管路每日安排专人负责日常检查与维护。采用水枪进行喷水降尘时，安排两人负责一个水枪，一人维护管路，一人持水枪喷射水流。喷水水枪主要放在已开挖或不影响施工的工作面，以水枪为圆心向靠河侧坡面（待开挖面和待处理危岩）喷射（雾）；喷射前将橡胶管或消防帆布管敷设至需降尘工作面或坡面，安装水枪进行降尘，降尘完毕后将橡胶管或消防帆布管收回，以免损坏。

在爆破和甩渣前派专人察看风向，可根据风向调整喷水设备的仰角和方向。

9.1.4 爆破指挥所

水电工程高边坡开挖一般在现场需设置爆破指挥所，以便对爆破作业进行统一管理。杨房沟水电站在左岸缆机平台交通洞支洞内设置爆破指挥所，采用阻燃式活动板房搭建。

爆破指挥所运行时，需建立相应的警报系统、运行机制，并统一指挥现场爆破及协调与其他施工单位、其他各施工部位的关系。

9.1.4.1 爆破指挥所建设

一般在开挖阶段，施工场地均十分有限，可充分利用前期施工支洞等灵活进行布置。爆破指挥所需板房两间，单间尺寸为6m×3.6m（长×宽），可采用阻燃式活动板房搭建，板房基础采用二级配C15混凝土浇筑，厚30cm。在洞内布置时，板房可沿洞轴线布置C15混凝土防撞墩，单个防撞墩尺寸为100cm×40cm×60cm（长×宽×高），间隔150cm布置，两侧端头可增加布置2个。板房靠近洞口端须设立一道安全防护栏，防止爆破产生的飞石对板房及内部人员造成伤害。条件允许时，可直接建设砖房。

9.1.4.2 警报器布置

警报器可分别安装在两岸高程前期支洞出洞口部位，随着开挖高程的逐步下降，安装位置可做适当调整。警报器可采用JDW400型卧式电动警报器，其技术参数见表9.1.4－1。

表9.1.4－1 JDW400型卧式电动警报器技术参数

电源	额定功率	额定转速	频率	启动时间	保护等级	重量	平均声压级
380V	4kW	2900转/分	(500±20) Hz	≤3s	IP44	100kg	126分贝

9.1.4.3 广播布置

广播可安装在警报器旁。第一次广播时间：第一次警报前10min开始到警报拉响为止；第二次广播时间：最后一次解除警报完成后，在广播里面进行最后确认；特殊情况下广播：根据需要进行临时调整。

9.1.4.4 爆破指挥系统运行管理

1）适用范围

一般包括整个工程施工区明挖爆破作业。

2）爆破申请规定

(1) 高边坡明挖爆破作业申报由爆破指挥所统一管理，所有露天爆破作业必须报送爆破指挥所统一安排后，方可实施。

(2) 各施工单位要切实做好爆破设计，爆破作业网络设计要安全可靠。所有爆破作业必须经监理单位审批同意，编号填入申报单中。

(3) 实施爆破作业的单位，在进行爆破作业时，必须服从各自施工现场安全负责人及爆破指挥所的统一协调、监督。未经批准，不得私自进行爆破作业。

(4) 施工单位爆破作业前应以书面方式报送爆破作业申报单，申报单应详细说明爆破时间、具体位置、装药量、影响范围（并指明影响的单位）、设计编号等资料。由各施工现场安全负责人签字后报爆破指挥所。若爆破申报单填写不清楚，爆破指挥所有权不予接受。

3）爆破申报时间规定

(1) 每天早晨的爆破应在前一天18时以前申报。中午的爆破，应在当天10时以前申报。下午的爆破，应在当天16时前申报。

（2）申报后的爆破作业时间原则上不允许更改，如因客观原因确需更改爆破作业时间，必须在批准起爆时间前1h通知爆破指挥所。

（3）不按规定程序、时间、内容申报的爆破，爆破指挥所有权拒绝接收。

（4）洞室爆破若会对其他单位或边坡造成影响，也应向爆破指挥所申报。

4）发出撤离警戒信号

撤离警戒信号发出时，爆区及周边有关人员、车辆、设备等应服从爆破警戒人员指挥，立即撤离危险区域，严禁无关人员、车辆、设备等进入或滞留警戒区域，无法撤离的设备须进行防护。

5）解除警报

各爆破作业部位的爆破完成后，必须由各单位的爆破安全负责人和爆破作业相关人员进行详细检查，确认无异常情况后，方可通知爆破指挥所发布解除警报。爆破指挥所在确认全工地爆破作业正常后，可发布解除警报。

解除警戒信号发出后，人员、车辆、设备等才能恢复正常。

爆破时将会产生较大声音，警戒区域内将产生少量飞石，各周边单位、群众及过往人员车辆须严格按警戒注意事项执行。

6）取消爆破

（1）如确因客观因素影响而导致人、机、物无法撤离爆破影响区时，要立即报告相关监理单位、爆破指挥所，爆破单位在接到取消爆破要求后，应坚决取消爆破，并保护好现场。

（2）爆破单位在爆破前，如遇有可能导致安全危险发生的不确定因素时，应以“安全第一”的原则，坚决取消爆破。并且安排专门人员24小时对爆区进行看管，进行连线拆除。

7）盲炮处理

（1）在爆破出现盲炮后，必须及时封闭爆破现场，征得技术生产协调小组同意后方可二次点炮；否则必须安排人员看守，并应及时、如实向监理和爆破指挥所上报盲炮数量、盲炮类别、初拟处理方法、时间等。

（2）盲炮处理必须本着“安全第一”的原则，严格按有关规定进行，处理时必须严格按照经监理、爆破指挥所批准的措施实施。

（3）认真分析、查找盲炮发生的原因，并进行总结，从中吸取经验，争取在后续施工过程中杜绝此类问题再次发生。

9.1.4.5 警戒区运行管理

1）爆破安全警戒区域

（1）现场驻地人员、车辆、机械设备的疏散、清理。

（2）爆破施工现场人员、工具、设备的疏散、清理。

（3）人员、车辆、机械设备撤离到安全区域，封闭所有通向爆区的道路，道路上严禁车辆、人员通行。

（4）其他需要警戒的区域。

2）爆破安全警戒资源配置

爆破警戒资源根据现场爆破位置进行临时调整，但必须配置到位。

9.1.4.6 警报管理

（1）爆破小组负责爆破警报系统控制和各警报设备的日常巡视、检查，督促责任单位进行维修，两天至少全面检查一次，并应有检查记录。

（2）爆破作业警报信号及时间规定可按表 9.1.4－2 和表 9.1.4－3 执行。各工程可结合实际情况进行调整，但必须严格统一执行。

表 9.1.4－2 每天允许爆破时间安排

早晨	中午	下午	备注
07：00～07：30	12：00～12：30	18：00～18：30	若有变动，需按指挥所批准

表 9.1.4－3 警报信号规定

警报类别	声响次数	每次警报间隔时间	声响长短	间隔时间	备注
预警及撤离信号	1 次	—	50s	—	
点火起爆信号	3 次	20min	20s	8s	
解除警报信号	1 次	10min	60s	—	

（3）响炮要求。

①爆破时段第二声警报落音，即 07：20、12：20、18：20 为点炮时刻。

②最后一声响炮必须在规定爆破时段，即 07：30、12：30、18：30 前结束。不能在规定时段内进行爆破的区域，必须及时反馈，压在下一个时段进行爆破。

9.1.4.7 设备运行管理

（1）警报、广播由广播员每次检查设备的完好状况。发现异常及时处理，确保设备正常运行。

（2）线路及喇叭由现场巡视员每天进行检查。发现损坏老化现象，及时安排人员维护。

（3）备有常用易损件，便于及时更换。

（4）爆破指挥所与各单位的联系采用统一的对讲机、座机进行联系，两种方式确保相互联系畅通。

（5）爆破现场禁止使用手机。

9.1.5 爆破试验

为了解不同爆破条件下的爆破振动特性及传播规律，保证坝肩边坡开挖成型质量，需根据设计技术要求及有关规程、规范，在边坡正式开挖前进行爆破试验。通过试验，确定科学的控制爆破方法及钻爆参数、施工工艺等。爆破试验可结合前期施工便道的边坡开挖，一并实施。

9.1.6 施工测量

9.1.6.1 概述

杨房沟水电站两岸自然边坡高陡，基岩裸露，为典型高山峡谷地貌。在这种地形地貌条件下开挖如此高的边坡及坝基，给施工测量工作带来了很大的挑战：一方面，边坡及坝基开挖质量要求高；另一方面，加密、保护施工测量控制网点和建立放样测站点的难度大。为了克服这些困难，在保证施工测量精度的前提下，必须对施工测量方法进行相关的优化和调整，才能确保高边坡开挖的质量。

边坡开挖施工测量的主要内容包括施工控制测量、施工放样、建基面验收等，为大坝边坡及坝基开挖提供必要的数据和资料。

9.1.6.2　施工测量技术标准和开挖技术要求

（1）施工测量工作执行的规范和主要技术要求有以下几种：

①《水电水利工程施工测量规范》（DL/T 5173—2012）。

②《工程测量规范》（GB 50026—2007）。

③《国家三、四等水准测量规范》（GB/T 12898—2009）。

④《中、短程光电测距规范》（GB/T 16818—2008）。

⑤《工程测量基本术语标准》（GB/T 50228—2011）。

⑥《测绘成果质量检查与验收》（GB/T 24356—2009）。

⑦《国家基本比例尺地图图式第1部分：1∶500、1∶1000、1∶2000地形图图式》（GB 20257.1—2007）。

⑧承包合同及相关设计技术条款、设计图纸、设计修改通知单等。

（2）边坡及坝基开挖技术要求。

根据《杨房沟水电站拱坝基础开挖施工技术要求》规定，对坝基开挖有以下要求：

①建基面超、欠挖要求。

大坝建基面的开挖偏差：有结构配筋要求及预埋件的部位，允许超挖20cm，不允许欠挖；无结构配筋要求及预埋件的部位，允许超挖20cm，欠挖10cm。

②不平整度要求。

不平整度是指相邻两炮孔间岩面的相对差值，不应超过15cm。

9.1.6.3　施工控制测量

杨房沟首级控制网成果由雅砻江流域水电开发有限公司杨房沟卡拉水电工程测量中心提供。测量中心每年定期对杨房沟水电站施工测量控制网的二等平面施工控制网、三等GPS施工控制网及水准网进行全面复测并发布成果，施工单位在复测成果无误后，根据首级控制网点分布状况进行加密控制测量。

1）控制网复测

具体复测方法如下。

（1）收集资料：测区地形、交通、气象及已有测量成果。通过了解测区地形复杂情况，控制点位设置情况，提前制订计划。天气方面，通过查询天气预报，选择在天气晴朗、成像清晰的情况下施测。

（2）实地勘查：测区调查，检查标示完好情况，控制点通视情况。检查控制标示保护情况，另外应查看控制点之间相互通视情况，做好记录。

（3）图上设计：确定点位，连成网形，精度估算，制订计划。通过现场实际勘查结果以及已有测量成果资料，确定控制网布设形式和精度。

(4) 控制网复测采用附合导线布设形式，等级为三等。观测采用对向观测，观测精度及观测技术要求按规范执行。

(5) 外业数据处理：使用气压表采集测站气压值，使用温度计读取测站温度，记录到外业观测记录表中。

(6) 内业数据处理：观测完成后，对外业观测记录数据进行检查，检查无误后，进行边长改化计算，计算时考虑温度、气压、地球曲率半径、大气折光系数、投影面高程、仪器加、乘常数等，其中仪器加、乘常数根据仪器检定证书获取，最后采用南方平差易软件对控制点平面及高程坐标进行平差计算。

(7) 复测与原有成果对比分析：通过将复测成果与原有成果进行对比，确认原有测量成果是否有误（或点位发生位移），若原有成果无误，则采用原有测量成果。

2) 加密控制测量

因业主提供的测量控制网点点位较高，直接在已有测量控制点上进行施工测量无法满足施工测量放样的要求，另外由于每开挖一层时按常规方法加密的测量控制点就会完全被破坏，导致开挖区的加密测量控制点无法保护。结合已有的测量控制网点和施工场地的实际情况，在保证测量精度的条件下，每开挖5层（10m一层）就进行一次测量控制点加密。

加密控制网布设为三角形网或附合导线，高程控制网采用电磁波测距三角高程代替传统的水准测量方法。在保证精度的同时为提高工作效率，进行平面和高程控制测量，观测方式采用对向观测，水平角观测6个测回，天顶距观测3个测回，斜距观测3个测回。加密控制测量工作流程见图9.1.6－1。

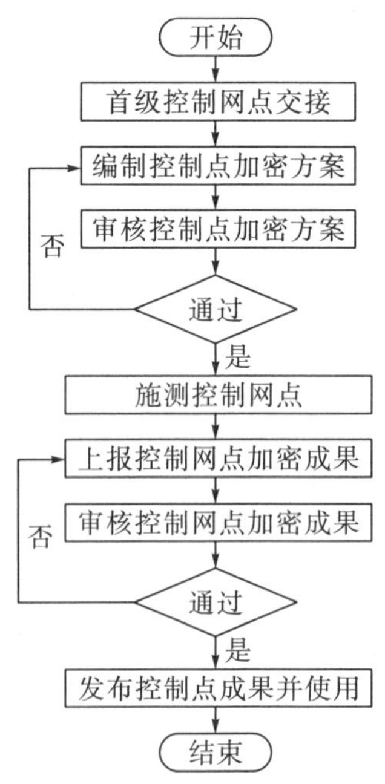

图9.1.6－1　加密控制测量工作流程图

加密控制网采用和首级控制网成果相同的坐标、高程系统，测量坐标系为杨房沟水电站平面直角坐标系，高程系统为1985国家高程基准，投影基准面为2024m高程面。

加密控制测量的具体作业步骤如下：

（1）在开工通知下达前，从测量监理工程师处获得测量基准点、基准线及其基本资料和数据，并现场确认点位。

（2）对移交的控制网（点）进行复测确认无误后，图上设计，确定点位，连成网形，拟定控制网加密方案。

（3）踏勘选点，拱坝坝基及边坡地形陡峭，可供埋设控制点的位置有限，控制点位尽量选择在质地坚硬稳固、视野开阔、无施工干扰、便于长期保留等通视性良好的位置，最终确定控制网加密方案，并上报监理机构进行审批。

（4）控制网加密方案审批通过后，进行控制点埋设工作。控制点灵活采用向地面打入钢筋、用混凝土包裹、在钢筋顶面用钢锯锯成十字丝或在坚硬基岩上设点及埋设观测墩的形式设置。

（5）严格按审批通过的控制网加密方案和《工程测量规范》（GB 50026—2007）、《国家三、四等水准测量规范》（GB/T 12898—2009）、《中、短程光电测距规范》（GB/T 16818—2008）、《水电水利工程施工测量规范》（DL/T 5173—2012）等国家、行业测量标准及规范进行加密控制网的观测工作。加密控制网测量采用对向观测，观测和记录过程严格按照规范执行，各项技术要求见表 9.1.6－1～表 9.1.6－4。

表 9.1.6－1　电磁波测距三角高程测量每点设站法的技术要求

等级	仪器标称精度		最大视线长度（m）	斜距测回数	天顶距			仪器高、棱镜高丈量精度（mm）	对向观测高差较差（mm）	附合或环线闭合差（mm）
	测距精度（mm/km）	测角精度（″）			中丝法测回数	指标差较差（″）	测回差（″）			
三等	±2	±1	700	3	3	8	5	±2	$\pm35\sqrt{S}$	$\pm12\sqrt{L}$
	±5	±2		4	4					
四等	±2	±1	1000	2	2	9	9	±2	$\pm40\sqrt{S}$	$\pm20\sqrt{L}$
	±5	±2		3	3					

注：S 为平距，L 为线路总长，单位均为 km。斜距观测一测回为照准一次测距 4 次。

表 9.1.6－2　电磁波测距附合（闭合）导线技术要求

等级	附合或闭合导线总长（km）	平均边长（m）	测角中误差（″）	测距中误差（mm）	全长相对闭合差	方位角闭合差（″）	测距精度等级	测回数		
								边长往返测回	水平角	
									1″级	2″级
三等	4.0	600	±1.8	±3	1∶100000	$\pm3.6\sqrt{n}$	3mm 级	各 2	4	6
四等	2.6	400	±2.5	±4	1∶65000	$\pm5\sqrt{n}$	5mm 级	各 2	2	4

表 9.1.6－3　三角形网技术要求

等级	平均边长（m）	测角中误差（″）	三角形最大闭合差（″）	平均边长相对中误差	测距仪等级	测回数		
						边长	水平角	天顶距
							1″级	1″级
三	300～1000	±1.8	±7	1∶15 万	Ⅱ	往返各 2	6	3

表 9.1.6-4　水平角方向观测法技术要求

单位：″

等　级	仪器标称精度	两次重合读数差	两次照准读数差	半测回归零差	一测回中2C较差	同方向值各测回互差
二等、三等、四等	0.5	0.7	2	3	5	3
二等、三等、四等	1	1.5	4	6	9	6
三等、四等	2	3	6	8	13	9

（6）观测完毕以后，整理各项数据资料，进行控制网平差计算并把加密控制成果上报监理机构进行审批，待审批通过方可使用。

3）控制网引测

因为控制网是每开挖5层（10m一层）就进行一次加密，所以加密的控制网不能完全满足现场的施工放样工作，需要对控制网进行引测。

在加密测量工作完成后，及时在加密测量控制点上建站，将加密控制点的三维坐标引测到使用方便的边坡上，每次引测至少3个点，并在不变测站的同时对上层边坡上的留点进行复核，复核点点位差值满足要求方可进行施工放样。

9.1.6.4　施工放样

施工放样的目的是将图上所设计的建筑物的位置、形状、大小与高低，在实地标定出来，以作为施工的依据。杨房沟水电站边坡及坝基开挖工程施工测量放样的内容主要为边坡预裂放样、马道、平台及坝基预裂放样、预裂孔钻机样架和钻杆的检测。

施工放样的一般作业流程见图9.1.6-2。

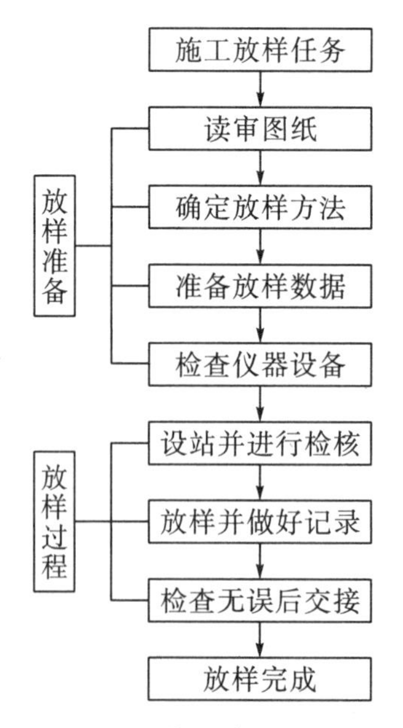

图 9.1.6-2　施工放样工作流程图

1）放样测站点的建立

主要选择两种方式建立放样测站点。一是全站仪坐标法设站：直接在基本控制点上架设全站仪，测站点应能与至少两个已知点通视，保证放样有检核方向。二是全站仪边角交会（自由设站）法设站：首先在未知点上架设和整平全站仪，在两个已知控制点上安置棱镜并量测棱镜高，然后观测未知点与已知控制点的角度、距离，再根据以上观测数据计算测站点坐标。这两种建站方法简单、灵活、精度可靠，也为测量安全提供了更好的保障，同时缩短了放样距离，提高了放样精度。

2）放样方法

主要采用全站仪极坐标法配合卡西欧 fx-5800P 可编程计算器任意点放样，预先编辑好放样程序且计算器程序经至少两人独立计算校核方可使用，以确保放样精度及工作效率。

（1）边坡预裂放样。

边坡放样主要分为同坡比边坡开挖施工放样和变坡比边坡开挖施工放样。

①同坡比边坡开挖施工放样。

为方便现场施工放样，通常以马道顶部 A 点（见图 9.1.6-3）为原点，B 点为方向点建立施工坐标系。对 H_1 马道高程至 H_2 马道高程间同坡比边坡的预裂开挖口的放样，采用全站仪坐标法测量任意点 P 的三维坐标（X_P，Y_P，H_P）。

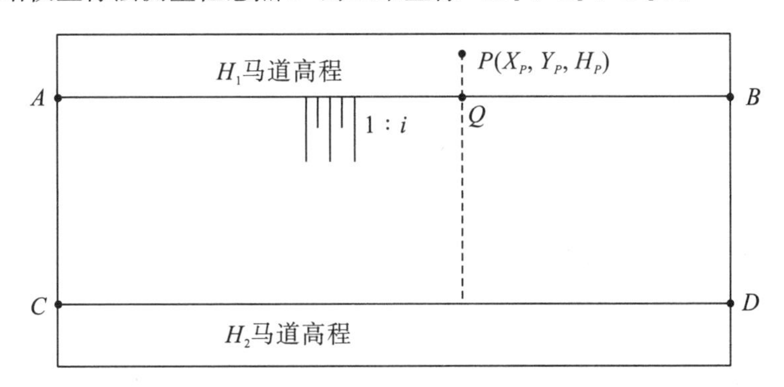

图 9.1.6-3 同坡比边坡开挖施工放样示意图

过测点 P 作设计开口线的垂线，垂足为 Q 点，XQA 即为任意点 P 的桩号，然后计算差值 $\Delta Y = Y_P - (H_1 - H_2)i$，也就是任意点 P 与设计开口点的距离：

当 $\Delta Y > 0$ 时，测点要垂直设计开口线向坡底方向水平移动 ΔY；

当 $\Delta Y < 0$ 时，测点要垂直设计开口线向坡内方向水平移动 ΔY 的绝对值。

反复计算和移动测点与设计开口点的距离，直至差值小于放样限差。测量并记录放样点的坐标，与理论坐标比较检核。

作业结束后以书面的方式技术交底交予现场技术员，现场技术员确认无误后完成交接。

②变坡比边坡开挖施工放样。

变坡比边坡就是随计算基准线方向的延伸，边坡坡比分母成正比变化的边坡。首先，根据设计图纸上变坡的范围确定变坡的起点 A 和终点 B（见图 9.1.6-4），然后分别计算变坡起点坡比（$1:i$）和终点坡比（$1:j$）。

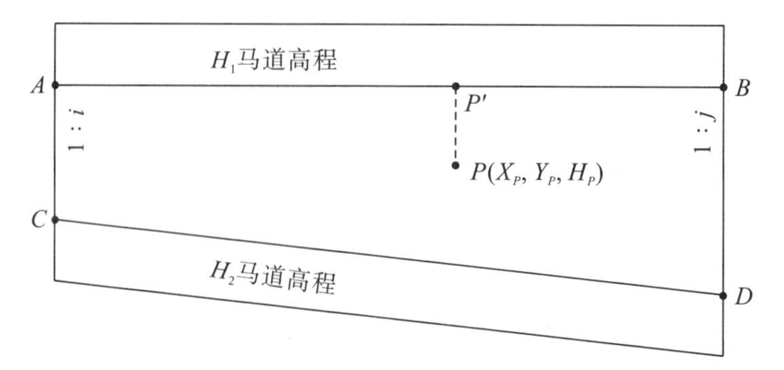

图 9.1.6−4　变坡比边坡开挖施工放样示意图

同样以马道顶部 A 点为原点，B 点为方向点建立施工坐标系。以钻机垂直开口为例，首先算出起点 A 和终点 B 的距离 S，然后按正比关系计算出测量点 P 对应的坡比，即：$i_P = i + \frac{X_P}{S}(j - i)$。

最后，用计算的坡比代替同坡比中的坡比，按同坡比变坡放样的方法进行放样点的定位，在此不再重述。

（2）坝基开挖施工放样。

①预裂孔的布置。

先由设计蓝图、设计（修改）通知单、工程技术联系单等技术资料为依据，将坝基的三维图绘制在 CAD 中，用 CAD 进行预裂孔布置，分别求出各预裂孔参数。对现场施工放样而言，预裂孔参数主要包括预裂孔孔顶点和孔底点坐标、坡比、方位角、孔深等，然后将预裂孔的放样参数绘制成简单示意图，并经过测量技术人员的校核后才作为测量技术人员现场进行放样的依据。

现以坝基边坡高程 2090～2080m 段的预裂孔的布置为例（见图 9.1.6−5）。首先在 CAD 中进行预裂孔布置，按施工工艺要求 70cm 布置一个预裂孔，然后在 CAD 图中求出预裂孔孔顶点和孔底点坐标（见表 9.1.6−5），从而计算出预裂孔孔底至孔顶方位角 α 和设计坡比 i。

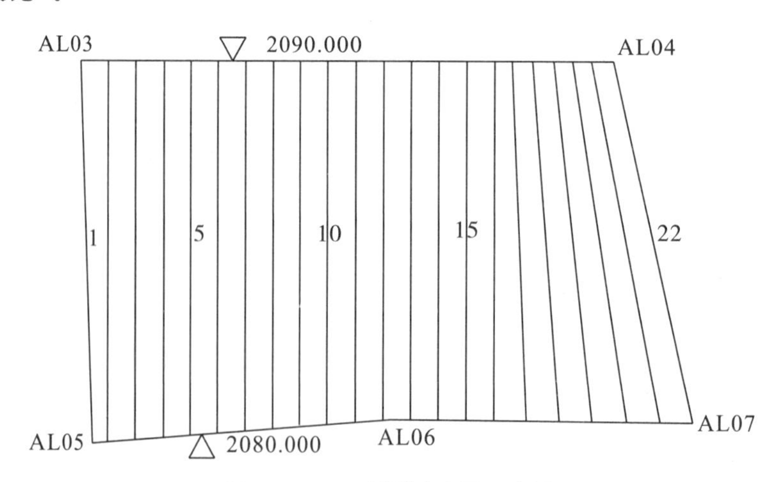

图 9.1.6−5　预裂孔布置示意图

表 9.1.6-5 坝基边坡高程 2090～2080m 段的预裂孔坐标

点号	孔顶坐标（m）			孔底坐标（m）			孔底至孔顶方位角 α	设计坡比（1∶i）
	X	Y	H	X	Y	H		
1	161.472	75.532	2090.000	153.812	70.000	2080.000	35.837	0.94
2	161.030	76.074	2090.000	153.728	70.122	2080.000	39.184	0.94
3	160.588	76.617	2090.000	153.329	70.700	2080.000	39.184	0.94
4	160.146	77.159	2090.000	152.929	71.277	2080.000	39.181	0.93
5	159.703	77.702	2090.000	152.530	71.855	2080.000	39.185	0.93
6	159.261	78.244	2090.000	152.131	72.433	2080.000	39.180	0.92
7	158.819	78.787	2090.000	151.732	73.010	2080.000	39.185	0.91
8	158.377	79.330	2090.000	151.333	73.588	2080.000	39.186	0.91
9	157.934	79.872	2090.000	150.933	74.166	2080.000	39.181	0.90
10	157.492	80.415	2090.000	150.534	74.743	2080.000	39.186	0.90
11	157.050	80.957	2090.000	150.135	75.321	2080.000	39.181	0.89
12	156.607	81.500	2090.000	149.736	75.899	2080.000	39.186	0.89
13	156.165	82.043	2090.000	149.309	76.454	2080.000	39.187	0.88
14	155.723	82.585	2090.000	148.867	76.996	2080.000	39.187	0.88
15	155.281	83.128	2090.000	148.419	77.535	2080.000	39.182	0.89
16	154.838	83.670	2090.000	147.972	78.074	2080.000	39.181	0.89
17	154.519	84.063	2090.000	147.429	78.728	2080.000	36.960	0.89
18	154.199	84.455	2090.000	146.886	79.382	2080.000	34.749	0.89
19	153.879	84.847	2090.000	146.343	80.036	2080.000	32.554	0.89
20	153.560	85.239	2090.000	145.800	80.690	2080.000	30.379	0.90
21	153.240	85.631	2090.000	145.257	81.343	2080.000	28.242	0.91
22	152.922	86.022	2090.000	144.714	81.999	2080.000	26.111	0.91

②预裂孔施工放样。

每个预裂孔的参数经检查确定无误后，每个预裂孔的测量放样的方法都是一样，只是变换参数而已，现以其中的一个预裂孔位和方向点的放样为例。

某一预裂孔（见图 9.1.6-6）的参数为：

预裂孔顶点坐标：K（X_1，Y_1，H_1）；

预裂孔方位角：α；

预裂孔坡比：1∶i。

放样时测量点坐标为 P（X，Y，H），由图 9.1.6-6 可知，P、K 点在 H_2 高程面的投影点分别是 P'、K'，在 H_2 高程面上过 P'作 QK'的垂线，交点为 Q，则

α_{KP} = ATAN [$(Y-Y_1)/(X-X_1)$]（在二、三象限时方位角 α +180°）

$$S_{A'P}=\mathrm{SQRT}\ [(X-X_1)^3+(Y-Y_1)^3]$$

测点偏离预裂孔平面距离为

$$S_{P'Q}=S_{A'P}\ \sin(\alpha_{KP}-\alpha)$$

当 $S_{P'Q}>0$ 时，测点要左移动 $S_{P'Q}$；

当 $S_{P'Q}<0$ 时，测点要右移动 $|S_{P'Q}|$。

偏离开孔点值为

$$S_{K'Q}=S_{K'P}\cos(\alpha_{KP}-\alpha)$$

$$\Delta L=S_{K'P}-(H-H_1)i$$

当 $\Delta L>0$ 时，测点要垂直设计开口线向坡顶方向水平移动 ΔL；

当 $\Delta L<0$ 时，测点要垂直设计开口线向坡底方向水平移动 $|\Delta L|$。

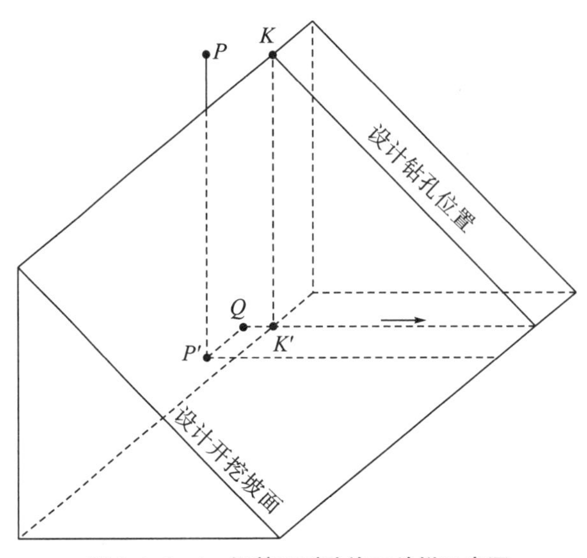

图 9.1.6-6　坝基预裂孔施工放样示意图

（3）预裂孔钻机样架和钻杆检测。

钻机样架检测内容是检查样架面与设计开挖面平行关系和与设计开挖面的水平间距是否满足要求。具体操作方法如下：

首先用全站仪坐标法测出样架底排钢管的三维坐标，点位测在钻杆的轴线上，并考虑钻杆半径，用与边坡预裂放样相同的方法计算出样架底排钢管上每个测量点的偏离设计位置的水平距离，当水平距离与钻机偏离钢管的距离的差值小于 5cm 就合格，否则就需要调校，直至满足要求。

再在样架的上排钢管与下排钢管上对应位置测量点，计算样架的倾角与设计倾角的角度差值。然后根据角度差值和样架的高度、准备钻孔的深度，计算钻孔底部的偏离值，当偏离值超出设计技术要求的范围时，要对样架上排钢管进行调校，直至满足要求后才能架设钻机进行预裂孔的钻孔。

因为钻杆的角度是由作业队伍现场控制，所以钻杆的检测主要采取抽测方式，监督作业队伍是否按开挖技术要求进行钻机的安装和调校。检测方法是：采用全站仪坐标法测量钻杆同方向的上、下两个点的三维坐标，先计算两点的方位角和钻杆倾角，分别与设计值进行比较并计算出差值，再根据角度差值和开口偏差值计算出到钻孔孔底的偏离值，当偏离值超出设计技术要求时就进行调校，直至满足设计和规范技术要求。

9.1.6.5　建基面验收

建基面验收前对建基面进行超欠挖检查，根据《四川省雅砻江杨房沟水电站拱坝基础开挖施工技术要求》，建基面超欠挖允许偏差范围为 0～＋20cm，如有欠挖则通知现场技术人进行处理，直至无欠挖后方可进行建基面的断面（地形）测量验收。

根据开挖进展及时通知监理及测量中心对建基面进行联合测量，并按单元划分出具测量成果，包括工程量表、开挖质量统计表、开挖断面（地形）图（1∶200）等测量资料。

9.2　边坡截排水沟施工

为保护开挖边坡免受集中水流冲刷，在开挖前，须先完成边坡上部截排水沟的施工。截排水沟的施工一般采用前期危岩处理所布置的施工道路及风、水、电等。

9.2.1　截排水沟形式

杨房沟水电站高边坡截排水沟有如下两种形式（见图 9.2.1－1 和图 9.2.1－2），施工时可根据现场地形、地质条件灵活选择。

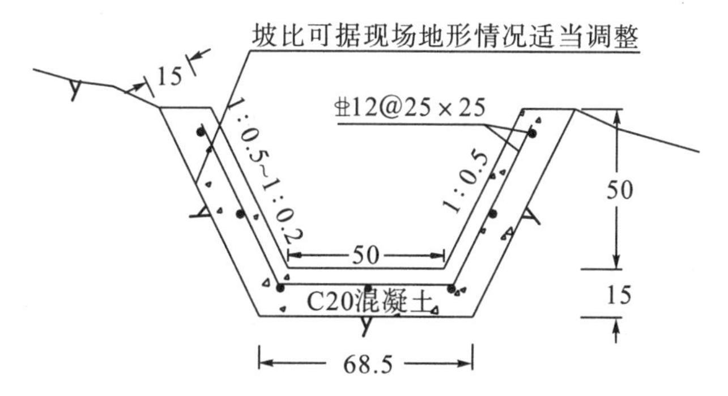

图 9.2.1－1　截排水沟断面图 1

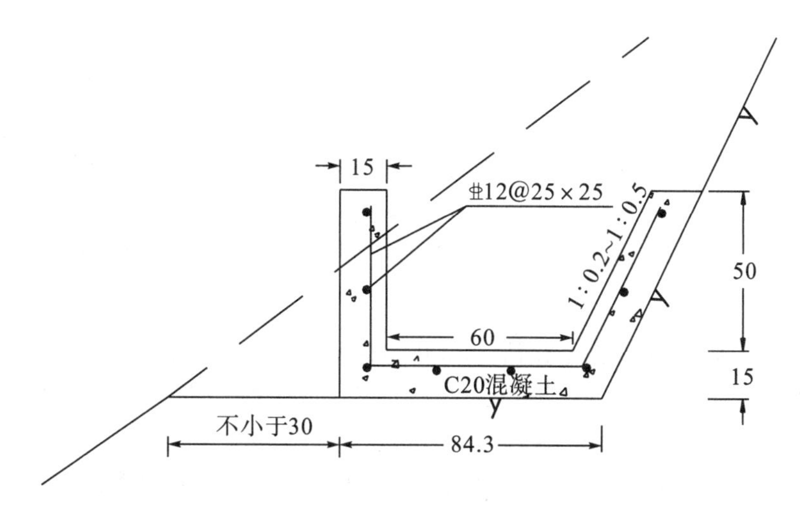

图 9.2.1－2　截排水沟断面图 2

9.2.2 截排水沟施工

截排水沟施工，根据现场具体地质条件的不同施工方法有所不同，若为土质或松散石块地基，直接采用人工开挖形成截排水沟浇筑所需尺寸即可；若遇坚硬岩石，人工无法直接开挖，则需进行浅层爆破，爆破开挖主要采用 YT－28 气腿钻造孔，开挖高度按 0.5m 进行控制；每炮完成后人工进行工作面扒渣，扒渣完成后开挖面继续造孔进入下一循环。

截排水沟基础开挖完成验收后，进行钢筋、模板安装以及后续混凝土浇筑，混凝土浇筑完成后进行养护，待混凝土强度满足设计要求后进行模板拆除。

9.3 缆机平台以上坝肩边坡开挖

杨房沟水电站坝址区为典型高山峡谷地貌，两岸自然边坡高陡，坝肩开挖边坡较高，其中左岸坝肩边坡开挖高度 385m，缆机平台高程以上的开挖边坡最大高度达 142m，右岸坝肩边坡开挖高度 359m，缆机平台高程以上的开挖边坡最大高度达 122m，居于国内工程前列。河谷斜坡由于岩体节理、断层切割及风化卸荷等地质作用影响，坝址区存在开挖后高边坡失稳的问题，高边坡开挖支护施工难度较大，施工通道布置困难。

9.3.1 施工布置

9.3.1.1 施工通道布置

（1）利用前期危岩处理布置的缆索吊，在其卸料点正下方，布置一条施工便道到达开挖作业面，左岸道路宽 4.0m，全长 56.5m，道路坡比 18%，右岸道路宽约 4.0m，全长约 186.0m，道路坡比约 3.5%，满足钻机、反铲等安全通行要求。

（2）顶部开挖区域呈现多个山梁与小冲沟，在各冲沟之间设置便道，宽度、坡度等须满足钻机、反铲等安全通过。

（3）在底部河滩及冲沟部位形成挡渣墙，并布置出渣道路。

（4）每级马道高差达到 30m，马道与马道、马道与开挖面之间采用钢梯搭设通行便道。

（5）杨房沟水电站右岸边坡山体陡峭，施工便道狭窄难走，通过便道至工作面需要消耗大量时间，单靠人员运输材料的方式通行危险且工期较长。因此，采用在右岸 2185m 高程缆机平台交通洞洞口适当位置布设 0.5t 缆索吊的方式进行施工材料的运输。

9.3.1.2 施工供风

施工用风主要有 CM351 潜孔钻、100B 潜孔钻、YT28 气腿钻等造孔设备，左岸边坡按 6 台 100B、10 台 YT28 气腿钻、2 台 CM351 或 1 台 CM351 与 1 台液压钻同时作业进行配置供风设备，总用风量约 90m^3/min，开挖施工供风系统集中布置于缆索吊卸料点附近下游开挖形成的平台上，主管采用 Φ108 钢管，支管采用软管进行连接。支护用风同样在此位置单独布置 1 座压气站作为集中供风，施工过程中，根据实际需要再补充电力移动空压机，供风支管采用Φ25软管接至工作面。

右岸边坡采用集中供风的方式进行供风，在右岸缆索吊卸料点至开口线便道的适当位置集中布置压气站，压气站主要采用电动空压机集中布置。供风主管采用Φ108钢管，沿上述道路布置至右岸坝肩开口线附近；供风支管采用Φ50PVC塑料管。

9.3.1.3　施工供水

左岸边坡前期开挖支护阶段，主要利用以下三条供水管路进行供水。所有供水管路的供水均利用蓄水池集中。其中，蓄水池设置在开挖线外上部的截水沟附近适当位置，蓄水池采用4个$3m^3$胶桶串联形成容积为$12m^3$的水池，再采用自流式进行分布供水。

（1）第一条供水管路：利用杨2#隧道内的已形成的供水管路（后期利用系统水），采用Φ50塑料管进行供水（管路布置走向：杨房沟高线桥→尾水边坡→高程2330m卸料平台→$12m^3$蓄水池）。

（2）第二条供水管路：从危岩高位水池，接水管至上述蓄水池（管路布置走向：杨房沟→坝肩上方高程约2460m平台→危岩高位水池→$12m^3$蓄水池）。

（3）第三条供水管路：从右岸边坡连接一根Φ50塑料水管沿5t辅助缆索吊（高程2360m）缆索敷设至左岸5t辅助缆索吊锚固点（高程2360m），最后接至$12m^3$蓄水池。

右岸边坡开挖支护等工作面施工供水以右岸年公沟顶部山泉眼为水源，利用Φ50塑料水管接引至右岸坝肩临时蓄水池。蓄水池设置在顶部施工道路适当位置，采用4个$3m^3$胶桶串联形成容积为$12m^3$供水池，再采用自流式进行分布供水。

9.3.1.4　施工供电

1）线路布置

左岸在缆索吊锚固平台附近500kVA变压器处设置配电箱，各工作面施工用电及照明直接从配电箱接线。用电高峰期需要在缆索吊卸料点下游开挖形成的平台上再安装一台1250kVA的变压器（若仍然无法满足用电要求，再增加一台800kVA变压器）才能满足施工用电要求。同时在变压器处备一台460kW的柴油发电机作为备用电源。

右岸高压电源从前期导流洞标右岸绕坝交通洞洞口的变压器处接引，采用一根YJV－22－3×35铜芯电缆沿年公沟山脊布设至Y2－31号危岩顶部，再沿Y2－31危岩侧面山脊接至顶部施工便道处，共需高压电缆约800m。同时在便道处设置一台1250kVA变压器，工作面用电根据实际需要，从变压器处配电箱接出。

2）临时施工便道的照明布置

根据现场实际需要，设置临时照明系统，灯具采用1000W镝灯。

3）工作面照明

为了满足夜间施工，工作面照明根据现场实际需要，临时布置3000W镝灯进行照明。

9.3.2　施工辅助设施布置

由于场地有限，在各级马道或在开挖平台临时搭建简易锚索加工厂。制浆站所制浆液主要用于造孔过程中的注浆和锚固灌浆，在缆索吊平台附近或便道附近，人工平整出一块小场地搭建制浆站。

9.3.3 施工程序

1）施工原则

（1）自上而下分层进行开挖，在开挖工程中，及时按设计要求形成排水沟，排除坡面积水。

（2）对于边坡易风化破碎或不稳定的岩体，应做到边开挖边支护，特别是不稳定的岩体。

（3）开挖面靠近马道设计高程时，各级马道预留保护层厚度不小于1.5m，保护层开挖采用手风钻造孔，水平光面爆破。

（4）边坡的开挖支护程序应严格按照设计施工技术要求执行。

（5）严格控制一次总装药量和最大单响药量，以减少爆破对边坡岩体的破坏。

2）开挖分层分块

左岸边坡按照上下游方向分Ⅰ、Ⅱ、Ⅲ区，高程方向按照10～15m高度进行分层，局部机械不能到达的部位设置薄层。所有薄层区域均采用手风钻钻爆，其余部位主要采用液压钻、高风压钻及潜孔钻钻爆。

9.3.4 石方开挖施工工序

石方开挖主要施工工序为：岩石面清理→测量放线→爆破造孔→装药→连线→爆破→出碴（或装运）。开挖施工工序见图9.3.4−1。

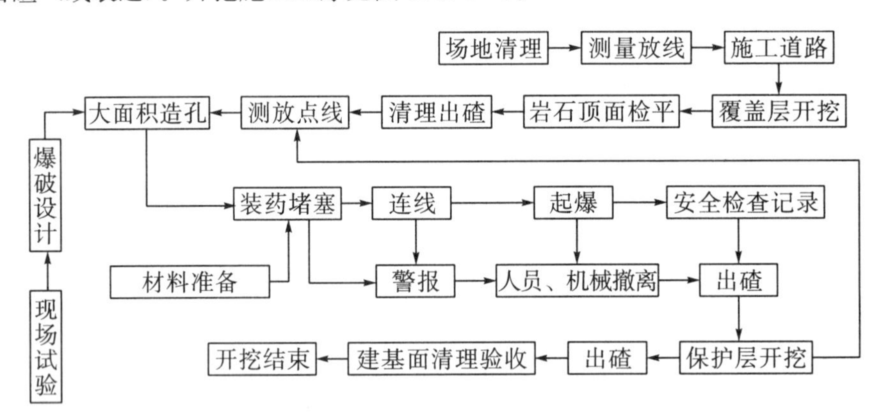

图9.3.4−1 开挖施工工序图

9.3.5 开挖方法

9.3.5.1 开挖一般规定

（1）边坡开挖主要采用超欠平衡法施工，即每一梯段预裂孔开口处欠挖10cm（手风钻修顺小错台），孔底处超挖20cm，以利于钻机布设。主要是预裂孔采用QJZ−100B潜孔钻机造孔，由于QJZ100B潜孔钻机本身结构尺寸决定了需要一定空间满足架钻要求，故边坡开挖时采用孔底处保证30cm平台。

（2）缓冲孔与爆破孔平行，缓冲孔与预裂孔之间的垂直距离控制在1.0～1.5m之间，以此来保证保留岩面受到的爆破扰动最小。

（3）为保证施工质量，尽量平行钻孔，考虑造孔时因钻杆下沉引起的孔深扰度过大造成的孔深方位偏差，在钻杆上增加扶正器，以防止造孔过程中因岩石条件变化引起飘钻现象。

9.3.5.2　测量放样

每一排炮均应放出预裂孔或周边孔的平面位置及方向，并测量上一排炮爆破后的开挖面的超欠情况。

9.3.5.3　样架搭设

采用新购优质钢架管进行样架搭设，样架底脚采取插筋固定，样架搭设角度采取角度尺或罗盘控制，搭设完成测量校核满足设计要求后进行开孔作业。

9.3.5.4　钻孔

1）钻孔质量控制

（1）周边孔、预裂孔的开孔位置，误差应小于5cm。

（2）孔深允许偏差：一般爆破孔宜为0～20cm，预裂和光面爆破孔宜为±5cm。

（3）钻孔角度偏差：一般爆破孔不宜大于2°，预裂和光面爆破孔不宜大于1°。

（4）炮孔经检查合格后，方可装药爆破。

（5）紧邻马道的一组爆破孔的深度必须仔细检查，凡超过设计规定平面的爆破孔都应在装药前用砂子或岩粉加以回填。

2）钻孔设备

（1）主爆孔：采用CM351高风钻或液压钻造孔，孔径90mm，间排距2.3m×2.5m（根据岩石情况，结合爆破试验确定）；前期若大型机械无法进入工作面，也可采用100B潜孔钻钻孔。

（2）缓冲孔：临近设计边坡的2～3排炮孔作为缓冲孔，缓冲孔采用CM351高风钻或液压钻造孔，其间排距1.5m×1.7m，梯段高度10～15m。

（3）预裂孔：采用100B潜孔钻造孔，孔径90mm，间距0.8m，预裂梯段高15m；预裂孔应钻在轮廓面上，开孔点应在轮廓线上，误差不小于5cm，钻孔应强调方向、倾角控制，钻孔孔底最大偏差应小于20cm。

9.3.5.5　装药、堵塞、联网

1）装药

装药前用高压风冲扫孔内，炮孔经检查合格后，方可进行装药，装药要求如下：

（1）主爆孔以乳化炸药为主，采用连续装药结构。

（2）预裂孔采用乳化炸药柱状分段不耦合装药。

（3）缓冲孔药量较前排孔减少1/3（临近设计边坡的2～3排炮孔）。

岩石爆破单耗药量0.4～0.55kg/m^3，最终单耗根据爆破试验确定，并根据岩石状况适当调整。梯段爆破采用非电毫秒微差爆破网络，电雷管起爆。

2）堵塞

所有炮孔均采用岩粉进行堵塞，其要求如下：

（1）主爆孔堵塞长度2.5～3.5m。

（2）预裂孔堵塞1.0m。

（3）缓冲孔分段进行堵塞，堵塞长度不小于1.0m。

3）联网

联网时，按照如下原则进行：

（1）最大一段起爆药量不得大于300kg。

（2）建基面保护层上一层梯段最大一段起爆药量不大于100kg。

（3）预裂、光面爆破最大一段起爆药量不宜大于50kg。

（4）一次爆破总药量不得大于800kg。

9.3.6 坡面拐点开挖

坝肩边坡开挖区与上下游自然边坡都存在拐角，拐角控制的好坏直接影响到边坡开挖的质量。通过测量的精确放点，严格控制钻孔的角度和高程，采用QJZ－100B潜孔钻机导向孔来控制，导向孔不予装药，爆破后的部分欠挖采用手风钻处理。

9.3.7 马道保护层开挖

马道保护层预留厚度不小于1.5m，采取水平光面爆破进行爆除。

9.3.7.1 光面爆破施工工艺

光面爆破施工工艺分钻孔施工、装药与填塞、起爆网的连接等几部分。

1）钻孔施工

钻孔施工是光面爆破最重要的一环，尤其是钻孔精度，它直接影响到光面爆破的成败。为了确保钻孔精度，应严格做好测量放线，修建好钻机平台，按照“对位准、方向正、角度精”三要点安装架设钻机。

2）装药与填塞

光面爆破采用不耦合装药结构。采用间隔装药，即按照设计的装药量和各段的药量分配，将药卷捆绑在导爆索上，形成一个断续的炸药串。为方便装药和将药串大致固定在钻孔中央，一般将药串绑在竹片上。装药时竹片一侧应置于靠保留区一侧。装药后孔口的不装药段应使用沙等松散材料填塞。填塞应密实，在填塞前，先用纸团等松软的物质盖在药柱上端。

3）起爆网路的连接

光面爆破的药串是由导爆索起爆的，在孔外连接导爆索时，必须注意导爆索的传爆方向，按照导爆索网路的连接要求进行连接。

9.3.7.2 钻孔时段及其他

在下层梯段爆破完成后，掌子面出渣高程低于马道设计高程1.0～1.8m时，即可进行上层马道保护层水平光爆孔的钻孔（对于软弱、破碎基岩，预留20～30cm的撬挖层不爆破)。水平造孔采用 YT－28 手风钻进行，孔径 42mm，孔深 2.8m，光爆孔间距 0.6m，爆破孔间排距 1.5m，单耗控制为 0.45～0.55kg/m^3。爆破完成后，人工配合反铲将石渣扒除（反铲扒渣注意保护马道边角）。

9.3.8　石方槽挖

（1）采用小直径炮孔进行分层爆破，并遵循先中间后两边的 V 形起爆方式，周边应采用预裂或光面爆破技术。

（2）采用多钻孔，分散装药的方法进行爆破，这样既保证了爆破效果，又保证了爆破质量。

9.3.9　出渣

高拱坝坝肩边坡开挖，一般分为在大江截流前和大江截流后，前后出渣方式略有差异。

1）大江截流前出渣

爆破后的石渣由反铲甩渣至挡渣墙部位，再采用液压反铲装自卸汽车运渣至渣场。挡渣墙可根据需要多设置几道。

2）大江截流后出渣

截流后，边坡开挖甩渣至大坝基坑，由液压反铲装自卸汽车运渣至渣场，可配备推土机配合集渣。

9.3.10　爆破设计

爆破设计应根据地形地质条件，并结合其他类似工程施工经验进行设计计算，类比选用，确定爆破参数。通过爆破试验，并在整个开挖过程中持续进行爆破监测，不断调整、优化爆破参数。本节主要以杨房沟水电站为例进行说明。

9.3.10.1　爆破材料及设备

炸药：主要采用 Φ25mm、Φ32mm、Φ70mm 乳化炸药。

雷管：工业非电毫秒微差雷管 1、3、5、7、9 段或 2、4、6、8、10 段。

传爆器材：导爆索。

起爆器材：电雷管和导爆索。

根据现场地质、地形的实际情况，选择 QJZ－100B 潜孔钻机及 YT－28 手风钻造孔。

9.3.10.2　预裂孔参数

边坡预裂爆破采用 QJZ－100B 潜孔钻机及 YT－28 气腿钻钻孔。

1）采用 YT－28 气腿钻时

（1）炮孔间距 a。

根据经验公式：

$$a = (7 \sim 12)\ D$$

式中，D 为钻孔直径，取 42mm，故

$$a=42\times(7\sim12)=294\sim504\text{mm}$$

选用 $a=45$cm。

（2）不耦合系数 K。

根据经验公式：

$$K=D/d$$

式中，D 为钻孔直径，取 42mm（成孔）；d 为药卷直径，25mm。故

$$K=42/25=1.68$$

（3）线装药密度 Q_x。

根据经验公式：

$$Q_x=0.188a\sigma^{0.5}$$

式中，a 为孔间距，取 0.3～0.5m；σ 为岩石极限抗压强度，取 600kgf/cm^2。故

$$Q_x=0.188\times45\times24.49=207.2\text{g/m}$$

选用 200g/m，底部加强装药 2～3 倍。

2）采用 QJZ－100B 潜孔钻机时

（1）炮孔间距 a。

据经验公式：

$$a=(7\sim12)D$$

式中，D 为钻孔直径，取 90mm，故

$$a=90\times(7\sim12)=630\sim1080\text{mm}$$

选用 $a=80$cm。

（2）不耦合系数 K。

根据经验公式：

$$K=D/d$$

式中，D 为钻孔直径，取 90mm（成孔）；d 为药卷直径，取 32mm。故

$$K=90/32=2.8$$

③线装药密度 Q_x。

根据经验公式：

$$Q_x=0.188a\sigma^{0.5}$$

式中，a 为孔间距取 0.6～1.0m；σ 为岩石极限抗压强度，取 600kgf/cm^2。故

$$Q_x=0.188\times80\times24.49=368.3\text{g/m}$$

选用 300g/m，底部加强装药 2～3 倍。

9.3.10.3 装药结构

预裂爆破装药结构分三方面：孔口堵塞长度和堵塞方法，线装药密度，底孔加强装药。

（1）预裂孔采用间隔装药，药卷直径 25mm 或 32mm，炸药采用乳化炸药。边坡线装药密度 150～350g/m，孔口用炮泥封堵药包，堵塞长度为 1.0～1.2m，部分堵塞长度根据实际情况相应调整。

（2）采用绑竹片，间隔装药，同时注意堵塞时过紧对间隔装药的影响。

（3）预裂爆破孔底加强装药，靠孔口填塞段减弱装药。

9.3.10.4　起爆方案

预裂爆破孔滞后前排孔 100～200ms 起爆。

9.3.10.5　主爆孔参数

$$装药量\ Q=gabH$$

式中：g 为岩石爆破单位耗药量，取 0.3～0.5kg/m^3；a 为主爆孔间距，取 3.0m；b 为主爆孔排距，取 2.5m；H 为台阶高度，取 15m。

经计算，Q=28.125～61.875kg。单孔装药量取值 26.0～60.0kg。由于杨房沟右岸开挖滞后于左岸进行，可根据左岸施工经验再优化调整。

9.4　缆机平台保护层开挖

杨房沟水电站坝址区为典型高山峡谷地貌，两岸自然边坡高陡。为便于主体大坝施工材料的运输，跨两岸布设有 3 台 30t 平移式缆机，随着边坡开挖高程的下降，需完成缆机平台基础面的开挖。其中，左岸缆机平台上平台高程 2189.8m，下平台为 2187.0m；右岸缆机平台上平台高程 2185.8m，下平台为 2184.5m。

9.4.1　施工方法

缆机平台大面开挖时预留厚 2.5～6m 的保护层，保护层采用水平预裂爆破。

在上层大面梯段爆破完成后，掌子面出渣高程低于平台设计高程 30～50cm 时，即可进行保护层水平预裂孔造孔（对于软弱、破碎基岩，预留 20～30cm 的撬挖层不爆破）。水平预裂造孔根据现场地质、地形的实际情况，水平预裂主要采用 100B 钻机进行钻孔，钻孔深度与平台宽度一致，爆破时一次爆破到位，局部位置可选择 YT－28 型气腿钻，竖直孔可采用液压钻机或潜孔钻机。爆破完成后，人工配合反铲将石渣扒除（反铲扒渣注意保护边角）。

9.4.2　爆破参数

缆机平台保护层开挖爆破参数设计见图 9.4.2－1 和图 9.4.2－2，具体施工参数可结合现场实际情况及爆破效果做适当调整。

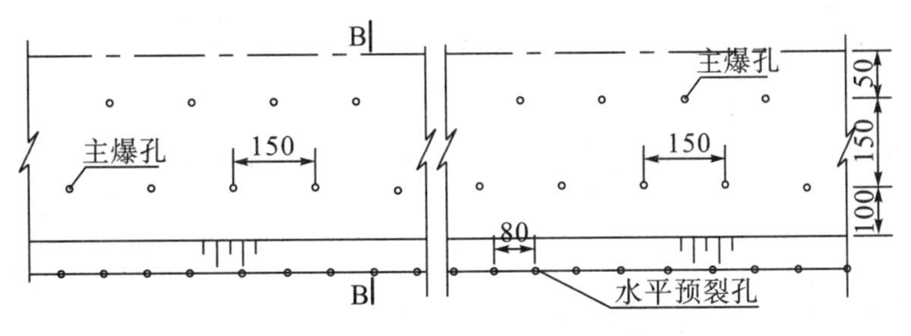

图 9.4.2－1　水平面炮孔布置示意图

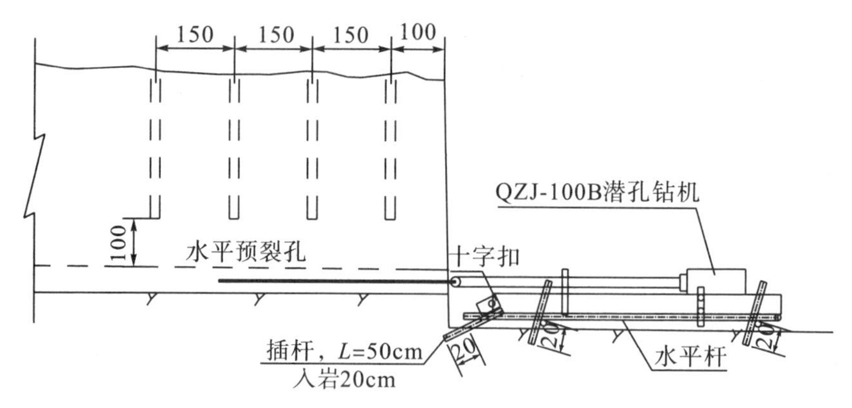

图 9.4.2-2　B—B 剖面示意图

1）缆机平台保护层水平预裂爆破参数设计

炸药：主要采用 Φ25mm、Φ32mm 的 2 号岩石乳化炸药。

雷管：工业非电毫秒微差雷管 1、3、5、7、9 段或 2、4、6、8、10 段。

传爆器材：导爆索。

起爆器材：电雷管和导爆索。

保护层水平预裂孔爆破技术参数见表 9.4.2-1。

表 9.4.2-1　保护层水平预裂孔爆破技术参数

爆破参数	缆机平台水平预裂孔	缆机平台水平预裂孔
钻孔机具	YT-28 手风钻	QJZ-100B 潜孔钻机
孔径（mm）	42	90
孔距（cm）	50	80
孔深（m）	3.4～6.0	3.4～12.0
线装药密度（g/m）	230	350
药卷直径（mm）	25	32
装药结构	导爆索串联间隔不耦合装药	导爆索串联间隔不耦合装药
孔口堵塞长度（m）	0.6～1.0	0.6～1.0

2）缆机平台保护层垂直爆破孔爆破参数设计

垂直爆破孔钻孔主要采用 JK590 液压钻机或 QJZ-100B 潜孔钻机。主爆孔底部距离水平预裂孔的距离控制在 1m 左右。

装药量 $Q=gabH$，其中：g 为岩石爆破单位耗药量，取 0.3～0.5kg/m^3；a 为爆破孔间距，取 1.5m；b 为爆破孔排距，取值 1.5m；H 为台阶高度，取 1.8～8m。经计算，Q=1.215～9.0kg。单孔装药量取值 1.2～9.0kg。

垂直爆破孔间排距 150cm×150cm，孔深 1.3～8.0m，采用 ϕ32mm 药卷 2 号岩石乳化炸药，2 条 ϕ32mm 药卷捆绑连续不耦合装药结构。

保护层垂直爆破孔爆破技术参数见表 9.4.2-2。

表 9.4.2-2 保护层垂直爆破孔爆破技术参数

爆破参数	缆机平台保护层垂直爆破孔	缆机平台保护层垂直爆破孔
钻孔机具	QJZ-100B 潜孔钻机	JK590 液压钻机
孔径（mm）	90	115
间排距（cm）	150×150	150×150
孔深（m）	1.3~8.0	1.3~8.0
单耗药量（kg/m^3）	0.3~0.5	0.3~0.5
药卷直径（mm）	2Φ32	2Φ32
装药结构	连续不耦合装药	连续不耦合装药
孔口堵塞长度（m）	0.5	0.5

3）装药结构

预裂爆破装药结构分三方面：孔口堵塞长度和堵塞方法，线装药密度，底孔加强装药。

（1）预裂孔采用间隔装药，药卷直径为 25mm 或 32mm，炸药采用 2＃岩石乳化炸药。线装药密度 250~300g/m，孔口用炮泥封堵药包，堵塞长度为 0.6~1.0m，部分堵塞长度根据实际情况相应调整。

（2）采用绑竹片，间隔装药，同时注意堵塞时过紧对间隔装药的影响。

（3）预裂爆破孔底加强装药，靠孔口填塞段减弱装药。

9.5 缆机基础边坡开挖

杨房沟水电站缆机基础上游侧为架空段，其基础边坡根据地形地质条件和缆机基础结构布置需要分级开挖，缆机基础设多级平台，平台间最大高差为 15m，坡比根据不同高差及现场实际情况分别采用 1∶0.2、1∶0.3、1∶0.5 等。

9.5.1 施工特性

（1）缆机基础体型复杂、要求较高。

（2）缆机基础开挖宽度较小，不能有效利用机械出渣，只能全靠人工出渣。

（3）施工干扰大。缆机基础开挖期间，上游侧进水口边坡及上部危岩处理等均在同时进行施工，相互干扰大。

9.5.2 施工方法

缆机基础边坡梯段开挖，预裂孔与主爆孔均采用 QJZ-100B 潜孔钻机钻孔。局部 QJZ-100B 潜孔钻机不能到达的地方或浅孔钻孔，采用 YT-28 手风钻钻孔。

缆机基础边坡的开挖石渣采用液压反铲或人工甩渣至基坑，从基坑出渣。

平台台阶保护层预留厚度为 2.5m，采取水平光面爆破进行爆除。

9.6 坝顶至缆机平台边坡开挖

杨房沟水电站坝顶至缆机平台边坡开挖，左右岸均利用缆机平台交通洞作为材料、设备及人员的主要通道，施工供风与施工供水也与上部边坡略有不同。

9.6.1 施工供风

根据坝顶至缆机平台边坡的地理位置、施工特点及施工程序安排，采用集中供风的方式进行供风，左岸布置在高程 2190m 缆机平台交通洞施工支洞内，右岸布置在高程 2185m 缆机平台交通洞内。左、右岸分别各布置 2 台 $20m^3/min$（1 台备用）和 1 台 $40m^3/min$ 的电动空压机作为开挖施工集中压气站，另外再分别各布置 2 台 $20m^3/min$（高风压）和 4 台 $20m^3/min$（中风压）的电动空压机作为支护施工集中压气站。

施工供风直接从集中空压机站处的供风包中接引，主管采用 Φ108mm 钢管，支管采用 Φ50mm 软管接至工作面。

9.6.2 施工供水

1）右岸边坡供水

供水管路一：顺延前期上部边坡开挖已形成管路至工作面。

供水管路二：在右岸缆机平台交通洞靠洞口处，新建一个施工期临时水池，可采用钢板焊接，也可砌筑；再从右岸系统水池抽水至临时水池，临时水池至工作面供水为自流。

2）左岸坝肩边坡开挖供水

供水管路一：顺延前期上部边坡开挖已形成管路至工作面。

供水管路二：从左岸系统水池直接布置管线至工作面。

9.6.3 施工过程中边坡开挖轮廓线调整

坝顶至缆机平台边坡开挖方法与缆机平台以上坝肩边坡开挖方法类似。

杨房沟水电站右岸边坡在施工过程中方案略有调整。

根据原设计方案，右岸缆机平台上平台高程为 2185.8m，宽度为 5.16m；下平台高程为 2184.5m，宽度为 9.15m。至坝顶高程设置两级马道，马道高程分别为 2160m、2130m，宽 3m。

实际实施过程中，发现中部 0+40m～0+70m 桩号段、2150～2185.8m 高程部位，开挖设计线与实测地形线距离较近，且局部地形缺失，最窄处开挖厚度为－146（地形缺失）～＋126cm，无法满足最小施工设备通行要求，只能采用人工方式施工。经建设各方研究决定，在满足缆机平台结构要求下，对“坝顶至缆机平台坝肩边坡开挖支护”的开挖结构线做出最大可能性调整，尽量满足在梯段爆破、反铲扒渣后，施工设备可以通过中间狭窄部位，可以上下游来回通行，进行爆破避炮，确保施工安全。调整后该部位设计开挖线与实际地形线之间的距离仍较小，但是至少应在第一次梯段爆破底部高程扒渣后，底部高程处宽度应保证有 4.0m 左右，基本能够满足小型反铲通行避炮要求。局部凹槽狭窄段，采用回填浇筑 C25 二级配混凝土（后续须爆破挖除）加宽通道至满足通行最小宽度 4.0m 的要求。

9.7 坝顶平台保护层开挖

根据现场实际地形，坝顶平台保护层开挖主要有两种方式：①先进行保护层中部槽挖，然后向两侧进行水平光面爆破开挖；②从边坡临空侧向里进行水平光面爆破。

9.7.1 槽挖施工方法

当坝顶平台面积较大时，为了加快其开挖进度，在平台中部位置先进行拉槽开挖，拉槽完毕后，再分别向两个方向依次推进。

（1）拉槽开挖槽口上部宽 5.0m，下部宽 3.0m，高 2.5m，开挖时严格按照下述方法进行控制：

①采用小直径炮孔进行分层爆破，并遵循先中间后两边的 V 形起爆方式，周边应采用预裂爆破技术。

②采用多钻孔、分散装药的方法进行爆破，这样既保证了爆破效果，又保证了爆破质量。

（2）接着向两侧分别钻水平光爆孔、主爆孔，每个光爆孔深度为 8.0m。爆破孔均采用 QZJ－100B 潜孔钻机钻孔（孔径 90mm），对于边角部位及 QZJ－100B 潜孔钻机无法施工的部位，采用 YT－28 手风钻钻孔。

9.7.2 由边坡临空侧向里水平光面爆破

其施工方法与缆机平台保护层类似。

9.7.3 爆破设计

坝顶平台保护层开挖主要采用 QZJ－100B 潜孔钻机钻孔，厚度为 2.5m，其爆破主要参数见表 9.7.3－1。

表 9.7.3－1 坝顶平台保护层爆破主要参数

保护层位置	类别	孔径（mm）	孔深（m）	孔距（m）	排距（m）	药径（mm）	单耗（kg/m^3）	线装药密度（g/m）
供料平台保护层	主爆孔	90	8.0	1.0	0.7～1.0	32	0.3	—
	光爆孔	90	8.0	0.8	—	25	—	280～300

9.7.4 卸料平台体形调整

高拱坝一般会在坝顶高程左右设置混凝土卸料平台，杨房沟水电站设置在左岸，其料罐平台高程为 2097m。原设计方案料罐平台的靠山侧边坡为竖直面，平面上为折线体形。根据锦屏一级、白鹤滩、乌东德等水电站施工经验，折线体形在施工过程中影响缆机料罐停靠速度，需要有专人调节吊钩梁方向，从而降低混凝土卸料效率。后经建设各方多次讨论研究决定，吊罐平台体形由折线调整为直线。

由于此时边坡已经开挖至2097m高程以下，下部正在进行大面开挖、支护，爆破飞石将影响下部施工安全。经讨论决定，对调整线形部位进行分区开挖，即临江侧采取“预裂爆破+破碎锤”开挖的方法，靠内侧采取光面爆破进行开挖。同时在开挖前，在临江侧形成刚性挡渣墙等防护措施。

9.7.4.1 刚性挡渣墙

刚性挡渣墙可采用“10＃槽钢+钢模板”组成。

1）锚筋施工

锚筋采用Φ28螺纹钢。固定竖向10＃槽钢的锚筋入岩1.0m，外露0.5m，间距为1.0m。固定斜向10＃槽钢的锚筋，入岩0.5m，外露0.2m，间距为1.0m。

2）刚性挡渣墙

待锚筋施工完成以后，采用10＃槽钢作立柱及斜撑系统。10＃槽钢采用焊接的方式固定在锚筋上，双面焊接，焊接长度为15cm。槽钢焊接完成并验收合格后，采用P6015或P3015钢模板作为面板，焊接在10＃槽钢上，局部接触有限的部位采用螺纹钢进行加固，以此确保刚性挡渣墙的稳固性。

9.7.4.2 开挖

卸料平台临江侧开挖先用切割机沿调整后的体形边线对前期施工的垫层混凝土进行切割，再沿开挖边线采用YT－28手风钻钻孔进行单排预裂孔爆破（距临江侧大于1.5m的部位，可采用先预裂后破碎锤开挖，小于1.5m的部位可直接用破碎锤开挖），之后采用KAT320液压岩石破碎锤进行开挖，破碎锤开挖的渣体采用人工辅助反铲装渣车运输至渣场。

液压破碎锤施工过程中，需严格按照如下要求进行操作：

（1）操作前检查螺栓和连接头是否松动，以及液压管路是否有泄漏现象。

（2）不得在液压缸的活塞杆全伸或全缩状况下操作破碎器。

（3）当液压软管出现激烈振动时应停止破碎器的操作，并检查蓄能器的压力。

（4）防止动臂与破碎器的钻头之间出现干涉现象。

（5）液压破碎器工作时的最佳液压油温度为50℃～60℃，最高不得超过80℃。若超过80℃，需停止作业，待温度降低后再进行作业。

（6）液压破碎锤及纤杆应垂直于工作面，以不产生径向力为原则。被破碎对象已出现破裂或开始产生裂纹时应立即停止破碎器的冲击，以免出现有害的“空打”。

（7）液压破碎锤施工时，现场人员远离施工机械，防止开挖施工时飞溅的石渣伤人。

（8）边坡松动岩石必须及时清除，以防滚落发生危险。

（9）靠近高压线时，需时刻注意破碎锤锤头及动臂与高压线的安全距离。

（10）液压破碎锤必须定期进行维护检修，防止因机械损耗而造成安全事故。

10 坝肩边坡支护施工

10.1 排架施工

边坡支护施工采用随层支护或搭设排架施工。排架搭设均采用Φ48.3×3.6mm钢架管搭设，排架类型为贴坡双排排架，搭建宽度、高度根据现场地形确定，排架横向间距1.5m，纵向间距1.5m，步距1.8m，排架内侧立杆距岩面距离0.3～0.5m，排架连墙件采用刚性连接，间排距2步3跨。

10.2 锚杆施工

10.2.1 施工材料及设备

（1）锚杆原材料：锚杆的材料应按设计图纸的要求，选用Ⅲ级Φ25mm、Φ28mm、Φ32mm螺纹钢筋，其质量符合施工图纸和有关规程规范要求。

（2）水泥：锚杆注浆所用水泥应采用强度等级不低于P.O.42.5级的普通硅酸盐水泥。

（3）砂：锚杆注浆采用最大粒径小于2.5mm的中细砂。

（4）水泥砂浆：注浆锚杆水泥砂浆的强度等级不低于M25。

（5）外加剂：按设计图纸要求，在注浆锚杆水泥砂浆中添加的速凝剂和其他外加剂，其品质不得含有对锚杆产生腐蚀作用的成分。

（6）施工设备：钻孔采用液压钻或YT－28手风钻、QZJ－100B或XZ－30潜孔钻机进行施工，注浆采用螺杆灌浆泵（GS50EB）进行注浆。

10.2.2 施工方法及工艺流程

系统锚杆的施工在搭设完成并通过验收的排架上完成（液压钻可在开挖渣台上进行）。

锚杆施工根据钻孔时的地质及围岩情况，采用先注浆后插杆或者先插杆后注浆两种方式进行，杨房沟砂浆锚杆一般采用“先注浆后安装锚杆”的程序施工，上倾锚杆或地质条件特殊部位则先插锚杆后注浆。注浆前，孔内岩粉必须吹洗干净，排出积水。锚杆注浆后，在砂浆凝固前，不得敲击、碰撞和拉拔锚杆。

10.2.3　造孔施工

1）施工前准备

锚杆孔钻孔前，先对边坡进行安全处理，及时清除松动石块和碎石，以避免在施工过程中坠落伤人。同时，准备施工材料和钻孔、注浆机具设备，敷设通风和供水管路。边坡锚杆施工根据现场情况利用平台、马道或搭设脚手架。脚手架分层高度一般不超过2m，并铺设马道板；马道板两端用铅丝绑扎牢固，形成钻孔和灌注施工平台。

2）钻孔

锚杆孔深有4.5m、6.0m、9.0m三种，采用液压钻或YT－28手风钻、QZJ－100B或XZ－30潜孔钻机进行造孔施工。

系统锚杆多为梅花形布置；孔轴方向为倾角下倾15°，方位角垂直岩面。开孔孔位偏差小于100mm，孔斜不大于孔深的2%，孔深须达到设计深度，偏差不超过50mm。

10.2.4　注浆与安装

（1）注浆采用M25水泥砂浆灌注。具体施工配合比按照试验室批准的配合比施工。

（2）注浆前，应将孔内的岩粉和水吹洗干净，并用水润滑管路。

（3）锚杆采用先注浆后插杆的施工工艺，注浆管应插入孔底，在注浆过程中匀速逐步上提注浆管。切不可拔管过快，以免造成砂浆脱节，形成注浆不饱满。注浆时应做好体积计量。

（4）砂浆应拌制均匀并防止石块或其他杂物混入，随拌随用，初凝前必须使用完毕。

（5）注浆后即刻插杆，二者要紧密配合。锚杆应对中、缓慢插入。插入过程中，如遇阻碍，不得倒退，可轻微旋转锚杆，使之插入，不得硬性敲击入孔。插入完毕后锚杆外露端头用重锤锤击3～4次，确保锚杆孔内浆体饱满、锚杆居中，此后在浆材凝固前不得碰撞和拉拔。

（6）锚杆外露10cm。

10.2.5　质量检查

（1）锚杆材质检验：每批锚杆材料均应附有生产厂的质量证明书，应按设计规定的材质标准以及监理工程师指示的抽检数量检验锚杆性能。

（2）砂浆锚杆采用砂浆饱和仪器或声波物探仪进行砂浆密实度和锚杆长度检测。

①砂浆密实度检测：按作业分区100根为1组（不足100根按1组计），由监理工程师根据现场实际情况随机指定抽查，抽查比例不低于锚杆总数的3%（每组不少于3根）。锚杆注浆密实度不低于75%。

当抽查合格率大于80%时，认为抽查作业分区锚杆合格，对于检测到的不合格的锚杆应重新布设；当合格率小于80%时，将抽查比例增大至6%，如合格率仍小于80%时，应全部检测，并对不合格的进行重新布设。

②锚杆长度抽检数量每作业区不小于3%，杆体孔内长度大于设计长度的95%为

合格。

③地质条件变化或原材料发生变化时，砂浆密实度和锚杆长度至少分别应抽样1组。

(3) 拉拔力试验检测：根据监理工程师的指示进行各类锚杆的拉拔力试验。按作业分区在每200根锚杆中抽查一组（每组不少于3根）进行拉拔力试验，地质条件变化，设计变更或材料变更时，至少抽查一组。作业分区不足200根锚杆时，也应抽查一组。在砂浆锚杆养护28天后，安装张拉设备逐级加载，拉力方向应与锚杆轴线一致，当拉拔力达到规定值时（见表10.2.5－1），应立即停止加载，结束试验。任意一根锚杆抗拔力不得低于设计值90%，同组锚杆的抗拔力平均值应符合规定要求。

表10.2.5－1　锚杆抗拔力表

序号	普通砂浆锚杆直径（mm）	抗拔力（kN）
1	25	140
2	28	170
3	32	200

(4) 按监理工程师指示的抽验范围和数量，对锚杆孔的钻孔规格（孔径、深度和倾斜度）进行抽查，并做好记录。

10.3　锚筋桩施工

10.3.1　施工准备

与锚杆施工一致。

10.3.2　施工工艺流程

锚筋束施工工艺流程见图10.3.2－1。

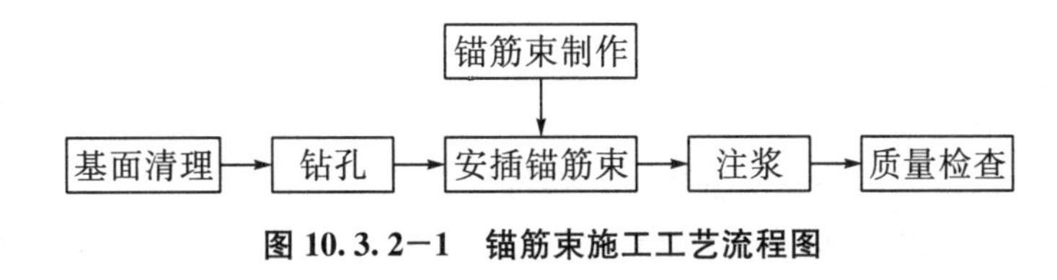

图10.3.2－1　锚筋束施工工艺流程图

10.3.3　钻孔及设备

(1) 锚筋桩孔深为9m、12m，孔径为130mm，采用液压钻或QZJ－100B（XZ－30）潜孔钻机进行造孔施工。

(2) 锚筋桩的开孔应按施工图纸布置的钻孔位置进行，孔距3m，其孔位偏差不大于100mm。

(3) 孔轴方向为倾角下倾75°，方位角垂直岩面，孔斜不大于孔深的2%，孔深须达到设计深度，偏差不超过50mm。

10.3.4 安装与注浆

1）安装

（1）锚筋桩采用先安装后注浆的施工工艺。

（2）钢筋束应每隔2m使用Φ16mm、10cm长钢筋焊接牢固将注浆管穿入其中，并每隔1m使用Φ8mm无锌铅丝绑扎。在锚筋桩的孔口和孔底各安装一个对中支架，对中支架的尺寸按设计图纸制作。

（3）锚筋桩安装采用“先安装后注浆”的施工工艺，注浆管应牢固地固定在锚筋桩体上并保持畅通，随桩体一起插入孔内，锚筋桩插入孔底并对中，注浆管插至距孔底50～100mm。

2）注浆

（1）锚筋桩注浆的水泥砂浆采用M25水泥砂浆灌注。具体施工配合比按照试验室批准的配合比施工。

（2）注浆前，应将孔内的岩粉和水吹洗干净，并用水或稀水泥浆润滑管路。

（3）砂浆应拌制均匀并防止石块或其他杂物混入，随拌随用，初凝前必须使用完毕。

（4）注浆时，孔口溢出浓浆后缓慢将注浆管拔出；对于仰孔，需设置排气管，排气管应插至距孔底30～50mm，注浆管布置于孔口，孔口设置封堵装置，注浆时，排气管排出浓浆后停止注浆，并闭浆至浆液初凝。

10.3.5 质量检查

锚筋桩的质量检查除不需要进行拉拔力试验检测外，质量检查与锚杆材质检验一致。

10.4 预应力锚杆施工

10.4.1 锚杆材料

（1）预应力锚杆应采用端头锚固式，锚固应采用黏结式。

（2）预应力锚杆的杆体可采用热轧钢筋，也可采用冷轧螺纹钢筋或高强精轧螺纹钢筋，其质量应符合有关规定。

（3）在锚杆存放、运输和安装的过程中，应防止明显的弯曲、扭转、应保持杆体和各部件的完好，不得损伤杆体上的丝扣。

10.4.2 布置位置

预应力锚杆用于不稳定块体，按现场监理工程师的指示随机布置。

10.4.3 施工工艺流程

预应力锚杆施工工艺流程见图 10.4.3－1。

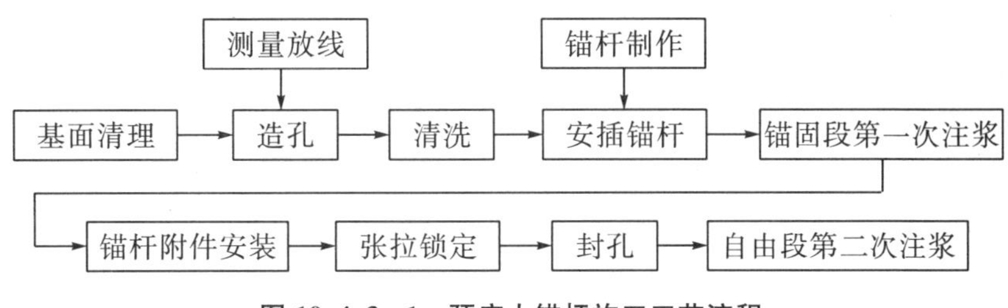

图 10.4.3－1 预应力锚杆施工工艺流程

10.4.4 钻孔

(1) 使用液压钻或 QZJ－100B（XZ－30）潜孔钻机进行造孔施工，造孔完毕检查孔深，孔深 12m，偏差不超过 50mm。

(2) 预应力锚杆均采用“先插杆后注浆”工艺，钻孔孔径为 76mm。

(3) 孔距为 3m，梅花形布置，孔轴方向为倾角下倾 15°，方位角垂直岩面。开孔孔位偏差小于 100mm，孔斜不大于孔深的 2%。

(4) 预应力锚杆用于不稳定块体，随机布置，经现场监理工程师指认位置后进行钻孔施工，钻孔布置形式、孔向等参数经监理工程师确认后可根据现场实际情况随时调整。在布置预应力锚杆的位置，系统锚杆取消。

10.4.5 锚杆制作与安装

1) 锚杆杆体加工

(1) 下料：根据锚杆设计长度、垫板、螺帽厚度、外锚头长度以及张拉设备的工作长度等，确定适当的下料长度进行下料。

(2) 下料完毕，根据设计图纸要求进行锚杆头丝扣加工。加工好的锚杆妥善堆放，并对锚杆体丝扣部位予以保护。

(3) 根据设计图纸要求进行附件组装：每隔 50cm 设置对中隔离架；采用 ϕ20mm 聚乙烯管（聚乙烯管壁厚 2～2.5mm，耐压强度为 1.5MPa 左右）作为注浆管、排气导管，注浆管随锚杆深入孔底，并在止浆包内剖开截面的 2/3 长度约 100mm，排气管深入锚固段切通过止浆包即可；在锚固段与张拉段连接处以上 0～15cm 处设置止浆包，止浆包长 15cm。各部件与杆体结合牢靠，保证在杆体安装时不会脱落和损坏。

(4) 组装完毕的预应力锚杆体，统一编号并分区堆放，妥善保管，不得破坏隔离架、注浆管、排气导管及其他附件，不得损伤杆体上的丝扣。

2) 孔口找平、插杆

(1) 预应力锚杆孔口按照设计图纸要求采用 $C_7 30$ 或 $C_7 35$ 混凝土进行锚墩浇筑。

(2) 锚杆放入锚孔前应清除钻孔内的石屑和岩粉，检查注浆管、排气导管是否畅通，止浆器是否完好。检查完毕将锚杆体缓缓插入孔内。

10.4.6 锚杆注浆

（1）第一次注浆时，必须保证锚固段长度内灌满，但浆液不得流入自由段，锚杆张拉锚固后，对自由段进行第二次灌浆。

（2）第二次灌浆在预应力锚杆张拉锚固后进行，采用封孔灌浆，用浆体灌满自由段顶部孔隙，灌浆压力为0.3～0.5MPa，闭浆压力为0.5MPa。

（3）灌浆结束标准：回浆比重不小于进浆比重，闭浆30min，且不再吸浆。

（4）灌浆后，浆体强度未达到设计要求前，预应力锚杆不得受到扰动。

（5）灌浆材料采用水灰比为0.45～0.5的纯水泥浆，也可采用灰砂比为1∶1，水灰比为0.45～0.5的水泥砂浆；锚固段采用$M_7$35水泥净浆，张拉段为M25水泥砂浆。具体施工配合比按照试验室批准的配合比施工。

10.4.7 找平锚墩浇筑、螺帽安装

在预应力锚杆安装结束后即可进行找平锚墩浇筑，锚墩采用$C_7$30或$C_7$35混凝土，应确保锚垫板平面与杆提轴线垂直，具体尺寸以设计图为准。在锚固端注浆结束后进行螺帽安装，强度达到要求后方可进行张拉工序。

10.4.8 张拉与锁定

（1）张拉前，应对张拉设备进行率定并定期校验，率定结果报送监理人审批。张拉采用扭力扳手进行。

（2）预应力锚杆正式张拉前，先按设计张拉荷载的20%进行预张拉。预张拉进行1～2次，以保证各部位接触紧密。

（3）预应力锚杆正式张拉须分级加载，起始荷载宜为锚杆拉力设计值的30%，分级加载荷载分别为拉力设计值的0.5、0.75、1.0，超张拉荷载根据试验结果和实际图纸要求确定，一般为设计荷载的105%～110%。超张拉结束，根据设计要求的荷载进行锁定。

（4）张拉过程中，荷载每增加一级，均应稳压5～10min，记录位移读数。最后一级试验荷载应维持10min。张拉结束，将结果整理成表格报送监理人审批，作为质量检验、验收的一个依据。

（5）锚杆张拉锁定后的48h内，若发现预应力损失大于设计值的10%时，需进行补偿张拉。

10.4.9 其他

（1）张拉过程中保证锚杆轴向受力，必要时可在垫板和螺帽之间设置球面垫圈。

（2）对于间距较小的预应力锚杆群，应会同监理一起，确定合理的张拉分区、分序，并报监理人批准，以尽量减小锚杆张拉时的相互影响。

（3）灌浆材料达到设计强度后时，方可切除外露的预应力锚杆，切口位置至外锚具的距离不应小于10mm。

10.5 挂网喷混凝土施工

10.5.1 喷混凝土原材料

1）水泥

喷混凝土所用水泥应采用强度等级不低于P.O.42.5的普通硅酸盐水泥。当有防腐或特殊要求时，经监理工程师批准，可采用特种水泥。

2）喷混凝土骨料

细骨料应采用坚硬耐久的粗、中砂，细度模数宜大于2.5，使用时的含水率宜控制在5%~7%；粗骨料应采用耐久的卵石或碎石，粒径不应大于15mm。喷射混凝土的骨料级配，应满足设计相关的规定。

3）水

拌和用水应为符合国家标准的饮用水，不得含有影响水泥正常凝结硬化的有害物质，不得使用未经处理的工业污水和生活污水。

4）外加剂

(1) 为加速喷混凝土的凝结、硬化，提高混凝土早期强度，减少喷混凝土的回弹，防止因重力而引起喷混凝土的脱落，增大一次喷射混凝土厚度，缩短分层喷射的间隔时间，在喷混凝土内必须掺入质量好、未受潮变质、对混凝土后期强度减强小、收缩影响小的速凝剂。

(2) 速凝剂的质量应有生产厂的质量证明书。在使用速凝剂前，应做与水泥、骨料的相容性试验及水泥净浆凝结效果试验，初凝时间不应超过5min，终凝时间不应超过10min。

(3) 速凝剂应当妥善保管，如发现受潮结块、包装损失等，应经过试验确认后方可使用，变质和型号不清的速凝剂不允许使用。

(4) 速凝剂应均匀地在喷射作业前加入，不得过早加入或加入后堆存。

(5) 为减少水灰比，提高混凝土可喷性、流动性，增强抗渗性和耐久性，喷混凝土内必须加入高效减水剂，且必须进行与水泥、骨料的相容性试验，确定最优水灰比。

(6) 必须定期检查减水剂质量，不得使用过期失效减水剂。

(7) 减水剂和速凝剂的掺和量都必须通过严格的试验确定，经监理人批准后使用。

(8) 应采用强度标准值不低于235MPa的光面钢筋（丝）网。

所有材料的质量及技术性能指标均应符合国家有关规程规范要求。

10.5.2 配合比

喷射混凝土配合比、速凝剂的掺量，应通过室内试验和现场试验选定，并经监理工程师批准。喷射混凝土的初凝和终凝时间，应满足设计图纸和现场喷射工艺的要求，一般初凝时间不宜大于5min，终凝时间不宜大于10min。喷混凝土的各项性能必须达到设计指标。

10.5.3 喷混凝土施工准备

混凝土喷射前对开挖面认真检查，清除松动危石和坡脚堆积物，欠挖过多的先行局部处理。喷射前加密收方断面，并在坑洼处埋设厚度标志，作为计量依据。检查运转和调试好各机械设备工作状态。喷射混凝土施工准备工作内容及要求见表 10.5.3－1。

表 10.5.3－1 喷射混凝土施工准备工作内容及要求

项目	内容及要求
材料方面	对水泥、砂、石、速凝剂、水等的质量要进行检验；砂石应过筛，并应事先冲洗干净；砂石含水率应符合要求，为控制砂、石含水率，设置挡雨设施，干燥的砂石适当洒水
机械及管路方面	喷射机、混凝土搅拌机、皮带运输机等使用前均应检修完好，就位前要进行试运转；管路及接头要保持良好，要求风管不漏风，水管不漏水，沿风、水管每 40～50m 装 1 个阀门接头，以便当喷射机移动时，联结风、水管
其他方面	检查开挖断面，欠挖处要凿够；敲帮问顶、清除浮石，附着于岩面的污泥应冲洗干净；对裂隙水要进行引、排、导处理；不良地质处应事先进行加固；对设计要求或施工使用的预埋件要安装准确；备好脚手架，埋设测量喷混凝土厚度的标志

10.5.4 施工方法

喷混凝土强度等级为 C25，运输及施工机械能够到达的部位采用湿喷法，机械不能到达的部位采用干喷法。

10.5.5 配料、拌和及运输

1）称量允许偏差

拌制混合料的称量允许偏差应符合下列规定：水泥和外加剂：±2%；砂、石料：±3%。

2）搅拌时间

混合搅拌时间遵守下列规定：采用容量 400L 的强制式搅拌机拌料，搅拌时间不得少于 1min；采用自落式搅拌机拌料时，搅拌时间不得少于 2min；混合料掺有外加剂时，搅拌时间应适当延长。

3）运输

骨料及水泥运至现场后存放于拌和站储料仓内，进行喷射混凝土前，根据配合比进行配料，由强制式搅拌机过筛装入喷射机。

4）喷混凝土（湿式喷射）工艺

喷混凝土（湿式喷射）工艺流程见图 10.5.5－1。

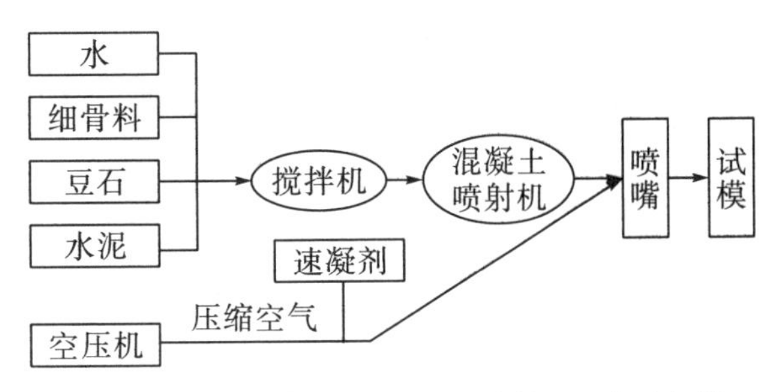

图 10.5.5-1 喷混凝土（湿式喷射）工艺流程图

10.5.6 喷混凝土

1）钢筋网的布设

(1) 根据设计图纸要求，挂网钢筋为 Φ6.5@15×15cm，局部地方根据现场实际情况，按照监理工程师指示，进行钢筋网的调整布置。

(2) 钢筋网应根据被支护围岩面上的实际起伏形状铺设，钢筋使用前进行清除污锈。

(3) 钢筋网应与锚杆或锚钉头连接牢固，并应尽可能多点连接，以减少喷混凝土时使钢筋网发生振动现象。锚钉的锚固深度不得小于 20cm，以确保连接牢固、安全、可靠。

(4) 在进行喷混凝土作业前，需邀请监理工程师对挂网质量进行检查验收，验收通过，方可进行喷混凝土作业。

2）喷混凝土施工

(1) 钢筋网挂设完成后，用铁钉每 2m 埋厚度控制标志。在开始喷射时，应适当缩短喷头至受喷面的距离，并适当调整喷射角度，使钢筋网背面混凝土达到密实。

(2) 根据设计技术要求，挂网喷混凝土分 2 次进行，初喷 3～5cm，复喷时达到设计厚度，素混凝土则一次性喷射达到设计厚度。喷混凝土厚度一般为 15cm。

喷射混凝土的回弹率不应大于 15%。

混凝土喷完终凝 2h 后开始喷水养护；养护时间不得少于 14 昼夜；气温低于+5℃时，不得喷水养护。

(3) 在有水地段，根据情况调整配合比，增加水泥用量；先喷干混合料，待其与涌水融合后，再逐渐加水喷射。喷射由远至近，逐渐向涌水点逼近，然后在涌水点安设导管将水引出，再在导管附近喷射。

10.5.7 质量检查

(1) 材质检验：每批网喷混凝土材料均应附有生产厂的质量证明书。水泥品质应符合设计要求：检查数量，同品种、同强度等级每 200～400t 水泥取样一组，如不足 200t 也作为一取样单位。

(2) 抗压强度检查：喷射混凝土抗压强度检查采用在喷射混凝土作业时喷大板的取样方法进行，当有特殊要求时，可用现场取芯的方法进行。取样数量为每喷射 $100m^3$

(含不足 $100m^3$ 的单项工程)至少取样两组，每组试样为 3 块。

(3) 厚度检查：检查方法可采用针探、钻孔等方法进行检查。检查断面间距为 50～100m，且每单元不得少于一个，每个断面的测点不少于 5 个。实测喷层厚度达到设计尺寸的合格率应不低于 60%，且平均值不低于设计尺寸，未合格测点的最小厚度不小于设计厚度的 1/2，绝对厚度不低于 50mm。

(4) 无漏喷、脱空现象；无仍在拓展中或危及使用的贯穿性裂缝；在结构接缝等部位喷层应有良好的结合。

(5) 喷射混凝土中无鼓皮、剥落、强度偏低或其他缺陷。

10.6 锚索施工

锚索施工工艺流程及相关技术措施可见本书 6.6.7 节，与危岩锚索施工类似。

10.7 排水孔施工

10.7.1 钻孔

1) 钻孔参数

孔径 76mm 排水孔：间排距 5m，梅花形布孔；孔深 4m，钻孔角度为上仰 10°。

孔径 100mm 排水孔：边坡马道以上 2m 系统布置；间距 6m，孔深 10m；钻孔角度为上仰 10°。

2) 钻孔设备

排水孔钻孔在边坡排架上进行，采用 XZ-30 潜孔钻机进行造孔施工，施工过程中采取泡沫除尘、机械降噪等措施。

3) 钻孔施工

排水孔钻孔方向、孔深、孔径严格按施工图纸要求或监理人指示为准。钻孔倾斜度偏差不大于 1%，孔深偏差不大于 2%，孔位偏差不超过 10cm。

4) 钻孔中特殊情况的处理

排水孔钻进过程中，如遇有断层破碎带或软弱岩体等特殊情况，应及时通知监理人，并按监理人的指示进行处理。若钻进中排水孔遭堵塞，则应按监理人指示重钻。

10.7.2 质量检查

(1) 排水孔作业完成后，由监理人根据提供的施工资料进行现场抽检排水孔的抽查检验。

(2) 按作业分区由监理工程师根据现场实际情况指定抽查，抽查比例不得低于排水孔总数的 3%。

11　坝肩边坡典型区域稳定分析及处理

本章以杨房沟水电站为例，针对其坝顶以上坝肩边坡出现的一些地质缺陷问题，进行了稳定性分析，并提出相关加固措施。

11.1　左岸坝肩边坡

11.1.1　缆机平台下游侧高程2310～2190m侧坡稳定性分析

11.1.1.1　地质条件

左岸缆机平台下游侧侧坡高程2310～2190m段岩性为花岗闪长岩，镶嵌结构为主，局部次块状，弱风化，强～弱卸荷。发育断层f_{22}、f_{100}，其中f_{22}产状：N70°～80°E SE∠55°，宽3～5cm，带内为碎裂岩填充，强～弱风化，面铁锰质渲染，分布高程2190～2310m；f_{100}产状：N60°W SW∠35°～40°，宽3～5cm，带内为碎裂岩填充，强～弱风化，面铁锰质渲染，分布高程2230～2280m。节理较发育，主要发育：①N55°W NE∠45°～55°，面平直粗糙，铁锰质渲染，平行发育间距0.5～1.5m；②N20°W SW∠80°，闭合，面平直粗糙，断续延伸；③N20°E SE∠80°，闭合，面平直粗糙，铁锰质渲染，平行发育间距0.3～0.5m。受结构面切割组合影响，边坡岩体较破碎～完整性差，以Ⅲ2类岩体为主。

边坡整体稳定，中上部浅表未发现有明显的拉张裂隙及沉降裂缝分布，但受断层f_{22}、f_{100}和反倾坡内节理①组合影响，局部可能形成潜在不利组合块体，同时浅表层岩体受卸荷裂隙和优势节理切割影响，边坡易产生掉块。

11.1.1.2　3DEC离散元法边坡稳定性分析

通过对该边坡主要岩体结构发育特征的分析，预测将可能面临三种潜在的破坏模式：①倾倒失稳破坏，主要受控于密集发育的反倾节理J_{26}；②平面失稳破坏，具体可能以f_{100}或f_{22}等顺坡断层为底部剪切滑移面，陡倾裂隙构成侧裂面，反倾节理J_{26}为后缘张拉破坏面；③复合式破坏。这三种典型潜在失稳模式具体由哪一种占主导，与控制性结构面力学参数、空间组合关系和工况荷载等密切相关。

本节将采用3DEC三维数值分析方法，深入开展施工期和运行期该边坡在典型工况条件下的稳定性分析评价工作，为该边坡开挖阶段的支护加固方案提供参考依据。

1）模型建立

岩体结构对岩质边坡的变形机理和稳定性一般起到控制作用。针对左岸缆机平台下游侧侧坡（高程 2310～2190m），模型中将考虑主要影响断层（f_{22}、f_{100}等）、反倾优势节理等，以反映该部位的后续开挖卸荷变形特征以及在不同工况荷载下的潜在失稳破坏特点。计算边坡的三维模型见图 11.1.1−1。

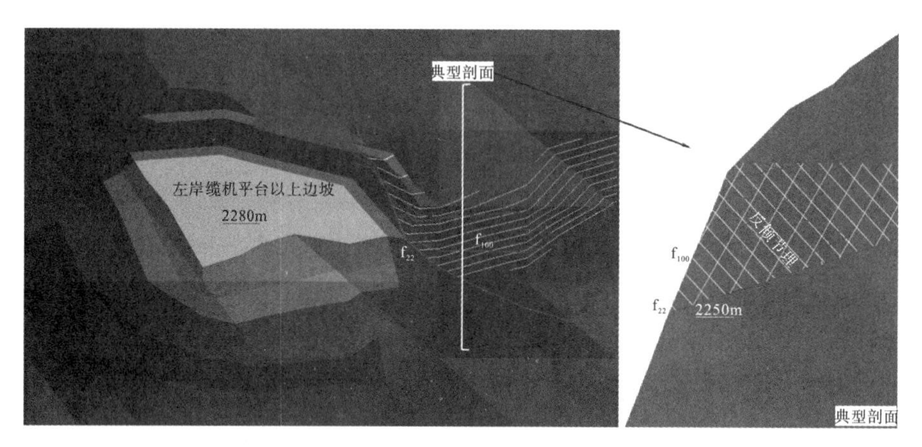

图 11.1.1−1　左岸缆机平台下游侧侧坡三维计算模型

2）岩体本构模型及力学参数取值

根据现场边坡开挖揭露的地质情况，该区岩体主要为花岗闪长岩，该部位岩体质量类别主要为Ⅲ类，具体取值见表 11.1.1−1。岩体本构模型采用摩尔库伦弹塑性本构模型，该准则是传统 Mohr−Coulomb 剪切屈服准则与拉伸屈服准则相结合的复合屈服准则。

表 11.1.1−1　岩体物理力学参数取值表

岩　性	岩体类别	湿密度（kN/m^3）	变形模量（GPa）	泊松比	抗剪断强度（岩/岩）	
					f'	C'（MPa）
花岗闪长岩	Ⅱ	27.0	13.0	0.23	1.35	1.10
花岗闪长岩	Ⅲ1	26.5	9.0	0.26	1.10	1.05
花岗闪长岩	Ⅲ2	26.5	5.0	0.27	0.90	0.80
花岗闪长岩	Ⅳ	26.0	3.0	0.28	0.75	0.60

注：岩体抗剪断强度取地质建议值的低值或中值。

基于可研阶段地质专业提供的岩体力学参数取值范围，结合现场开挖揭露的实际地质情况、同类工程经验，综合拟定了表 11.1.1−2 中的结构面力学参数建议值，并作为接下来数值模拟中采用的主要初始参数。

表 11.1.1-2 结构面物理力学参数

结构面类型	充填类型	结构面连通率	法向刚度	剪切刚度	结构面抗剪断参数		稳定性计算等效参数	
			K_n (GPa/m)	K_s (GPa/m)	f'	C' (MPa)	f'	C' (MPa)
断层	岩块 岩屑	100%	10	5	0.50	0.10	0.50	0.10
反倾优势节理	无充填	80%	20	10	0.60	0.12	0.66	0.26
块体侧向切割节理	无充填	40%	20	10	0.60	0.15	0.72	0.41

注：断层强度参数取地质建议值的低值；节理等效强度参数根据地质建议的节理参数和Ⅲ2类岩体参数低值（f=0.9，C=0.8MPa）按节理连通率求加权平均值获得。

3）稳定性分析成果

（1）天然边坡的稳定性。

在天然边坡状态下，按地质建议岩体和结构面力学参数值，基于强度折减法计算得到的边坡整体安全系数为1.30（持久工况），要高于规范要求的1.25。图11.1.1-2给出了边坡临界状态时的变形分布情况，坡体的潜在变形破坏特征受岩体结构的控制十分明显，边坡的潜在失稳区域位于f_{100}上盘区域（高程2265m以上），表现为较典型的滑移-拉裂型的平面破坏模式（Plane failure），主控结构面为f_{100}，并伴随有块体的倾倒破坏（Toppling failure）特征。潜在失稳体位于断层f_{100}上盘，水平深度5～25m，总方量约2.8万m^3。

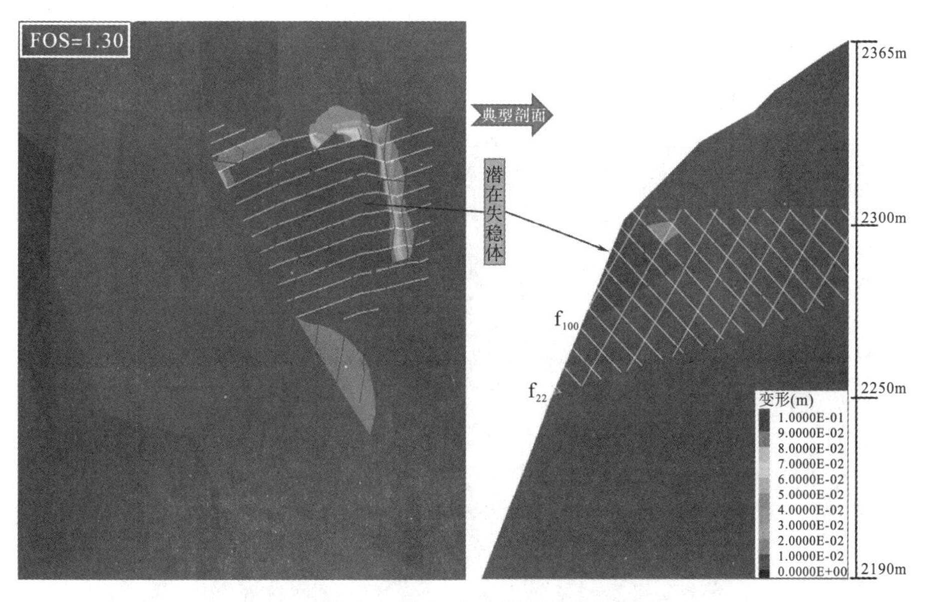

图 11.1.1-2 天然边坡强度折减后的潜在失稳区域（FOS=1.30）

（2）边坡施工期稳定性与开挖响应特征。

利用强度折减法对缆机平台边坡开挖阶段的边坡稳定性进行计算，缆机平台边坡开挖至2280m高程时，该边坡安全系数为1.28（持久工况）。图11.1.1−3给出了经强度折减后边坡临界状态时的位移分布情况，主要潜在变形破坏模式与天然边坡基本一致，仍以滑移−拉裂型破坏为主。总的来看，该部位受侧向的缆机平台边坡开挖影响较小。

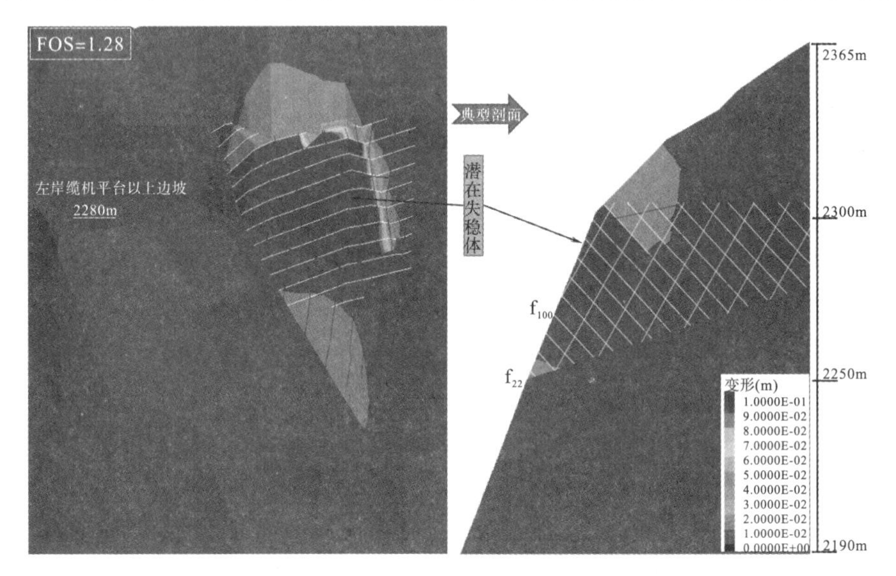

图11.1.1−3　基于强度折减法缆机平台边坡开挖至2280m时的潜在失稳区域（FOS=1.28）

在缆机平台边坡2280～2190m开挖梯段，下游侧侧坡（高程2265m以上，f_{100}上盘）坡体受后续开挖卸荷导致的变形调整影响很小。图11.1.1−4给出了缆机平台边坡2280～2190m开挖梯段的变形增量云图，该部位的变形增长量在3～6mm，且断层f_{22}和f_{100}均未表现出非连续变形特征。可见，该部位在后续缆机平台边坡下挖过程中基本不存在变形稳定问题。

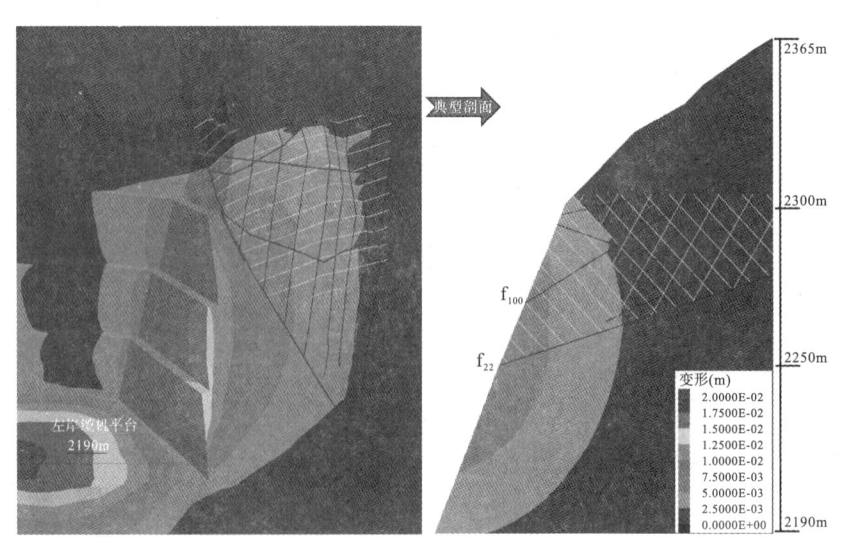

图11.1.1−4　缆机平台边坡2280～2190m开挖梯段的变形增量情况

利用强度折减法对此阶段（2280～2190m 开挖梯段）的边坡进行稳定性计算，得到了该边坡在开挖稳定后的安全系数为 1.27（持久工况），如图 11.1.1－5 所示。缆机平台边坡开挖过程中，其下游侧侧坡的安全系数基本维持不变，潜在失稳模式与前一阶段（2280m 以上开挖梯段）一致。

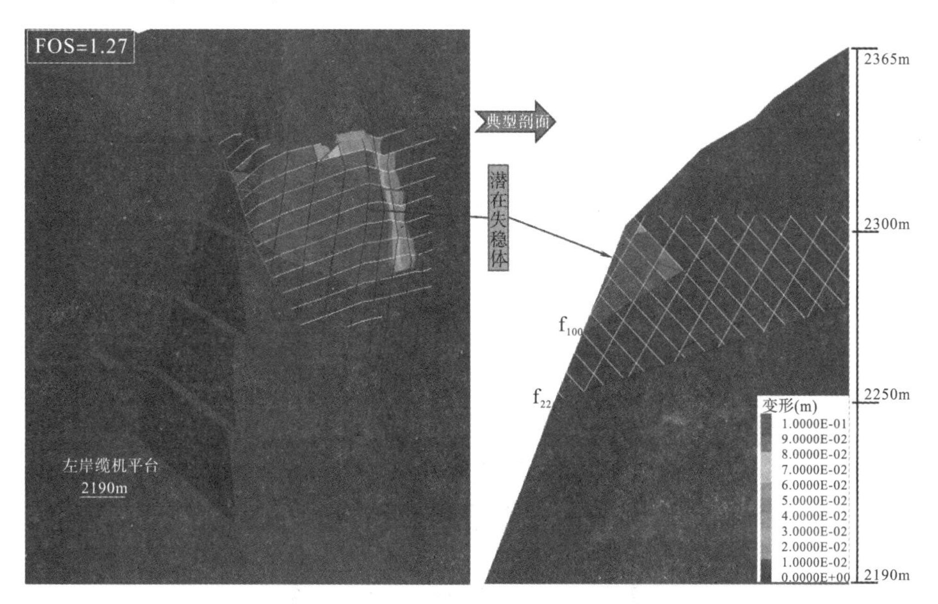

图 11.1.1－5　基于强度折减法缆机平台边坡开挖至 2190m 时的潜在失稳区域（FOS＝1.27）

采用拟静力法进行地震工况下的边坡稳定性计算，图 11.1.1－6 给出了地震条件下该边坡强度折减后的变形失稳特征区域，基于强度折减法获得的安全系数为 1.18，边坡整体安全系数降低较明显，此时边坡的安全系数高于规范要求的 1.05。地震荷载作用下的边坡潜在失稳区域形态与持久工况下具有一致性，但潜在失稳范围稍有扩大。

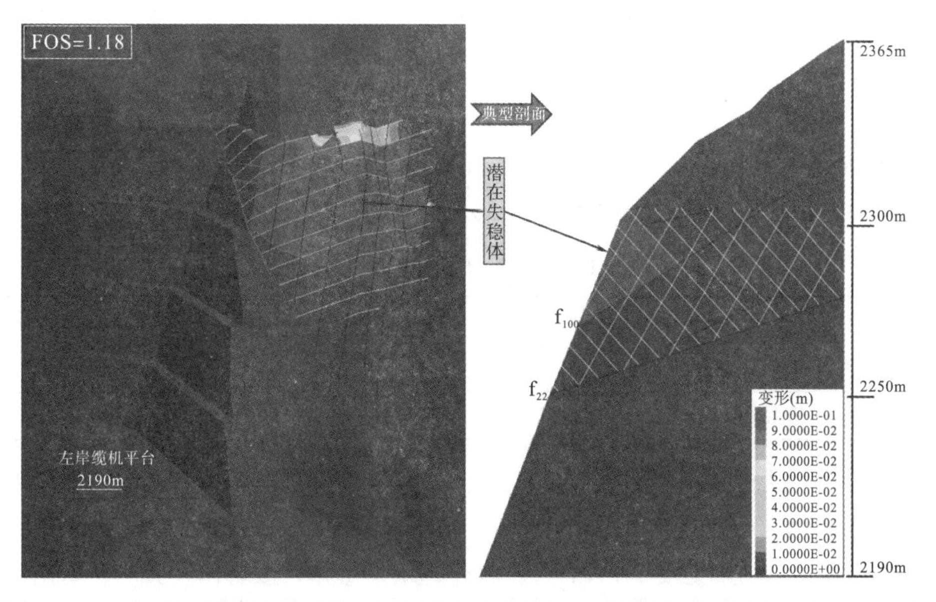

图 11.1.1－6　基于强度折减法缆机平台边坡开挖至 2190m 时的潜在失稳区域（FOS＝1.18）

综上所述，缆机平台边坡开挖对其侧坡稳定性影响较小，缆机平台边坡、下游侧侧坡在施工期和运行阶段的整体稳定性基本满足规范要求，其中持久工况、暴雨工况（此处可理解为持久工况）、地震工况下的安全系数均满足规范要求。

11.1.1.3　刚体极限平衡法边坡稳定分析

1）计算模型

二维刚体极限平衡法边坡稳定分析模型见图 11.1.1－7，块体由 f_{100} 及节理①组成，块体典型剖面面积 170.5m^2，底滑面为 f_{100}，倾角 36°，底滑面长度 22.3m。

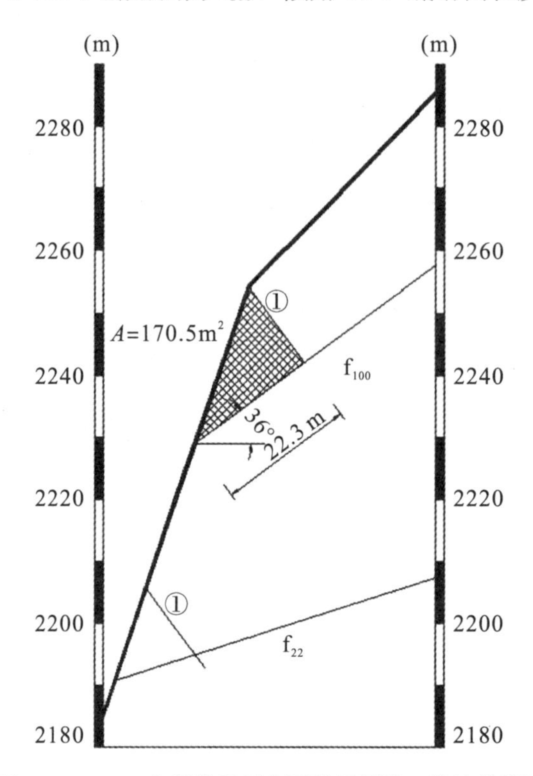

图 11.1.1－7　左岸缆机平台下游侧侧坡二维计算模型

2）结构面参数取值

计算时采用的 f_{100} 断层力学参数见表 11.1.1－3。

表 11.1.1－3　f_{100} 断层力学参数

状　态	f'	C'（kPa）
天然状态	0.5	100
饱和状态	0.45	90

注：断层强度计算取地质建议的低值。

3）计算结果

块体稳定计算结果见表 11.1.1－4。由计算结果可知，该块体在天然、暴雨、地震工况下的稳定安全系数均满足设计要求，且有一定安全裕度，不需要进行锚固。

表 11.1.1-4　块体稳定计算结果

滑块剖面面积 A（m^2）	170.5	
岩体重度 γ（kN/m^3）	26.5	
滑块重量 W（kN）	4518.25	
地震水平作用系数 ξ	0.048	
地震水平作用力 Q（kN）	216.876	
底滑面倾角 α（°）	36	
底滑面长度 L（m）	22.3	
底滑面天然工况内摩擦角 f	0.5	
底滑面天然工况黏聚力 C（kPa）	100	
底滑面暴雨工况内摩擦角 f	0.45	
底滑面暴雨工况黏聚力 C（kPa）	90	
抗滑力 R（天然）（kN）	4057.67	
抗滑力 R（暴雨）（kN）	3651.90	
下滑力 T（天然、暴雨）（kN）	2655.76	
抗滑力 R（地震+天然）（kN）	3993.93	
下滑力 T（地震+天然）（kN）	2831.22	
稳定安全系数 F（天然）	1.53	≥1.3，满足
稳定安全系数 F（暴雨）	1.38	≥1.2，满足
稳定安全系数 F（地震+天然）	1.41	≥1.1，满足

11.1.1.4　处理措施

基于以上边坡稳定计算分析成果，该处边坡稳定性满足规范要求，不需要进行深层锚固处理。但考虑浅表层岩体受卸荷裂隙和优势节理切割影响，边坡易产生掉块，为保证施工期及运行期下方人员、设备安全，对该区域采取挂 GNS2 型主动防护网进行防护。

11.1.2　f_{37}断层影响边坡稳定性分析与加固处理

11.1.2.1　断层 f_{37}基本地质条件

断层 f_{37}在高程 2130～2246m 段工程边坡揭露，揭露桩号分别为：高程 2220～2246m，桩号 K0+16m～K0+36m；高程 2190～2220m，桩号 K0+46m～K0+75m；高程 2190m，桩号 K0+56m～K0+112m；高程 2160～2187m，桩号 K0+28m～K0+36m；高程 2130～2160m，桩号 K0+52m～K0+70m（见图 11.1.2-1）。同时经分析，边坡高程 2177m 部位的前期探洞 PD49 在洞深桩号 K0+50m（洞口桩号为 K0+31m）的位置上揭露了 f_{37}断层，揭露的宽度为 3～5cm。

断层 f_{37}所在左岸坝肩边坡处岩性为花岗闪长岩，呈弱风化，高程 2187m 以上产状 N75°～80°W SW∠45°～50°，宽为 20～30cm，高程 2187m 以下产状 N40°～60°W

SW∠60°，宽为10～15cm，带内岩块、岩屑填充，铁锰渲染较严重，结构面类型属岩块岩屑型，其中 f_{37} 断层在高程2187m缆机下平台张开1～2mm。

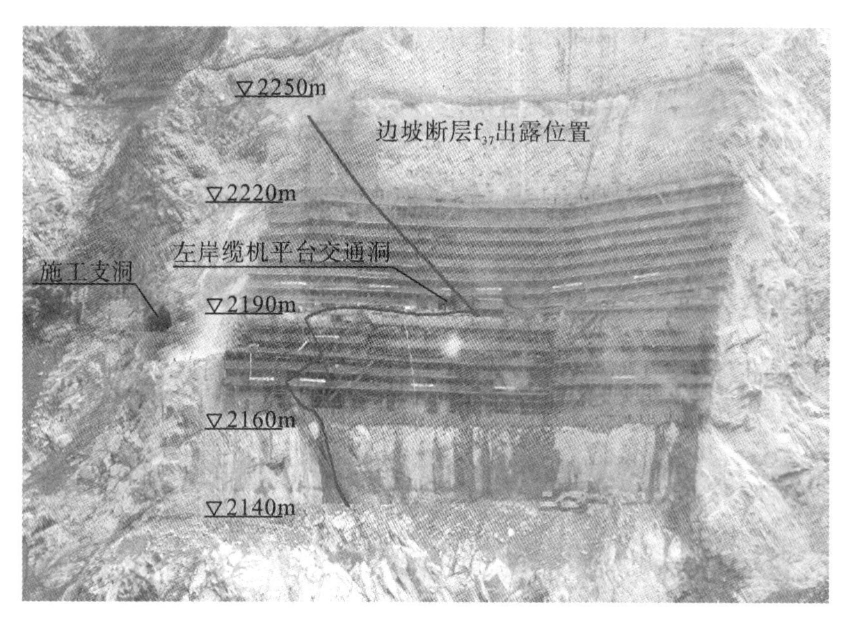

图 11.1.2－1　左岸坝肩边坡断层 f_{37} 出露位置

为进一步查明断层 f_{37} 在坝肩边坡内部展布情况及性状，采用钻孔全景成像手段对左岸坝肩边坡2182m高程进行地质勘测，共布置2个水平孔，分别在9＃锚索孔（K0＋52.5m）和10＃锚索孔（K0＋57.5m）位置。

根据钻孔成像成果可知，9＃锚索孔（K0＋52.5m）在孔深7.8～8.2m处揭露 f_{37} 断层影响带，断层宽度5～10cm，闭合，带内填充岩块岩屑；10＃锚索孔（K0＋57.5m）在孔深8.7～8.8m揭露断层 f_{37}，宽度4～5cm，闭合，带内填充岩块岩屑。

11.1.2.2　断层 f_{37} 对边坡局部稳定性影响

左岸坝肩边坡高程2130～2250m段边坡整体稳定，但受断层 f_{37} 与其他结构面组合的影响，边坡存在局部稳定问题，分述如下。

1）高程2235～2250m，桩号K0＋018m～K0＋055m段不利块体（KZ43）

左岸坝肩边坡高程2220～2250m，桩号K0＋010m～K0＋055m段岩性为花岗闪长岩，弱风化，边坡走向N34°W，以次块状结构为主，局部镶嵌结构，弱卸荷为主，发育断层 f_{37}、$f_{(62)}$，其中 f_{37} 产状：N75°～80°W SW∠45°～50°，带宽40～50cm，带内碎块岩、岩屑填充，呈强～弱风化，延伸长；$f_{(62)}$ 产状：N20°E NW∠50°，带宽2～4cm，带内片状岩、岩屑填充，面见蚀变，呈强～弱风化状，延伸较长。节理发育，主要见6组：①N30°W SW∠30°，张开2～5cm，面平直粗糙，延伸长，在边坡上呈近水平裂缝；②N50°W SW∠35°，闭合，面平直粗糙，断续延伸，铁锰质渲染，平行发育间距1～2m；③N25°W SW∠50°，闭合，面平直粗糙，局部见铁锰质渲染，延伸较长，局部掉块形成光面；④N34°W SW∠55°，闭合，面平直光滑，铁锰质渲染，断续发育；⑤N40°E NW∠80°，闭合，面平直粗糙，延伸较长；⑥N50°E SE∠65°～70°，闭合，面平直粗糙，局部附钙质，平行发育间距 2.0～2.5m。其中，节理①～④与边坡走向夹角小，对边坡稳定性不利；节理⑤⑥与边坡走向夹角大，对边坡局部稳定有影响。边坡岩体完整性差为主，局部较破碎。

边坡桩号 K0＋018m～K0＋055m，高程 2235m～2250m 段受断层 f_{37}、$f_{(62)}$ 和节理①～⑤组合影响形成（KZ43）（见图 11.1.2－2），块体局部沿节理①产生卸荷变形，稳定性较差。不利块体分析示意剖面见图 11.1.2－3。

图 11.1.2－2　左岸坝肩边坡高程 2235～2250m，桩号 K0＋018m～K0＋055m 段发育不利块体（KZ43）

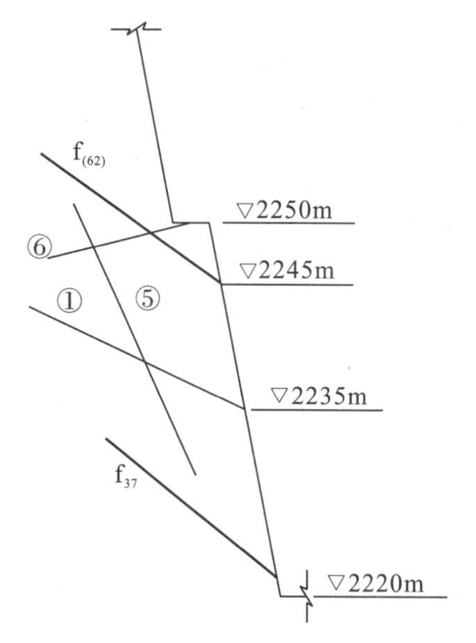

图 11.1.2－3　边坡桩号 K0＋018m～K0＋055m，高程 2235～2250m 段不利组合块体（KZ43）剖面

2）高程 2130～2190m 段不利块体 KZf1 和 KZf2

左岸坝肩边坡高程 2130～2190m 段边坡为花岗闪长岩，弱风化，次块状结构为主，局部镶嵌结构，发育断层 f_{37}，产状：N40°～60°W SW∠60°，宽为 10～15cm，带内岩块、岩屑填充，铁锰渲染较严重，其在高程 2187m 缆机下平台张开 1～2mm，主要是随着工程边坡下挖，f_{37} 断层逐渐出露，断层走向与边坡走向夹角小，断层上盘临空岩体渐变单薄，边坡岩体应力调整，沿断层 f_{37} 近平行坡面段产生卸荷松弛现象。

左岸缆机平台以下边坡 f_{37} 断层分别与下游侧断层 $f_{(169)}$：N70°E SE∠70°～75°和 $f_{(166)}$：N10°～15°E SE∠80°组合形成块体 KZf1 和 KZf2，如图 11.1.2－4 所示。由于 f_{37} 断层顺坡陡倾，贯穿性强，所以块体 KZf1 和块体 KZf2 稳定性差。

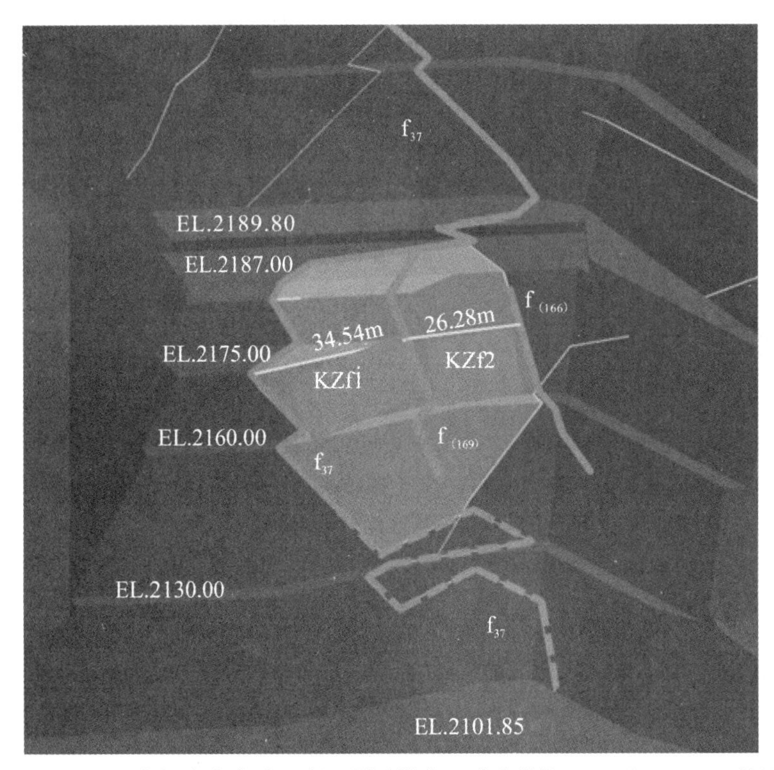

图 11.1.2－4　左岸坝肩边坡受 f_{37} 断层影响潜在不稳定块体 KZf1 和 KZf2 三维示意图

此外，断层 f_{37} 随着工程边坡下挖在下部高程逐渐出露，受断层 f_{37}、其他结构面以及开挖临空面组合影响，断层迹线附近局部存在块体稳定性问题。

11.1.2.3　监测数据分析

1）监测仪器布设位置

2017 年 9 月 4 日，左岸缆机平台高程 2187m（桩号 K0+056m～K0+102m 段）揭露出断层 f_{37}，断层开裂宽度 1～2mm。9 月 4 日～9 月 5 日，安全监测项目部在裂缝高程 2187m 位置安装了 3 支测缝计，测点编号为 Jzbp－1～3，以监测裂缝的开合变化情况；同时在高程 2187m 平台边缘安装了 3 个表面变形临时测点，测点编号为 TPzbp－1～3。

2）测缝计监测数据及分析

2187m 高程平台 3 个测缝计临时测点 Jzbp－1～3 测值过程线如图 11.1.2－5 所示。

截至2017年9月14日18：00，Jzbp－1（裂缝最上游，9月5日安装）累计开合度为0.08mm；Jzbp－2（裂缝中间，9月5日安装）累计开合度为0.07mm；Jzbp－3（裂缝最下游，9月4日安装）累计开合度为－0.08mm。

各测点当时测值与9月13日18：00测值相比，24小时变化量为－0.03～0.03mm（仪器精度0.1mm）。

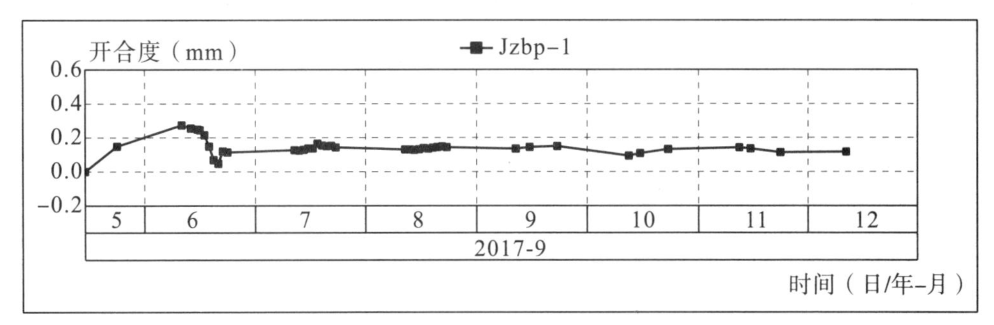

（a）左岸边坡2187m高程平台测缝计Jzbp－1测值过程线

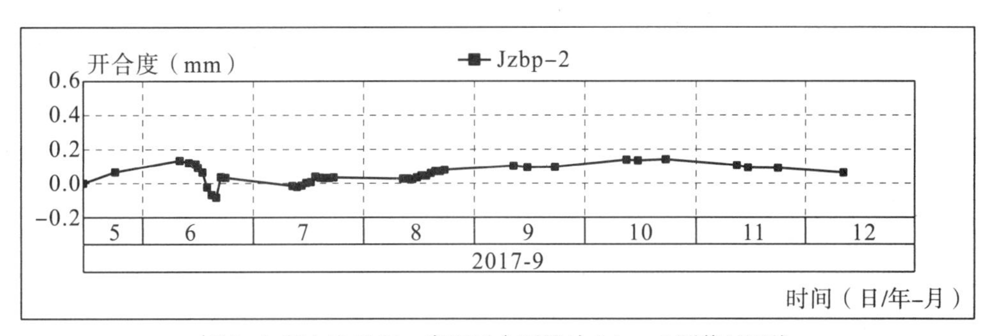

（b）左岸边坡2187m高程平台测缝计Jzbp－2测值过程线

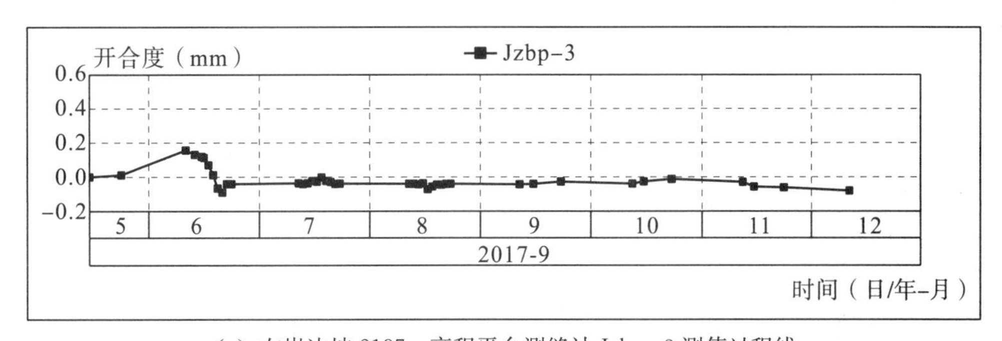

（c）左岸边坡2187m高程平台测缝计Jzbp－3测值过程线

图11.1.2－5　左岸边坡2187m高程平台测缝计测值过程线

3）表面变形监测数据及分析

2187m高程平台3个表面变形临时测点TPzbp－1～3测值过程线如图11.1.2－6所示。

截至2017年9月14日18：30，左岸裂缝2187m高程平台3个表面变形测点TPzbp－1～3显示当时水平位移累计量为－1.5～2.5mm，24h变化量为－0.8～1.7mm；垂直位移累计量为－1.6～1.7mm，24h变化量为－1.5～－0.1mm；各测点变化量均在±2.5mm（测量精度）以内。综合观测误差等因素，该部位变形基本无变化。

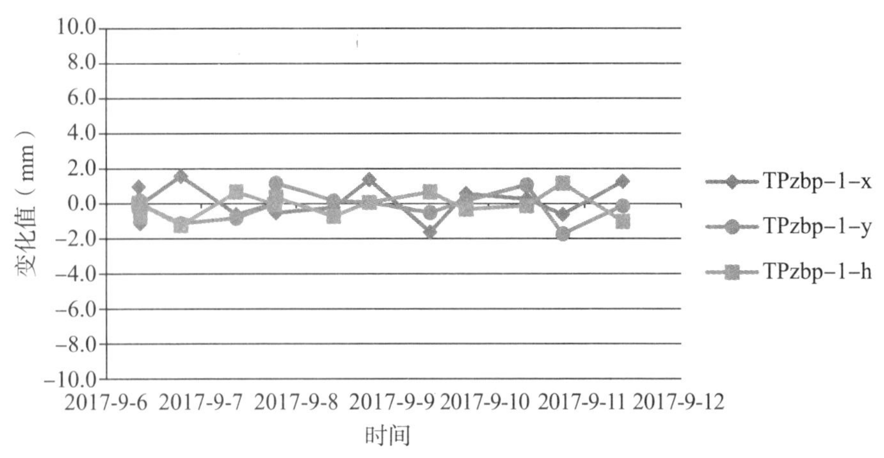

（a）左岸边坡 2187m 高程平台变形测点 TPzbp—1 测值过程线

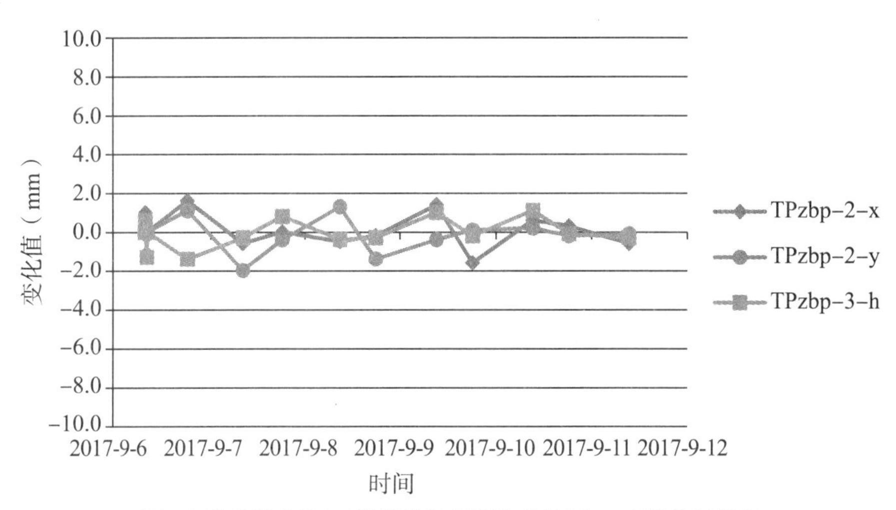

（b）左岸边坡 2187m 高程平台变形测点 TPzbp—2 测值过程线

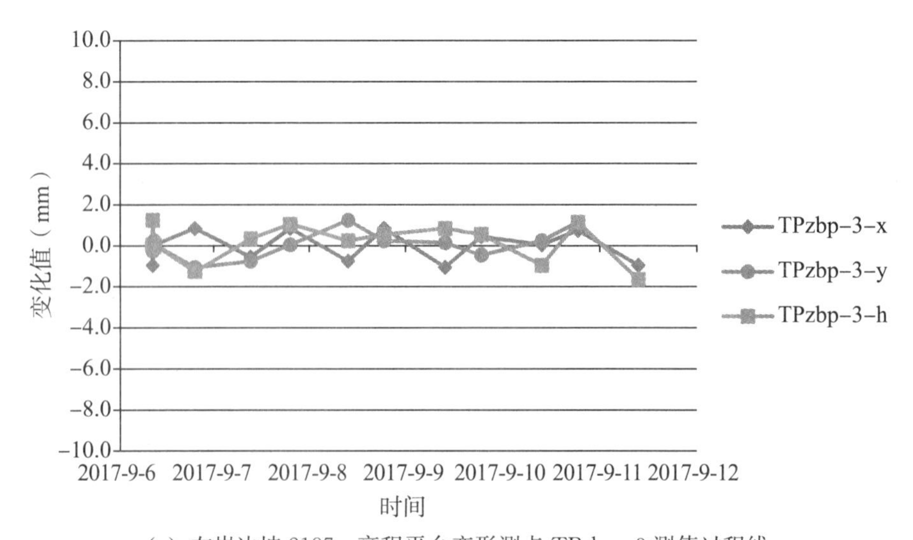

（c）左岸边坡 2187m 高程平台变形测点 TPzbp—3 测值过程线

图 11.1.2—6　左岸边坡 2187m 高程平台变形测点测值过程线

11.1.2.4　高程 2235～2250m 不利块体（KZ43）稳定性分析及加固措施

左岸坝肩边坡 2235～2250m 高程上游侧开口线附近存在潜在块体稳定问题（KZ43），在施工过程中出现了浅层岩体松动和开裂现象，但未发生深层失稳破坏，其安全裕度不高。本小节主要基于局部精细化模型，对该块体的稳定特征以及加强支护方案进行分析和评价。

1）梯段爆破开挖响应特征及潜在块体问题

左岸坝肩边坡 2220～2250m 高程开挖过程中，在上游侧开口线附近揭露多条断层，并且在 2235m 高程左右，桩号 K0+25m～K0+50m 段发现一条近水平裂缝（编号节理①），产状：N30°W SW∠25°～30°，张开 2～5cm，面平直粗糙，延伸长，与断层 f_{37}、$f_{(62)}$、$f_{(84)}$、节理②等结构面组合后可形成潜在块体（KZ43）。在该梯段爆破剧烈扰动影响下，坡体开口线附近断层 f_{37} 上盘部位，节理裂隙发育，岩体较破碎，开挖临空后与次级结构面如优势节理裂隙组合造成浅层岩体松动和块体破坏问题，进而导致该部位超挖问题突出，但未发生深层块体失稳破坏。

左岸坝肩边坡 2220～2250m 高程开挖过程中，在高程约 2235m 处产生了一条近水平裂缝。该裂缝局部张开，裂缝整体呈现近水平分布，延伸较长，有轻微错动迹象，位于断层 f_{37} 上盘区域。

推测该裂缝成因机制为：与此梯段坡面揭露的断层 f_{37} 关系密切，f_{37} 与坡面呈小角度相交，且揭示的规模大延伸长，空间交切关系对该坡体变形及稳定不利。在该梯段的大范围开挖卸荷和爆破振动作用下，该断层上部岩体发生了较明显的回弹松动变形，并与开挖面形成楔形变形体边界，受此影响下，在开挖体中部形成了沿微裂隙延伸的宏观剪切扩展裂纹，最终形成近水平的破裂面（编号节理①），并表现出一定的时效损伤和滞后破坏特性。这与现场该裂缝的扩展现象相对应，后续在施作系统支护后很快趋于稳定。

显然，上述梯段爆破开挖导致的坡面水平裂缝对该部位坡体的稳定性造成了一定的不利影响，与断层 f_{37} 等不利结构面组合后可形成潜在块体。针对上述问题，不利地质条件影响作为主观因素，在开挖前应加强地质排查工作，预测预报后续开挖潜在工程问题；施工原因作为客观因素，在开挖过程中应根据现场实际情况研究确定爆破方案，采取有效的控制爆破措施和针对性保护措施，减小爆破振动对保留岩体的松弛损伤，还应在开挖前对已在开口线部位揭露的断层 f_{37} 采取针对性的锁口支护或预支护等措施。

图 11.1.2-7 为左岸坝肩 2245m 高程锚索孔钻孔电视孔内摄像情况，该孔内电视摄像信息一定程度上体现了该部位的岩体完整情况。从钻孔摄像结果来看，整个坡体内部节理裂隙较发育，但未见性状差或影响带宽的不利结构面。初步判断断层 f_{37} 向坡体深部延伸后的性状要好于坡面揭露的情况，水平裂缝（编号节理①）也未见明显向深部延伸的迹象，该开挖梯度（高程 2220～2250m）较深部位的岩体变形及稳定性要好于在开挖面揭示的情况。

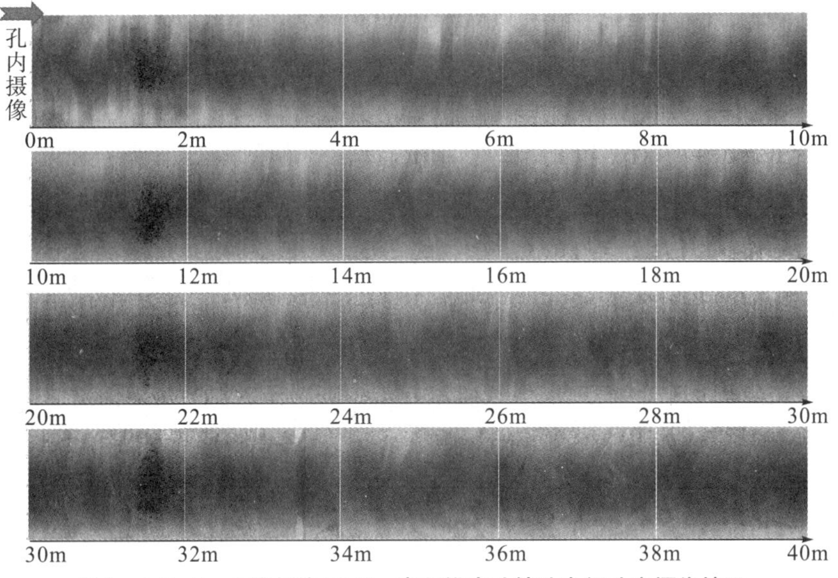

图 11.1.2−7　左岸坝肩 2245m 高程锚索孔钻孔电视孔内摄像情况

2）针对性加强支护方案与计算模型

现场针对该块体采取了预应力锚杆+锚索的加强支护措施：①在裂缝以上 2m 布置 1 排 120kN 预应力锚杆，$L=12$m，间距 3m，共 8 根，下倾 25°；②在高程 2240m、2245m（桩号 K0+20m～K0+50m 段），各增加 1 排 2000kN 预应力锚索，每排 5 束，共 10 束，锚索间距 5m，$L=30$m/40m，梅花形、长短间隔布置，下倾 25°，加强支护布置示意见图 11.1.2−8。需要说明的是，本次数值分析中仅考虑了 2 排 2000kN 预应力锚索对块体稳定影响，未考虑加强预应力锚杆加固作用，而将其作为安全裕度。

图 11.1.2−8　预应力锚索加强支护数值计算模型

根据前期研究成果、开挖揭示地质现象、监测检测信息，综合拟定组成该潜在块体边界的主要岩体结构面的力学参数，见表 11.1.2－1，其中节理①（裂缝）和节理②仅考虑摩擦系数，不考虑黏聚力。

表 11.1.2－1　岩体结构面力学参数建议值

编　号	摩擦系数	黏聚力	结构面开挖揭示产状与性状描述
	f'	C'（MPa）	
f_{37}	0.45	0.08	N75°～80°W SW∠45°～50°，断层，带宽 40～50cm，带内碎块岩、岩屑填充，呈强～弱风化，延伸长
$f_{(62)}$	0.45	0.08	N20°E NW∠50°，断层，带宽 2～4cm，带内片状岩、岩屑填充，面见蚀变，呈强～弱风化状，延伸较长
$f_{(84)}$	0.50	0.10	N40°E SE∠50°，带宽 1～3cm，带内片状岩、岩屑充填，面见铁锰质渲染，强～弱风化
节理①（裂缝）	0.45	0.00	N30°W SW∠25°～30°，张开 2～5cm，面平直粗糙，延伸长
节理②	0.45	0.00	N40°E NW∠80°，节理，闭合，面平直粗糙，延伸较长

3）无支护情况下块体稳定特征分析

图 11.1.2－9 和图 11.1.2－10 给出了不同强度折减系数下的位移云图（强度折减系数范围为 1.0～1.5），其中显示了无支护情况下该块体在条件不断折减时的变形发展过程。从变形发展情况来看，当强度折减系数为 1.25 时，该块体的变形存在较明显的增大趋势，主要沿节理①（裂缝）和断层 $f_{(37)}$ 发生滑移变形破坏，同时该块体的滑移失稳还会导致上部断层 $f_{(50)}$、$f_{(62)}$ 组合而成的块体滑移失稳。综合判断，无支护情况下该块体的安全系数在 1.2～1.25 之间，稳定性相对较差，存在一定的失稳风险。

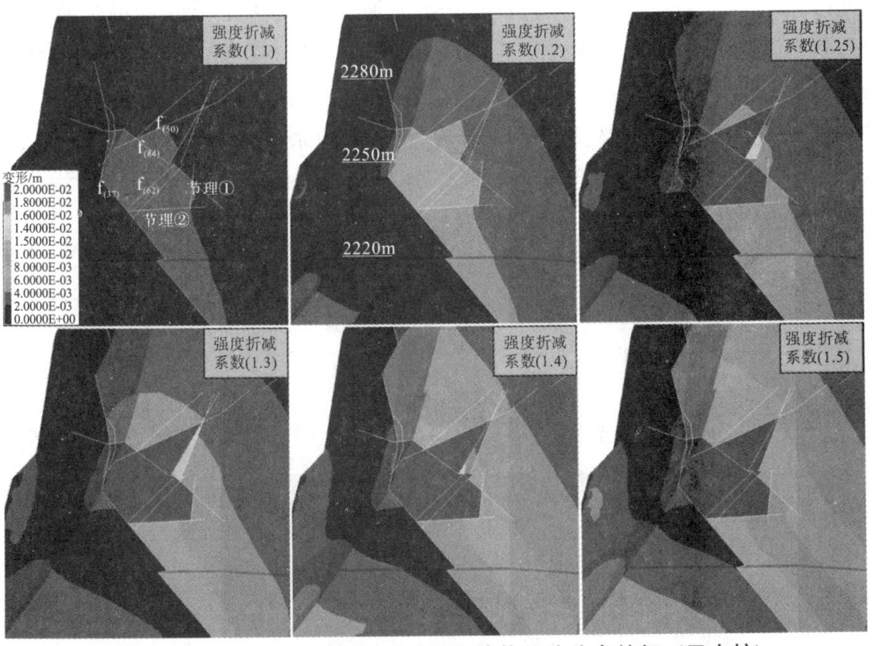

图 11.1.2－9　不同强度折减系数下块体位移分布特征（无支护）

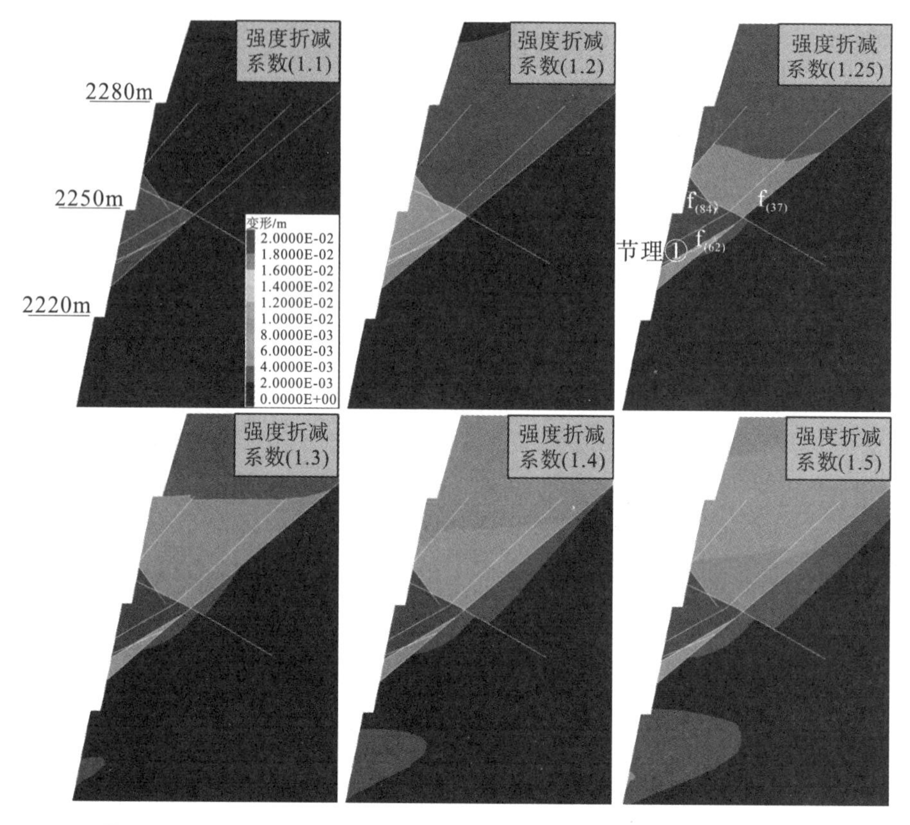

图 11.1.2-10　不同强度折减系数下典型剖面位移分布特征（无支护）

4）加强支护方案分析与评价

考虑到该块体的稳定性相对较差，现场采取了针对性的加强支护处理。图 11.1.2-11 和图 11.1.2-12 给出了加强支护方案下该块体在不同强度折减系数下的变形发展过程。从变形发展情况来看，当强度折减系数为 1.5 时，该块体的变形存在较明显的增大趋势，变形增量达到 20mm 以上，各工况下块体安全系数见表 11.1.2-2，与无支护相比，块体的安全系数提高了 0.2 左右。总的来说，在考虑针对性加强支护后，该块体各工况下安全系数均满足规范要求，并具备一定的安全裕度，能够满足施工期和运行期的稳定要求。

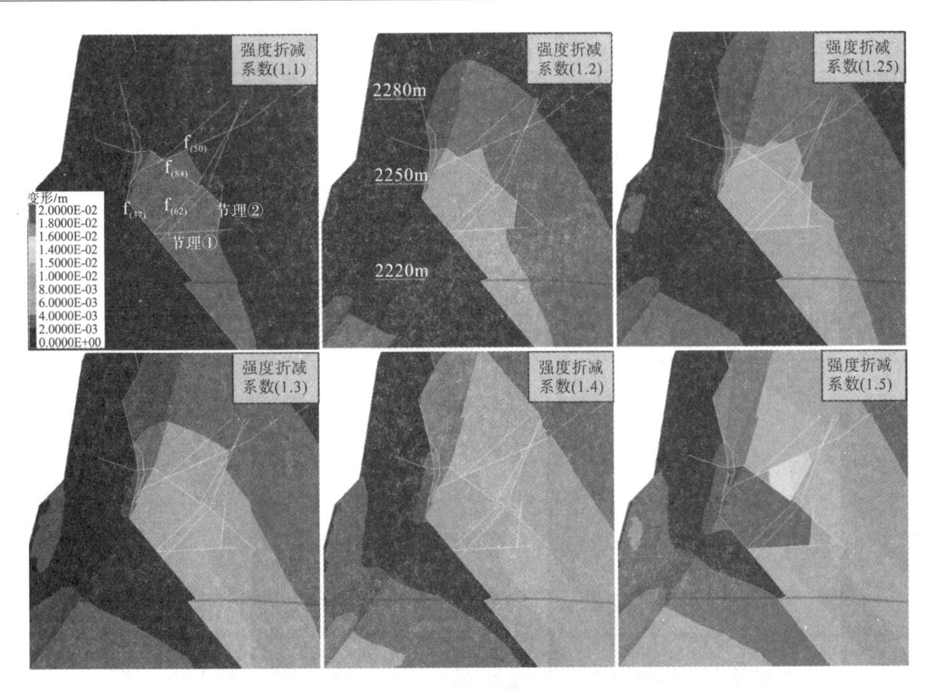

图 11.1.2－11　不同强度折减系数块体位移分布特征（加强支护）

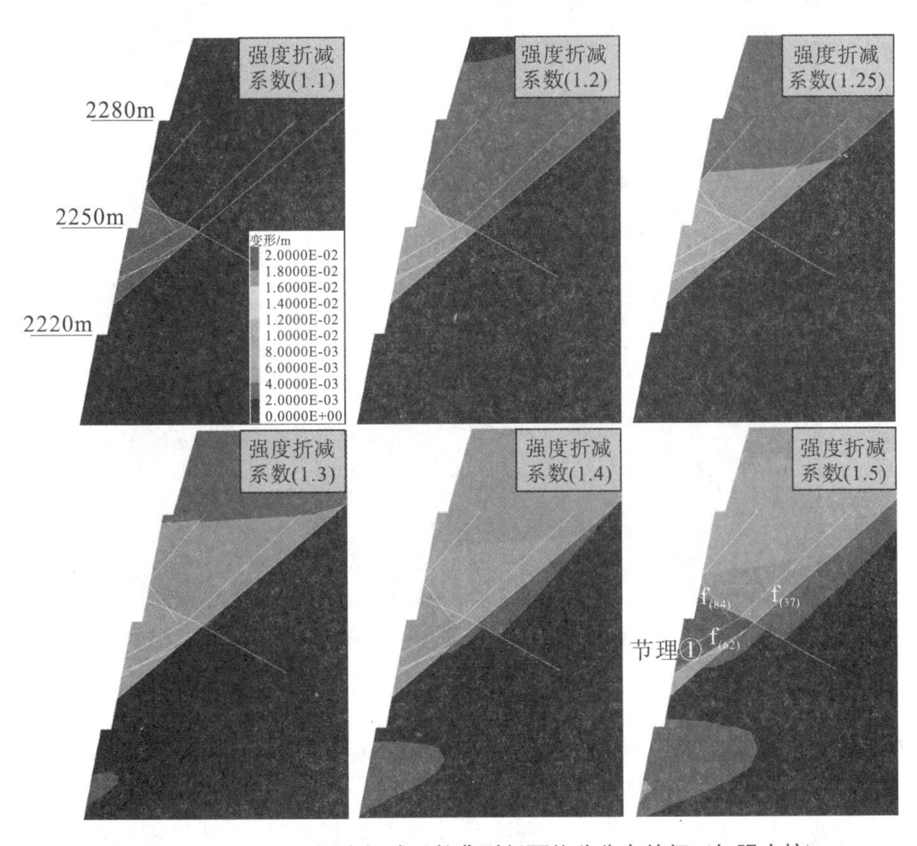

图 11.1.2－12　不同强度折减系数典型剖面位移分布特征（加强支护）

表 11.1.2-2　各工况下块体稳定系数汇总

计算工况或荷载	块体安全系数	安全标准
天然	1.46	1.30
暴雨	1.24	1.20
地震	1.34	1.10

11.1.2.5　高程 2130～2190m 段不利块体稳定性分析及加固措施

1）高程 2130～2190m 段不利块体失稳模式分析

2190～2140m 高程范围内边坡，f_{37} 断层和 f_{169} 断层组合形成潜在不稳定块体 KZf1，f_{37} 断层、f_{169} 断层、f_{166} 断层组合形成潜在不稳定块体 KZf2，如图 11.1.2-13 所示。

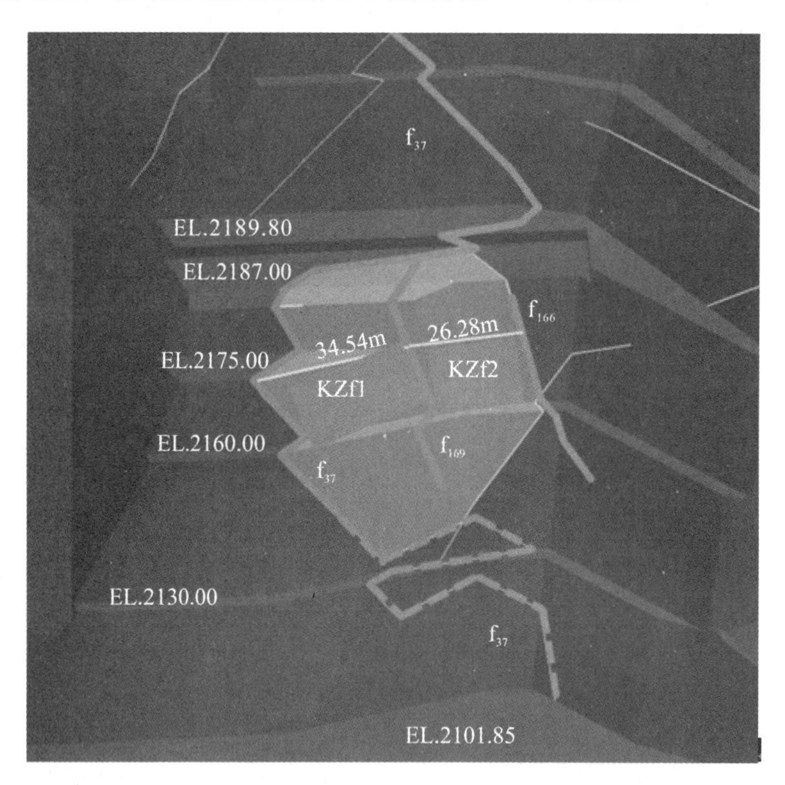

图 11.1.2-13　左岸坝肩边坡受 f_{37} 断层影响潜在不稳定块体三维示意图

2）加固处理措施

为满足边坡下挖及缆机混凝土浇筑、缆机运行边坡稳定要求，结合现场实际情况，对加固措施及加固时机明确如下，并增设安全监测。

（1）爆破开挖 2130m 高程以下边坡及缆机基础混凝土浇筑前需完成的加固措施（Ⅰ期加固）。

①高程 2160～2187m 共布置 5 排 2000kN 预应力锚索，L=30m/40m 间隔布置，间

距 5m，下倾 15°，布置高程分别为 2162m、2167m、2172m、2177m、2182m。为使锚索能够整体受力，在 2162m 高程锚索之间设横梁，截面尺寸为 30cm×40cm，锚墩与框格梁需浇筑形成整体。

②上述加固措施实施后，块体稳定已能够满足要求，考虑高程 2160m 以下块体较薄，按偏保守设计，需利用已有开挖施工平台（高程 2139～2142m），在高程 2143m 布置 1 排 2000kN 预应力锚索，$L=30\text{m}/40\text{m}$ 间隔布置，间距 5m，下倾 15°。

③完成上述①②两项加固措施后，可对高程 2132～2133m 以上已完成爆破的松渣进行开挖，待完成清渣后，需利用高程 2132～2133m 的平台，在坡脚处施工一排马道锁口锚筋桩 3Φ32@2m，$L=9\text{m}$，之后方可对高程 2133m 以下进行爆破开挖。

（2）缆机运行前需完成的加强支护措施（Ⅱ期加固）。

高程 2130～2160m 增设 3 排 2000kN 预应力锚索，$L=30\text{m}/40\text{m}$ 间隔布置，间距 5m，下倾 15°，锚索布置高程分别为 2138m、2150m、2155m，矩形布置。为使锚索能够整体受力，在锚索之间设框格梁，截面尺寸为 30cm×40cm，锚墩与框格梁需同时浇筑形成整体。

（3）安全监测布置。

原设计方案已在断层 f_{37}影响区域布置 1 套多点位移计、6 支锚杆应力计、2 台锚索测力计、2 个表面变形测点。为观测在施工期及运行期间 f_{37}断层对左岸缆机运行及边坡稳定的影响，在该部位增加监测仪器如下：在 2187m 高程平台裂缝产生位置增加 2 组三向测缝计，观测 f_{37}断层变形情况；同时在 2162m 高程新增的锚索上选择布置 1 台锚索测力计，在 2143m 高程新增的锚索上选择布置 1 台锚索测力计。

3）刚体极限平衡法稳定性分析

（1）计算模型。

根据已揭露的地质条件预判，f_{37}作为底滑面与侧滑面 f_{169}组合形成不利块体 KZf1（块体 1），f_{37}作为底滑面与侧滑面 f_{169}、f_{166}组合形成不利块体 KZf2（块体 2），在重力及缆机荷载作用下，块体 KZf1 和块体 KZf2 有可能产生平面型滑动破坏。计算沿 f_{37}断层倾向选取 5 个计算剖面，剖面间距 6～9m，其中块体 1 选取 1—1、2—2、3—3 剖面计算，块体 2 选取 4—4、5—5 剖面计算，如图 11.1.2－14 所示。考虑两块体在高程 2160m 马道处均较薄，1.5～5.3m，受不利节理组合影响，可能在 2160m 高程以下形成三角形小块体①及小块体②，故也对其进行稳定性计算分析。

对块体进行稳定性评价时，将块体各剖面安全系数进行面积加权平均作为块体的稳定安全系数。

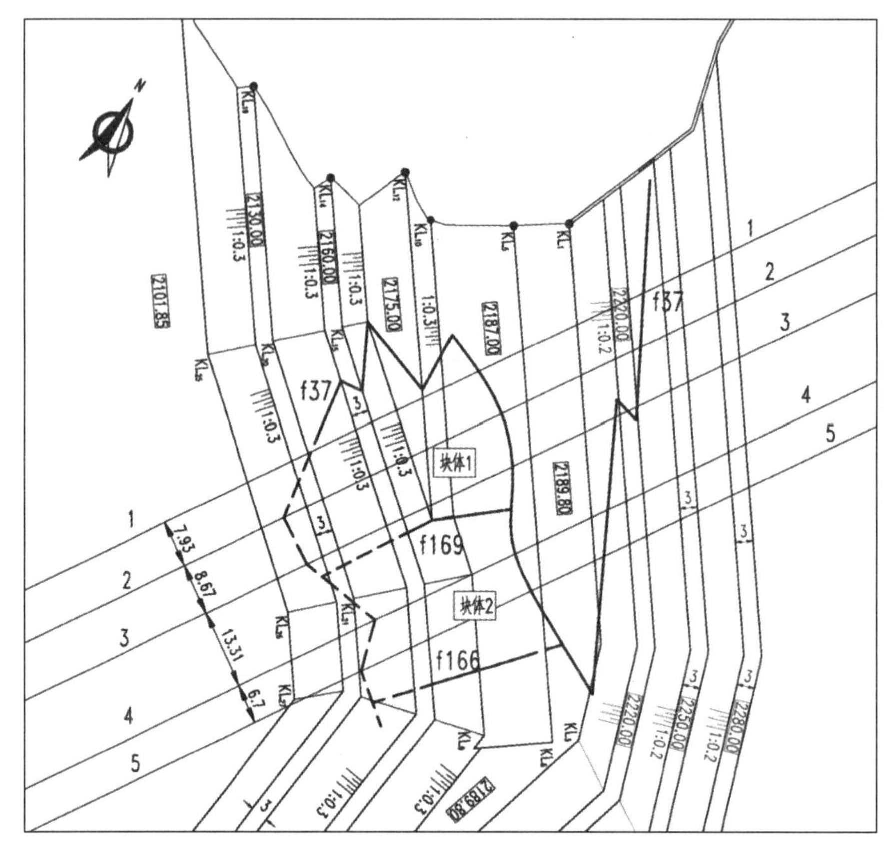

图 11.1.2−14　KZf1 和 KZf2 典型剖面示意图（单位：m）

块体 KZf1 和块体 KZf2 各典型剖面如图 11.1.2−15 所示，断层下部出露位置根据 f_{37} 断层倾角 60°进行推测，计算剖面断层位置与钻孔成像的成果基本一致。

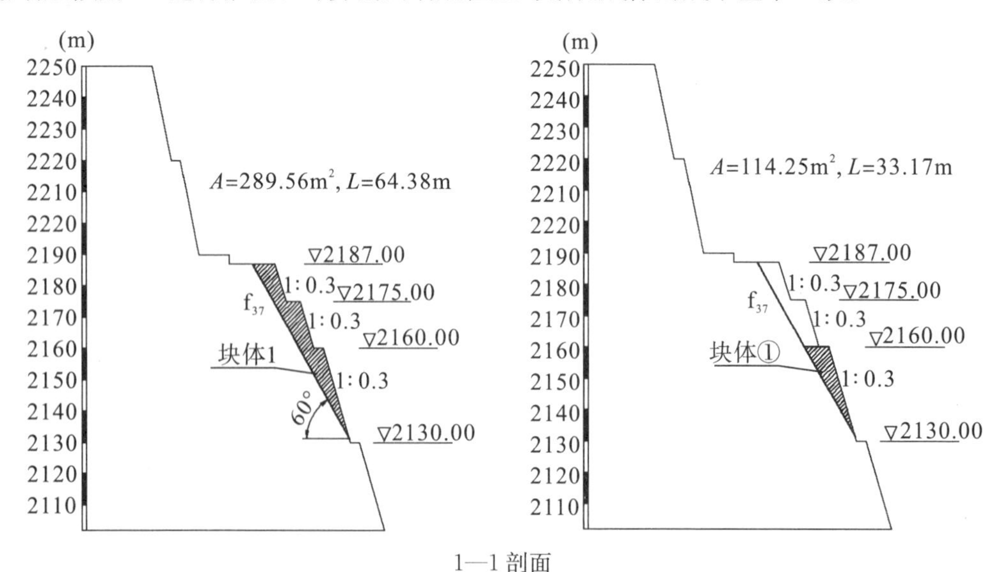

1—1 剖面

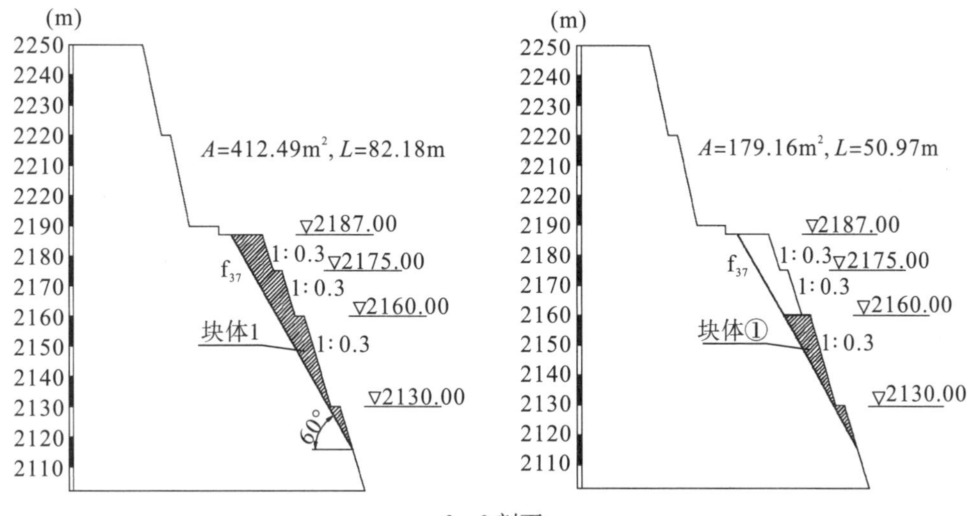

2—2 剖面

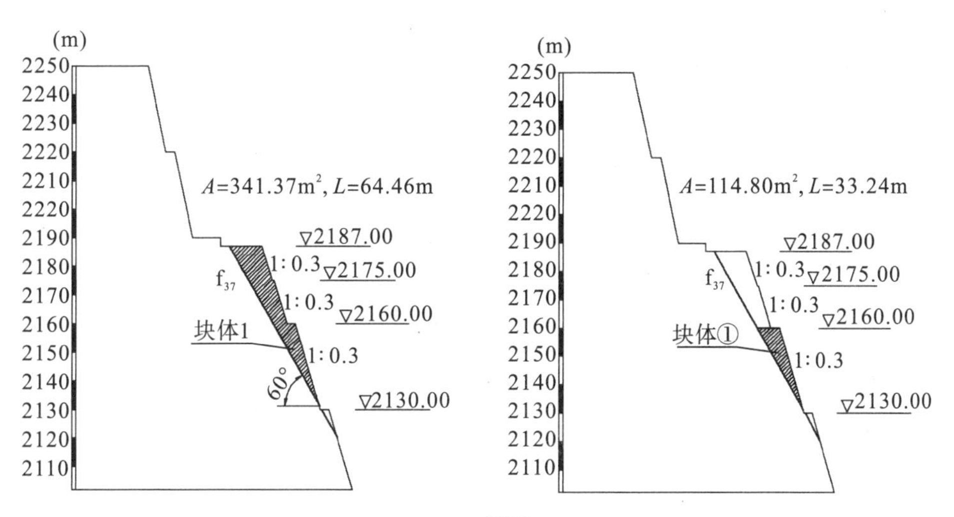

3—3 剖面

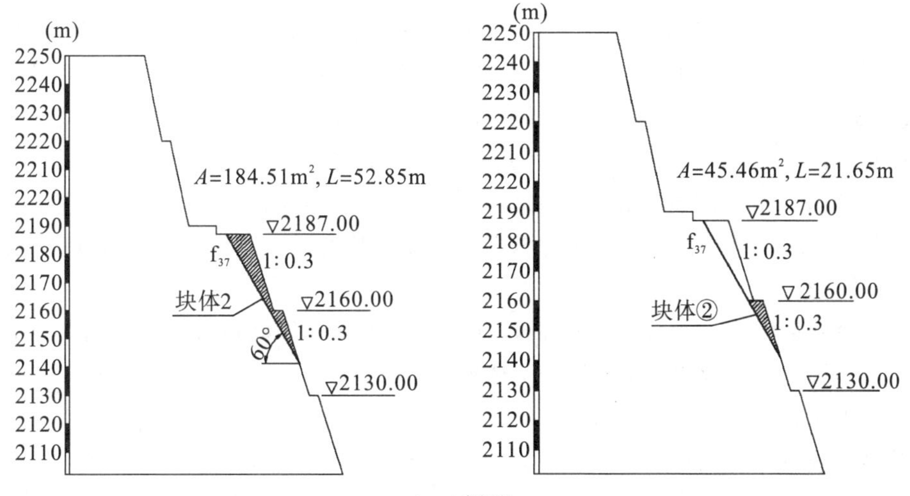

4—4 剖面

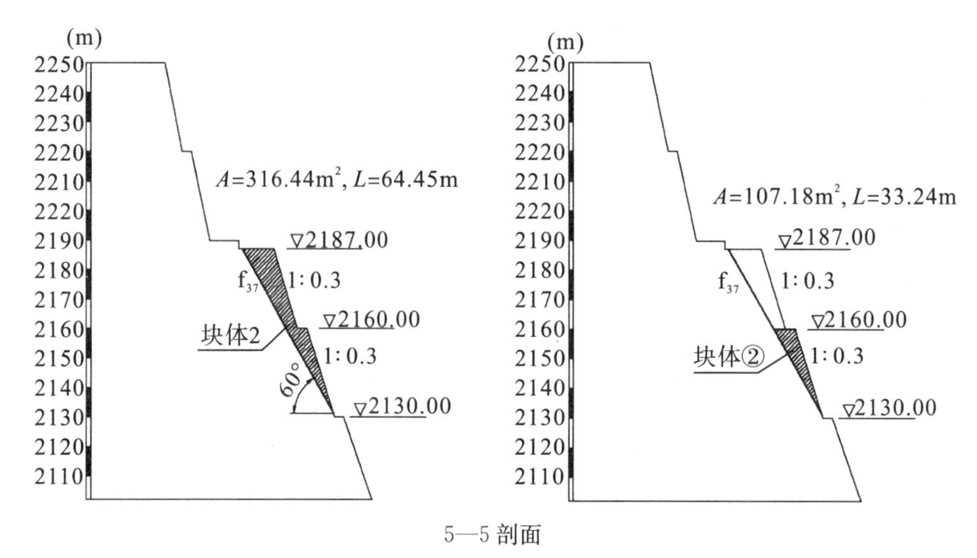

5—5剖面

图11.1.2—15 块体典型剖面

（2）结构面参数取值。

计算时采用的 f_{37} 断层力学参数见表11.1.2—3。

表11.1.2—3 f_{37} 断层力学参数

状态	f'	C'（kPa）
天然状态	0.5	100
饱和状态	0.45	90

注：断层强度计算值取地质建议的低值。

（3）荷载。

①岩体自重。

岩体重度值取为26.5kN/m³。

②裂隙水压力。

考虑到 f_{37} 断层全贯通，高程2130～2187m范围 f_{37} 断层附近岩体质量以Ⅲ类为主，长大节理裂隙不发育，地下水位线较低，潜在不稳定块体范围 f_{37} 断层距坡面距离0～9.5m，缆机平台及坡面出露位置进行了混凝土、喷混凝土封闭，且在坡面布置了系统排水孔Φ76，L=4m@5m×5m（平距×高差），在每级马道坡脚以上2m处布置有1排深排水孔Φ100，L=10m@6m，排水孔穿过结构面，因此计算时不考虑裂隙水压力作用。天然状态时，结构面参数取天然参数值；暴雨状态时，结构面参数取饱和参数。

③加固力。

支护措施采用预应力锚索2000kN，L=30m/40m间隔布置，间距5m，下倾15°。计算中单根预应力锚索的单宽锚固力为400kN/m。

④缆机荷载。

缆机荷载包含缆机基础自重和缆机工作荷载。

缆机基础混凝土浇筑后（缆机未运行）：缆机基础单宽自重为850kN/m（沿缆机平

台走向），缆机混凝土基础浇筑后，缆机基础自重按各计算剖面 2187m 平台处断层上盘宽度所占基础总宽比例分配到块体上，经计算，缆机基础单宽自重分配到块体 1、2 上的比例分别为 67%、82%，则计算中缆机基础自重荷载块体 1 为 569.5 kN/m，块体 2 为 697 kN/m。

缆机运行期：按最不利情况考虑，认为缆机基础自重全部作用在块体上。缆机工作时，根据杭州大力公司提供的缆机轮压值，计入动力系数和作用分项系数，将左岸单台缆机荷载平均分配到 12m 长地基梁上，得到单宽缆机水平轨荷载为 343kN/m，后轨竖直力为 115 kN/m，前轨竖直力为 172 kN/m，缆机工作荷载通过缆机基础作用在块体上。

⑤地震作用。

根据国家地震局地震预测研究所提出的《四川省雅砻江杨房沟水电站地震安全性评价报告》及《杨房沟水电站坝址设计地震动参数补充报告》，经国家地震局烈度评定委员会审定，本工程场址区的地震基本烈度为Ⅶ度，枢纽区边坡按 50 年超越概率 5%的基岩动峰值加速度值 191.5gal 进行设计。

（4）计算结果。

①2187m～2130m 高程开挖边坡无支护措施。

缆机基础混凝土浇筑前且无支护措施时，对块体 1、块体 2、块体①、块体②、进行刚体极限平衡计算，得到安全系数见表 11.1.2−4～表 11.1.2−7。

表 11.1.2−4 缆机基础混凝土浇筑前且无支护措施时块体 1 稳定安全系数

状态	1—1 剖面安全系数	2—2 剖面安全系数	3—3 剖面安全系数	块体 1 计算安全系数	稳定安全控制标准	是否满足要求
暴雨状态	1.13	1.04	1.00	1.05	≥1.15	不满足

表 11.1.2−5 缆机平台浇筑前且无支护措施时块体 2 稳定安全系数

状态	4—4 剖面安全系数	5—5 剖面安全系数	块体 2 计算安全系数	稳定安全控制标准	是否满足标准要求
暴雨状态	1.38	1.06	1.18	≥1.15	满足

表 11.1.2−6 缆机基础混凝土浇筑前且无支护措施时块体①稳定安全系数

状态	1—1 剖面安全系数	2—2 剖面安全系数	3—3 剖面安全系数	块体①计算安全系数	稳定安全控制标准	是否满足要求
暴雨状态	1.40	1.38	1.40	1.39	≥1.15	满足

表 11.1.2−7 缆机平台浇筑前且无支护措施时块体②稳定安全系数

状态	4—4 剖面安全系数	5—5 剖面安全系数	块体②计算安全系数	稳定安全控制标准	是否满足标准要求
暴雨状态	2.13	1.48	1.67	≥1.15	满足

由上表可见，缆机基础混凝土浇筑前且边坡无支护措施时，块体 1 在暴雨状态下的

安全系数值为 1.05，小于标准值 1.15，不满足规范要求。块体 2 在暴雨状态下的安全系数值为 1.18，大于标准值 1.15，满足规范要求。故需对块体 1 采取加固措施。

块体①、块体②各工况均满足规范要求。

②缆机基础混凝土浇筑后（缆机未运行）。

经计算分析，为使块体 1 在浇筑缆机基础混凝土后满足稳定要求，需要单宽加固力 2000kN，布置 5 排 2000kN 预应力锚索@5m×5m（即在设计已明确 4 排的基础上再增加 1 排）；为使块体 2 满足稳定要求，需要单宽加固力 800kN，需要布置 2 排 2000kN 预应力锚索@5m×5m（设计已明确 4 排，不需增加）。加固后，块体 1 和块体 2 稳定安全系数见表 11.1.2－8～9。

表 11.1.2－8　缆机平台浇筑后且有支护措施时块体 1 稳定安全系数（5 排锚索）

状态	1—1 剖面安全系数	2—2 剖面安全系数	3—3 剖面安全系数	块体 1 计算安全系数	稳定安全控制标准	是否满足标准要求
暴雨状态	1.27	1.14	1.12	1.17	≥1.15	满足

表 11.1.2－9　缆机平台浇筑后且有支护措施时块体 2 稳定安全系数（2 排锚索）

状态	4—4 剖面安全系数	5—5 剖面安全系数	块体 2 计算安全系数	稳定安全控制标准	是否满足标准要求
暴雨状态	1.36	1.07	1.18	≥1.15	满足

③缆机运行期。

经计算分析，为满足块体 1 在缆机运行期各种条件下的稳定性，需要单宽加固力 3600kN，布置 9 排 2000kN 预应力锚索@5m×5m，控制工况为暴雨工况；为满足块体 2 在缆机运行期各种条件下的稳定性，需要单宽加固力 2400kN，布置 6 排 2000kN 预应力锚索@5m×5m，控制工况为暴雨工况。加固后，块体 1 和块体 2 稳定安全系数见表 11.1.2－10 和表 11.1.2－11。

表 11.1.2－10　缆机运行期且采取加强支护措施时块体 1 稳定安全系数（9 排锚索）

状态	1—1 剖面安全系数	2—2 剖面安全系数	3—3 剖面安全系数	块体 1 计算安全系数	稳定安全控制标准	是否满足标准要求
天然状态	1.43	1.30	1.28	1.33	≥1.30	满足
暴雨状态	1.30	1.17	1.16	1.21	≥1.20	满足
地震状态	1.38	1.24	1.23	1.28	≥1.10	满足

表 11.1.2－11　缆机运行期且有支护措施时块体 2 稳定安全系数（6 排锚索）

状态	4—4 剖面安全系数	5—5 剖面安全系数	块体 2 计算安全系数	稳定安全控制标准	是否满足标准要求
天然状态	1.56	1.24	1.36	≥1.30	满足
暴雨状态	1.42	1.13	1.23	≥1.20	满足
地震状态	1.51	1.19	1.31	≥1.10	满足

④小结。

采用二维刚体极限平衡法对 f_{37} 断层影响块体 1、块体 2、块体①、块体②进行稳定计算分析，可以得到如下结论：

要保证缆机基础混凝土浇筑后边坡的稳定安全，块体 1 需增设 1 排 2000kN 预应力锚索，即缆机基础混凝土浇筑应在块体 1 范围内的 5 排 2000kN 预应力锚索全部施工完成后进行。块体 2 前期设计的 4 排 2000kN 预应力锚索支护措施可以满足稳定安全控制标准。

为满足缆机运行期及永久运行期安全，需对块体 1 在 2130～2187m 高程共布置 9 排 2000kN 预应力锚索，即在缆机基础混凝土浇筑后再增加 4 排；对块体 2 在 2130～2187m 高程共布置 6 排 2000kN 预应力锚索，即在缆机基础混凝土浇筑后再增加 2 排；锚索锚固施工随着开挖支护进行，并在缆机运行前全部施工完成。

4）3DEC 离散元法稳定性分析

（1）块体组合及结构面力学参数取值。

根据开挖揭露的岩体结构特征，不利断层组合后可能在缆机平台以下边坡形成块体 A、块体 B、块体 C，块体 A 由 f_{37}、f_{169} 组合而成，块体 B 由断层 f_{37}、f_{166} 及优势节理等组合而成，块体 C 由断层 f_{37}、f_{169}、f_{166} 及优势节理等组合而成，其中块体 A 与刚体极限平衡法中块体 1 一致，块体 B 为块体 1+块体 2，块体 C 与刚体极限平衡法中块体 2 一致，三个块体均以 f_{37} 为潜在底滑面，块体的空间分布特征如图 11.1.2－16 所示。

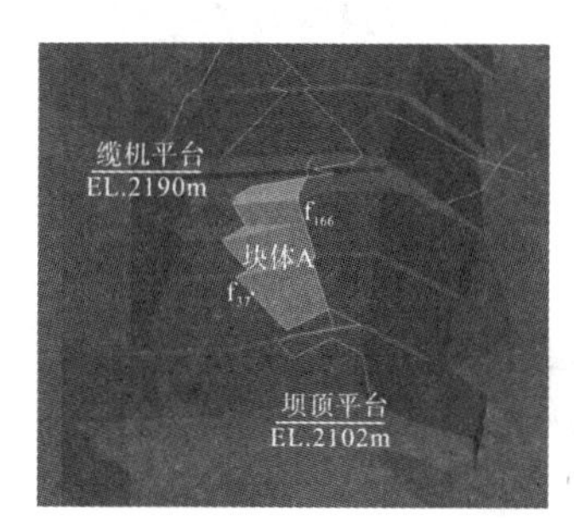

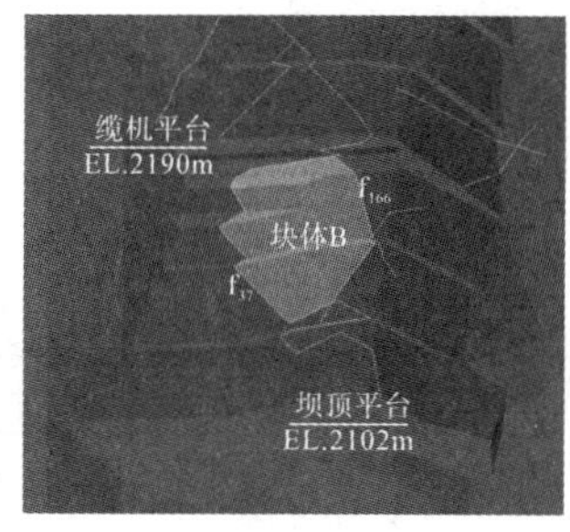

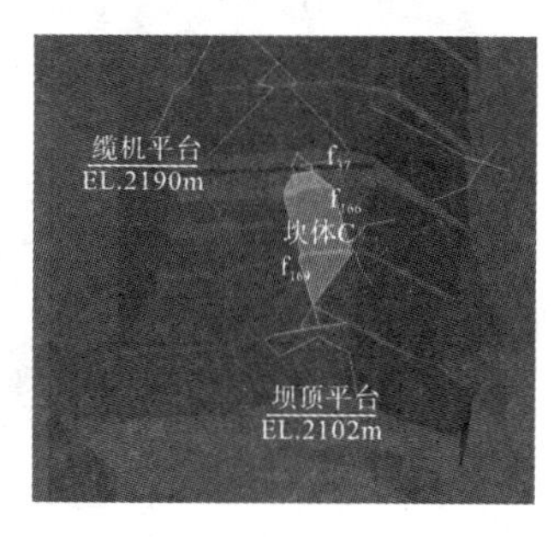

图 11.1.2－16　块体 A、块体 B、块体 C 空间分布示意图

组成块体的主要结构面的力学参数取值见表 11.1.2－12，其中块体侧裂面，由断层 f_{169}/f_{166} 及优势节理等组合形成，在空间上并未全贯通，其强度参数指标可根据结构面连通率求加权平均值获得，表中综合取值偏保守。

表 11.1.2－12　岩体结构面力学参数综合建议值

块体边界	参数综合建议值			
	持久工况下		暴雨工况下	
	黏聚力 C'（MPa）	摩擦系数 f'	黏聚力 C'（MPa）	摩擦系数 f'
断层 f_{37}	0.10	0.50	0.09～0.08	0.45
块体侧裂面	0.15	0.55	0.15	0.55

（2）块体稳定性分析。

三维计算结果表明，块体 A、块体 B、块体 C 潜在破坏模式均为滑移破坏，如图 11.1.2－17～图 11.1.2－19 所示。

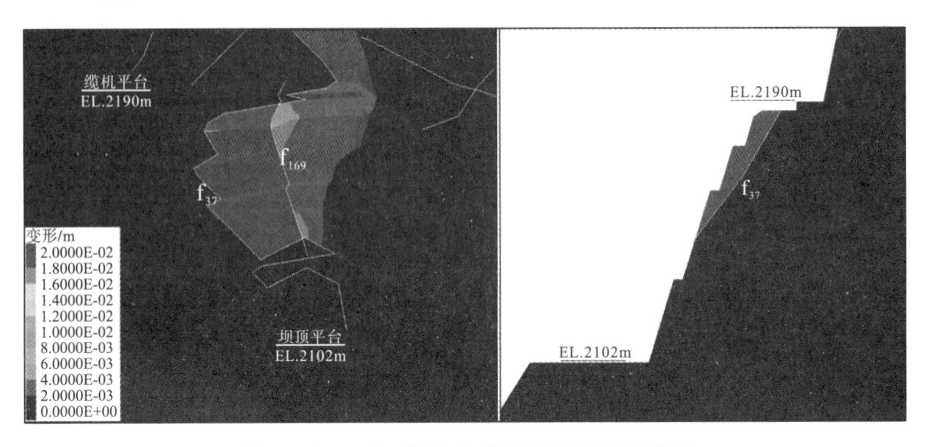

图 11.1.2－17　块体 A 典型破坏模式示意图

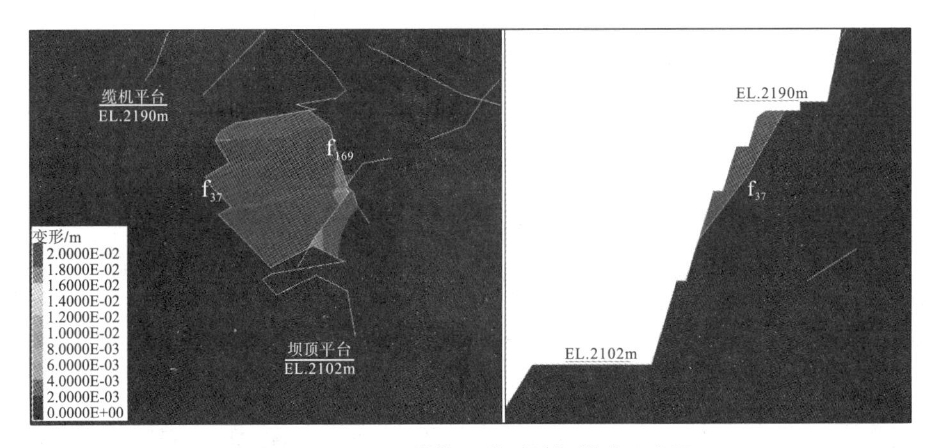

图 11.1.2－18　块体 B 典型破坏模式示意图

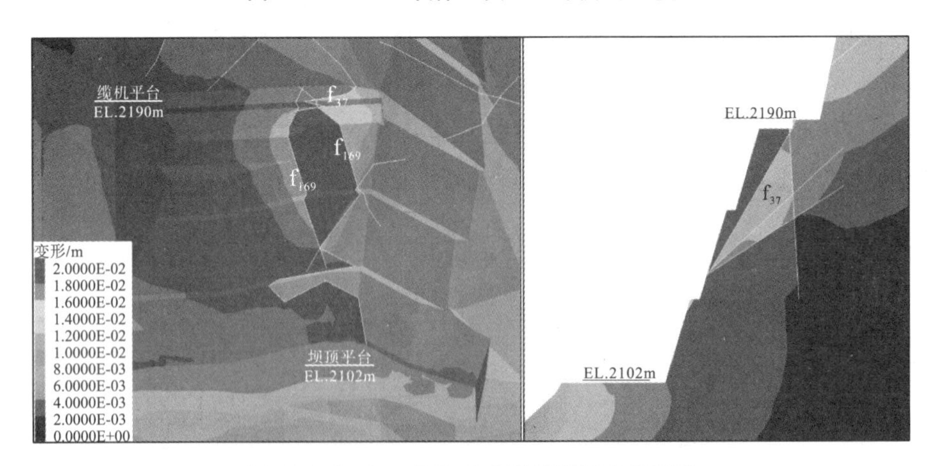

图 11.1.2－19　块体 C 典型破坏模式示意图

根据拟定的加固支护方案，计算得到了各种工况下块体 A、块体 B、块体 C 的安全系数，见表 11.1.2－13。计算工况与刚体极限平衡法保持一致，荷载组合中块体自重及锚固力通过模型直接模拟实现，缆机荷载则以点荷载形式施加在假定块体顶部，其中施工期缆机运行前仅考虑缆机基础自重荷载，缆机运行期同时考虑缆机基础自重荷载和缆机工作荷载。

表 11.1.2－13　各工程方案开挖至坝顶 2102m 高程平台块体稳定系数汇总

<table>
<tr><th>工程方案</th><th>计算工况或荷载</th><th>阶段</th><th>安全标准</th><th>块体 A</th><th>块体 B</th><th>块体 C</th></tr>
<tr><td rowspan="2">无支护方案</td><td>天然</td><td rowspan="14">施工期</td><td>—</td><td>0.92</td><td>0.95</td><td>1.30</td></tr>
<tr><td>暴雨</td><td>1.15</td><td>0.88/0.85</td><td>0.92/0.90</td><td>1.28/1.25</td></tr>
<tr><td rowspan="4">高程 2187～2160m
布置 5 排 2000kN 锚索</td><td>天然</td><td>—</td><td>1.30</td><td>1.24</td><td>1.63</td></tr>
<tr><td>暴雨</td><td>1.15</td><td>1.26/1.23</td><td>1.21/1.18</td><td>1.60/1.57</td></tr>
<tr><td>天然＋缆机基础自重荷载</td><td>—</td><td>1.27</td><td>1.21</td><td>1.60</td></tr>
<tr><td>暴雨＋缆机基础自重荷载</td><td>1.15</td><td>1.23/1.20</td><td>1.18/1.16</td><td>1.57/1.55</td></tr>
<tr><td rowspan="4">高程 2187～2160m
布置 5 排 2000kN 锚索＋
高程 2160～2130m
布置 1 排 2000kN 锚索</td><td>天然</td><td>—</td><td>1.38</td><td>1.28</td><td>1.65</td></tr>
<tr><td>暴雨</td><td>1.15</td><td>1.34/1.30</td><td>1.25/1.23</td><td>1.62/1.60</td></tr>
<tr><td>天然＋缆机基础自重荷载</td><td>—</td><td>1.34</td><td>1.24</td><td>1.63</td></tr>
<tr><td>暴雨＋缆机基础自重荷载</td><td>1.15</td><td>1.30/1.26</td><td>1.22/1.20</td><td>1.60/1.58</td></tr>
<tr><td rowspan="5">高程 2187～2160m
布置 5 排 2000kN 锚索＋
高程 2160～2130m
布置 4 排 2000kN 锚索</td><td>天然＋缆机基础自重荷载＋缆机工作荷载</td><td>1.30</td><td>1.50</td><td>1.40</td><td>1.75</td></tr>
<tr><td>暴雨＋缆机基础自重荷载＋缆机工作荷载</td><td>1.20</td><td>1.45/1.41</td><td>1.36/1.33</td><td>1.72/1.70</td></tr>
<tr><td>天然＋缆机基础自重荷载</td><td rowspan="3">运行期</td><td>1.30</td><td>1.53</td><td>1.42</td><td>1.76</td></tr>
<tr><td>暴雨＋缆机基础自重荷载</td><td>1.20</td><td>1.49/1.45</td><td>1.39/1.36</td><td>1.74/1.72</td></tr>
<tr><td>地震＋缆机基础自重荷载</td><td>1.10</td><td>1.42</td><td>1.32</td><td>1.63</td></tr>
</table>

注：①在暴雨工况下考虑了断层 f_{37} 参数敏感性，对其黏聚力 C' 分别取 0.09MPa 和 0.08MPa 展开计算分析；②缆机基础自重荷载的影响按极端情况考虑，假定其沿 f_{37} 断层错断，与后缘脱空，前部荷载则作用于假定块体上；③缆机工作荷载按全部作用于假定块体上考虑；④块体 A 与二维刚体极限平衡法中块体 1 一致，块体 B 为块体 1＋块体 2，块体 C 与二维刚体极限平衡法中块体 2 一致。

由计算可知：

①无支护状态下，块体 A、块体 B 安全系数均小于 1，无法满足自稳要求，需在边坡进一步下挖前采取针对性的加固处理措施。

②布置 5 排 2000kN 锚索支护后（2187～2160m 高程 5 排），在考虑缆机基础自重荷载情况下，块体 A、块体 B、块体 C 天然状态安全系数分别为 1.27、1.21、1.60，大于标准值 1.15，满足规范要求，暴雨状态安全系数分别为 1.23/1.20、1.18/1.16、1.57/1.55，大于标准值 1.15，满足规范要求，表明该支护方案下，左岸坝肩边坡具备进一步下挖施工及缆机基础混凝土浇筑的条件。

③在缆机运行期，布置 9 排 2000kN 锚索支护后（2187～2160m 高程 5 排＋2160～

2130m 高程 4 排)，块体 A、块体 B、块体 C 天然状态安全系数分别为 1.50、1.40、1.75，大于标准值 1.30；暴雨状态安全系数分别为 1.45/1.41、1.36/1.33、1.72/1.70，大于标准值 1.20，满足规范要求，表明拟定支护方案是合适的，能够满足缆机运行期边坡稳定要求。

④在边坡永久运行期，考虑缆机基础自重荷载情况下，块体 A、块体 B、块体 C 天然状态安全系数分别为 1.53、1.42、1.76，大于标准值 1.30，满足规范要求；暴雨状态安全系数分别为 1.49/1.45、1.39/1.36、1.74/1.72，大于标准值 1.20，满足规范要求；地震状态安全系数分别为 1.42、1.32、1.63，大于标准值 1.10，满足规范要求，表明拟定支护方案是合适的，能够满足永久运行期边坡稳定要求。

11.1.3 左岸高程 2115～2130m 边坡蚀变带影响边坡稳定性分析与加固处理

1）地质条件

左岸坝肩边坡高程 2115～2130m，桩号 K0＋084m～K0＋120m 段岩性为花岗闪长岩，弱风化，边坡走向 S48°E，发育断层 f_{37}、$f_{(231)}$，其中 f_{37} 产状：N50°W SW∠60°，带宽 10～15cm，带内夹碎裂岩，岩屑，局部铁锰质渲染，上盘岩体具蚀变现象；$f_{(231)}$ 产状：N60°W SW∠65°，带宽 1～10cm，带内夹碎裂岩、岩屑。节理较发育，主要见 3 组：①N75°W NE∠75°，闭合，面平直粗糙，平行发育间距 1.0～1.5m；②N85°W SW∠60°，面平直光滑，见铁锰质渲染，延伸一般，平行发育间距 0.5～1.0m；③N75°E NW∠40°，面平直粗糙，面见铁锰质渲染。边坡岩体较破碎～完整性差为主，镶嵌～块裂状结构，沿 f_{37} 断层上盘面见蚀变现象（见图 11.1.3－1），属Ⅳ类岩体。

图 11.1.3－1　边坡高程 2115～2130m，桩号 K0＋084～K0＋120 段沿 f_{37} 断层上盘蚀变现象

为查明该段边坡蚀变岩体水平分布深度，在边坡高程约 2123m，桩号 K0＋100m～K0＋120m 段布置声波测试孔 2 个（编号 KC－1 和 KC－2）。代表性声波孔声速曲线如图 11.1.3－2 所示，从声速曲线图发现，纵波速从 3500m/s 至 4000m/s 有一个明显的跳跃，分析边坡蚀变岩体水平分布深度为 3.4～5.4m。

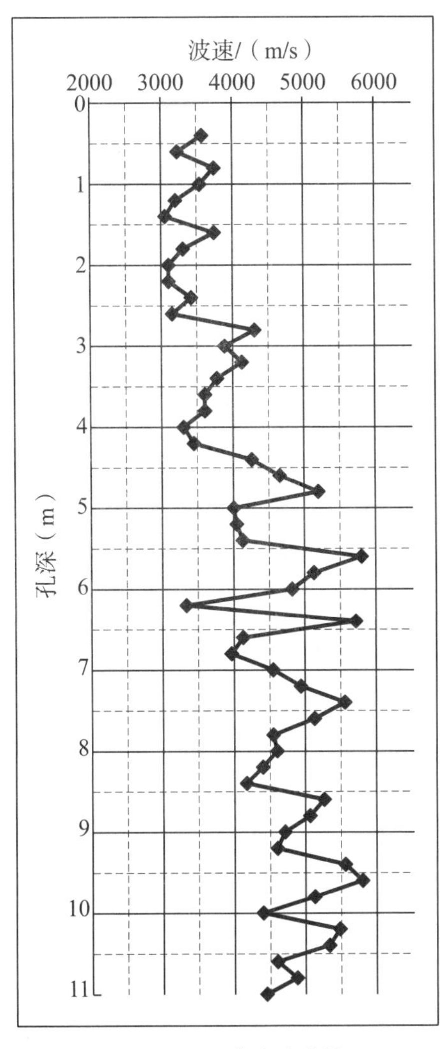

(a) KC—1 孔声速曲线

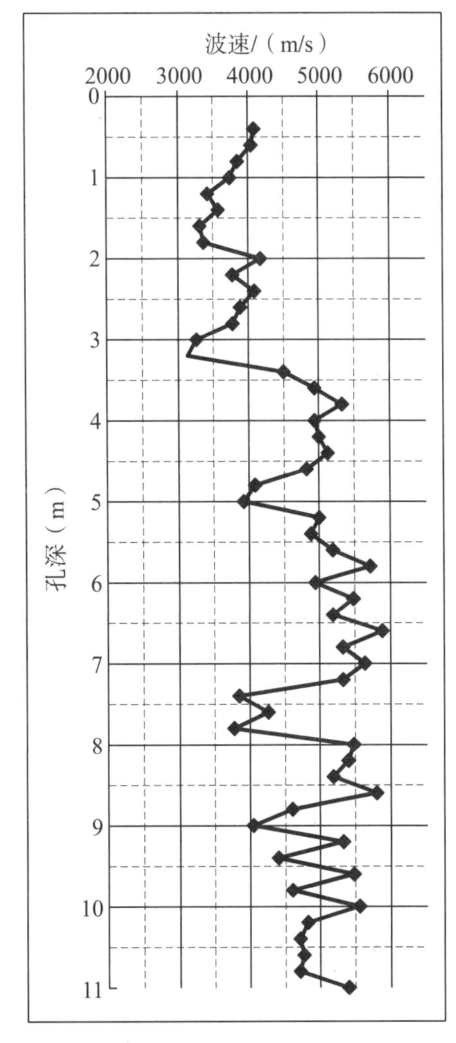

(b) KC—2 孔声速曲线

图 11.1.3—2　声速曲线图

综上所述，左岸坝肩边坡高程 2115～2130m，桩号 K0+084m～K0+120m 段边坡发育的断层 f_{37} 走向与边坡走向交角小，同时坡面岩体沿断层 f_{37} 上盘面存在蚀变现象，蚀变岩体水平分布厚度为 3.4～5.4m，蚀变岩体强度降低，对边坡局部稳定性不利。

2）加固处理措施

（1）对蚀变岩体采用加强的系统喷锚，按Ⅳ类岩体进行支护，具体内容如下。

①系统锚杆：布置砂浆锚杆 Φ32，L=6m/Φ28，L=6m，间排距 2m×2m，开口线锁口锚筋桩 3Φ32@3m，L=12m，马道锁口锚杆 Φ32@1.5m，L=12m。

②挂网喷混凝土：系统挂网，喷 C25 混凝土厚 15cm，钢筋 Φ6.5@15cm×15cm。

③系统排水孔：Φ76@5m×5m，L=4m，每级马道一排深排水孔 Φ100@6m，L=10m。

④马道采用 C25 混凝土封闭，厚 15cm。

（2）在高程 2128～2131m，桩号 K0+35.00m～K0+140.00m 边坡增加 1 排

1000kN，L=25m/35m 预应力锚索，间距 5m。

（3）针对 f_{37} 上盘潜在不利块体（90），在高程 2131.00m、2129.00m、2127.00m、2125.00m 增加 4 排锚筋桩 3Φ32，L=9m，间排距 2m，如图 11.1.3−3 所示。

图 11.1.3−3　f_{37} 上盘潜在不利块体（90）加强支护示意图

11.2　右岸坝肩边坡

11.2.1　右岸坝肩 2275～2300m 高程边坡及单薄山脊加强支护设计

1）地质条件

右岸坝肩高程 2275～2300m 段边坡岩性为花岗闪长岩，岩体弱风化，弱卸荷，次块状～镶嵌结构，完整性差，边坡以Ⅲ类岩体为主。开挖边坡处于单薄山脊部位，高程 2291m 山脊厚度约 6m，整体处于稳定状态。

正面边坡走向约 N34°W，发育断层 $f_{y(1)}$ 和挤压破碎带 $J_{(7)}$，其中 $f_{y(1)}$ 产状为：N40°～50°E SE∠60°～70°，宽 1～2cm，碎裂岩填充，面稍扭，呈强风化状；$J_{(7)}$ 产状为 EW N∠35°～40°，宽 3～5cm，片状岩、岩屑填充，面稍扭；节理较发育，主要见 NNE、NE 向陡倾角节理及 NW 向中倾角节理，节理多见微张，边坡局部受断层及节理切割后形成不利组合块体 KY1～KY4（见图 11.2.1−1～2），稳定性差。

上游侧面边坡走向约 N70°W，节理发育，主要发育顺坡向卸荷节理，产状为：EW N∠75°，面平直粗糙，张开 3～5mm，延伸中等，受卸荷节理和随机节理组合影响，局部见掉块，稳定性差。

下游侧面边坡走向约 N50°E，节理发育，主要发育 NNE 向高倾角和 NNW 向缓倾角节理，面平直粗糙，微张，延伸较长，受结构面切割影响形成不利组合块体 KY1，稳定性差。

综上所述，需针对右岸坝肩高程 2275～2300m 段边坡及单薄山脊进行加强支护。

图 11.2.1－1 右岸坝肩 2275～2300m 高程正面边坡

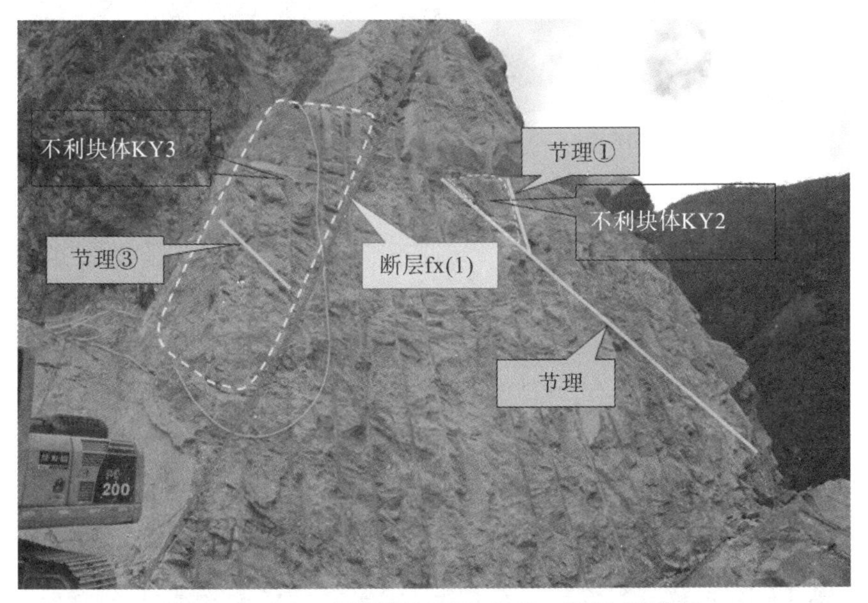

图 11.2.1－2 右岸坝肩 2275～2300m 高程正面边坡

2）加固处理措施

原设计方案对该梯段边坡预应力锚索按间排距 5m 系统布置，根据现场开挖地形及揭露的地质情况，锚索布置原则不变；浅层支护仍按原图Ⅳ类岩体支护参数施工。

鉴于坝肩 2291～2300m 高程边坡后部山脊单薄，高程 2291m 山脊厚度约 6m，需对其上、下游侧坡进行支护，措施及要求如下。

（1）为使锁口锚杆及锚筋桩穿过更多的节理面，同时避免贯穿单薄山脊，将开口线外围的锁口锚杆及锚筋桩调整如下：

①高程 2291m 以上采用 2 排 Φ32，L＝6m，@3m×3m 锁口锚杆，梅花形布置，下

倾 45°，方位角上游侧坡按 N10°E，下游侧按 N75°W。

②高程 2291m 以下采用 2 排 3Φ32，L=12m，@3m×3m 锁口锚筋桩，梅花形布置，下倾 30°，方位角上游侧坡按 N10°E，下游侧坡按 N75°W。

（2）下游侧坡布置系统锚杆：砂浆锚杆Φ25，L=4.5m，梅花形布置，间排距 2m×2m，锚杆方位角 N75°W，下倾 15°，布置范围见图 11.2.1-3。布置锁口锚杆或锚筋桩位置的系统锚杆可取消。

（3）支护施工前需先采用小药量控制爆破将上游侧坡开裂的不利组合块体清除，布置范围见图 11.2.1-4。

（4）先施工锁口锚杆和锚筋桩、下游侧坡系统锚杆，再施工坝肩开挖坡面预应力锚索，以避免预应力锚索与锚杆或锚筋桩相交。

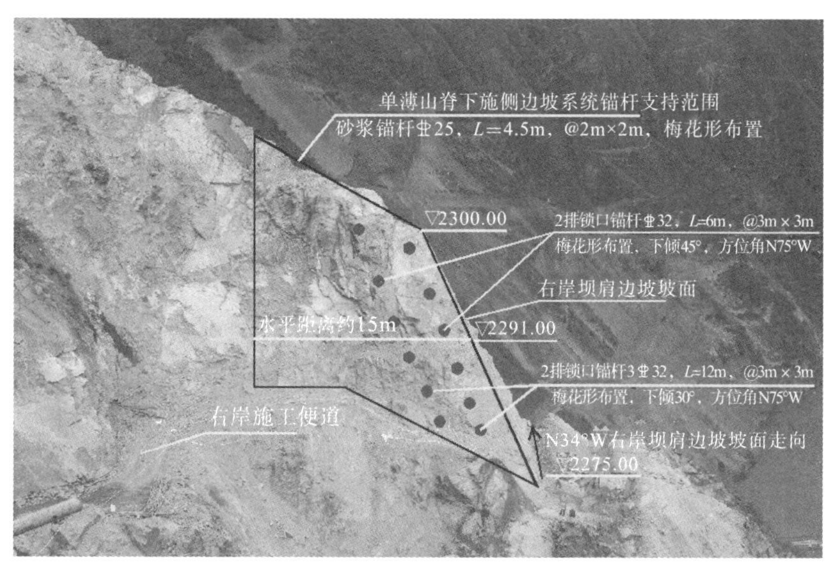

图 11.2.1-3　右岸坝肩 2275～2300m 高程下游侧坡锁口锚杆、锚筋桩及系统锚杆布置范围示意图

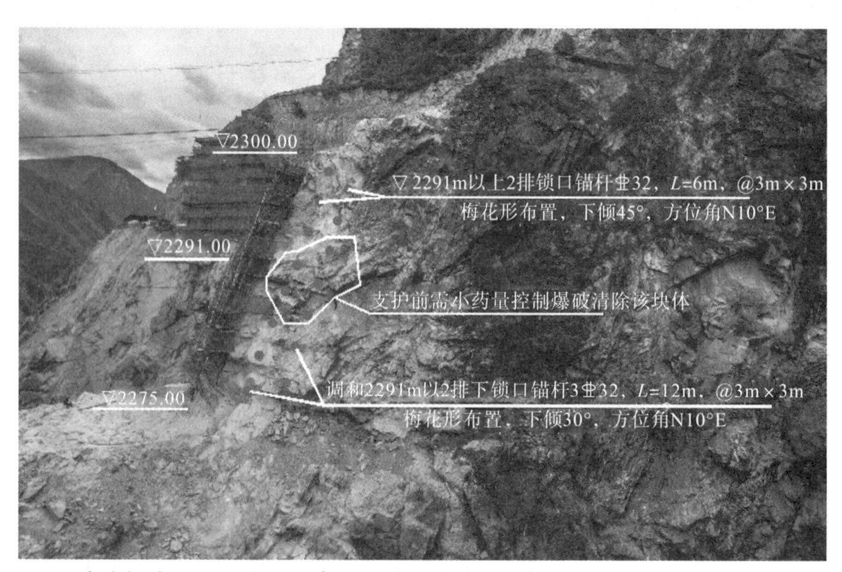

图 11.2.1-4　右岸坝肩 2275～2300m 高程上游侧坡锁口锚杆、锚筋桩及系统锚杆布置范围示意图

11.2.2　坝顶至缆机平台坝肩边坡开挖方案调整稳定性分析

11.2.2.1　地质条件

右岸坝顶至缆机平台坝肩边坡高程2102～2185m段岩性为花岗闪长岩，弱风化，次块状结构为主，局部镶嵌结构，强～弱卸荷，发育$f_{y(92)}$、$f_{y(93)}$、$f_{y(94)}$、$f_{y(99)}$等小断层，断层带宽度一般3～5cm为主，少量20～30cm，带内夹岩块岩屑。节理中等发育，主要见3组：①N70°E NW∠70°～75°，面平直光滑，延伸较长，平行发育间距1～2m；②N50°E SE∠45°，面平直光滑，延伸较长，平行发育间距1～1.5m；③N60°W SW∠70°，面平直光滑，微张，平行发育间距1.5～2m。受小断层、节理裂隙等因素控制，边坡岩体完整性差为主，局部较破碎。边坡中地下水埋深较大。

开挖边坡岩体以Ⅲ类岩体为主，上下游侧开口线附近为Ⅳ类岩体。边坡整体稳定，但受小断层与节理组合组合影响局部存在块体稳定性问题。边坡发育KY36～KY68共33处不利块体，方量3～187m^3不等，多呈半切割～全切割状态，以稳定性较差为主，局部稳定性差，不利块体对工程边坡局部稳定不利。需及时对工程边坡采取系统支护，并针对边坡发育的不利组合块体和上下游侧边坡沿口强卸荷岩体进行加强支护。

11.2.2.2　开挖方案调整

1）原设计方案

右岸缆机平台分上平台、下平台，上平台高程根据缆机设计成果并考虑路面混凝土厚度20cm，开挖高程为2185.80m，平台宽5.16m；下平台为缆机基础平台，高程2184.5m，宽9.15m，缆机平台总宽度14.31m。

坝顶平台考虑路面混凝土厚度15cm，开挖高程为2101.85m。坝顶平台2101.85m～缆机上平台2185.80m设2级马道，高程分别为2130m、2160m。根据缆机运行、检修要求，将2184.5m高程平台上下游段临江侧超出缆机基础的岩体挖除，即从2184.5m高程先按1∶1.5坡比放坡至2181.5m高程，再按1∶0.3坡比放坡至2170m高程，在2170m高程上下游侧形成两个小平台。

右岸坝顶至缆机平台边坡开挖坡比：缆机平台以下局部为1∶1.5，其余均为1∶0.3。

2）边坡开挖调整方案

根据本书9.6.3节所述，为了满足开挖施工期间设备通行及避炮要求，在原设计基础上，对右岸坝顶至缆机平台坝肩边坡开挖轮廓线进行了如下调整：

（1）将开挖设计线向山体内侧推移以增加边坡开挖厚度，同时减少边坡转折以增加每一段边坡的纵向长度。

（2）坝顶平台2101.85m至缆机下平台2184.50m设2级马道，高程分别为2130m、2155m，开挖坡比均统一为1∶0.3，取消了上、下游侧2170m高程小平台。

开挖坡面向山内调整后，不影响缆机平台的布置和拱坝建基面，右岸坝顶高程的马道宽度相应增加，方便通行。

11.2.2.3　开挖方案调整后稳定分析

图11.2.2-1～图11.2.2-4分别给出了边坡坝顶平台（高程2102m）以上开挖完

成后（未考虑支护加固力），原设计与调整方案下已开挖坡体的稳定特征（强度折减系数范围为 1.0～1.6），其中显示了该边坡在岩体条件不断折减时的变形发展过程。两种开挖方案开挖坡体（高程 2102m 以上）整体安全系数较高（FOS>1.6）。

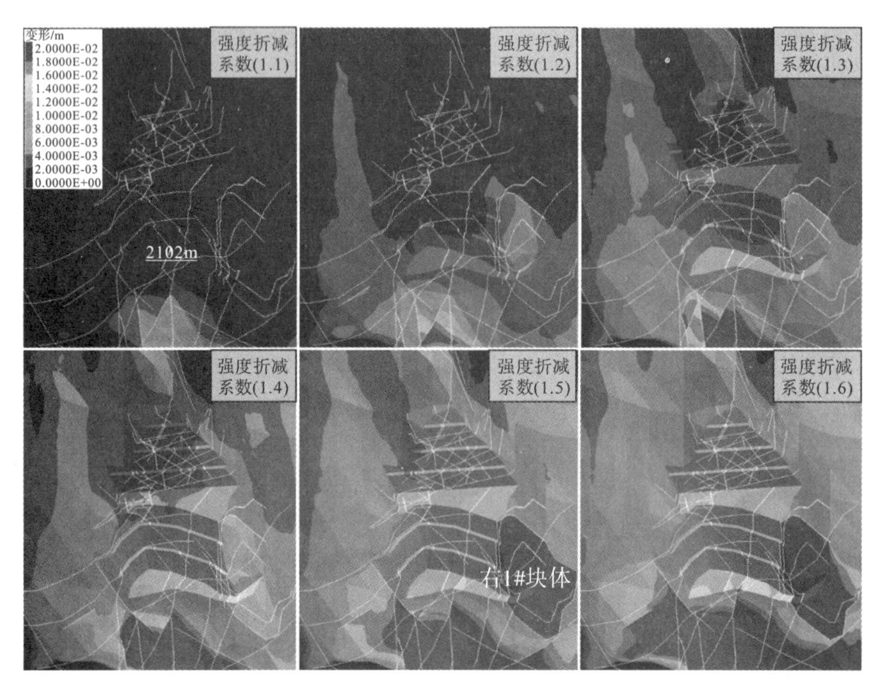

图 11.2.2－1　边坡开挖至高程 2102m 不同强度折减系数下位移分布情况（原开挖方案）

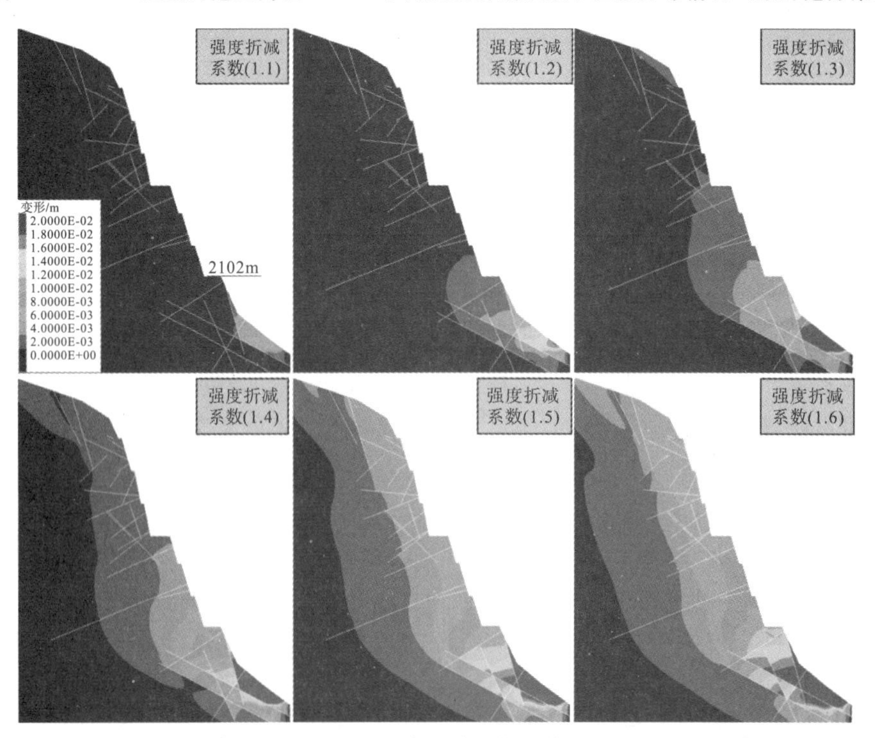

图 11.2.2－2　边坡开挖至高程 2102m 不同强度折减系数下典型剖面位移分布情况（原开挖方案）

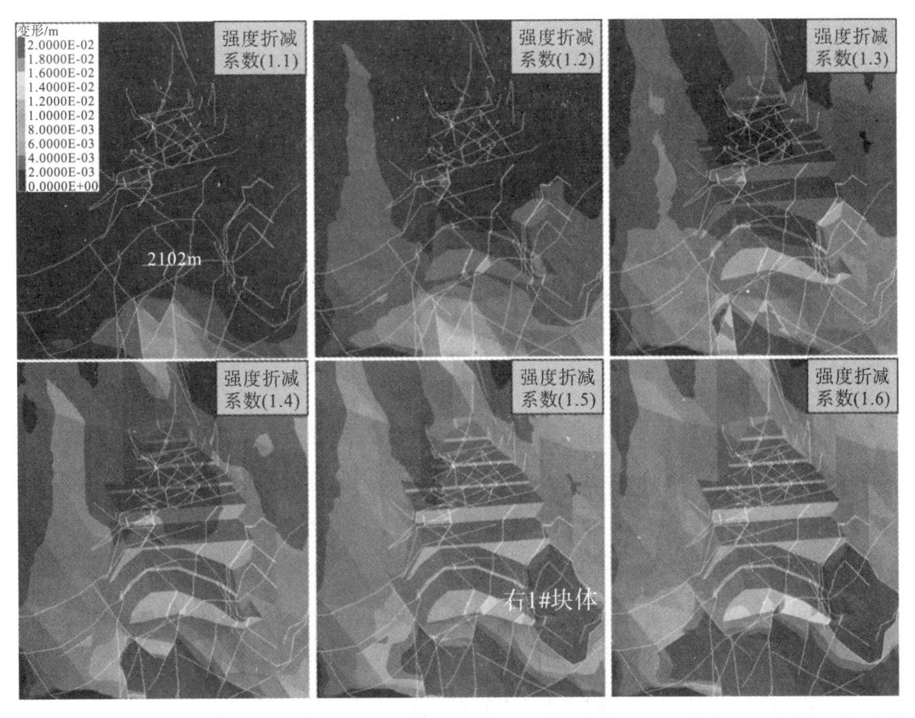

图 11.2.2-3　边坡开挖至高程 2102m 不同强度折减系数下位移分布情况（调整开挖方案）

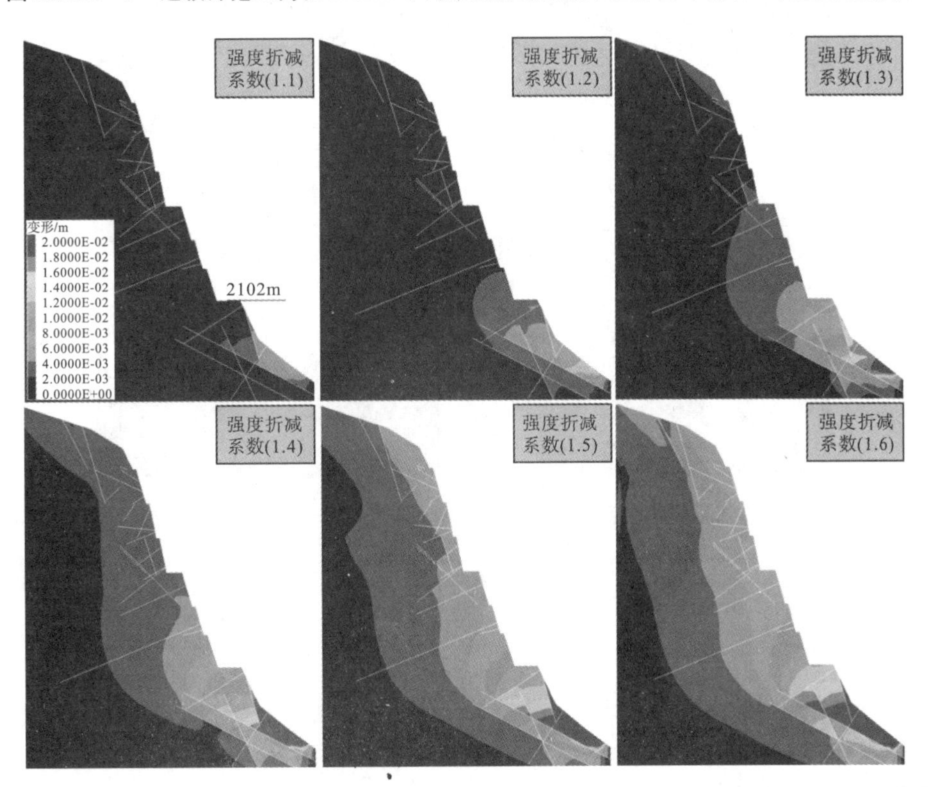

图 11.2.2-4　边坡开挖至高程 2102m 不同强度折减系数下典型剖面位移分布情况（调整开挖方案）

11.2.3 右岸坝肩边坡2155m高程以下上游侧开口线附近边坡稳定性分析

11.2.3.1 地质条件

1）高程2120～2155m段

右岸坝肩边坡高程2120～2155m，桩号K0－008m～K0＋027m段岩性为浅灰色花岗闪长岩，弱风化，镶嵌结构。发育断层$f_{y(148)}$、$f_{y(185)}$、$f_{y(206)}$，其中，$f_{y(148)}$产状为N40°W NE∠60°～75°，宽2～10cm，碎裂岩填充，强～弱风化；$f_{y(185)}$产状为N40°E NW∠50°，宽20～30cm，碎块岩填充；$f_{y(206)}$产状为N45°E SE∠70°，宽2～3cm，碎屑岩填充，局部面附钙膜。节理较发育，主要见以下3组：①N80°E NW∠70°～80°，闭合，断续延伸，面平直粗糙，平行发育，间距0.5～0.8m；②N65°E SE∠30°，闭合，面平直粗糙，断续延伸长；③N45°W NE∠40°，闭合，面平直粗糙，延伸较长。岩体较破碎～完整性差，属Ⅳ类岩体。

边坡高程2120～2155m，桩号K0－008m～K0＋027m段受断层$f_{y(148)}$、$f_{y(185)}$、$f_{y(206)}$组合影响形成潜在不利组合块体KZ64（见图11.2.3－1）。不利块体分析示意剖面见图11.2.3－2。

图11.2.3－1 右岸坝肩边坡高程2120～2155m，桩号K0－008m～K0＋027m段不利块体

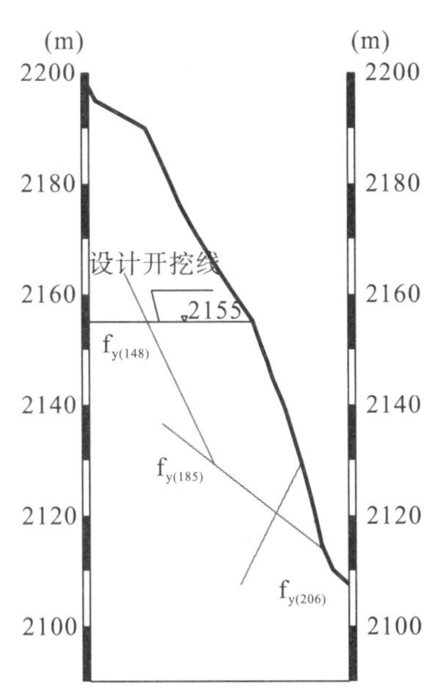

图 11.2.3－2　右岸坝肩边坡高程 2120～2155m，桩号 K0＋008m～K0＋027m 段不利组合块体剖面

2）高程 2095～2128m 段

右岸坝肩高程 2095～2128m 段上游侧边坡岩性为浅灰色花岗闪长岩，弱风化，强～弱卸荷，镶嵌结构。发育断层 $f_{y(206)}$，产状为：N45°E SE∠70°，宽 2～3cm，碎屑岩填充，局部面附钙膜。节理较发育，主要见以下 3 组：①N40°W SW∠60°，局部张开 0.5～1.0cm，面起伏粗糙，局部夹 1～3mm 片状岩，平行发育间距 1.0～1.5m；②N70°W NE∠55°，闭合～微张，面平直粗糙，延伸长；③N20°W SE∠75°，闭合，面平直粗糙，延伸较长。岩体较破碎～完整性差，属Ⅳ类岩体。

右岸坝肩边坡高程 2095～2128m 段上游侧受断层 $f_{y(206)}$ 和节理①②组合影响形成潜在不利组合块体 KYf1（见图 11.2.3－3）。不利块体分析示意剖面见图 11.2.3－4。需针对潜在不利组合块体 KYf1 进行稳定性计算，并采取相应加固措施。

图 11.2.3－3　右岸坝肩边坡高程 2095～2128m 段上游侧发育潜在不利组合块体

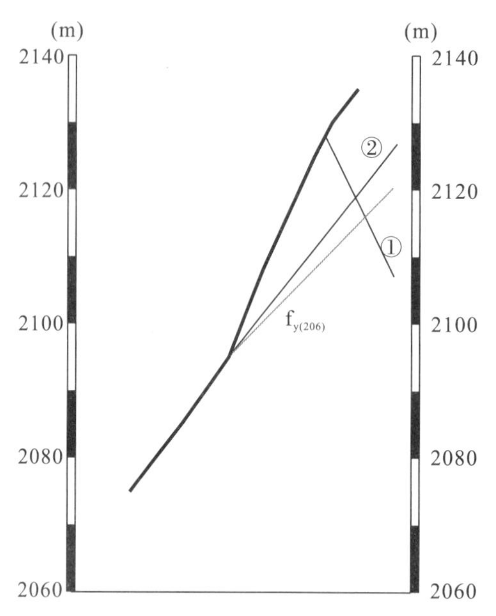

图 11.2.3-4　右岸坝肩边坡高程 2095～2128m 段上游侧不利组合块体剖面

11.2.3.2　稳定性分析

1）块体组合及结构面力学参数取值

根据开挖揭露的岩体结构特征，在右岸坝肩边坡 2155m 高程以下上游侧开口线附近，断层 f_{185}、f_{148}、f_{206} 可能组合形成块体，主要结构面的空间分布特征如图 11.2.3-5 所示。由图可知，断层 f_{185}、f_{206} 交线倾向坡内，断层 f_{185}、f_{148} 交线倾向坡外，因此，断层 f_{185}、f_{148} 为低滑面组合而成的楔形体才能发生滑移破坏。潜在块体组合形式如图 11.2.3-6 和图 11.2.3-7 所示，其中块体 A 由 f_{185}、f_{148} 组合而成，体积约为 1.2 万 m^3，块体 B 由 f_{185}、f_{148}、f_{206} 组合而成，体积约为 0.2 万 m^3，块体 C 由 f_{206}、节理①（N40°W SW∠60°）、节理②（N70°W NE∠55°）组合而成，体积约为 0.1 万 m^3。

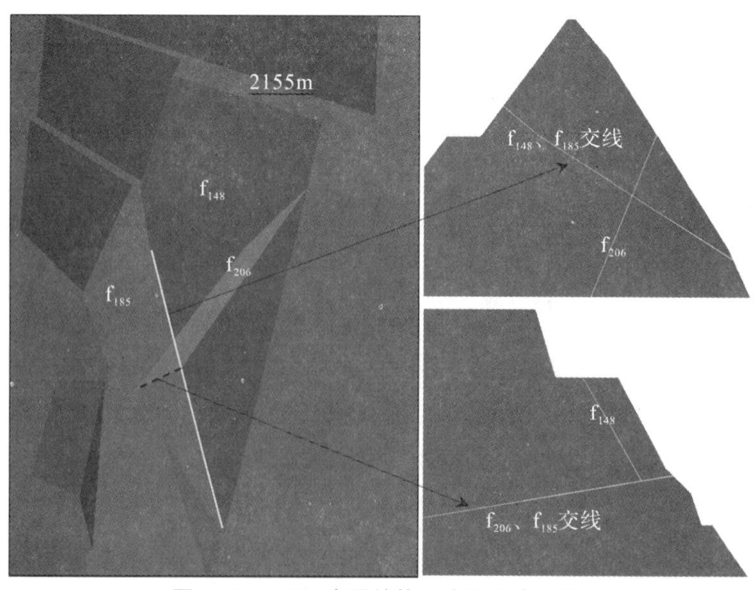

图 11.2.3-5　主要结构面空间组合特征

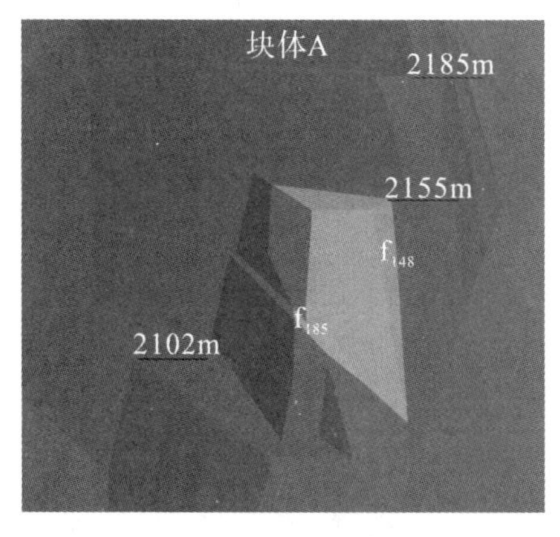

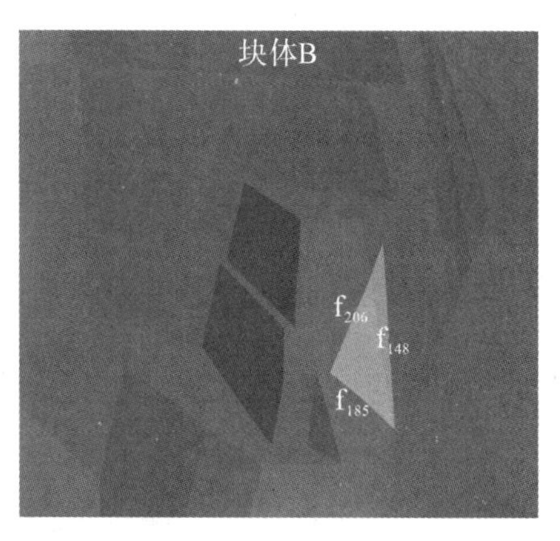

图 11.2.3-6 块体 A、块体 B 空间组合示意图

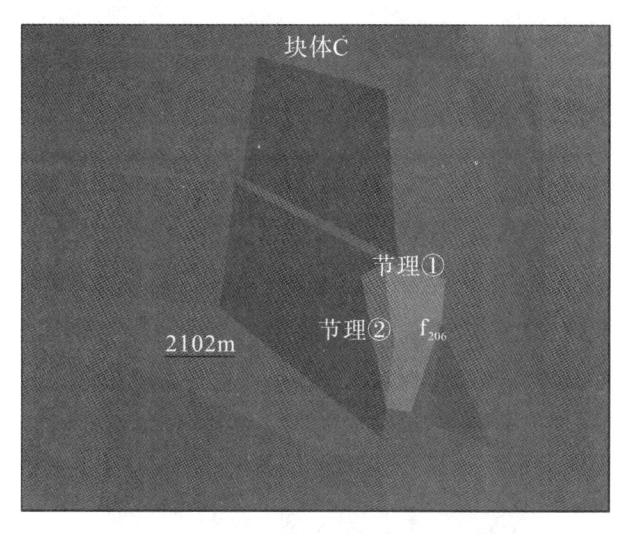

图 11.2.3-7 块体 C 空间组合示意图

根据地质建议结果，组成块体的主要结构面的力学参数取值见表 11.2.3-1，其中断层 f_{148} 的空间分布特征目前并未完全揭露，数值计算中按较不利情况考虑，假设该断层一直向下延伸到高程 2102m，使其切割形成具有完整边界的块体，后续可持续关注该断层的空间分布情况，及时开展进一步分析复核工作。对于块体 B，断层 f_{206} 为后缘拉裂面，计算中按相对不利情况考虑，取断层 $C'=0$MPa，$f'=0$；对于块体 C，反倾节理①为后缘拉裂面，计算中同样按相对不利情况考虑，取 $C'=0$MPa，$f'=0$。

表 11.2.3-1 组成块体主要结构面力学参数综合建议值

断层编号	参数综合建议值			
	持久工况下		暴雨工况下	
	黏聚力 C'（MPa）	摩擦系数 f'	黏聚力 C'（MPa）	摩擦系数 f'
f_{185}、f_{148}、f_{206}、节理②	0.10	0.50	0.085	0.425
节理①	0	0	0	0

2）块体稳定性分析

三维计算结果表明，块体A、块体B、块体C均为典型的楔形体破坏模式，其中块体A、块体B沿 f_{185} 与 f_{148} 的交线滑动，块体C沿 f_{206} 与节理②的交线滑动，如图11.2.3−8和图11.2.3−9所示。

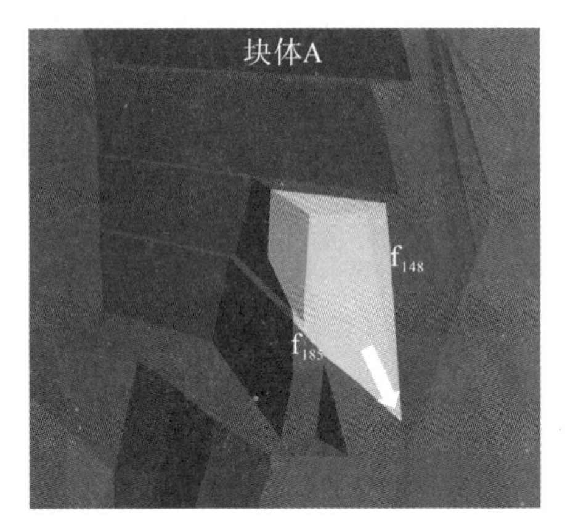

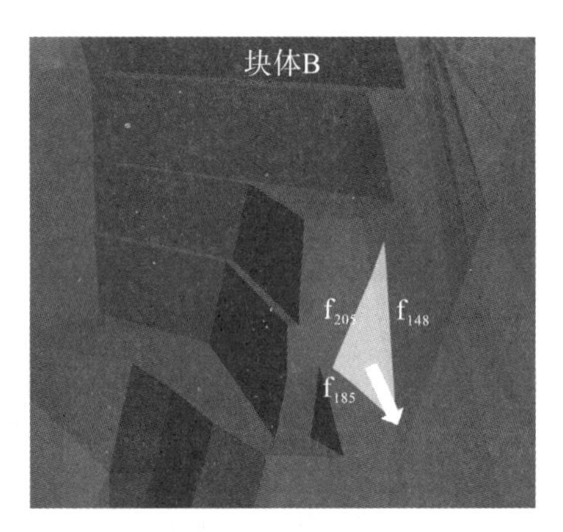

图11.2.3−8　块体A、块体B典型破坏模式示意图

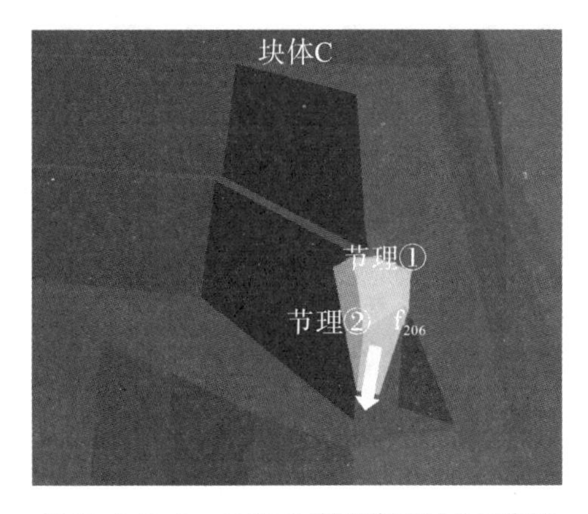

图11.2.3−9　块体C典型破坏模式示意图

各工况下块体安全系数计算结果见表11.2.3−2，无支护状态下：块体A天然工况安全系数为1.48，暴雨工况安全系数为1.26，地震工况安全系数为1.35；块体B天然工况安全系数为1.72，暴雨工况安全系数为1.46，地震工况安全系数为1.60；块体C天然工况安全系数为1.74，暴雨工况安全系数为1.49，地震工况安全系数为1.61。各工况下块体安全系数均满足规范要就，并具备一定安全裕度。

表 11.2.3-2 各工程方案开挖至坝顶高程 2102m 平台该块体稳定系数汇总

	工程方案	计算工况或荷载	块体安全系数	安全标准
块体 A	无支护方案	天然	1.48	1.30
		暴雨	1.26	1.20
		地震	1.35	1.10
块体 B		天然	1.72	1.30
		暴雨	1.46	1.20
		地震	1.60	1.10
块体 C		天然	1.74	1.30
		暴雨	1.48	1.20
		地震	1.61	1.10

12　安全监测反馈分析

12.1　安全监测布置

12.1.1　缆机平台以上边坡

在左、右岸缆机平台以上边坡分别布置3个主要监测断面，沿高程方向布置表面变形、深部变形、支护受力监测，见图12.1.1—1。

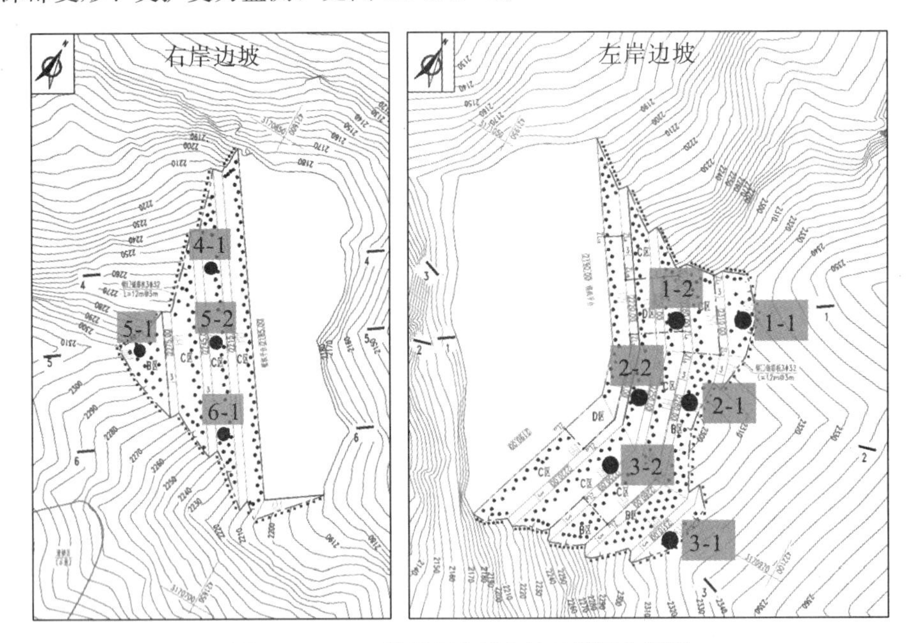

图12.1.1—1　缆机平台以上边坡监测布置图

12.1.2　坝顶平台至缆机平台边坡

在左、右岸坝顶平台至缆机平台边坡分别布置3个主要的监测断面，沿高程方向布置表面变形、深部变形、支护受力监测，见图12.1.2—1。

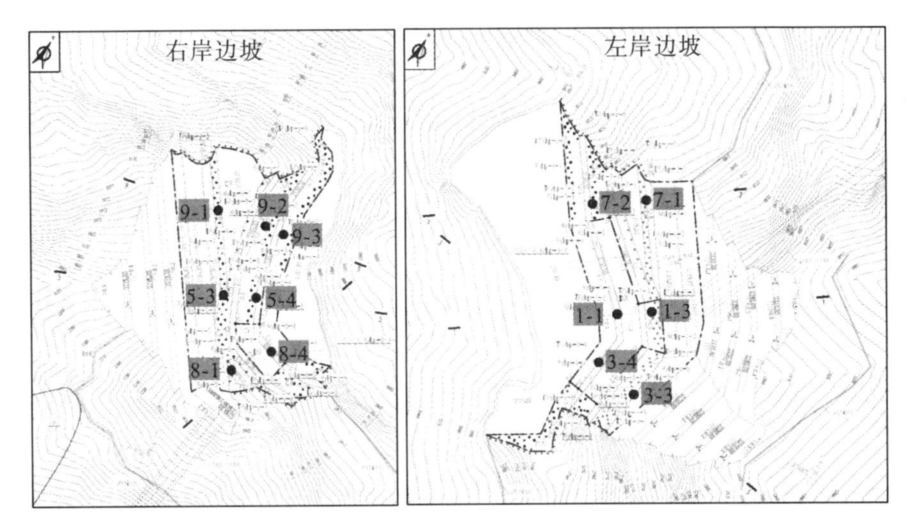

图 12.1.2—1 坝顶平台至缆机平台边坡监测布置图

12.2 安全监测成果

12.2.1 左岸坝肩边坡监测资料分析

1）左岸深部位移监测

表 12.2.1—1 为左岸坝肩边坡多点位移计测值汇总表，从变形监测数据来看，所有测点变形量很小，均在 2mm 以内。

表 12.2.1—1 左岸坝肩边坡深部变形监测成果汇总

单位：mm

仪器编号	部 位	孔口	2m	6m	17m/21m
M^4zbp—1—1	1—1 断面 EL. 2319	—0.26	—0.02	—0.02	—0.32
M^4zbp—1—2	1—1 断面 EL. 2285	0.88	0.81	1.05	0.95
M^4zbp—3—1	3—3 断面 EL. 2315	0.17	0.20	0.36	0.09
M^4zbp—3—2	3—3 断面 EL. 2255	0.20	0.24	0.24	0.11
Mzbp—7—1	7—7 断面 EL. 2182	0.75	0.69	0.55	0.42

注：①M^4zbp—3—2 为 2017 年 9 月 8 日测值，其后无测值；②本表数据截至 2017 年 11 月 9 日。

2）左岸锚杆应力监测

表 12.2.1—2 为左岸坝肩边坡锚杆应力计测值统计表，各测点锚杆应力计当时近 7 天实测应力为—21.82～5.35MPa，锚杆应力计整体测值不大。

表 12.2.1－2　左岸坝肩边坡锚杆应力计监测成果统计

监测断面	设计编号	埋设高程	测点	测点深度（m）	实测应力值（MPa）	备注
					2017－11－02	
1—1 剖面	Rzbp－1－1	EL. 2320.00	1#	2.0	－21.82	
			2#	4.0	－7.32	
2—2 剖面	Rzbp－2－1	EL. 2290.00	1#	2.0	－6.64	
			2#	4.0	5.35	
	Rzbp－2－2	EL. 2235.00	1#	2.0	3.90	
			2#	4.0	0.44	
3—3 剖面	Rzbp－3－1	EL. 2294.00	1#	2.0	0.85	
			2#	4.0	－1.42	
	Rzbp－3－2	EL. 2235.00	1#	2.0	0.31	
			2#	4.0	－0.23	

3）左岸锚索受力监测

表 12.2.1－3 为左岸坝肩边坡锚索测力计测值统计表，锚索测力计实测荷载为 961.56～1918.13kN，与锁定值相比损失率为－0.28%～7.44%，测值变化较小。

表 12.2.1－3　左岸坝肩边坡锚索测力计监测成果统计

监测部位	设计编号	埋设高程	设计荷载（kN）	锁定荷载（kN）	实测荷载（kN）	损失率	备注
					2017－11－02		
1—1 剖面	DPzbp－1－1	EL. 2319.0	2000.0	1925.49	1852.52	3.79%	
	DPzbp－1－2	EL. 2285.0	1000.0	1038.85	961.56	7.44%	
	DPzbp－1－3	EL. 2172.0	2000.0	1922.53	1857.02	3.41%	
2—2 剖面	DPzbp－2－1	EL. 2290.0	2000.0	1974.25	1882.96	4.62%	
	DPzbp－2－2	EL. 2245.0	1000.0	1112.26	1075.44	3.33%	
3—3 剖面	DPzbp－3－1	EL. 2315.0	2000.0	1979.66	1918.13	3.11%	
	DPzbp－3－3	EL. 2182.0	1000.0	1059.09	1062.05	－0.28%	
7—7 剖面	DPzbp－7－1	EL. 2182.0	2000.0	1785.45	1698.67	4.86%	
z—z 剖面	DPzbp－z－3	EL. 2182.0	2000.0	1971.86	1904.23	3.43%	
	DPzbp－z－4	EL. 2182.0	1000.0	1058.70	1043.52	1.43%	
	DPzbp－z－5	EL. 2182.0	1000.0	1081.10	1074.71	0.59%	
f_{37}断层区域	DPzbp－2177－1	EL. 2177.0	2000.0	1833.60	1770.45	3.44%	
	DPzbp－2177－2	EL. 2177.0	2000.0	1859.32	1796.95	3.35%	

注：荷载损失率正值表示与锁定值相比，锚固力减小；负值表示与锁定值相比，锚固力增加。

4）左岸 f_{37}断层裂缝监测

左岸 f_{37}断层裂缝部位在缆机基础混凝土浇筑前新增 1 组三向测缝计，该部位监测成果表明裂缝开合、错动及沉降位移累计测值均较小，见图 12.2.1－1。

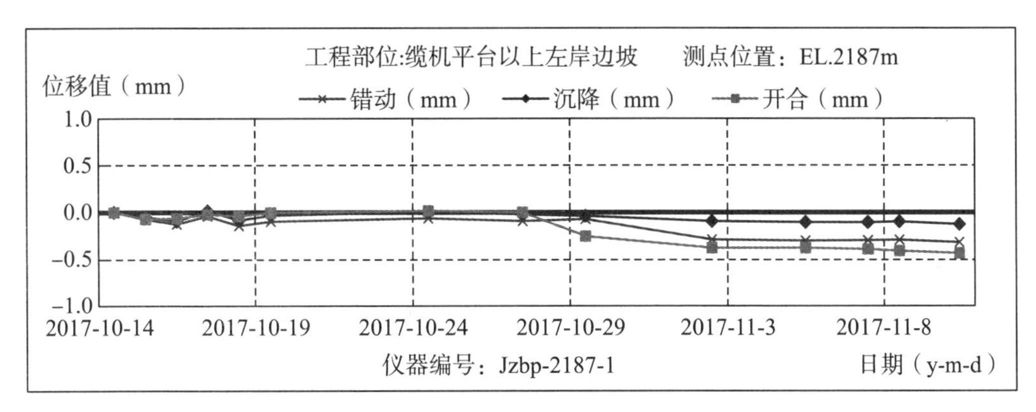

图 12.2.1－1 左岸边坡 2187m 高程平台测缝计 Jzbp－2187－1 测值过程线

12.2.2 右岸坝肩边坡监测资料分析

1）右岸深部位移监测

表 12.2.2－1 为右岸坝肩边坡多点位移计测值汇总表，从变形监测数据来看，所有测点变形量很小，均在 2mm 以内。

表 12.2.2－1 右岸坝肩边坡深部变形监测成果汇总

单位：mm

仪器编号	部 位	孔口	2m	6m	15m
M^4ybp－4－1	4—4 断面 EL.2250	0.14	0.48	0.84	0.96
M^4ybp－5－1	5—5 断面 EL.2295	−0.32	−0.38	−0.14	0.29
M^4ybp－5－2	5—5 断面 EL.2250	2.28	1.68	1.63	1.7

注：本表数据截至 2017 年 11 月 9 日。

2）右岸锚杆应力监测

表 12.2.2－2 为右岸坝肩边坡锚杆应力计测值统计表，各测点锚杆应力计在当时近 7 天内实测应力为－33.97～－0.46MPa，锚杆应力计整体测值不大。

表 12.2.2－2 右岸坝肩边坡锚杆应力计监测成果统计

监测断面	设计编号	埋设高程	测点	测点深度（m）	实测应力值（MPa）	备注
					2017－11－2	
4—4 剖面	Rybp－4－1	EL.2225.00	1#	2.0	−0.46	
			2#	4.0	−7.25	
5—5 剖面	Rybp－5－1	EL.2285.00	1#	2.0	−33.97	
			2#	4.0	−9.30	
	Rybp－5－2	EL.2225.00	1#	2.0	−1.05	
			2#	4.0	−0.92	

续表12.2.2－2

监测断面	设计编号	埋设高程	测点	测点深度（m）	实测应力值（MPa）	备注
					2017－11－2	
6—6 剖面	Rybp－6－1	EL. 2225.00	1#	2.0	－16.47	
			2#	4.0	－0.48	

3）右岸锚索受力监测

表 12.2.2－3 为右岸坝肩边坡锚索测力计测值统计表，锚索测力计实测荷载介于 949.65～2018.21kN，与锁定值相比荷载损失率介于 1.00%～8.14%，测值变化较小。

表 12.2.2－3　右岸坝肩边坡锚索测力计监测成果统计

监测部位	设计编号	埋设部位	设计荷载（kN）	锁定荷载（kN）	实测荷载（kN）	损失率	备注
					2017－11－2		
1—1 剖面	DPybp－4－1	EL. 2250	1000	1002.14	949.65	5.24%	
	DPybp－5－1	EL. 2285	2000	1982.05	1862.60	6.02%	
	DPybp－5－2	EL. 2250	1000	979.95	950.52	3.00%	
2—2 剖面	DPybp－5－3	EL. 2179.5	2000	2055.04	1887.86	8.14%	
	DPybp－6－1	EL. 2240	1000	1025.20	1014.90	1.00%	
3—3 剖面	DPybp－8－1	EL. 2174.5	2000	1918.12	1870.23	2.50%	
	DPybp－y－3	EL. 2179.5	2000	1829.60	1790.41	2.14%	
7—7 剖面	DPybp－y－4	EL. 2174.5	2000	2093.78	2018.21	3.61%	

注：荷载损失率正值表示与锁定值相比，锚固力减小；负值表示与锁定值相比，锚固力增加。

12.3　边坡开挖至坝顶高程阶段开挖响应特征分析

12.3.1　*左岸边坡开挖至坝顶高程阶段开挖响应特征分析*（高程 2190～2102m）

1）边坡开挖变形特征

图 12.3.1－1 给出了左岸坝肩边坡开挖至 2102m（坝顶平台高程）的累计变形分布情况。图 12.3.1－2 给出了开挖到 2102m 高程时变形分量（顺河水平向、横河水平向和垂向变形）分布，三个分量分别以顺河向、水平向坡外、垂直向下为负。从变形特征来看，此梯段（高程 2190～2102m）边坡开挖对上部边坡（高程 2190m 以上）变形影响较小，变形增长幅度普遍在 1mm 以内，边坡变形增长主要发生在开挖部位（高程 2190～2102m），并以向临空面的卸荷回弹变形为主。该梯段开挖揭示坡体强卸荷深度相对较浅，坡面整体变形量级较低，一般累计变形在 5～10mm，其中开口线附近一般为强卸荷岩体，该部位的卸荷变形特征要相对明显一些，局部存在岩体松弛问题，开挖

影响范围约在开口线外 10～20m 范围内。该开挖阶段，在缆机平台及开挖坡面揭露断层 f_{37}，为倾向坡外的陡倾不利结构面，且与开挖坡面呈小角度相交，对缆机平台以下边坡稳定有一定不利影响，特别是随着边坡下挖，断层在坡面逐步出露，在开挖卸荷作用下断层 f_{37} 两盘岩体表现出一定的非连续变形特征和卸荷松弛现象，其中在高程 2145～2130m 梯段爆破开挖阶段，缆机平台沿断层 f_{37} 出现轻微变形开裂现象，现场针对断层 f_{37} 影响区域采取了针对性加强支护。

从上述计算结果看，左岸坝肩边坡高程 2190～2102m 开挖过程中，边坡仍以卸荷回弹变形为主，累计变形量值较小，显示了该部位边坡具备较好的整体稳定性，局部受不利结构面（f_{37}）影响，表现出一定的非连续变形特征和卸荷松弛现象，采取针对性加强支护措施后，断层影响区域岩体松弛变形得到了较好的控制。

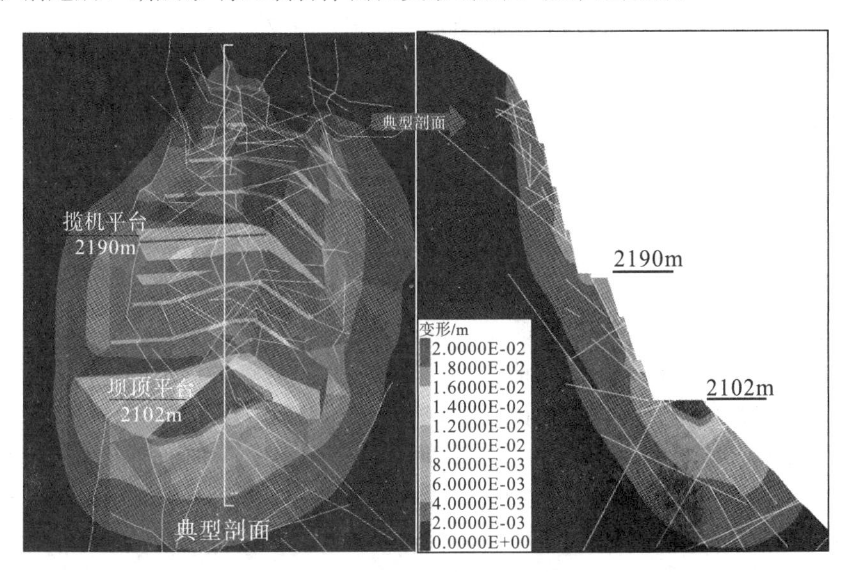

图 12.3.1－1　左岸边坡开挖至高程 2102m（坝顶平台）的累计变形分布

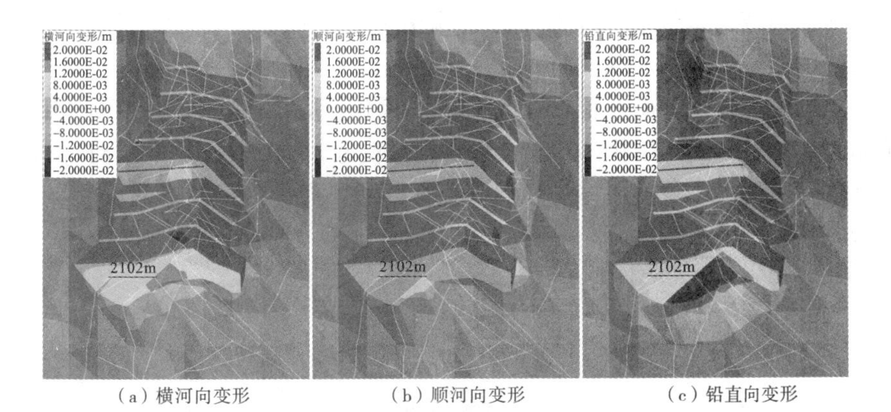

图 12.3.1－2　左岸边坡开挖至高程 2102m 的横河向、顺河向和铅直向变形分布

2）边坡稳定性评价

本节主要采用的边坡稳定性评价方法为“强度折减法”，并用以分析边坡的变形特征及稳定性。在采用离散元方法进行分析时，可通过对岩体和结构面强度参数进行折减、即人为折减边坡条件的方式，使边坡变形增长乃至出现失稳征兆，并根据临界状态的变形场分布或变形速率分布情况判断出边坡潜在失稳模式，以达到认识和评价边坡稳定特征的目的。

边坡的失稳是变形不断积累的结果，从理论上讲，可以利用变形量大小和变化趋势判断边坡的稳定性，但鉴于边坡自身条件和潜在破坏方式的差异，现实中往往缺乏统一的变形判断标准。就杨房沟边坡而言，利用位移确定边坡稳定性时考虑两个方面的因素，即数值大小和变化趋势。其中，数值大小多指某个条件或因素作用下的变形增量，如假设岩体强度弱化、开挖等导致的变形增量。显然，变形增量与边坡稳定性之间往往不存在确定性关系，因此，这一参数只能作为一个方面的参考。如果增量比较显著或者当相似条件下增量变化较大时，对边坡稳定性的指示意义更强一些。在计算中，很多情况下把 20mm 以上的变形增量、增速增大作为潜在不稳定的判断依据之一，虽然此判断准则并不具有通用性，但在杨房沟边坡稳定性评价时具有一定的适用性，该值通过多次试算获得。若监测累计位移达到显著量级水平且强度进一步折减时变形出现加速变化，认为此时边坡已经开始出现破坏迹象，边坡处于“稳定”向“失稳”过渡的临界状态；否则，可以认为边坡仍然可以保持相对稳定。

图 12.3.1－3 和图 12.3.1－4 是左岸坝肩边坡 2102m 高程以上开挖完成后，不同强度折减系数下的位移云图（强度折减系数范围为 1.1～1.6），其中显示了该边坡不同折减系数下的变形发展过程，其绝对值大小不能直接反映边坡的稳定性，但相对值可较明确指示边坡不同部位稳定性差异。由变形特征来看，左岸坝肩边坡整体稳定性较好，但局部存在由结构面控制的潜在块体稳定问题，其中断层 f_{37} 对边坡稳定影响相对较大，在高程 2235～2260m 上游侧开口线附近，该断层与 $f_{(62)}$、$f_{(84)}$ 等组合后可能形成潜在块体。现场针对该块体采取了预应力锚索加强支护，在支护条件下，该块体的安全系数在 1.4～1.5，具备一定的安全裕度。在缆机平台高程 2190m 以下，断层 f_{37} 与开挖坡面呈小角度相交（与坡面夹角 5°～25°），对边坡稳定不利。现场针对高程 2190～2130m 边坡采取了系统的预应力锚索加强支护，在支护条件下，2190～2130m 高程断层 f_{37} 影响区域边坡整体稳定性较好，而高程 2130m 以下，断层上盘岩体较薄，与其他断层或优势结构面组合后，可形成浅层块体，安全系数相对偏低。特别是在爆破扰动影响下，存在浅层岩体松弛或局部小规模块体的变形和破坏问题，需适当控制该梯段断层 f_{37} 影响区爆破参数，并根据开挖揭露情况采取针对性加强支护，注重支护的及时性。

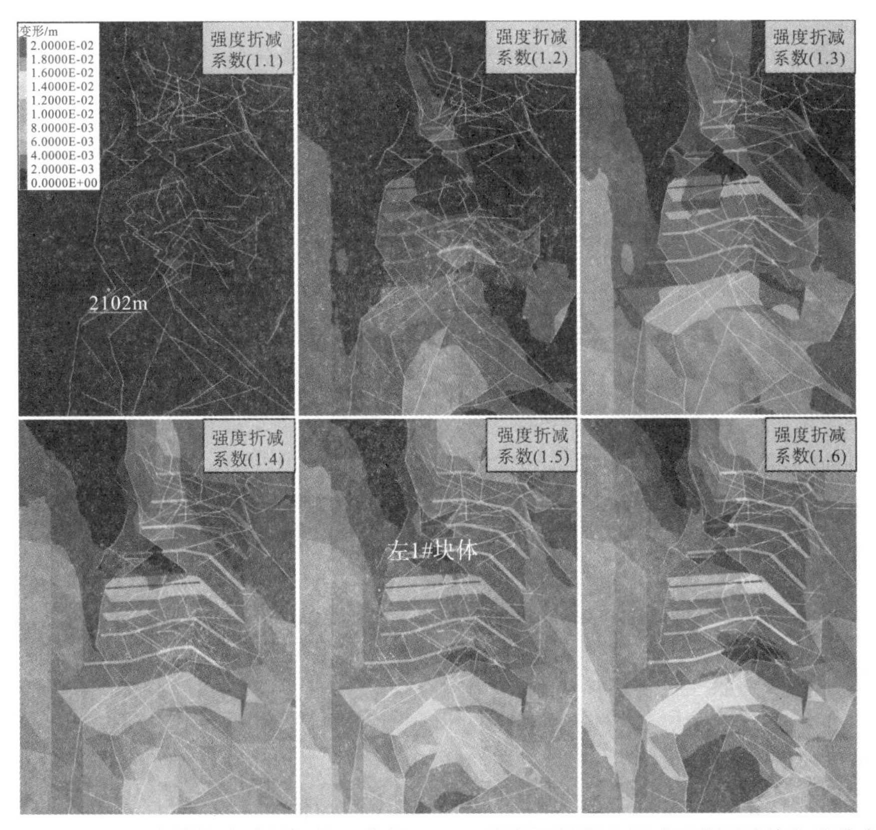

图 12.3.1−3　左岸坝肩边坡开挖至高程 2102m 阶段不同强度折减系数下坡体位移分布

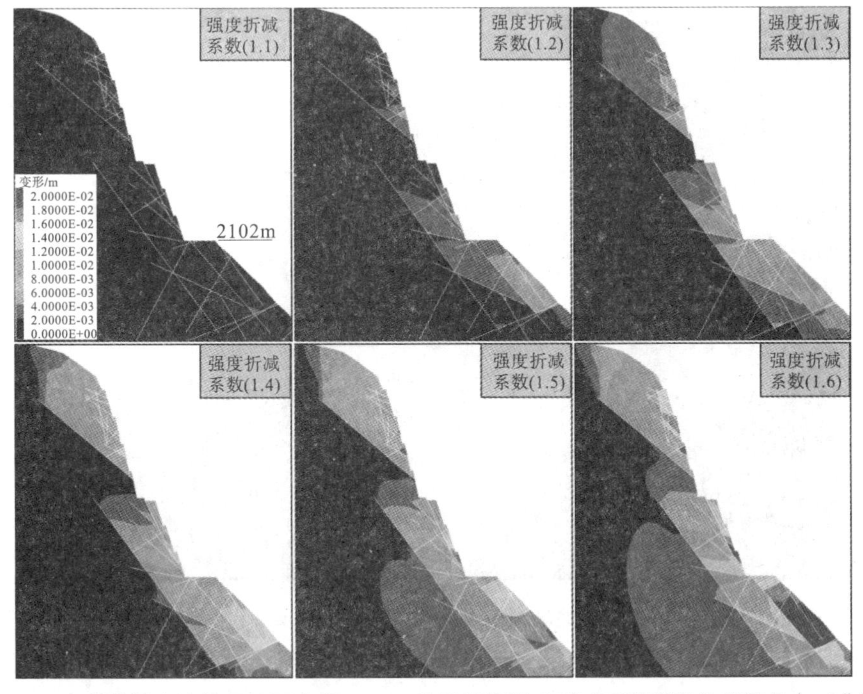

图 12.3.1−4　左岸坝肩边坡开挖至高程 2102m 阶段不同强度折减系数下坡体位移分布（典型剖面）

12.3.2 右岸边坡开挖至坝顶高程阶段开挖响应特征分析（高程2185～2102m）

1）边坡开挖变形特征

图12.3.2-1给出了右岸边坡开挖至2102m（坝顶平台高程）的累计变形分布情况。图12.3.2-2给出了开挖到2102m高程时变形分量（顺河水平向、横河水平向和垂向变形）分布，三个分量分别以顺河向、水平向坡内、垂直向下为负。从变形特征来看，此梯段（高程2185～2102m）边坡开挖对上部边坡（高程2185m以上）变形影响较小，变形增长幅度普遍在1mm以内，边坡变形增长主要发生在开挖部位（高程2185～2102m），并以向临空面的卸荷回弹变形为主。该梯段开挖揭示坡体强卸荷深度相对较浅，未见十分不利的软弱岩体结构发育，坡面整体变形量级较低，也未表现出岩体结构面控制的明显非连续变形特征或块体失稳问题，其中正面坡一般累计变形为3～8mm，上下游侧坡受力条件相对不利，卸荷变形特征相对明显，一般为6～12mm。开口线附近岩体卸荷变形特征也相对明显，开挖影响范围约在开口线外10～20m范围内，局部受不利结构面影响表现出一定的非连续变形特征，如上游侧开口线附近断层$f_{y(185)}$影响区域，岩体最大变形在15～18mm，受开挖扰动和结构面组合影响，浅层岩体可能存在松弛变形及块体稳定问题。

总体上，此开挖阶段的坡体变形量值仍不高，整体以卸荷回弹变形为主，未表现出明显松弛变形特征或块体失稳问题，变形特征揭示该边坡的整体稳定性良好，局部开口线附近可能存在结构面（如$f_{y(185)}$）控制的岩体松弛等问题，需及时完成这些部位的锁口支护，确保边坡开挖质量。

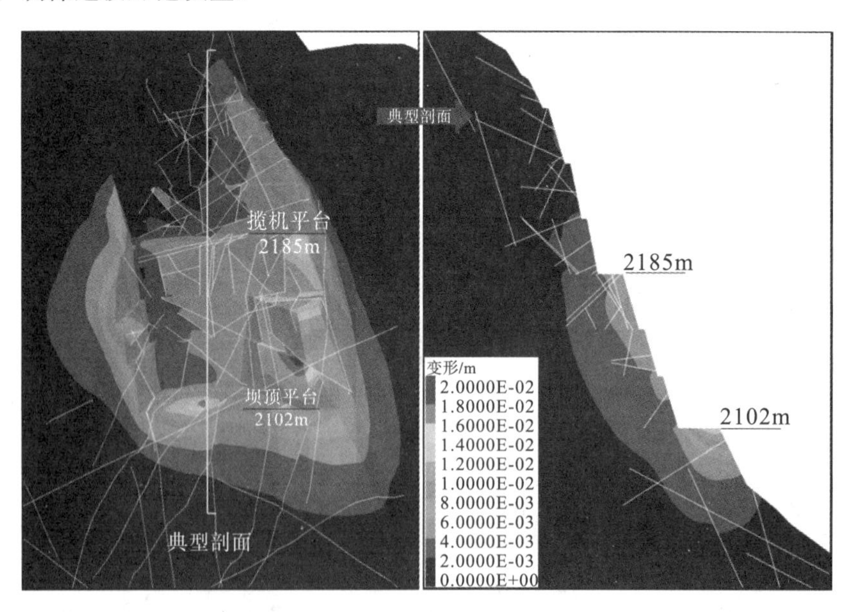

图12.3.2-1 右岸坝肩边坡开挖至高程2102m（坝顶平台）的累计变形分布

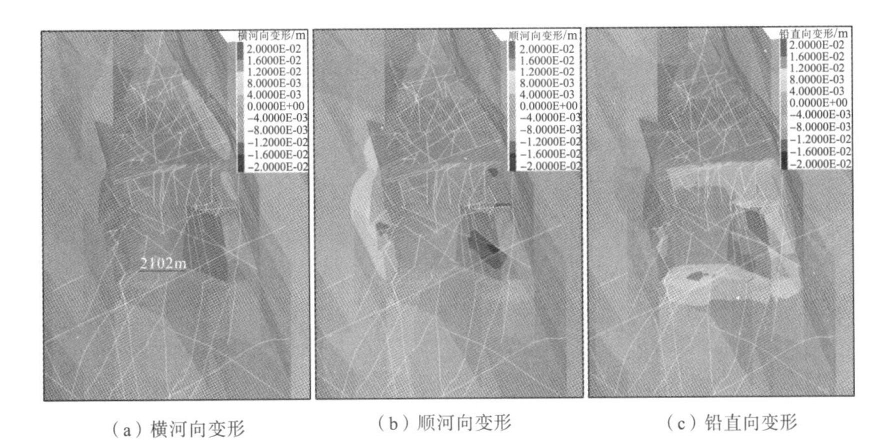

（a）横河向变形 （b）顺河向变形 （c）铅直向变形

图 12.3.2−2 右岸坝肩边坡开挖至高程 2102m 的横河向、顺河向和铅直向变形分布

2）边坡稳定性评价

图 12.3.2−3 和图 12.3.2−4 是右岸边坡 2102m 高程以上开挖完成后，不同强度折减系数下的位移云图（强度折减系数范围为 1.1～1.6），其中显示了该边坡不同折减系数下的变形发展过程，其绝对值大小不能直接反映边坡的稳定性，但相对值可较明确指示边坡不同部位稳定性差异。从变形特征来看，该开挖边坡整体稳定性较好，但在强度折减系数为 1.6 的情况下，局部存在由结构面控制的潜在块体。该块体位于上游侧开口线附近，发育高程为 2155～2110m，主要由断层 $f_{y(185)}$、$f_{y(148)}$ 切割而成，表现为典型的楔形体破坏模式，沿 $f_{y(185)}$ 与 $f_{y(148)}$ 的交线滑动，支护方案下该块体安全系数较高，在 1.5 以上。

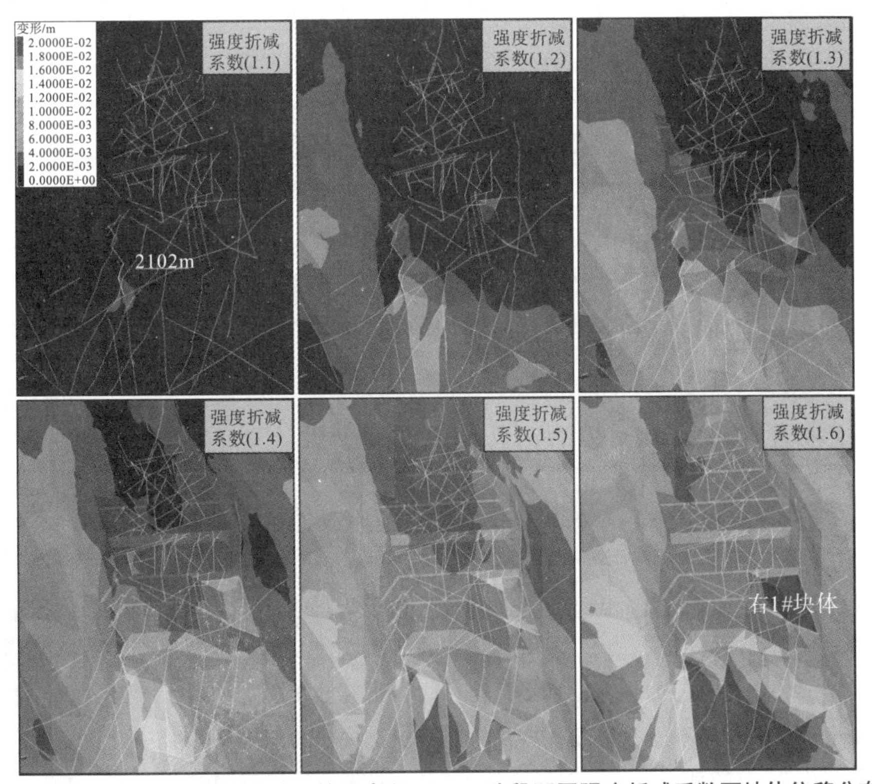

图 12.3.2−3 右岸坝肩边坡开挖至高程 2102m 阶段不同强度折减系数下坡体位移分布

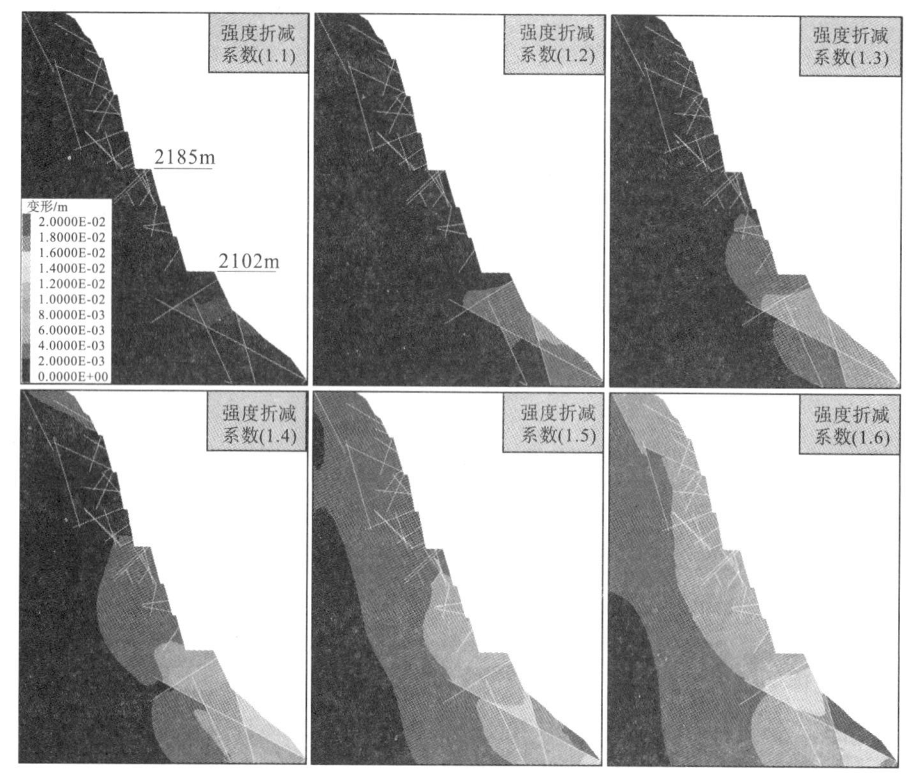

图 12.3.2－4　右岸坝肩边坡开挖至高程 2102m 阶段不同强度折减系数下坡体位移分布（典型剖面）

由上述分析可知，右岸边坡高程 2102m 以上开挖后，边坡的整体安全性较高（FOS>1.6），局部存在由 $f_{y(185)}$、$f_{y(148)}$ 组合而成的潜在块体。在系统支护方案下，该块体的安全系数在 1.5 以上，具备较高的安全裕度。

12.4　边坡后续开挖响应及稳定性分析预测及支护建议

前一节对左、右岸边坡开挖至坝顶高程变形及稳定性情况进行了综合分析，本节主要分析后续开挖对边坡稳定的影响，包括分析和预测后续开挖阶段的开挖变形响应及稳定性特征。

12.4.1　左岸边坡后续开挖响应及稳定性分析预测

12.4.1.1　边坡 2102～2060m 高程开挖阶段

1）边坡开挖变形特征预测

图 12.4.1－1 和图 12.4.1－2 分别给出了左岸边坡开挖至高程 2060m 阶段的累计变形及变形分量的分布情况，此阶段边坡仍以向临空面卸荷回弹变形为主，拱肩槽建基面位置累计变形为 6～8mm，拱肩槽上下游侧坡变形量级略高，其中上游侧侧坡累计变形为 6～10mm，下游侧侧坡累计变形为 8～14mm。局部受结构面影响，表现出一定非连续变形特征，如上游侧侧坡高程 2102～2060m 开挖坡面及坝顶平台，受断层 f_{37} 影响，

最大变形达到20～22mm。断层上盘岩体表现出明显的卸荷松弛变形特征，与断层或优势节理组合后可形成浅层块体，该部位边坡开挖前应完成锁口支护，开挖过程中应关注岩体的结构特征，适当控制爆破，确保边坡开挖质量。在边坡高程2102～2060m开挖梯段，坝顶平台2102m高程以上坡体受下部开挖卸荷扰动影响很小，变形未见明显增长。

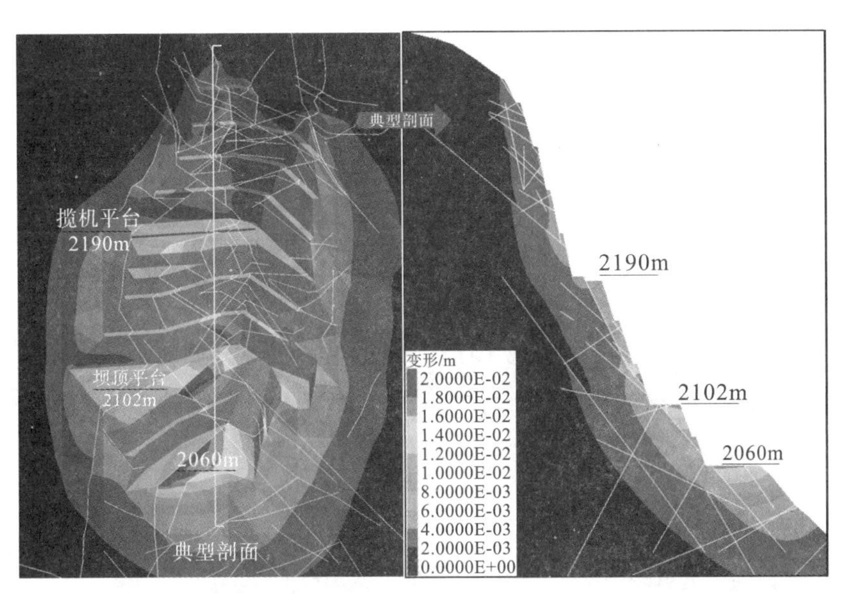

图12.4.1－1　左岸边坡开挖至高程2060m的累计变形分布

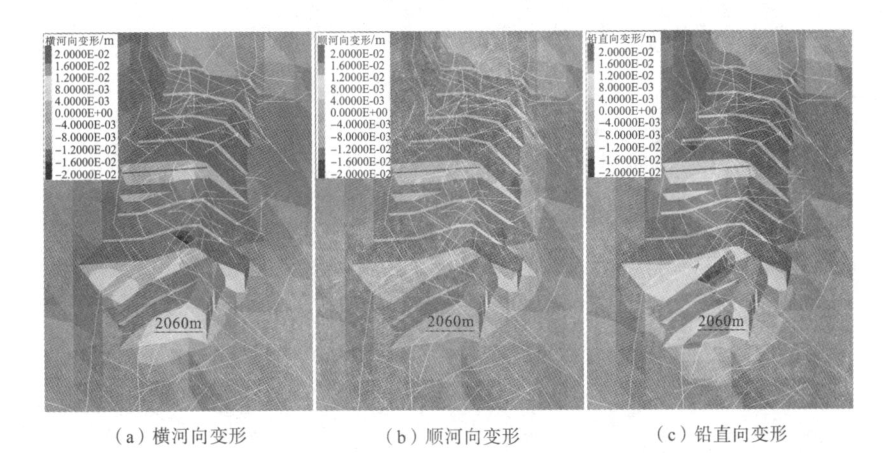

(a) 横河向变形　　(b) 顺河向变形　　(c) 铅直向变形

图12.4.1－2　左岸边坡开挖至高程2060m的横河向、顺河向和铅直向变形分布

2）边坡稳定性评价

图12.4.1－3和图12.4.1－4是左岸边坡高程2060m以上开挖完成后，不同强度折减系数下的位移云图（强度折减系数范围为1.1～1.6），其中显示了该边坡在岩体条件不断折减时的变形发展过程。从变形发展情况来看，边坡高程2102～2060m梯段开挖对坝顶平台以上边坡稳定性影响较小，坝顶平台以上开挖坡体整体安全性仍较高（FOS>1.6），局部不利结构面（f_{37}）影响区域潜在块体安全系数同样可维持在1.4以

上，具备一定的安全裕度。在新开挖坡面（高程 2102～2060m），断层 f_{37} 与拱肩槽上游侧侧坡呈小角度相交，对边坡稳定相对不利，整体上断层影响区域安全系数仍可维持在 1.4 以上，但考虑到断层上盘岩体较薄，与其他断层或优势结构面组合后，可形成浅层块体。特别是在爆破扰动影响下，安全系数进一步降低，存在浅层岩体松弛或局部小规模块体的变形和破坏问题，需适当控制该梯段断层 f_{37} 影响区爆破参数，并根据开挖揭露情况采取针对性加强支护，注重支护的及时性。

综上所述，左岸坝肩边坡 2060m 高程以上开挖后，边坡整体安全性仍相对较高（FOS>1.6），局部受不利结构面组合影响可能存在潜在块体，这些局部块体天然状态的安全系数同样可维持在 1.4 以上（未考虑支护加固力），具备一定的安全裕度，其中断层 f_{37} 对左岸边坡稳定影响相对明显，后续边坡开挖过程中应重点关注断层 f_{37} 的空间分布特征，以及与其他不利结构面组合形成的潜在块体的稳定性，适当加强断层影响区域支护强度，并确保支护及时性。

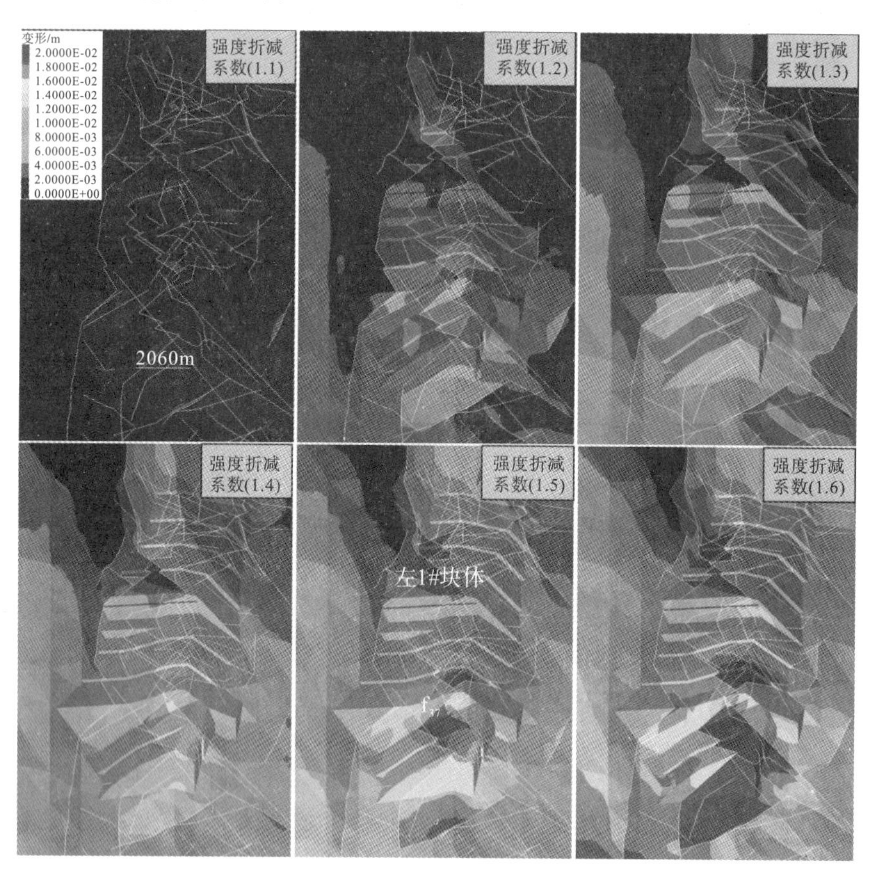

图 12.4.1－3　左岸边坡开挖至高程 2060m 不同强度折减系数下位移分布情况

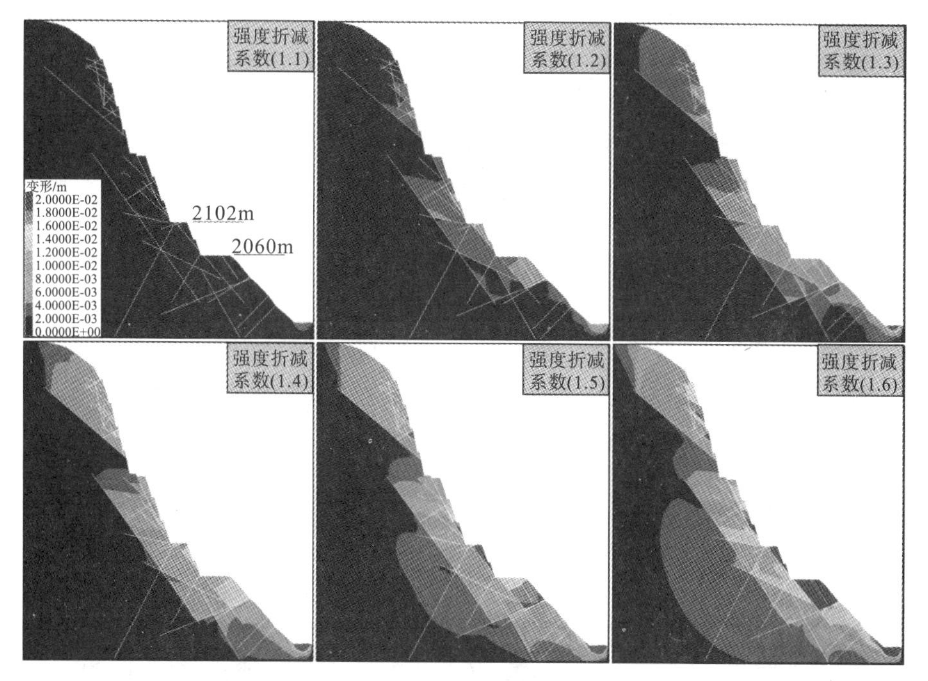

图 12.4.1－4　左岸边坡开挖至高程 2060m 不同强度折减系数下位移分布情况（典型剖面）

12.4.1.2　边坡高程 2060m 以下开挖阶段

1）边坡开挖变形特征预测

图 12.4.1－5 和图 12.4.1－6 分别给出了左岸边坡开挖完成后的累计变形及变形分量的分布情况，此阶段边坡开挖仍以向临空面卸荷回弹变形为主，拱肩槽建基面位置累计变形为 10～20mm，其中边坡下部坡脚区域，受河谷应力集中影响，卸荷变形特征相对明显，但未见明显不利结构面导致的松弛变形问题。拱肩槽上下游侧坡，由于多面临空，受力条件较为不利，卸荷变形特征相对明显，累计变形一般为 15～25mm，局部受不利结构面影响，断层两侧岩体出现了一定非连续变形特征，变形量值可达 30～35mm。显然，由于岸坡中下部一定深度范围内的应力水平相对较高，这些部位的结构面处于较高的应力环境中，在开挖面揭露后的应力释放也相对明显，表现为典型的结构面应力型回弹剪切变形特征，其中尤以中缓倾角的软弱结构面的变形响应相对明显，可能会出现较突出的岩体松弛和块体稳定问题。因此，拱肩槽上下游侧坡的稳定性是此开挖阶段需要重点关注的部位之一，在施工期应加强侧坡部位的岩体结构调查工作，分析研究潜在的不利结构面组合交切关系，以便调整和优化相应的施工开挖和支护设计方案，必要时应采取针对性的加强锚固措施。

总体上，较前述高位岩体开挖剥离响应，此开挖梯段受坡体赋存应力条件和开挖体型的影响，整体开挖变形量值比前一阶段相对偏大。但拱肩槽建基面因受两侧坡体的约束作用，整体仍以卸荷回弹变形为主，未表现出明显松弛变形特征，揭示拱肩槽边坡安全性要明显优于上下游侧坡，变形特征揭示该部位的稳定性良好。

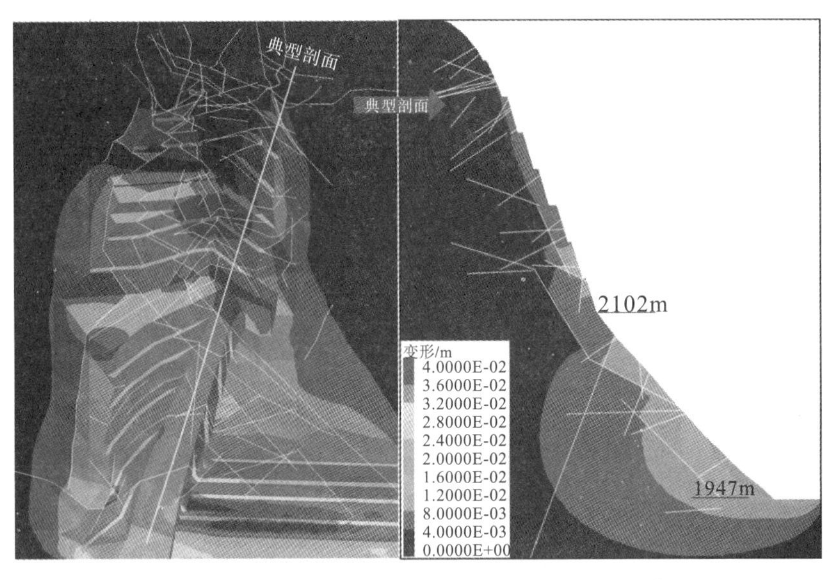

图 12.4.1－5　左岸边坡开挖完成后累计变形分布

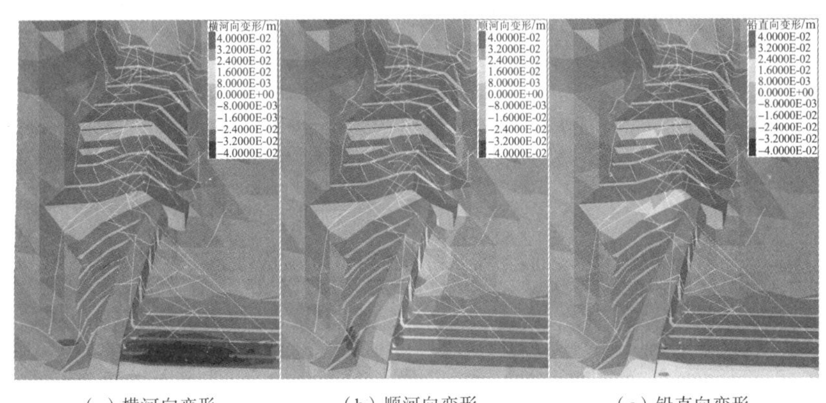

（a）横河向变形　　（b）顺河向变形　　（c）铅直向变形

图 12.4.1－6　左岸边坡开挖完成后的横河向、顺河向和铅直向变形分布

2）边坡稳定性评价

图 12.4.1－7 和图 12.4.1－8 是左岸边坡开挖完成后，不同强度折减系数下的位移云图（强度折减系数范围为 1.1～1.6），其中显示了该边坡不同折减系数下的变形发展过程。此开挖阶段，对坝顶平台以上边坡的整体及局部潜在块体稳定性无明显影响，与前一阶段基本一致。对于拱肩槽上下游侧坡，在 1.4 的安全系数范围内没有显示整体滑移破坏的特点，强度折减导致的坡体变形增量大多在 20mm 的量级水平以内，可以认为该边坡岩体的安全系数在 1.4 以上；当强度折减系数为 1.5～1.6 时，拱肩槽上下游侧坡局部不利结构面（f_{37}、f_{27}、F_2等）影响区域岩体变形存在较明显的增大趋势，变形增量可达到 20mm 以上，受开挖扰动及优势结构面组合影响，局部可能存在块体失稳的风险。

综上所述，左岸边坡开挖完成后，坝顶平台以上边坡整体稳定性较好，局部潜在块体和不利结构面影响区域，在考虑针对性加强支护后，天然状态的安全系数均可达到 1.4 以上，可满足运行期边坡稳定要求；而拱肩槽上下游侧坡，由于受力条件较差，且发育多条不利结构面（f_{37}、f_{27}、F_2等），边坡整体稳定性略低，后续边坡开挖过程中应加强该区域岩体结构特征调查预测工作，重点关注断层或优势结构面与f_{37}、f_{27}、F_2等不利结构面组合可能存在的块体稳定问题，并及时开展反馈分析工作。

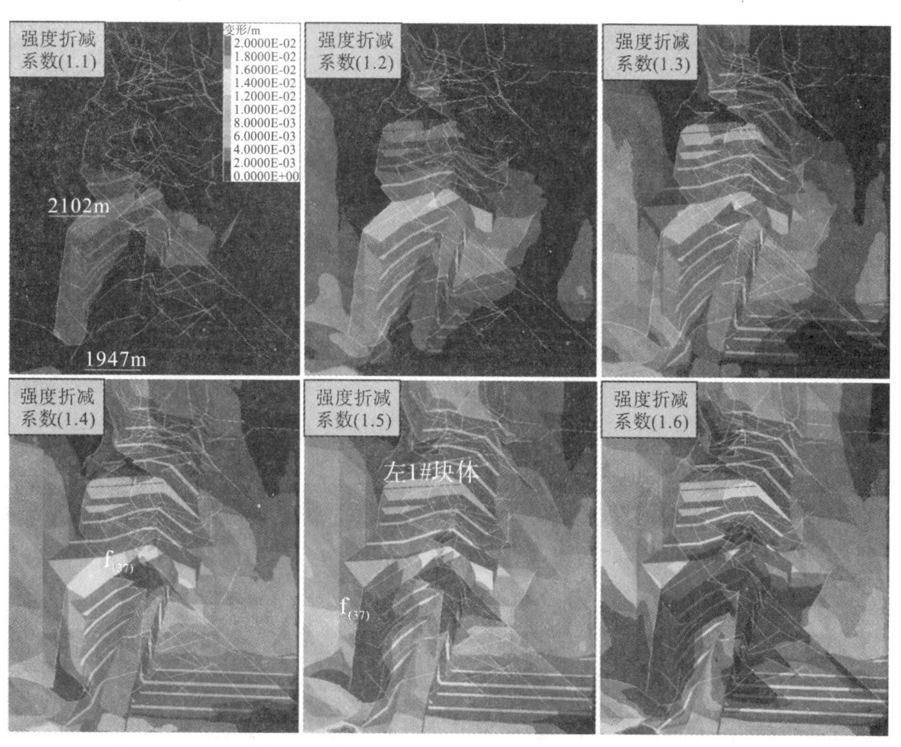

图 12.4.1－7　左岸边坡开挖完成不同强度折减系数下坡体位移分布

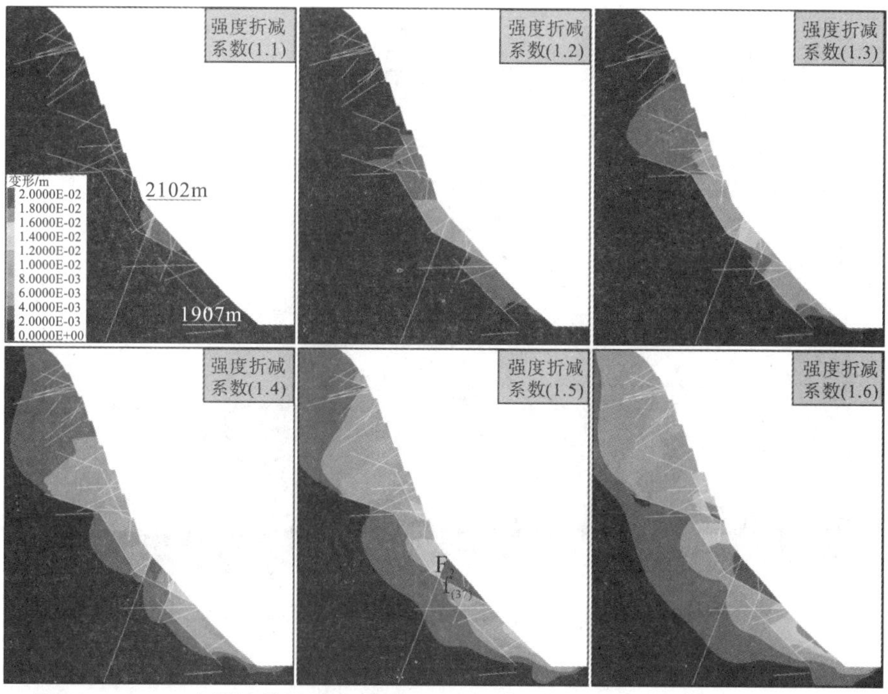

图 12.4.1－8　左岸边坡开挖完成不同强度折减系数下坡体位移分布（典型剖面）

12.4.2 右岸边坡后续开挖响应及稳定性分析预测

12.4.2.1 边坡高程2102～2060m高程开挖阶段

1）边坡开挖变形特征预测

图12.4.2－1和图12.4.2－2分别给出了右岸边坡开挖至高程2060m阶段的累计变形及变形分量的分布情况，此阶段边坡仍以向临空面卸荷回弹变形为主，拱肩槽建基面位置累计变形在5～8mm，拱肩槽上下游侧坡变形量级略高，其中上游侧侧坡累计变形在5～10mm，下游侧侧坡累计变形在6～12mm。局部受结构面影响，表现出一定非连续变形特征，如下游侧侧坡开口线附近断层f_{6-4}、f_{62}影响区域（断层f_{62}与高程2130～2160m开挖坡面揭露的断层$f_{y(231)}$产状及空间分布特征相似，推断为同一条结构面）。岩体表现出明显的卸荷松弛变形特征，其中断层f_{62}走向与拱肩槽下游侧侧坡近似平行，断层上盘岩体较薄，受爆破开挖扰动及结构面组合影响，开口线附近浅层岩体存在松弛变形及块体稳定问题。该部位边坡开挖前应完成相应锁口支护，开挖过程中应关注岩体的结构特征，适当控制爆破，确保边坡开挖质量。在右岸边坡高程2102～2060m开挖梯段，坝顶平台2102m高程以上坡体受下部开挖卸荷扰动影响很小，变形未见明显增长。

总体上，此开挖阶段的开挖卸荷变形量值仍相对较小，岩体变形仍以向临空面的回弹变形为主，显示了边坡具备较好的整体稳定状态，局部受不利结构面（f_{6-4}、f_{62}）影响，表现出一定的非连续变形特征，可能存在浅层岩体松弛及块体稳定问题，主要位于拱肩槽下游侧侧坡开口线附近，建议后续边坡开挖过程中应关注这些部位的岩体结构特征，及时施作锁口支护，适当控制爆破。

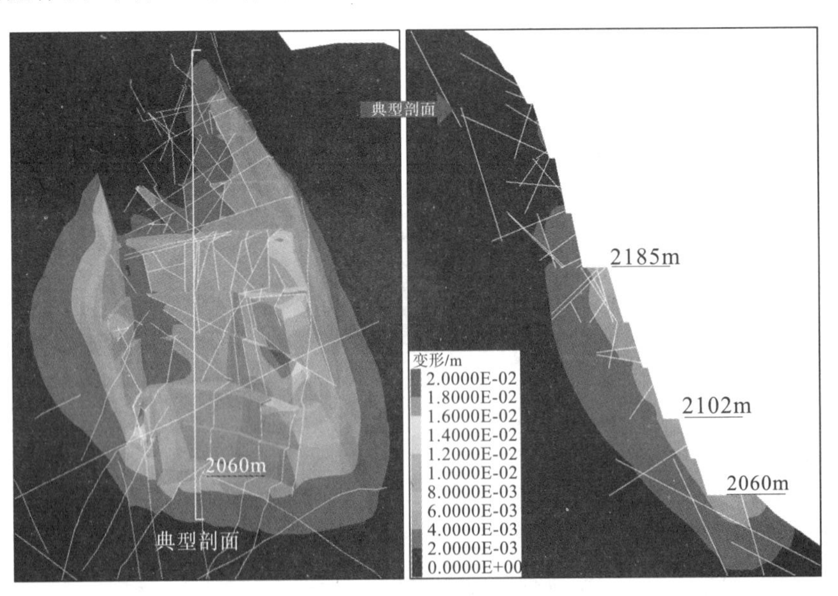

图12.4.2－1 右岸边坡开挖至高程2060m的累计变形分布

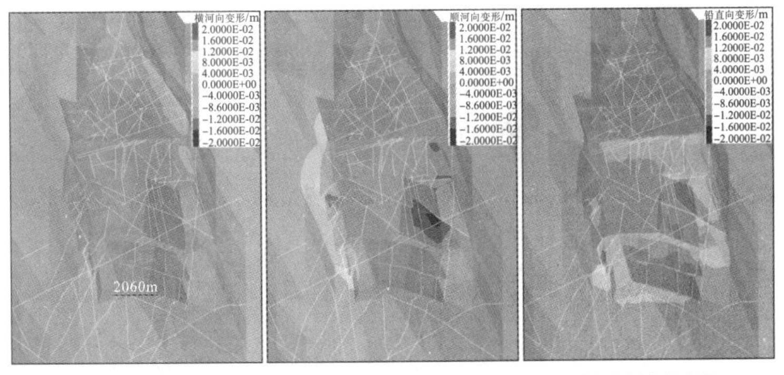

(a) 横河向变形　　(b) 顺河向变形　　(c) 铅直向变形

图 12.4.2-2　右岸边坡开挖至高程 2060m 的横河向、顺河向和铅直向变形分布

2）边坡稳定性评价

图 12.4.2-3 和图 12.4.2-4 是右岸边坡高程 2060m 以上开挖完成后，不同强度折减系数下的位移云图（强度折减系数范围为 1.1～1.6），其中显示了该边坡在岩体条件不断折减时的变形发展过程。从变形发展情况来看，开挖坡体高程 2060m 以上整体安全系数较高，局部存在由不利结构面组合形成的潜在块体，主要是高程 2155～2130m 上游侧开口线附近由 $f_{y(185)}$、$f_{y(148)}$ 组合而成的块体，高程 2102～2060m 梯段边坡开挖对该块体影响较小，块体的安全系数仍维持在 1.5 以上，具备较高的安全裕度；在拱肩槽下游侧侧坡断层 f_{6-4}、f_{62} 影响区域，浅层岩体稳定性相对偏低，建议及时施作该部位锁口支护和系统支护。

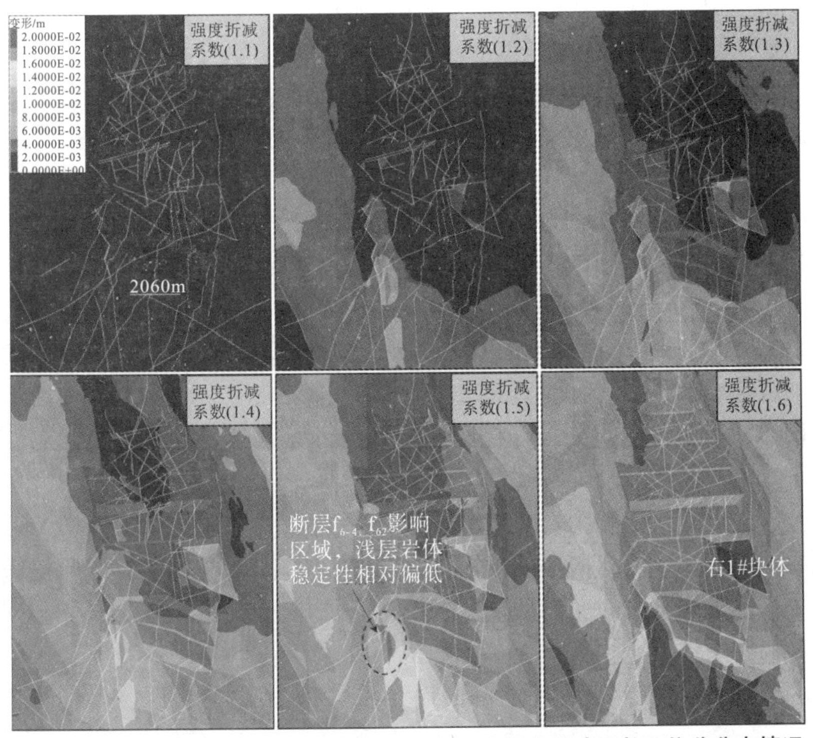

图 12.4.2-3　右岸边坡开挖至高程 2060m 不同强度折减系数下位移分布情况

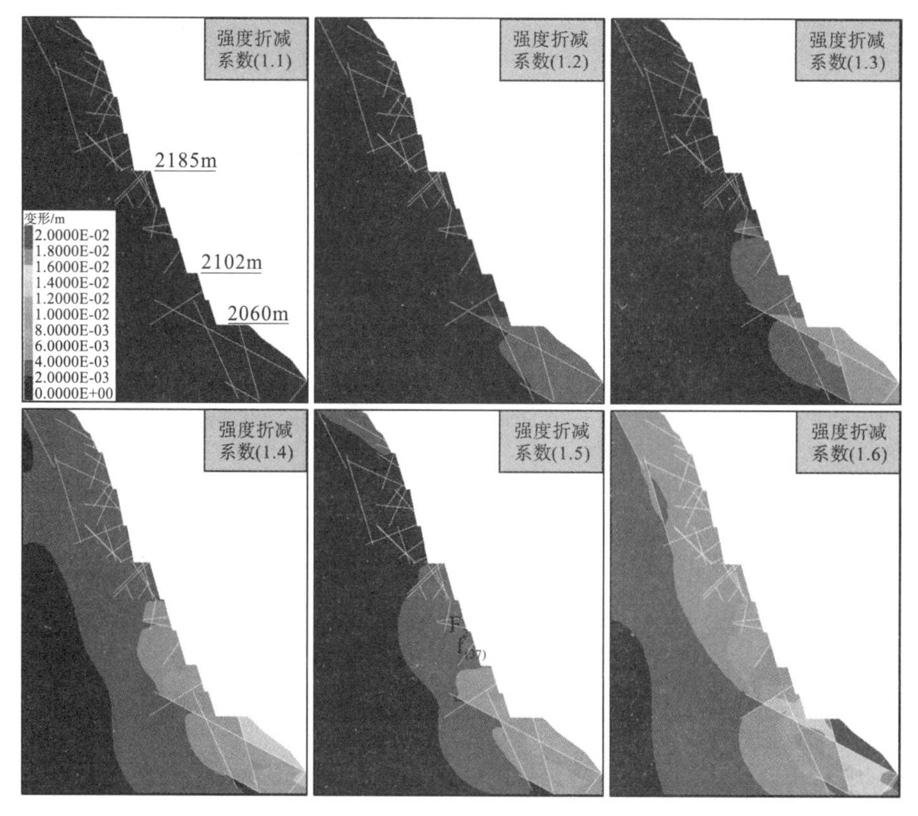

图 12.4.2-4 右岸边坡开挖至高程 2060m 不同强度折减系数下位移分布情况（典型剖面）

12.4.2.2 边坡高程 2060m 以下开挖阶段

1）边坡开挖变形特征预测

图 12.4.2-5 和图 12.4.2-6 分别给出了右岸边坡开挖完成的累计变形及变形分量的分布情况，此阶段边坡开挖仍以向临空面卸荷回弹变形为主，拱肩槽建基面位置累计变形为 8～15mm，其中边坡下部坡脚区域，受河谷应力集中影响，卸荷变形特征相对明显，但未见明显不利结构面导致的松弛变形问题。拱肩槽上下游侧坡，由于多面临空，受力条件较为不利，卸荷变形特征相对明显，累计变形一般为 10～25mm，局部受不利结构面影响，断层两侧岩体出现了一定非连续变形特征，变形量值可达 30～35mm。因此，拱肩槽上下游侧坡的稳定性是此开挖阶段需要重点关注的部位之一，在施工期应加强侧坡部位的岩体结构调查工作，分析研究潜在的不利结构面组合交切关系，以便调整和优化相应的施工开挖和支护设计方案，必要时应采取针对性加强锚固措施。

总体上，边坡此开挖阶段表现出了较高的整体稳定特征，卸荷回弹变形是此开挖期间最主要的响应方式，拱肩槽边坡开挖对坝顶平台 2102m 高程以上已开挖区域稳定性的影响很小。整个建基面的变形量级总体相对不突出，预示着坝基岩体可以具有良好的开挖成型和稳定条件。

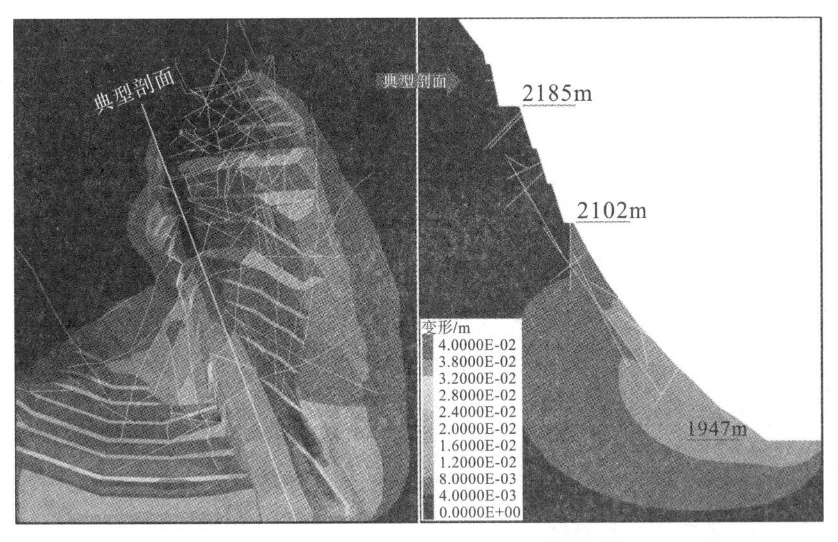

图 12.4.2－5　右岸边坡开挖完成累计变形分布

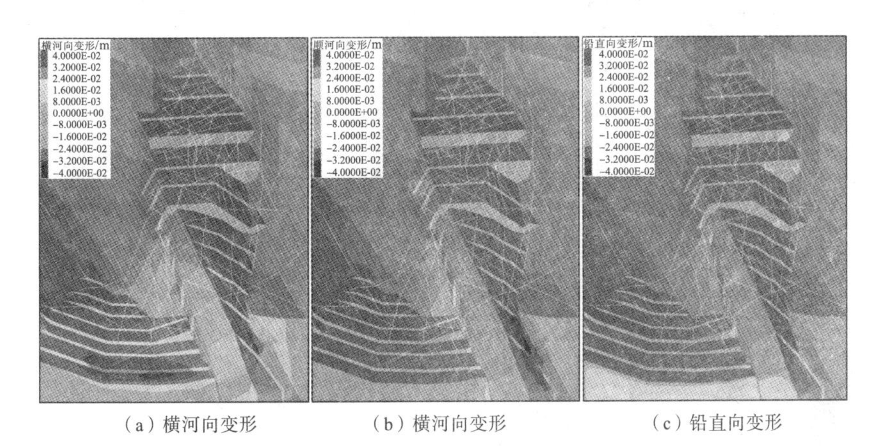

（a）横河向变形　　（b）横河向变形　　（c）铅直向变形

图 12.4.2－6　右岸边坡开挖完成的横河向、顺河向和铅直向变形分布

2）边坡稳定性评价

图 12.4.2－7 和图 12.4.2－8 是右岸边坡开挖完成后，在不同强度折减系数下的位移云图（强度折减系数范围为 1.1～1.6），其中显示了该边坡在岩体条件不断折减时的变形发展过程。此梯段边坡开挖，对坝顶平台以上边坡的整体及局部潜在块体稳定性无明显影响，与前一阶段基本一致。在拱肩槽下游侧侧坡与水垫塘边坡交接部位，局部存在由 f_{2-4}、f_{11} 等结构面组合而成的潜在块体，其中断层 f_{2-4} 为潜在底滑面，发育高程为 2050～2000m。当折减系数为 1.4 时，该块体的变形存在较明显的增大趋势，变形增量可达到 20mm 以上，存在一定的失稳风险，综合判断该块体的安全系数为 1.3～1.4，安全裕度相对不高。考虑到该块体位于水垫塘边坡与拱肩槽下游侧侧坡交接部位，两侧临空，受力状态较差，同时受两侧爆破开挖扰动影响，浅层岩体松弛及块体变形问题可能会相对突出，边坡实际开挖过程中，应加强该部位结构面调查工作，并根据实际开挖揭露情况，开展块体稳定分析，必要时可采取针对性的支护处理措施。

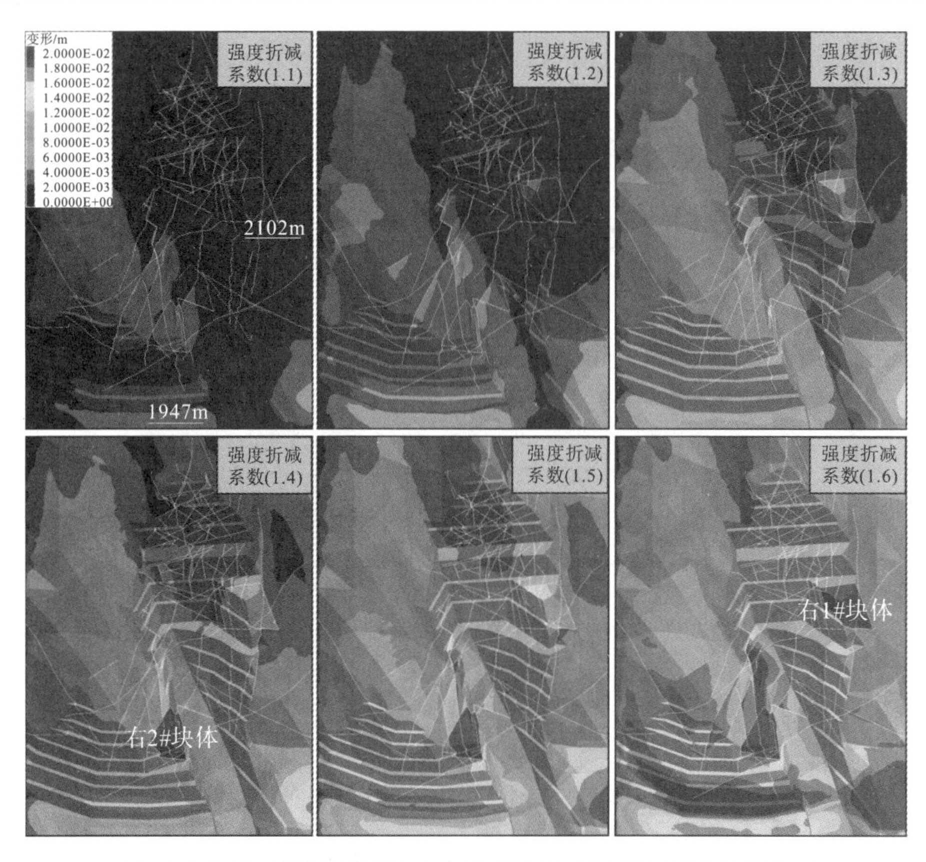

图 12.4.2−7　右岸边坡开挖完成不同强度折减系数下坡体位移分布

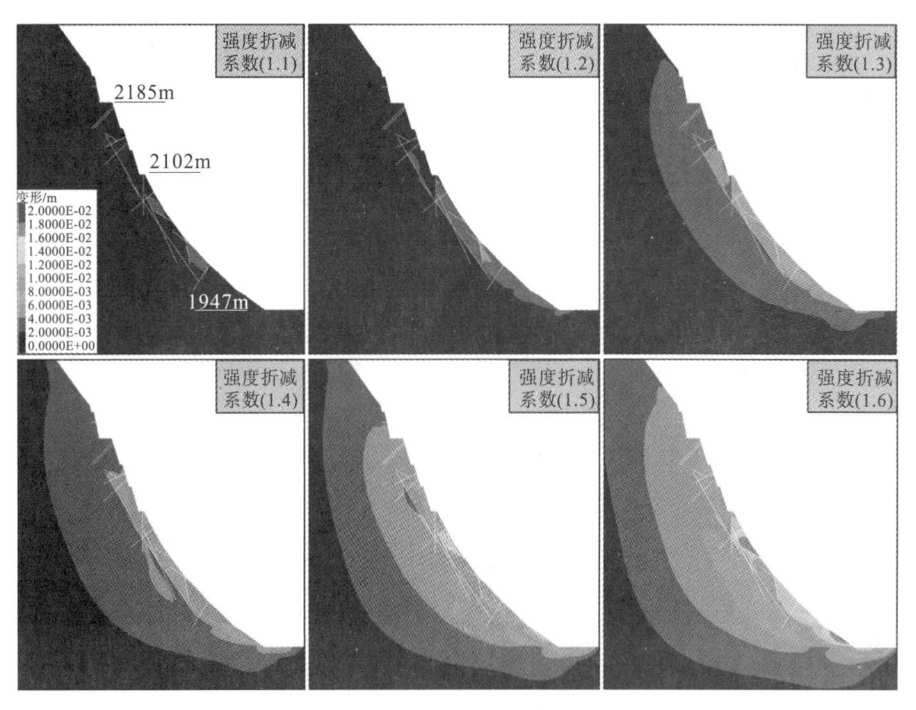

图 12.4.2−8　右岸边坡开挖完成不同强度折减系数下坡体位移分布（典型剖面）

综上所述，右岸边坡开挖完成后，坝顶平台以上边坡整体稳定性较好，而拱肩槽下游侧侧坡，由于受力条件较差，且发育多条不利结构面（f_{2-4}、f_{11}等），局部存在由结构面控制的潜在块体稳定问题，后续边坡开挖过程中应加强对该区域岩体结构特征调查预测工作，重点关注 f_{2-4}、f_{11}等不利结构面组合可能存在的块体稳定问题，并及时开展反馈分析工作。

12.5 边坡开挖变形特征汇总与支护施工建议

12.5.1 边坡开挖变形特征汇总

本小节通过分析典型高程监测点的变形监测数据，帮助进一步了解边坡开挖过程中的变形特征，包括边坡开挖的变形发展趋势以及后续开挖扰动影响情况。

图 12.5.1－1 和图 12.5.1－2 显示了左岸边坡后续开挖不同阶段（以开挖高程表示），边坡典型高程部位随开挖步的变形响应情况。其中，图 12.5.1－1 显示了后续坝基边坡开挖对坝顶平台以上边坡变形无明显影响，图 12.5.1－2 显示了左岸边坡高程 2102～1947m 开挖梯段建基面岩体变形呈现持续增长状态，但所有典型监测部位的变形量值总体偏小（小于 20mm），这种变形状态同时也表征了左岸边坡开挖过程中良好的整体稳定状态。

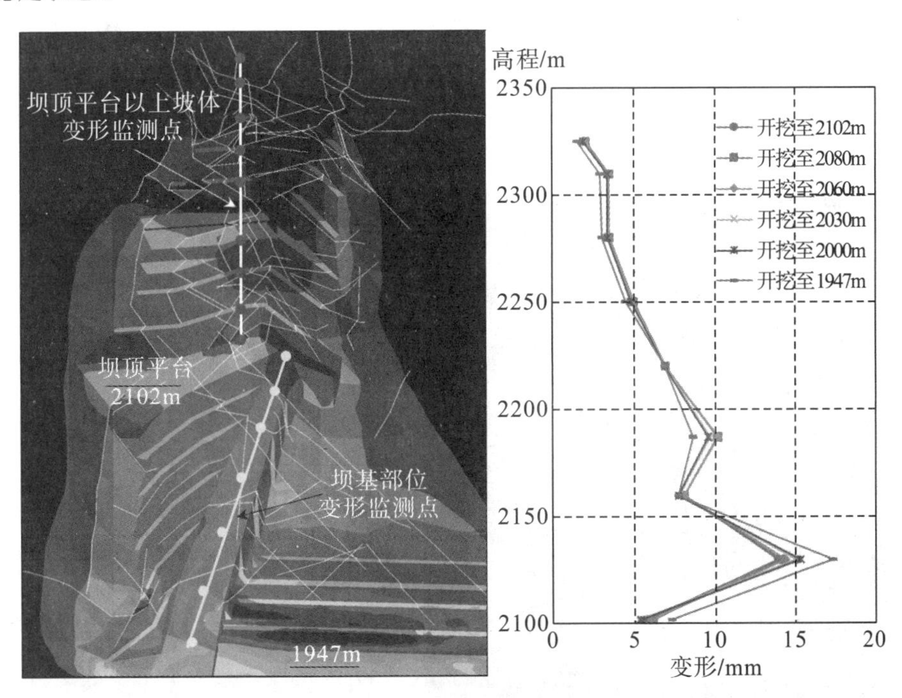

图 12.5.1－1　左岸边坡开挖过程中坝顶平台以上典型监测点变形响应特征

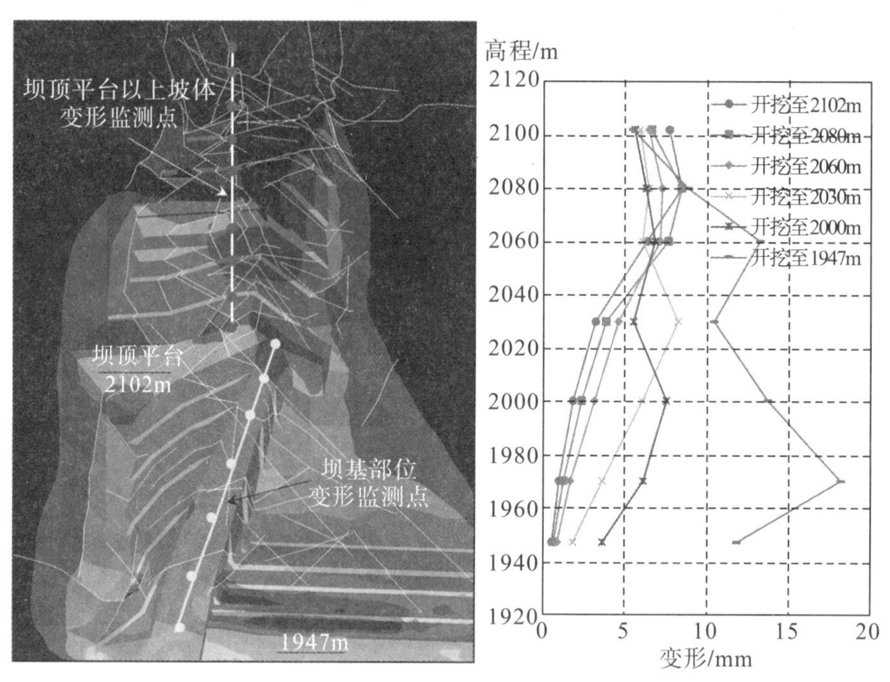

图 12.5.1－2　左岸边坡开挖过程中坝基部位典型监测点变形响应特征

图 12.5.1－3 和图 12.5.1－4 中显示了右岸边坡后续开挖不同阶段（以开挖高程表示），边坡典型高程部位随开挖步的变形响应情况。其中，图 12.5.1－3 显示了后续坝基边坡开挖对坝顶平台以上边坡变形无明显影响，图 12.5.1－4 显示了右岸边坡高程 2102～1947m 开挖梯段建基面变形呈现持续增长状态，所有典型监测部位的变形量值总体偏小（小于 15mm），这种变形状态同时也表征了右岸边坡开挖过程中良好的整体稳定状态。

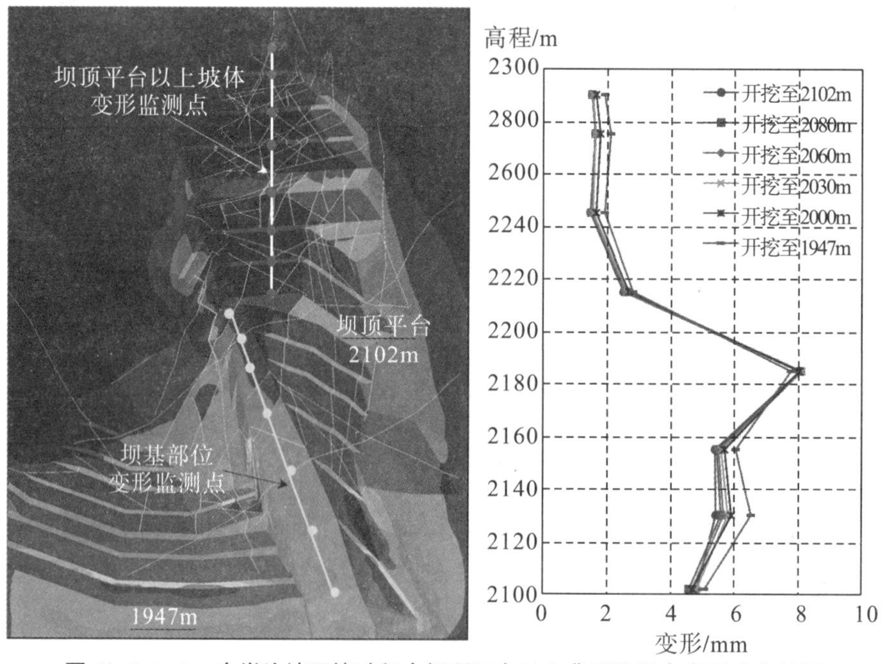

图 12.5.1－3　右岸边坡开挖过程中坝顶平台以上典型监测点变形响应特征

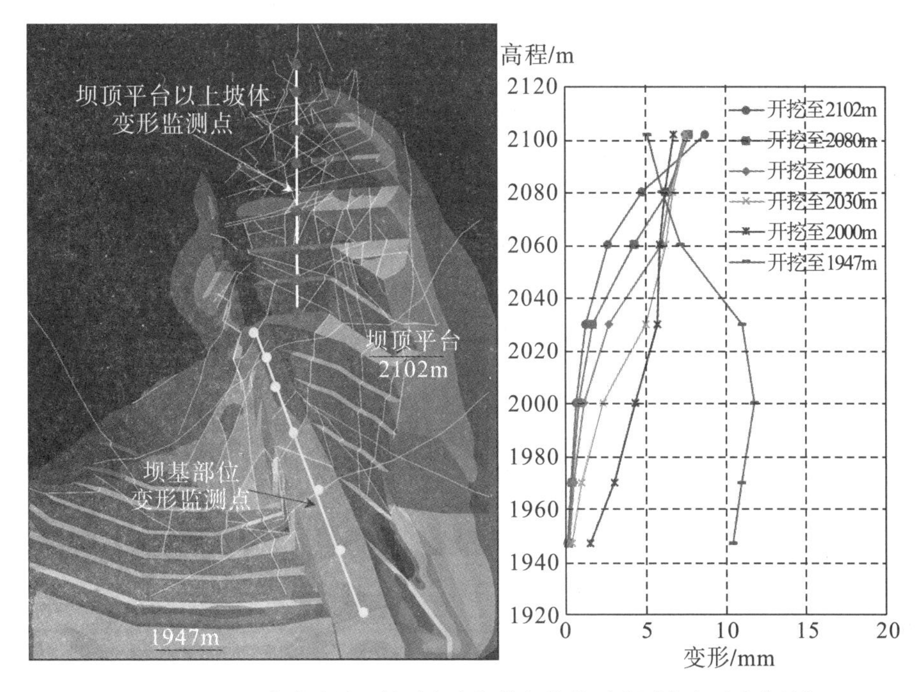

图 12.5.1－4 右岸边坡开挖过程中坝基部位典型监测点变形响应特征

12.5.2 边坡稳定性综合评价与开挖支护施工建议

杨房沟左、右岸边坡属于典型岩质高边坡，其开挖变形及稳定特征主要受两个方面的影响：①边坡开挖会改变一些结构面（特别是结构面组合）的临空状态，可能使临空状态改变的组合块体出现局部失稳破坏，即导致在开挖面出现新的局部不稳定区域。从边坡开挖揭露主要长大结构面的空间组合分布特征和总体性状看，一般不会对该边坡整体稳定性造成明显不利影响，但需要关注开口线一带浅层岩体的稳定性。②边坡开挖会挖除部分浅层质量相对较差的强卸荷松弛岩体，开挖后坡面岩体质量高于自然坡体，开挖面岩体总体呈弱风化、弱卸荷状，开挖过程可能有利于开挖范围内边坡的稳定性。

基于数值计算结果，对左右岸边坡开挖变形响应及稳定性特征总结如下：

左岸边坡：①边坡开挖以向临空面的卸荷回弹变形为主，坝顶平台以上边坡开挖变形量值处于相对较低的水平（坡面普遍小于 10mm，局部为 10～16mm）；②坝顶平台以上边坡整体安全性较高（FOS>1.6），其中断层 f_{37} 对边坡稳定影响相对明显，与其他结构面组合后可形成潜在块体，在考虑针对性加强支护后，这些局部潜在块体天然状态的安全系数均可达到 1.4 以上，具备一定的安全裕度；③后续边坡下挖对上部已开挖坡体的扰动影响很小，上部边坡坡体变形无明显增长。

右岸边坡：①边坡开挖以向临空面的卸荷回弹变形为主，坝顶平台以上边坡开挖变形量值处于相对较低的水平（坡面普遍小于 12mm，局部为 12～18mm）。②坝顶平台以上边坡整体安全系数较高（FOS>1.6），局部存在结构面控制的潜在块体，安全系数在 1.5 以上，具备较高的安全裕度。③后续边坡下挖对上部已开挖坡体的扰动影响很小，上部边坡坡体变形无明显增长；在拱肩槽下游侧侧坡与水垫塘边坡交接部位，存在结构面控制的潜在块体，该块体安全系数为 1.3～1.4，安全裕度相对不高，后续边坡开挖过程中应加强对该区域岩体结构特征调查预测工作，重点关注 f_{2-4}、f_{11} 等不利结构面组合可能存在的块体稳定问题，并及时开展反馈分析工作。

总体上，综合工程地质条件及数值分析成果认为，左右岸坝顶平台以上边坡开挖具备一定的整体稳定性，针对局部强卸荷（如开口线部位）及不利结构面（如 f_{37} 等）影响导致的岩体松弛及块体稳定问题，应视情况及时采取加强支护处理，并进行稳定性复核。另外，后续边坡开挖过程中，应加强开挖坡体的岩体结构调查工作，分析研究潜在的不利结构面组合交切关系（左岸边坡应重点关注 f_{37}、f_{27}、F_2 等不利结构面组合可能存在的块体稳定问题，右岸边坡应重点关注 f_{2-4}、f_{11} 等不利结构面组合可能存在的块体稳定问题），并重点对不利结构面引起的潜在深层变形问题进行跟踪识别，以便及时调整和优化相应的施工开挖和支护设计方案，必要时应采取针对性加强锚固措施，以降低工程风险。

chapter 3

第三篇

拱坝坝基及拱肩槽边坡开挖技术

13 拱坝坝基及拱肩槽边坡开挖支护设计

13.1 拱坝建基面

13.1.1 建基面利用原则

拱坝建基面选择一般遵循如下原则：

（1）建基面应利用较均匀完整、坚硬、抗渗性好的岩体，岩体应有足够的强度和刚度，能够承受拱坝传来的各种荷载；坝肩抗力岩体稳定性好，满足拱座稳定要求。

（2）在满足工程需要的前提下，优化坝基开挖深度和建基面位置，控制高边坡开挖规模，达到安全、经济、有效的目的。

（3）建基面开挖应平顺规则，避免突变，两岸开挖形状宜大致对称；对局部软弱岩体或结构面，应通过混凝土置换或灌浆等措施进行加固处理，形成规则平顺的建基面。

杨房沟坝址地形地质条件相对较好，坝址处为花岗闪长岩，岩质坚硬，岩体较完整，坝址裸露基岩多呈弱风化，岩体风化卸荷较浅；坝肩不存在影响拱坝建基面选择的规模较大的软弱结构面等地质缺陷，两岸抗力岩体结构面规模较小，且以中陡倾角为主，总体抗滑稳定条件较好。

杨房沟拱坝最大坝高155m，遵循拱坝设计规范提出的高拱坝建基面基本要求并参考类似高拱坝建基面岩体利用情况，确定杨房沟高拱坝建基面岩体利用原则如下：

（1）坝体下部建基在微新或弱风化下段、无卸荷的Ⅱ、Ⅲ1类岩体上。

（2）坝体中部建基在弱风化下段、无卸荷的Ⅲ1类岩体上。

（3）坝体上部建基在弱风化下段、无卸荷的Ⅲ1、局部利用弱风化下段、弱卸荷Ⅲ2类岩体的基岩上。

13.1.2 建基面优化调整

杨房沟水电站在招标设计阶段拱坝建基面设计的基础上，分析总结前期各项研究成果，结合现场施工条件，为更好地适应工程特点，在保证安全的前提下，进一步优化了建基面方案，优化方案更合理、更完善。拱坝建基面设计保持岩体利用总体原则不变，河床建基面高程保持1947m不变，坝顶高程左、右拱端嵌深不变，适当减小两岸坝基嵌深，使坝体应力进一步改善，并且通过减小两岸坝基嵌深，减小拱坝水推力，改善坝肩抗力体受力条件，进一步提高了拱坝坝肩抗滑稳定性。

杨房沟拱坝下游拱端水平平均嵌入深度见表13.1.2－1，各类岩体利用面积比例见表13.1.2－2。

表13.1.2－1　拱坝下游拱端水平平均嵌入深度

单位：m

研究阶段	左岸	右岸
可研阶段	33.5	22.6
招标设计阶段	28.6	21.6
施工图阶段	26.5	19.1

表13.1.2－2　拱坝建基面各类岩体利用面积比例

研究阶段	Ⅱ	Ⅲ1	Ⅲ2
可研阶段	65.3%	33.5%	1.2%
招标设计阶段	62.7%	36.5%	0.8%
施工图阶段	64.1%	35.2%	0.7%

13.2　坝基地质条件

13.2.1　地层岩性

杨房沟拱坝建基面开挖揭露地层岩性均为燕山期花岗闪长岩，深灰～浅灰色，花岗结构为主，块状构造，其矿物成分由普通角闪石、黑云母、斜长石、钾长石、石英等组成。岩体以次块状～块状为主，局部镶嵌结构，较完整为主，局部完整性差。

13.2.2　地质构造

杨房沟拱坝建基面无区域性断层通过，构造形迹主要为断层、挤压带及节理，结构面的分布、发育规律及特征如下。

1）断层

坝基范围无大规模的断层发育，共发育95条断层，其中发育断层F_2、f_{24}、f_{27}、f_{33}、f_{48}、f_{400}、f_{529}、f_{1-1}、f_{1-3}、f_{38-3}、f_{1504}共11条Ⅲ～Ⅳ级结构面，宽度一般为10～15cm，带内一般为碎块岩、片状岩及岩屑等，局部见蚀变岩，面多见铁锰渲染，一般延伸长100～150m，其中断层F_2延伸约500m，其余均为Ⅳ级结构面，结构面一般宽3～5cm，带内一般为碎块岩、岩屑夹钙质等，面多见擦痕及褐黄色铁锰质渲染，延伸长度一般20～30m。

其中断层F_2产状：N10°～30°E SE∠60°～75°，压性，右岸边坡带宽50～100cm，带内为碎块岩、片状岩，岩体蚀变，呈强风化状，面起伏光滑，见擦痕，铁锰质渲染严重（见图13.2.2－1）。左岸水垫塘开挖边坡揭露带宽5～20cm，局部影响带宽度30～

100cm（见图 13.2.2—2）；左岸坝基开挖揭露带宽 2～3cm，带内为片状岩、岩块岩屑，面铁锰质渲染，局部扭曲（见图 13.2.2—3）；左岸坝肩边坡高程 2102～2130m 断层 F_2 逐渐尖灭（见图 13.2.2—4）。

图 13.2.2—1　右岸断层 F2 出露情况

图 13.2.2—2　左岸水垫塘边坡断层 F2 出露情况

图 13.2.2—3　左岸坝基断层 F2 出露情况

图 13.2.2—4　左岸坝肩边坡断层 F2 出露情况

经统计表明：建基面出露断层走向主要为 NE 及 NWW 向，其次为 NEE 及 NNE 向，NNE～NW 向相对发育较少，其中，NE 走向约占 34.2%，NWW 走向约占 22.8%，NEE 走向约占 19.0%（见图 13.2.2－5），并以中倾角最为发育（见图 13.2.2—6），占 49.4%，缓倾角相对不发育，仅占 11.4%，陡倾角介于两者之间，占 39.2%，断层性质以压性或压扭性为主，主要属岩块岩屑型。其中右岸坝基顺坡小断层较发育，如 f_{488}、f_{500}、f_{542}、f_{60-5}等。

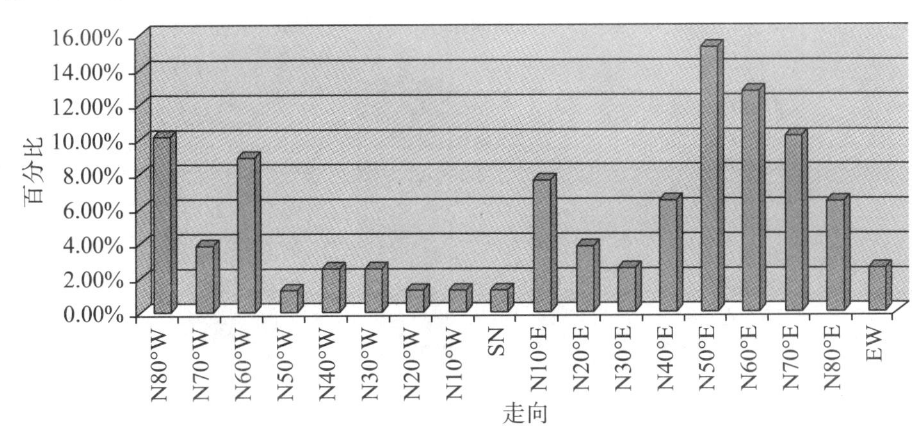

图 13.2.2—5　建基面断层走向统计直方图

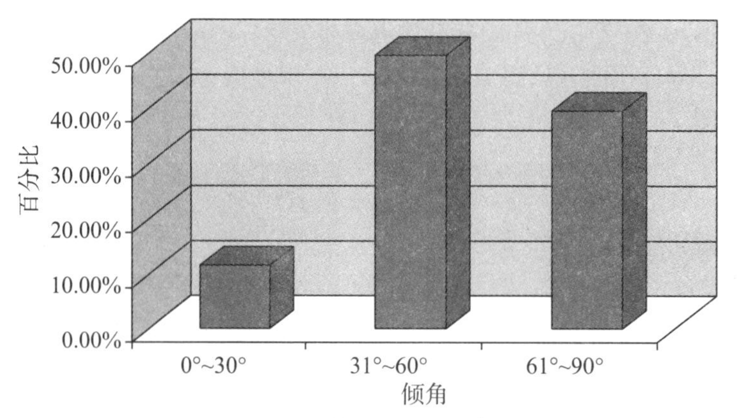

图 13.2.2-6　建基面断层倾角统计直方图

2）挤压带

坝基范围共发育 78 条挤压带，宽度一般为 0.5～2cm，带内一般为片状岩及岩屑等填充，均为Ⅳ级结构面，延伸长度一般为 5～15m。

经统计表明：建基面出露挤压带走向主要为 NE 及 NEE 向，NE～EW 向相对发育较少，其中，NE 走向约占 49.2%，NEE 走向约占 15.3%（见图 13.2.2-7），并以中倾角为主（见图 13.2.2-8），占 59.3%，缓倾角相对不发育，仅占 15.3%，陡倾角介于两者之间，占 25.4%。

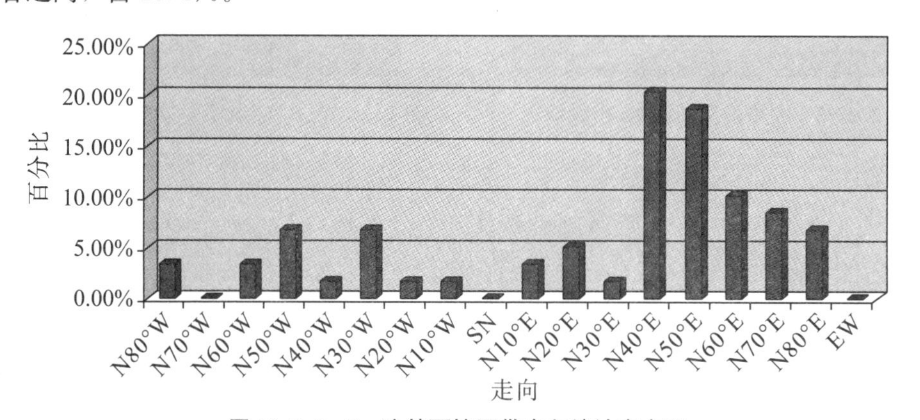

图 13.2.2-7　建基面挤压带走向统计直方图

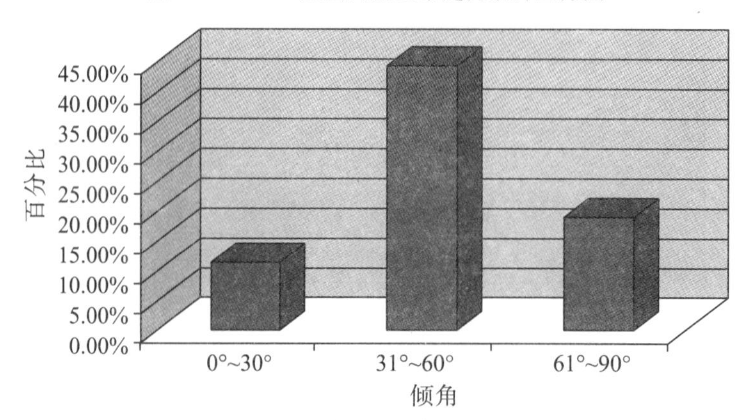

图 13.2.2-8　建基面挤压带倾角统计直方图

3）节理

建基面节理较发育，根据坝基揭露地质资料的统计分析，主要发育 4 组节理：①N20°～30°E SE∠45°～50°，闭合，面平直粗糙，局部附钙质，延伸长度以 5～10m 为主；②N50°～70°E NW∠40°～50°，闭合，面平直，局部铁锰质渲染，断续延伸，延伸长度 5～15m；③N70°～80°W SW∠50°～60°，闭合，面平直，局部夹岩屑，平行发育，间距以 0.4～1.5m 为主；④N20°～30°W SW∠10°～30°，闭合，面平直，延伸较短，一般延伸长度 5～10m。

建基面节理玫瑰花图见图 13.2.2－9。

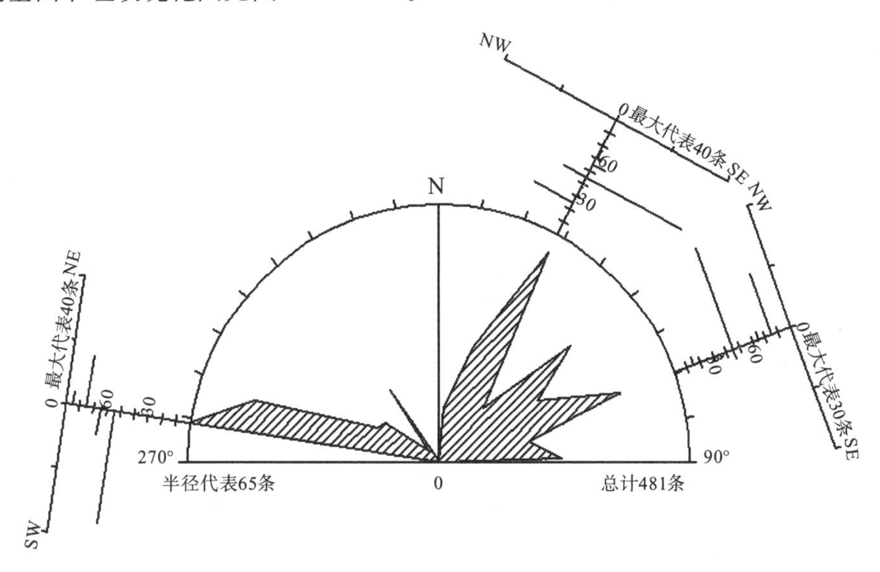

图 13.2.2－9　建基面节理玫瑰花图

由上述分析可知，建基面节理走向主要为 NNE 及 NWW 向，其次为 NE 及近 EW 向，NNW～NW 向相对发育较少，倾角多以中、陡倾角为主，缓倾角节理较少发育。

13.2.3　岩体风化

岩体的风化程度主要受地质构造及地下水活动的影响，断裂面两侧及构造裂隙发育处附近，岩体风化较为强烈，地下水位变动范围内的岩体风化程度较强。坝址区自然边坡裸露的花岗闪长岩以弱风化为主，局部见强风化岩体。根据平硐、钻孔所揭示的岩体内构造节理面特征、平硐弹性波纵波速及完整性系数等资料，概述坝区各风化带岩体特征见杨房沟坝区风化带岩体特征一览（见表 13.2.3－1）。

坝区自然边坡左岸弱风化上段水平深度 8.0～28.0m，弱风化下段水平深度 20.0～60.0m。右岸弱风化上段水平深度 2.0～16.0m，弱风化下段水平深度 14.0～40.0m。河床弱风化下段垂直深度 10.0～23.0m。

表 13.2.3-1 杨房沟坝区风化带岩体特征一览表

风化＼特征	颜色、光泽	岩体结构及完整性	结构面特征	锤击特征
强风化	大部分变色，只有局部岩块保持原有颜色	岩体结构大部分已破坏，风化裂隙发育，有时含大量次生泥	除石英颗粒外，长石、云母和铁镁矿物大部分有风化变质现象	声哑，出现凹坑
弱风化上段	岩石表面和结构面大部分变色，失去部分光泽，但大部分断口仍保持原矿物光泽和颜色	岩体中风化裂隙较发育，沿结构面风化蚀变现象较严重，部分裂面有张开，呈镶嵌、次块状结构	沿结构面出现次生风化矿物，普遍有较严重的铁锰质渲染	声脆和局部沉闷，一般有回弹
弱风化下段	沿部分结构面有褪色现象	岩体结构基本没变化，节理多数闭合，多呈次块状结构	沿长大结构面有风化次生矿物，短小裂隙部分见铁锰质渲染	声脆，有较强回弹
微风化	岩石保持新鲜光泽，沿节理面略有变色	岩体结构未变，大部分节理闭合或钙质薄膜或石英脉充填，岩体呈块状～整体块状结构，部分次块状	沿较大裂隙局部有轻微铁锰质渲染，短小裂隙少见铁锰质渲染	清脆声，回弹强
新鲜	岩石新鲜，具光泽	岩石极坚硬完整，少量节理，多闭合，岩体多呈整体状结构，部分块状结构	沿大的裂隙面偶见褪色，个别有轻微锈膜	清脆声，回弹强

拱坝建基面开挖后，弱风化上段岩体已被挖除，坝基出露岩体为弱风化下段～微风化岩体，其中左岸坝基高程约 2042m 和右岸坝基高程约 2000m 以上主要出露弱风化下段岩体，其余部位以微风化岩体为主。

13.2.4 岩体卸荷

由于坝区地壳强烈抬升，河流下切强烈，形成两岸坡地形陡峻，随着后期地应力调整及重力作用，形成岩体卸荷及松弛现象。

坝区卸荷带特征是，多沿顺河的 NNW 向和 NNE 向或者与谷坡走向呈小角度夹角裂隙、断层发育，一般卸荷深度不大。坝区左岸自然边坡强卸荷带水平深度 1.0～10.0m，弱卸荷带水平深度 4.0～32.0m；右岸自然边坡强卸荷带水平深度 0.0～7.0m，弱卸荷带水平深度 6.0～14.0m。

拱坝建基面开挖后，卸荷岩体已被挖除，坝基出露均为无卸荷岩体。

13.2.5 水文地质

1）水文地质结构

建基面岩体为块状花岗闪长岩，岩体内发育裂隙、断层等结构面，为裂隙性透水岩体，地下水主要以裂隙水的形式存在。花岗闪长岩为非可溶岩，弱风化岩体一般呈弱透水，微风化岩体呈弱透水～微透水，新鲜岩体为微透水～不透水。

坝基开挖出露弱风化下段～微风化岩体，以弱透水性为主。

2）地下水出露点特征

地下水位埋深较大，建基面高程 2101.85～1986m 段位于地下水位以上，1986～1947m 段位于地下水位以下。开挖期间，两岸建基面整体干燥，施工期施工用水沿裂隙面入渗至岩体内，局部沿断层、挤压带等部位潮湿～渗水（见图 13.2.5－1）；河床 1980m 以下建基面高程低于围堰上、下游河水位，高程 1954m 以上整体以潮湿为主，仅沿断层局部渗滴水（见图 13.2.5－1）。

（a）左岸坝基高程 1985m 沿断层 f_{27} 渗水

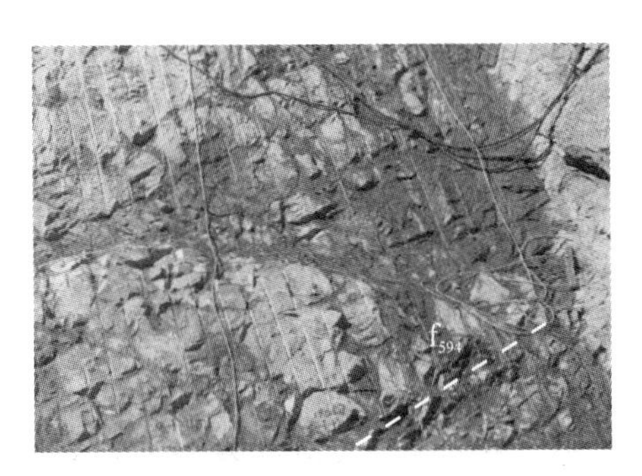

（b）右岸坝基高程 1960m 沿断层 f_{594} 渗水

图 13.2.5－1 建基面岩体局部沿断层、挤压带渗水

13.2.6 地应力

坝址共进行了多组二维及三维地应力测试，其中河床共进行了 3 组二维地应力测试；左岸共进行 1 组二维地应力测试，2 组三维地应力测试（位于 PD1 平硐内）；右岸共进行 1 组二维地应力测试，2 组三维地应力测试（位于 PD2 平硐内）。

1）河床

坝址河床于 ZK121、ZK122 及 ZK136 钻孔分别进行了 3 组二维地应力测试，根据二维地应力测试成果分析，河床最大水平地应力范围值为 4.09～20.8MPa，平均值 11.70MPa，最小水平地应力范围值为 3.85～13.77MPa，最大水平主应力方向范围 N67°W～N88°W。根据河中孔饼状岩芯分布深度及地应力测试成果，坝基河床埋深 46.8～104.1m（建基面以下深度 13～65m）发现饼状岩芯，有应力集中区分布现象。

2）左岸

坝址左岸共进行 1 组二维地应力测试，位于 ZK137 钻孔；2 组三维地应力测试，位于 PD1 平硐内。

根据二维地应力测试成果分析，左岸最大水平地应力范围值为 3.95～14.50MPa，最小主应力范围值为 2.97～8.62MPa，平均值 7.45MPa，最大水平主应力方向 N84°W。

根据三维地应力测试成果，左岸 PD1 硐深 62m 处最大主应力值为 10.2MPa，方位角为 100°，倾角 22.7°，硐深 115m 处最大主应力值为 9.89MPa，方位角为 106.7°，倾角 34.6°。

3）右岸

坝址右岸共进行 1 组二维地应力测试，位于 ZK138 钻孔；2 组三维地应力测试，位于 PD2 平硐内。

根据二维地应力测试成果分析，右岸最大水平地应力范围值为 4.32～11.24MPa，最小水平地应力范围值为 3.21～8.70MPa，平均值为 7.19MPa，最大水平主应力方向 N78°W。

根据三维地应力测试成果，右岸 PD2 硐深 65m 处最大主应力值为 7.49MPa，方位角为 100.4°，倾角－24.8°；硐深 140m 处最大主应力值为 8.32MPa，方位角为 89.8°，倾角－27.6°。

由以上地应力测试结果可知，坝址区地应力属中等应力区，左右岸及河中最大水平主应力方向较为一致，最大水平主应力方向为 N67°～88°W。总体上从上往下地应力测值随深度增加而增大。

13.2.7 岩体物理力学特性

根据坝址区现场、室内试验成果及坝基开挖揭露的地质条件，参照相关规程规范及其他工程经验，提出坝区结构面的分类和力学指标建议值见表 13.2.7－1，建基面各类岩体物理力学参数建议值见表 13.2.7－2。

表 13.2.7－1　杨房沟水电站坝区岩体结构面分类及力学指标建议值一览表

<table>
<tr><th colspan="2" rowspan="2">结构面类型</th><th rowspan="2">充填物特征</th><th rowspan="2">结合程度</th><th rowspan="2">两侧岩体</th><th colspan="4">抗剪参数</th></tr>
<tr><th>f′</th><th>C′(MPa)</th><th>f</th><th>C(MPa)</th></tr>
<tr><td>节理</td><td>无充填型</td><td>节理闭合无充填</td><td>好～较好</td><td>完整～较完整</td><td>0.60～0.65</td><td>0.15～0.2</td><td>0.50～0.60</td><td>0</td></tr>
<tr><td rowspan="3">节理、断层、挤压破碎带</td><td>岩块岩屑型</td><td>充填碎块、岩屑，粉黏粒含量少</td><td>好～较好</td><td>完整～较完整</td><td>0.50～0.60</td><td>0.1～0.15</td><td>0.40～0.50</td><td>0</td></tr>
<tr><td>岩块岩屑夹泥型</td><td>充填以岩块和岩屑为主，夹泥膜或泥质条带</td><td>一般～较差</td><td>较完整～较破碎</td><td>0.35～0.40</td><td>0.05～0.1</td><td>0.30～0.40</td><td>0</td></tr>
<tr><td>泥夹岩屑型</td><td>充填以泥质为主，夹岩屑、碎块</td><td>差～很差</td><td>较破碎～破碎</td><td>0.20～0.30</td><td>0.01～0.05</td><td>0.20～0.30</td><td>0</td></tr>
</table>

13.2.8 建基面岩体质量分类

建基面岩体分类采取定性判断为主，定量划分为辅的综合划分原则。定性划分依据岩性、风化卸荷、岩体结构、结构面性状，地下水情况等影响因素初步确定岩体类别，再通过物探检测孔声波测试、钻孔电视、孔内变形模量测试成果等因素综合确定岩体类别。根据已开挖揭露的地质条件，结合可行性研究阶段成果，提出坝基岩体质量分类的标准，见表 13.2.8－1。

表 13.2.7−2 杨房沟水电站建基面岩体物理力学参数建议值

岩体分类	定性指标				主要定量指标				参数建议值								
	岩体基本特性	结构类型	岩性	风化及卸荷	声波纵波速 v_p (m/s)	岩体完整性系数 K_v	RQD (%)	透水率 (Lu)	单轴饱和抗压强度 (MPa)	泊松比	变形模量 (GPa)	岩体抗剪断及抗剪强度					
												岩/岩			岩/混凝土		
												f'	C' (MPa)	f	f'	C' (MPa)	f
Ⅱ	岩体完整～较完整，强度高，软弱结构面不控制岩体稳定，抗剪抗变形性能较高，专门性地基处理工作量不大，属良好高混凝土坝地基	次块状～块状结构	花岗闪长岩	微风化～新鲜	4650～5500	0.52～0.73	64～82	0.4～1.4	80～100	0.21～0.23	12～19	1.35～1.45	1.10～1.40	0.80～0.90	1.00～1.10	1.00～1.10	0.65～0.75
Ⅲ Ⅲ$_1$	岩体较完整，局部完整性差，强度较高，抗剪、抗变形性能在一定程度上受结构面控制。对影响岩体变形和稳定的结构面应作专门处理，经处理后可作两岸中低高程混凝土坝地基	次块状结构	花岗闪长岩	弱风化下段、无卸荷	4160～4640	0.41～0.51	56～63	1.4～3.9	60～80	0.24～0.26	8～12	1.10～1.30	1.00～1.30	0.70～0.80	0.95～1.00	0.90～1.00	0.60～0.65
Ⅲ Ⅲ$_2$	岩体较完整，局部完整性差，抗剪抗变形性能在一定程度上受结构面和岩块间嵌合能力控制，经适当处理，仅可作高高程混凝土坝地基	镶嵌结构	花岗闪长岩	弱风化上段、弱卸荷；部分弱风化下段、弱卸荷	3500～4150	0.31～0.40	42～55	4.0～6.3	40～60	0.27～0.30	5～8	0.90～1.10	0.80～1.00	0.60～0.65	0.90～0.95	0.65～0.90	0.55～0.60
Ⅳ	岩体完整性差，抗剪、抗变形性能明显受结构面和岩块间嵌合能力控制。其不能作为混凝土坝地基	碎裂～块裂结构	花岗闪长岩	弱风化上段、强卸荷；强风化、蚀变带	2200～3490	0.11～0.30	<42	>6.3	25～40	0.31～0.35	2.5～4.0	0.70～0.80	0.50～0.70	0.50～0.60	0.70～0.90	0.55～0.65	0.45～0.55
Ⅴ	岩体破碎或较破碎，岩体强度参数低、抗变形能力差，不宜作混凝土坝地基	碎裂～碎块结构	花岗闪长岩	强风化	<2200	<0.11		—	<25	—	0.2～1.0	0.40～0.50	0.10～0.20	0.35～0.45	0.45～0.55	0.20～0.30	0.30～0.40

表 13.2.8—1　建基面岩体质量分类标准

岩性	风化卸荷	岩体结构	岩体基本特征	声波纵波波速（m/s）	岩体分类
花岗闪长岩	微风化～新鲜	次块状～块状结构	岩体较完整～完整，强度高，软弱结构面不控制岩体稳定，抗剪抗变形性能较高。专门性地基处理工作量不大，属良好高混凝土坝地基	4650～5500	Ⅱ
	弱风化下段、无卸荷	次块状结构	岩体较完整，局部完整性差，强度较高，抗剪、抗变形性能在一定程度上受结构面控制。对影响岩体变形和稳定的结构面应作专门处理，经处理后可作两岸中低高程混凝土坝地基	4160～4640	Ⅲ1
	弱风化上段、弱卸荷；部分弱风化下段、弱卸荷	镶嵌结构	岩体较完整，局部完整性差，抗剪抗变形性能在一定程度上受结构面和岩块间嵌合能力控制，经适当处理，仅可作高高程混凝土坝地基	3500～4150	Ⅲ2
	弱风化上段、强卸荷	碎裂～块裂结构	岩体完整性差，抗剪、抗变形性能明显受结构面和岩块间嵌合能力控制，其不能作为混凝土坝地基	2200～3490	Ⅳ

13.3　建基面及拱肩槽边坡开挖支护设计

13.3.1　建基面开挖与安全防护

1）建基面开挖设计

杨房沟拱坝根据结构设计及地质建议开挖坡比等相关技术要求进行坝基开挖设计，开挖采用坝基梯段高差 10m，控制高程间坝基设计为直线渐变坡面，坝基上、下游面考虑基础处理及满足施工要求等因素外移 0.5m。为降低坝基上游侧边坡高度和处理难度，坝基拱端采用非全径向开挖。拱端下游侧 1/2 范围采用径向开挖，拱端上游侧 1/2 范围以 5°～15°的折线转向河床，各特征拱圈之间的半径向角按线性插值计算。

2）建基面安全防护

杨房沟拱坝建基面岩体质量较好，边坡整体稳定性较好，建基面原则上不进行系统锚杆支护。在开挖过程中，为保证施工安全，针对右岸坝基高程 2101.85～2080m，由于顺层节理发育，布置系统锚杆 Φ28@2m×2m，L=6m 进行加固处理。

13.3.2　拱肩槽边坡开挖与支护设计

13.3.2.1　边坡坡比设计

根据边坡的稳定条件、地质建议坡比和类似工程开挖支护经验，分别采用1∶0.2～1∶0.5 的渐变坡设计，拱肩槽每级坡高设计为 20～30m，每级马道宽度 3～5m。边坡开挖设计坡比见表 13.3.2—1。

表 13.3.2－1　拱肩槽边坡开挖设计坡比

岩性	风化及卸荷带	岩体类别	设计坡比
花岗闪长岩	微、新风化带	Ⅱ	1∶0.2
	弱风化带	Ⅲ1～Ⅲ2	1∶0.2～1∶0.3
	强卸荷岩体	Ⅳ	1∶0.3～1∶0.5
河床覆盖层		—	1∶1.5

13.3.2.2　开挖边坡马道设计

1）左岸拱肩槽开挖边坡

左岸上游拱肩槽共设有 5 级开挖，分级高程分别为 1970m、2000m、2030m、2060m、2080m，马道宽度均为 3m。下游拱肩槽共设有 6 级开挖，分级高程分别为 1970m、1986.5m、2000m、2030m、2060m、2080m，马道宽度为 3～5m，其中 1970m、1986.5m、2000m 高程马道与下游水垫塘边坡马道相连。

实际开挖过程中，根据《四川省雅砻江杨房沟水电站左岸拱肩槽上游侧边坡稳定性分析与加固处理专题报告》（2018 年 7 月）及相关咨询意见，为减小断层 f_{27} 出露的不利影响，给 f_{27} 开挖揭露前创造支护施工的时机，将拱肩槽上游边坡 1970m 马道高程抬高到 1980m。

2）右岸拱肩槽开挖边坡

右岸上游拱肩槽共设有 5 级开挖，分级高程分别为 1970m、2000m、2030m、2060m、2080m，马道宽度均为 3m。下游拱肩槽共设有 6 级开挖，分级高程分别为 1965m、1986.5m、2000m、2030m、2060m、2080m，马道宽度为 3～5m，其中 1965m、1986.5m、2000m 高程马道与下游水垫塘边坡马道相连。

13.3.2.3　边坡支护设计

1）浅层支护

支护根据不同的岩体类别采用相应的支护措施及参数，浅层喷锚支护的技术参数详见表 13.3.2－2。

表 13.3.2－2　拱肩槽上、下游边坡喷锚支护设计参数

支护分区	边坡岩体类别	支护措施及参数
B区	Ⅳ类	支护措施：系统锚杆＋挂网喷混凝土＋系统排水孔＋随机预应力锚杆 ①系统锚杆：布置砂浆锚杆 Φ32，L＝6m/Φ28，L＝6m，间排距 2m×2m，开口线锁口锚筋桩 3Φ32@3m，L＝12m；马道锁口锚杆 Φ32@1.5m，L＝9m； ②挂网喷混凝土：系统挂网，喷 C25 混凝土，厚 15cm，钢筋 Φ6.5@15cm×15cm； ③系统排水孔：Φ76@4m×4m，L＝4m，每级马道一排深排水孔 Φ100@6m，L＝10m； ④随机预应力锚杆：120kN，Φ32，L＝12m； ⑤马道采用 C25 混凝土封闭，厚 15cm

续表13.3.2－2

支护分区	边坡岩体类别	支护措施及参数
C区	Ⅲ2类	支护措施：系统锚杆＋挂网喷混凝土＋系统排水孔＋随机预应力锚杆 ①系统锚杆：布置砂浆锚杆Φ28，L＝6m/Φ25，L＝6m，间排距2m×2m，开口线锁口锚筋桩3Φ32@3m，L＝12m，马道锁口锚杆Φ32@1.5m，L＝9m； ②挂网喷混凝土：系统挂网，喷C25混凝土，厚15cm，钢筋Φ6.5@15cm×15cm； ③系统排水孔：Φ76@4m×4m，L＝4m，每级马道一排深排水孔Φ100@6m，L＝10m； ④随机预应力锚杆：120kN，Φ32，L＝12m； ⑤马道采用C25混凝土封闭，其中缆机平台上平台混凝土厚20cm，其他厚15cm
D区	Ⅲ1类	支护措施：系统锚杆＋挂网喷混凝土＋系统排水孔＋随机预应力锚杆 ①系统锚杆：布置砂浆锚杆Φ25/28，L＝4.5m，间排距2m×2m，开口线锁口锚筋桩3Φ32@3m，L＝12m；马道锁口锚杆Φ32@1.5m，L＝9m； ②挂网喷混凝土：系统挂网，喷C25混凝土，厚15cm，钢筋Φ6.5@15cm×15cm； ③系统排水孔：Φ76@4m×4m，L＝4m，每级马道一排深排水孔Φ100@6m，L＝10m； ④随机预应力锚杆：120kN，Φ32，L＝12m； ⑤马道采用C25混凝土封闭，厚15cm
E区	Ⅱ类	支护措施：随机锚杆＋随机喷混凝土＋随机排水孔＋随机预应力锚杆 ①随机锚杆：布置砂浆锚杆Φ25，L＝6m/L＝4.5m，马道锁口锚杆Φ32@1.5m，L＝9m； ②随机喷混凝土：随机素喷C25混凝土，厚10cm； ③随机预应力锚杆：120kN，Φ32，L＝12m； ④随机排水孔：Φ76，L＝4m，每级马道一排深排水孔Φ100@6m，L＝10m； ⑤马道采用C25混凝土封闭，厚15cm

2）深层支护

拱肩槽上、下游边坡除采用常规喷锚支护外，部分边坡采用预应力锚索支护，锚索支护主要在以下三种情况下布置：

（1）由于两岸边坡高高程开口线附近地质条件相对较差，因此在左、右岸边坡沿开口线附近开挖边坡坡面上布置1排1000kN系统锁口锚索。

（2）为进一步降低开挖边坡高度，部分弱风化、无卸荷岩体采用了1∶0.2的开挖坡比，为确保施工期及永久运行期边坡安全，上述部位设置锚索以加强支护处理效果。

（3）对左、右岸坝肩开挖后，边坡存在着不利的局部随机楔形块体需要用预应力锚索进行锚固，以解决施工期局部稳定问题。同时，为确保两岸开挖边坡面出露的强卸荷岩体的稳定和安全，在强卸荷岩体出露部位进行系统锚索支护。

预应力锚索支护的设计参数见表13.3.2－3。

表13.3.2－3　预应力锚索支护设计参数

类型	设计吨位	长度	间距、排距	支护部位
Ⅰ型	2000kN	30m/40m	5m、5m	局部强卸荷岩体出露边坡系统布置
Ⅱ型	1500kN	35m	—	结合开挖边坡结构面发育情况随机布置

续表13.3.2—3

类型	设计吨位	长度	间距、排距	支护部位
Ⅲ型	1000kN	25m/35m	5m、5m	左岸供料平台以下一级边坡布置2排； 边坡开口线附近锁口； 拱肩槽上、下游Ⅲ2类岩体边坡布置2排

13.3.3 建基面及拱肩槽边坡开挖与支护主要施工技术要求

1）开挖要求

（1）边坡开挖开口线确定后，首先根据设计文件清除开口线以外危岩，完成支护或防护措施。监理工程师可根据现场实际情况，调整处理方案。

（2）清理开口线外危岩的同时，应按施工图纸和监理工程师指示，先做好边坡外的截排水系统。

（3）各类边坡开挖应自上而下进行，分层检查、检测和处理，严禁采取自下而上的开挖方式。同一区段内的开挖宜平行下降，若不能平行下挖时，相邻区段的高差不宜大于1个梯段高度。

（4）坝基及相邻范围的洞挖出渣不应影响基坑下切开挖，不允许在拱坝建基面开挖施工便道，其他施工便道布置不应削弱坝肩抗力体。

（5）建基面上的灌排洞洞口开挖应严格控制爆破，采用先锁口，并控制循环进尺的方式，先开挖洞口10～15m段。

（6）建基面不得有反坡，应人工清除松动岩块、小块悬挂体、陡坎尖角及其他不符合质量要求的岩体。坑槽孔洞开挖壁面，应按设计文件要求进行处理。

（7）为保持建基面岩体的完整性和开挖面的平整度，减少爆破对边坡和邻近建筑物的影响，采用预留保护层、梯段高度不大于15m的预裂爆破或自上而下一次开挖成型的施工方法进行坝基开挖。拱坝建基面上的垂直、斜坡和河床部位应采用预裂爆破。局部部位当预裂法施工困难时，经监理工程师批准后亦可使用光面法爆破施工。

（8）坝基开挖采用钻孔梯段爆破法，严禁采用洞室、药壶爆破。应采取措施避免基础面出现爆破裂隙，减少爆破对岩体的损害。

（9）河床部位坝基岩石开挖，最下一层梯段以上的岩石应分层梯段爆破开挖，宜采用拉槽梯段爆破法。

（10）河床基坑冲积层开挖，宜采用分层下卧平推法，掌子面高不宜大于8～10m。在稳定情况下，冲积层坡脚线应离岩基放样轮廓线5m以上。

（11）基础开挖后表面因爆破震松（裂）的岩石，表面呈薄片状和尖角状突出的岩石，以及裂隙发育或具有水平裂隙的岩石均需采用人工清理，如单块过大，亦可用单孔小炮爆破。

（12）开挖后的岩石表面应干净、粗糙使其与混凝土接合紧密。岩石中的断层、裂隙、软弱夹层应清除到设计文件（图或设计修改通知）规定或监理工程师指示的范围，在宽度上其两边岩石均应坚固。岩石表面应无积水或流水，所有松散岩石均应予以清除。建基面岩石的完整性应满足设计文件的规定。

（13）随着开挖高程下降，应及时对坡面进行测量检查以防止偏离设计开挖线，避免在形成高边坡后再进行处理。

（14）基坑开挖应配备必要的排水设施，排水设备应能满足施工需要，并有足够的备用数量。

（15）开挖过程中应加强振动监测、边坡表观及深层变形监测、锚固件受力监测等，及时提出监测成果。

2）爆破控制要求

（1）控制爆破效果应符合下列要求：

①在开挖轮廓面上残留炮孔半圆痕迹，应均匀分布。

②相邻两炮孔间岩面的不平整度不应大于15cm，超、欠挖符合规定，对于不允许欠挖的结构部位应满足结构尺寸的要求。

③残留炮孔壁不应有明显的爆破裂隙（>0.5mm），除明显地质缺陷处外，不得产生裂隙张开、错动及层面抬动现象。

④残留炮孔痕迹保存率对节理裂隙不发育完整岩体应达到85%以上；对节理裂隙较发育和发育的岩体应达到60%以上；对节理裂隙极发育的岩体应达到20%以上。

（2）拱坝建基面超挖、欠挖标准（见表13.3.3－1）。

表13.3.3－1　建基面超挖、欠挖标准

项目	允许偏差（cm）	
	欠挖	超挖
建基面	0	≤20

注：超、欠挖是指在设计开挖轮廓线的基础上，考虑钻机架钻空间要求，施工时按照“上超下欠，超欠基本平衡”的原则微调开挖坡度后的调整轮廓线与实测开挖轮廓线之间的差值，以及未采用超欠平衡进行开挖部位的设计轮廓线与实测开挖轮廓线之间的差值。

（3）质点振动速度安全值。

在设计边坡、平洞、竖井、锚喷支护区、已浇混凝土等附近的爆破，安全质点振动速度按表13.3.3－2所列标准控制。

表13.3.3－2　质点安全振动速度

单位：cm/s

项目	龄期（d）				备注
	1～3	3～7	7～28	>28	
混凝土	2～3	3～7	7～12	不大于12	
坝基灌浆	禁止放炮	0.5～2	2～5	不大于5	含坝体接缝灌浆
锚索	1～2	2～5	5～10	不大于10	锚杆参考执行
灌浆排水洞壁面	10				
坡面岩体	建基面		10		距离爆破梯段顶面10m处
	上下游边坡		15		爆破区上一马道内侧

左岸拱肩槽上游边坡2000m高程以下实际开挖过程中，根据《四川省雅砻江杨房沟水电站左岸拱肩槽上游侧边坡稳定性分析与加固处理专题报告》（2018年7月）及相关咨询意见，为减小爆破对边坡的扰动，要求2000m高程以下边坡开挖爆破的质点安全振动速度按照10cm/s严格控制（开挖初期按5cm/s控制），测点布置在距离爆破梯段顶面10m处。

3）建基面清理要求

（1）建基面符合开挖质量要求后，即应停止爆破施工。建基面清理范围为拱坝建基面岩体，包括下游贴角混凝土基础范围内的岩体。建基面清理包括清基处理和清面处理两个方面。

（2）对于15～30d内没有安排混凝土覆盖的，待准备覆盖混凝土时再安排建基面清理。对于15d内将覆盖混凝土时，应及时进行建基面清理。

（3）建基面清理内容。

①整个建基面范围内局部存在的浅表部明显张开的松弛破碎岩块、已变位的岩块和表面呈薄片状以及尖角状突出的岩块。

②除在设计文件中明确采用开挖置换混凝土回填处理以外局部分布的Ⅳ～Ⅲ2级岩体和性状较差、规模较大的断层、节理密集带及其影响带或风化夹层等。

③建基面上的各种杂物、泥土和附着物等。

④监理工程师认为必须清除的有碍物等。

（4）建基面清基技术要求。

①经整修后的建基面不得有倒坡（设计规定者除外），如有倒坡应处理成顺坡；如有欠挖应处理到满足设计要求为止。

②对于陡坎、尖角岩体（块），应将其顶部处理成钝角或弧形状，开挖面应平顺。

③凡建基面表面为缓倾、平直、光滑的结构面的钙膜、水锈、泥土及其他软弱物时，均应清除及凿毛。

④由于建基面开挖持续时段较长，开挖后的建基面距混凝土覆盖之间时间较长，建基岩体可能出现回弹和卸荷松弛，对于影响坝体受力条件的浅表部卸荷松弛岩体必须进行清除。在实施过程中，应根据具体松弛情况，按监理工程师指示指定清基范围和深度。

⑤建基面清基处理原则上应采用非爆破开挖方式，以机械、人工撬挖为主，局部浅孔小炮加以清除。承包商应配备充足的撬挖清理设备，如冲击锤、风镐、反铲等。

⑥当采用非爆破开挖方式不能满足设计清基要求时，根据监理工程师指示，承包商方可采用爆破方式进行清基，但爆破钻孔必须使用手风钻钻孔，质点振动速度必须严格限制，不得超过规定要求。

⑦当必须放炮又不能满足上述要求时，应使用静态爆破技术。爆破工艺及参数应通过试验报监理工程师批准。

（5）建基面清面技术要求。

①在混凝土浇筑前应清除基岩面上的油污、碎屑、焊渣、泥土、喷射混凝土掉块、水泥浆等杂物，撬除松动岩块，并加以冲洗。坝基冲洗时应尽量采用高压水（风）枪进

行基础面的冲洗，冲洗用高压水压力不小于40MPa，直至满足验收要求，应特别注意岩面凹部的冲洗，直到流出清水为止。边坡整修及处理不应造成岩体进一步的破坏与损伤。

②凡建基面表面为缓倾、平直、光滑的结构面或附有钙膜、水锈时，均应进行凿毛处理。如基岩面有较大面积的光面，应打毛以形成粗糙面。

③如遇有承压水，承包商应制定引排措施和方法报监理工程师批准，处理完毕，并经监理工程师批准后，方可浇筑混凝土。

④清洗后的基础岩面在混凝土浇筑前应保持洁净。所有基础表面在浇筑混凝土前24h内，应保持湿润状态，在浇筑前务必排干积水。

⑤与建基面相关的前期地质勘探或试验中的钻孔、平洞等，均应处理到符合设计要求。

⑥拱坝上游贴角混凝土施工前，应在上游贴角混凝土基础的上游侧坡面岩体上涂刷沥青或铺设两毡三油，确保混凝土与坡面岩体脱开。

(6）对于采取有混凝土盖重固结灌浆的坝段，建基面清基和清面工作应在坝体混凝土浇筑前完成，并通过验收。对于采取无混凝土盖重固结灌浆的坝段，建基面清基工作应在基础岩体灌浆前完成，以便在灌浆过程中发现冒浆和漏浆部位并进行嵌缝堵漏处理。在无混凝土盖重灌浆结束后，应重新对建基面岩体进行清基检查。检查合格后，方可进行清面处理。

14　拱坝坝基及拱肩槽边坡开挖施工

14.1　概述

14.1.1　工程概况

杨房沟水电站拱坝坝基及拱肩槽边坡分布高程为2101.85～1947.00m，其中拱肩槽部位仅进行开挖，不需要支护（个别地质条件较差部位除外），拱肩槽共分为16段不同设计坡度，除高程2101.85～2090.00m外，其余段高差均为10m，拱肩槽顶部宽度约为12m，底部宽度约为35m。此区域为双曲拱坝建基面，爆破及成型要求严格。拱肩槽上下游侧边坡开挖与坝顶以上边坡开挖类似，此部位开挖梯段高度为4.85～15m。坝基底部预留厚3m的保护层，即高程1950～1947m。

14.1.2　施工特性

（1）开挖、支护高差大、地势陡峭、施工难度大，尤其是支护材料倒运困难、支护无形中制约着开挖施工进展；开挖期间安全问题十分突出，集中体现在高空坠落、边坡危石、爆破飞石、上下层交叉作业等。

（2）拱坝坝基及拱肩槽边坡开挖体型控制难度较大、超欠挖及平整度控制难度较大、爆破钻孔和装药控制难度较大。

（3）物探检测工作插穿频繁，为了查明拱坝坝基及拱肩槽开挖边坡岩体在爆破开挖后松弛圈岩体的损伤情况、岩体质量变化情况及各级岩体完整性、紧密程度，要求在边坡相应部位布置足够数量的爆破检测孔和声波孔等，工作量较大。

14.2　施工布置

14.2.1　施工供风

根据拱坝坝基及拱肩槽边坡的地理位置、施工特点及施工程序安排，采用集中供风的方式进行供风。

右岸高程2080m以上拱坝坝基及拱肩槽边坡开挖、支护供风利用前期布置于右岸缆机平台交通洞洞内空压机站集中向下供风；高程2080m以下开挖支护供风，在右岸上坝交通洞洞口附近的适当位置集中布置2台20m³/min（1台备用）和1台40m³/min的电动空压机组成集中压气站，在右岸坝顶平台开挖完成后择机将空压机站移动至平台上，不侵占上坝交通洞出洞口位置。

左岸高程2080m以上拱坝坝基及拱肩槽边坡开挖、支护供风利用前期布置于左岸缆机平台交通洞洞内空压机站集中向下供风；高程2080m以下开挖支护供风，主要利用6台20m³/min（1台备用）的电动空压机组成集中压气站供风（该压气站在左岸上坝交通洞采用围挡隔离半幅路面集中布置）。

拱坝坝基及拱肩槽边坡开挖用风设备主要为QZJ－100B潜孔钻机及手风钻等。施工供风直接从压气站处的供风系统中，采用Φ50mm PVC塑料管接至工作面。

14.2.2 施工供水、供电

施工供水、供电采用坝顶以上边坡开挖形成的供水系统和变压器站。

14.2.3 边坡施工小型材料吊运装置

由于两岸边坡高陡，边坡开挖、支护所需材料全靠临时栈道通过人工背运至工作面。为了提供施工效率及安全，在坝顶平台采用Φ48.3×3.6mm的钢管搭设运输能力为0.2t的小型材料吊运栈桥支架（以下简称支架），通过滑轮及索道方式来进行小型材料的运输。

14.3 开挖分区分层

拱坝坝基与拱肩槽边坡开挖工作面分为3个区，拱肩槽上游边坡开挖为Ⅰ区、拱坝坝基为Ⅱ区、拱肩槽下游边坡为Ⅲ区。Ⅰ区、Ⅲ区分层爆破梯段10～15m，Ⅱ区分层爆破梯段4～11.85m，原则上采用Ⅰ区、Ⅱ区和Ⅲ区交叉同时造孔，Ⅰ区、Ⅱ区和Ⅲ区（因Ⅲ区长度较短，可和Ⅱ区一起联网爆破，提高施工效率）采用顺序爆破出渣方式。相邻区域最大开挖高差不大于15m。在开挖过程中，若先爆破Ⅰ区（或Ⅲ区），则Ⅱ区与Ⅰ区（或Ⅲ区）连接部位的预裂孔及导向孔和Ⅱ区同时爆破施工。边坡开挖厚度若大于20m，则考虑预留12～15m厚保护层，外侧先进行“瘦身开挖”。

14.4 施工方法

拱肩槽边坡开挖与坝顶以上边坡开挖方法类似。本节主要讲述坝基边坡开挖。

14.4.1 超欠平衡

拱肩槽槽坡预裂孔主要采用QZJ－100B潜孔钻机造孔。由于QZJ－100B潜孔钻机本身结构尺寸决定了需要一定空间满足架钻要求，故拱肩槽建基面开挖时采用超欠平衡的控制方法进行开挖。按照施工分层梯段高度，先进行超欠平衡施工设计，在永久设计结构边线上先绘制出超欠平衡后的施工边线，开挖完成最终验收时，按施工边线进行设计超欠挖标准控制验收。

14.4.2 开挖钻孔

（1）主爆孔采用JK590或D9液压钻机进行钻孔，根据前期爆破试验成果，右岸边坡成孔直径为90mm，左岸边坡成孔直径为102mm。

（2）缓冲孔采用JK590或D9液压钻机进行钻孔，成孔直径为90mm。

（3）预裂孔采用QZJ－100B潜孔钻机进行钻孔，采用ϕ60mm钻杆，成孔孔径为70mm。

（4）钻机进入工作面后由专业人员全面检查，每班必须对预裂孔造孔的钻杆采用1m钢尺进行检查，严禁使用弯曲的钻杆，确定钻机为最优的工况。QZJ－100B潜孔钻机采用Φ48.3×3.6mm优质脚手架钢管进行样架搭设和固定。开钻前，施工技术、质量人员用水平尺和开普路985D专业数显水平尺对其调整复核。

（5）钻进过程按照技术要求严格控制每个孔的位置、角度和孔深。

（6）Ⅰ区、Ⅱ区、Ⅲ区分界处为建基面的拐点，为保护建基面拐点，分界处设置导向孔，预裂孔钻孔要注意钻孔深度，孔底预留20cm，防止穿透导向孔。

14.4.3 技术要求及质量控制

14.4.3.1 开挖一般要求

（1）拱肩槽上下游边坡及拱肩槽槽坡开挖，考虑坡比变化及爆破成型效果，主要采用一次预裂成型爆破，梯段分层爆破法施工。

（2）缓冲孔与预裂孔之间的垂直距离控制在1.5～1.8m，以此来保证岩面受到的爆破扰动最小。

（3）为保证施工质量，尽量平行钻孔，避免造孔时因钻杆下沉引起的孔深扰度过大造成孔深方位偏差。同时在钻杆上增加扶正器以防止造孔过程中因岩石变化引起飘钻现象。

14.4.3.2 测量放样

每一排炮孔均应放样，并应测量上一排炮孔爆破后开挖面的超欠挖情况。

14.4.3.3 样架搭设

采用优质钢架管进行样架搭设，样架底脚采取插筋固定，样架搭设角度采取角度尺或罗盘控制，搭设完成测量校核满足设计要求后进行开孔作业。

14.4.3.4 钻孔

1）钻孔质量控制

（1）预裂孔、主爆孔及缓冲孔的开孔位置，误差应小于5cm。

（2）孔深允许偏差：一般爆破孔宜为0～20cm，预裂和光面爆破孔宜为±5cm。

（3）钻孔角度偏差：一般爆破孔不宜大于2°，预裂和光面爆破孔不宜大于1°。

（4）炮孔经检查合格后，方可装药爆破。

（5）紧邻马道的一组爆破孔的深度必须仔细检查，凡超过设计规定平面的爆破孔都应在装药前用砂子或岩粉加以回填。

2）钻孔设备

（1）主爆孔：右岸采用 JK590 液压钻机，左岸采用 D9 液压钻机。

（2）缓冲孔：临近设计边坡的 2～3 排梯段炮孔作为缓冲孔，右岸采用 JK590 液压钻机，左岸采用 D9 液压钻机。

（3）预裂孔：采用 QZJ－100B 潜孔钻机造孔。

14.4.3.5　坡面拐点部位质量控制

拱肩槽上下游边坡及其与拱肩槽相交处均存在体形拐角，拐角钻孔质量控制的好坏直接影响到边坡开挖的整体质量。主要通过测量精确放出钻孔点、方向点，采用护正器、限位器、测斜仪、线垂等各种措施方法，严格控制钻孔的角度、方向和深度高程。在与拱肩槽相交线位置采用 QZJ－100B 潜孔钻机钻导向孔来控制，导向孔不予装药，导向孔两侧平行孔采用预裂爆破孔参数装药后爆破开挖，部分欠挖采用手风钻处理。

14.4.3.6　扭面部位质量控制

拱肩槽上下游边坡主要为渐变坡面、扭面，扭面开挖的好坏直接影响到开挖的质量，为保证预裂孔钻孔质量，控制爆破后体型，主要采用以下质量控制措施：

（1）首先测量设计开挖线（经过超欠平衡后的施工设计边线），之后按照边线用 Φ48 钢管搭设三角形样架或附着式样架。测量人员检测样架搭设的角度、倾角及钻孔方向是否准确，质量员检查样架的稳固性。检查合格后，测量人员在样架上放测预裂孔钻孔点位及在样架前放测预裂孔方向点，每个预裂孔必须对应 1 个方向点，其位于孔位点对应的前方，并且距孔位不小于 2.0m 位置，以保证钻机方位控制的精度。测量人员根据现场实测预裂孔位高程计算每个预裂孔的实际钻孔深度，将上述测量的每个预裂孔钻孔角度、倾角、钻孔方向、实际钻孔深度做好书面记录，同时给予质量员一份作为现场控制依据。

（2）钻工在样架上安装 QZJ－100B 潜孔钻机，安装扶正器和限位器。钻机进入工作面后专业人员进行全面检查，每班必须对预裂孔造孔的钻杆采用 1m 钢尺进行检查，严禁使用弯曲的钻杆，确定钻机为最优工况。

（3）施工前测量、质量人员按照已签证的爆破设计进行钻机水平调整和钻孔方向角度调整。开钻前，施工技术、质量人员用水平尺和开普路 985D 专业数显水平尺对其调整复核，检查预裂孔钻孔角度、倾角、钻孔方向，无误后开钻。

（4）开孔时严禁钻头偏移，使用小冲击少钻进的方法，钻进深度达到 20cm，经质量员检验合格后方可正常钻进，再钻进 0.5m、1.0m 分别校核一次，以后每 2～3 根钻杆校核一次，各复测一次钻杆中心线顶面的倾角和方向，以了解成孔情况。同时根据现场实际钻孔情况再定是否加装一只刚性扶正器，防止钻杆偏离。钻孔倾角控制采用开普路 985D 专业数显水平尺进行定位，数显水平尺内部安装有微电子机械系统，数显准确度可达到 0.01°；方位控制采用线锤、钻杆、预裂孔孔位及方位点确定的三角平面来控制，使线锤、钻杆、预裂孔孔位及方位点重合，并在钻机钻进过程中做到 3m 以内每钻进一根钻杆均须检查校核，3m 以上每 2～3 根钻杆校核一次。

(5) 钻孔过程中现场派施工技术人员进行巡查，要求钻孔操作人员具有相应的资质，每个预裂孔要有相应的钻孔记录。钻孔过程中发生钻进速度突然增大等情况，应将钻机风压减为原来的一半，放慢钻进速度，待钻进速度正常后再将风压调为正常值。

14.5　爆破试验

为确定杨房沟水电站大坝坝肩槽坝基边坡开挖区域内的各项爆破参数，提高爆破效果，满足设计及达标创优要求，争创开挖样板工程，项目部在左、右岸坝肩下游侧以Ⅲ1、Ⅲ2类岩体为主的2133.00～2104.35m高程段实施了爆破试验。

试验共实施了5组，其中左岸3组、右岸2组。左岸第3次试验模拟左坝肩槽坡高程2101.85～2090.00m高程梯段进行了原体型试验。

通过左岸3次、右岸2次爆破试验，收集、整理试验所得的各项数据资料并进行分析总结，针对拱肩槽槽坡Ⅲ1、Ⅲ2类围岩提出相应爆破参数及建议用以指导后续施工。

14.6　爆破设计

14.6.1　爆破材料及设备

炸药：乳化炸药或铵梯炸药，药卷直径25mm、32mm、70mm。

雷管：毫秒非电雷管，电雷管。

传爆器材：导爆索。

起爆器材：电雷管。

14.6.2　预裂爆破

14.6.2.1　采用QZJ－100B潜孔钻机时

1）炮孔间距a

据经验公式：

$$a=(7\sim12)D$$

式中，D为钻孔孔径，取70mm，故

$$a=70\times(7\sim12)=490\sim840\text{mm}$$

选用$a=70\text{cm}$（暂定，最终间距以试验成果确定）。

2）不耦合系数K

根据经验公式：

$$K=D/d$$

式中，D为钻孔直径，取70mm（成孔）；d为药卷直径，取32mm。故

$$K=90/32=2.8$$

3）线装药密度Q_x

根据经验公式：

$$Q_x = 0.188 a\sigma^{0.5}$$

式中，a 为孔间距取 0.7m；σ 为岩石极限抗压强度，取 600kgf/cm^2。故

$$Q_x = 0.188 \times 70 \times 24.49 = 276.25\text{g/m}$$

选用 230～280g/m（实际施工中，根据试验爆破效果及地质预报进行优化调整），底部加强装药 2～3 倍。

14.6.2.2　采用 YT－28 气腿钻时

1）炮孔间距 a

据经验公式：

$$a = (7 \sim 12)D$$

式中，D 为钻孔孔径，取 42mm，故

$$a = 42 \times (7 \sim 12) = 294 \sim 504\text{mm}$$

选用 a =45cm。

2）不耦合系数 K

根据经验公式：

$$K = D/d$$

式中，D 为钻孔直径，取 42mm（成孔）；d 为药卷直径，取 25mm。故

$$K = 42/25 = 1.68$$

3）线装药密度 Q_x

根据经验公式：

$$Q_x = 0.188 a\sigma^{0.5}$$

式中，a 为孔间距，取 0.3～0.5m；σ 为岩石极限抗压强度，取 600kgf/cm^2。故

$$Q_x = 0.188 \times 45 \times 24.49 = 206.2\text{g/m}$$

选用 200g/m，底部加强装药 2～3 倍。

14.6.2.3　装药结构

底部 1.0～1.5m 加强装药 2～3 倍。炮孔顶部 1～3m 线装药密度适当减小。孔口段用炮泥、沙子或岩粉堵塞 1.0～1.5m。

16.6.2.4　起爆

预裂炮孔和梯段炮孔若在同一爆破网络中起爆，预裂炮孔先于相邻梯段炮孔起爆的时间，不小于 75～100ms。

14.6.3　梯段爆破

1）主爆孔参数

梯段高度 H：H=10m。

钻孔直径 D：对于 JK590 履带式液压钻机，成孔直径 90mm。

底板抵抗线 W：W=(20～40)D，取 W=30×70mm=2.1m。

超钻深度 h：h=(0.12～0.35)W=0.25～0.7m，取 0.5m。

钻孔深度 L：$L = H + h$=10.5m，但考虑其结构需要，紧靠缓冲孔的一排主爆孔需

要打成斜孔、其余主爆孔可以打为直孔，所以主爆孔最终深度 $L=2.3\sim16.3$m（以不穿透岩体预留保护层为准）。

炮孔间距 a：$a=mW$，其中 m 为炮孔邻近系数，宽孔距爆破 $m=2\sim5$，取 $m=2.0$，故 $a=2\times2.1=4.2$m，取 $a=4.0$m。

炮孔排距 b：$b=0.866a=0.866\times4.0=3.464$m，取 $b=3.0$m。

装药量 Q：$Q=qabH$，其中 q 为岩石爆破单位耗药量，取 0.3～0.45kg/m^3；a 为间距；b 为排距；H 为梯段高度，故 $Q=(0.3\sim0.45)\times4\times3\times16.3=58.68\sim88.02$kg（此处仅计算了最深孔的装药量，其余孔深根据爆破试验效果一炮一设计时，进行优化，下同）。

堵塞长度 L_1：$L_1=(20\sim30)D=20\times90\sim30\times90mm=1.8\sim2.7$m，取 $L_1=2.5$m（暂定，施工时根据爆破效果进行动态调整）。

装药长度 L_2：$L_2=L-L_1=16.3-2.5=13.8$m。

综上所述，梯段主爆孔爆破参数见表 14.6.3－1。具体实施时，根据生产性爆破试验成果，爆破效果对参数不断进行调整。

表 14.6.3－1　梯段主爆孔爆破参数

梯段高度（m）	孔径（mm）	药径（mm）	超深（m）	底盘抵抗线（m）	孔距（m）	排距（m）	堵塞长度（m）	单耗（kg/m^3）
10	90	70	0.5	2.1	4.0	3.0	2.5	0.3～0.45

2）缓冲孔参数

紧邻设计边坡的第 2 排梯段炮孔，应作为缓冲炮孔，其孔距、排距和每孔装药量，应较前排梯段炮孔减少 1/3～1/2。梯段缓冲孔爆破参数见表 14.6.3－2。

表 14.6.3－2　梯段缓冲孔爆破参数

梯段高度（m）	孔径（mm）	药径（mm）	超深（m）	孔距（m）	距前排主爆孔（m）	距预裂孔（m）	堵塞长度（m）	单孔药量（kg）
10	90	70/32	0.5	1.6～1.8	3.0	1.6～1.8	1.25～1.6	20～44

缓冲孔因间排距较密，单孔装药量较小，为了获取较好的爆破效果，堵塞长度分两段进行，其中第一段封堵布置于孔的中部，第二段封堵布置于孔口，装药结构采用分两层连续不耦合装药结构，采用黏土分层堵塞。

3）爆破网路

深孔梯段爆破网络采用孔间微差顺序爆破，爆破网路既要保证孔、排间顺序起爆，也要保证传爆可靠。

14.6.4　瘦身爆破设计

拱肩槽开挖厚度（原始山体边线至开挖结构线的宽度）若大于 20m，预留 12～15m 保护层，开挖前的瘦身爆破，采用一次爆破法爆除，炮孔采用 D9 或 JK590 液压钻机钻垂直孔，靠保护层开挖位置不设施工预裂孔，根据现场实际情况靠预留面主爆孔可适当加密减少装药量方式。瘦身爆破主爆孔装药参数同梯段爆破主爆孔参数，瘦身爆破梯段高度选用 10～15m。

14.6.5　开挖爆破技术要求

爆破网络根据坝顶以上坝肩边坡开挖经验选取，实际施工时根据监理工程师批复的爆破设计实施，采取孔内相同高段位的雷管延时、孔外低段位雷管接力的微差爆破网络，能实现均匀的分段时差。在上部缆机主索过江安装后将进一步控制爆破参数和最大单响药量，同时加强爆破孔封堵，防止爆破产生飞石损伤缆机主索。坝基上下游边坡部位最大单响药量，预裂孔不大于 50kg、缓冲孔不大于 150kg、主爆孔不大于 300kg；拱肩槽槽坡部位取得试验成果前，一般情况下距建基面 30m 以外单段起爆药量不大于 250kg，30～50m 不大于 150kg，15m 以内不大于 75kg，以预应力锚杆、锚索、护坡不受破坏为限。

14.6.5.1　控制爆破

在拱坝建基面采用预裂爆破减少爆轰波对开挖边坡的影响、梯段爆破控制单响药量；在设计边坡附近的爆破，质点振动速度均不得大于安全质点振动速度。

为避免以上爆破对结构面的影响，可按以下措施对爆破进行控制。

1）降低段药量

降低段药量是控制爆破振动最直接、有效的措施。从 M. A. 萨道夫斯基公式 $V=K(Q^{1/3}/R)^{a}$ 可以看出，爆破振动强度与段药量 Q 成正比关系，与爆心距成反比关系；当段药量减少，质点振动强度降低。

2）改变最小抵抗线 W 的方向

根据力学原理分析，在地质、地形条件及爆破参数相同的条件下，振动作用最强烈的方向是最小抵抗线 W 的后方，两侧面较小。因此可采用斜线或 V 形起爆方案。

3）合理选择各段起爆时间间隔

完整的单段爆破地震波形应包括初震相、主震相和余震相。主震相周期一般为 50～100ms。为避免后一段爆破产生的地震波与前一段地震波相叠加而加强，两段起爆时间间隔 Δt 应有所控制，宜使 $\Delta t \geqslant 100$ms。

4）采用预裂爆破

实践表明，预裂爆破降振率可达 30%以上，最高可达 50%以上，预裂爆破已经成为控制爆破振动强度的有效措施。

5）采用孔内微差爆破

当孔深很大，单孔装药量大于最大段药量时，可采用孔内微差与孔外微差结合的爆破方法，也可采用“半台阶”爆破法，爆破振动强度可有效地下降。

6）使用多段别高精度毫秒导爆管

微差分段爆破时，一般情况应跳段使用导爆管雷管，而且多数情况下为两孔一段或单孔单段起爆，这样每次爆破要求使用的导爆管雷管段别多，总间隔时间长，故应采用高精度毫秒导爆管雷管，以满足降振爆破的需要。

14.6.5.2　爆破施工注意事项

1）装药注意事项

（1）装药前对炮眼进行验收和清理。

（2）严禁烟火和明火照明；无关人员撤离现场。

（3）采用木质炮棍装药；起爆前，在未装入雷管情况下，深孔装药出现堵塞时，采用铜和木制长杆处理。

（4）不得采用无填塞爆破，也不得使用石块和易燃材料填塞炮孔；填塞炮眼时不得破坏起爆线路。

2）哑炮处理方法

引爆后，关于哑炮的处理方法有两种：一种可以先用水冲洗，再用吹风管吹掉；另一种是在距离浅孔炮眼 30cm 位置打平行孔引爆，在距离深孔炮眼不少于 10 倍炮孔直径位置打平行孔引爆，打眼必须专业爆破人员进行操作，以保证人员安全。如果是因为雷管的原因导致炸药未能引爆，可以再装一次雷管进行二次引爆。

3）填塞

（1）填塞是保证爆破成功的重要环节之一，深孔、浅孔爆破装药后必须保证足够的填塞长度和填塞质量，禁止使用无填塞爆破。

（2）深孔爆破使用孔边钻屑或细石料填塞，浅孔爆破使用炮泥填塞。

（3）分层间隔装药应注意间隔填塞段的位置和填塞长度，保证间隔药包到位。

14.7　爆破效果阶段总结

14.7.1　左、右岸高程 2070m 以上拱肩槽槽坡爆破开挖阶段总结

左、右岸高程 2070m 以上拱肩槽槽坡共进行了 6 次预裂爆破施工，各次爆破效果及爆破监测对比情况详见表 14.7.1－1。

表 14.7.1－1　左、右岸高程 2070m 以上拱肩槽槽坡开挖爆破对比

爆破部位	左岸坝肩第 1 次	左岸坝肩第 2 次	左岸坝肩第 3 次	右岸坝肩第 1 次	右岸坝肩第 2 次	右岸坝肩第 3 次
高程（m）	EL. 2101. 85～EL. 2090. 00	EL. 2090. 00～EL. 2080. 00	EL. 2080. 00～EL. 2070. 00	EL. 2101. 85～EL. 2090. 00	EL. 2090. 00～EL. 2080. 00	EL. 2080. 00～EL. 2070. 00
桩号（m）	K0+092. 90～K0+164. 50	AL01～BL04（K0+108. 765～K0+93. 472）；AL03～AL04（K0+0. 0～K0+13. 533）；AL02～CL04（K0+7. 988～K0+27. 744）	AL05～BL11（K0+77. 062～K0+101. 404）；AL05～AL07（K0+0. 0～K0+15. 181）；AL07～CL06（K0+0. 8～K0+23. 797）	K0+67. 054～K0+116. 290	AR03～AR04（K0+0. 0～K0+14. 693）；AR01～BR03（K0+68. 651～K0+84. 169）；AR02～CR01（K0+5. 6～K0+9. 6）	BE8－1～AR05（K0+68. 27～K0+87. 703）；AR05～AR07（K0+0. 0～K0+17. 265）；AR07～CR05（K0+1. 6～K0+12）

续表14.7.1-1

爆破部位	左岸坝肩第1次	左岸坝肩第2次	左岸坝肩第3次	右岸坝肩第1次	右岸坝肩第2次	右岸坝肩第3次
预裂孔间距（cm）	70	70	70	70	70	70
孔深（m）	13.22～13.62	13.22～13.62	4.18～12.99	13.13～13.38	11.32～11.62	3.52～11.28
线装药密度（g/m）	250	256.4	256.4	250	260	250
药径（mm）	25（32）间隔装药	25（32）间隔装药	25（32）间隔装药	25（32）间隔装药	25（32）间隔装药	25（32）间隔装药
单孔药量（kg）	1.5～5.8	0.5～4.6	0.4～4.6	4.8	4.0	4.2
最大单响药量≤kg	40.6	52.6	18.4	66	40	72
堵塞长度（cm）	150	150	150	150	150	150
地质类别	以Ⅲ1类围岩为主	以Ⅲ1类围岩为主	以Ⅲ1类为主，上游局部为Ⅲ2类	以Ⅲ1类为主，沿断层 f_{400} 条带为Ⅲ2类	以Ⅲ1类为主，沿断层 f_{400} 条带为Ⅲ2类	以Ⅲ1类为主，沿断层 f_{400} 条带为Ⅲ2类
坡面超欠（cm）	坡面超挖<13，无欠挖	坡面超挖<11.5，无欠挖	坡面超挖<10.7，无欠挖	坡面超挖<16，欠挖<0	坡面超挖<13，欠挖<0	坡面超挖<14，欠挖<0
实测最大质点振动速度（cm/s）	11.41	12.2	6.02	6.95	10.00	6.44
爆破影响深度（m）	0.6、0.6、0.8	0.6、0.6	0.6、0.4、0.6	1.2、1.0、0.4	1.4、1.0、0.8	0.6、0.4、0.8
松弛区波速变化率 η（%）	6.47、7.83、14.56	9.32、12.82	7.28、0.43、11.66	18.08、6.77、25.47	8.95、6.38、21.37	12.95、5.28、24.70
爆后1m处波速变化率（%）	2.16、2.22、2.22	9.80、4.88、—	3.08、0.14、2.33	12.74、25.41、0.00	19.99、21.04、9.75	6.66、6.68、1.47
效果评价	合格	合格	优良	合格	合格	优良

通过左、右岸6次爆破，收集、整理所得的各项数据资料并进行分析总结，针对拱肩槽Ⅲ1、Ⅲ2类围岩采取以下措施对现场爆破施工作业进行改进。

（1）火工材料：总体符合边坡开挖岩石爆破要求。但做爆破网络设计时，缓冲孔、主爆孔孔内延期必须尽量采取低段位雷管，以避免雷管理论延长时间的正负误差而导致重段情况。

（2）根据爆破监测成果可知，左、右岸均存在实测质点振动速度、爆破前后声波衰减超过设计要求的情况，分析有可能与非电毫秒雷管理论延长时间的正负误差、地质情况等因素有关。拟采取以下措施改进：

①先瘦身、后保护层开挖方式。

采用该方式，即开挖爆破岩体厚度超过10m时，先采用瘦身炮，预留10～12m坝基环形保护层形成临空面最后爆破，瘦身炮和预留的10～12m坝基环形保护层分两次爆破，以减少单次爆破的孔数和炸材用量，使得爆破网络尽量使用低段位毫秒延期雷管，以降低雷管理论延长时间的正负误差导致重段情况发生的可能性。

②预裂缝、主爆破区分开单独爆破方式。

因预裂孔孔数最多，爆破网络分段也最多，故采用预裂孔钻孔完成后，缓冲孔、靠近缓冲孔的1～2排主爆破孔暂时不钻孔，先将预裂孔装药连线爆破。预裂孔爆破形成预裂缝之后，再钻剩余的缓冲、主爆孔，将剩余的主爆孔、缓冲孔装药联网爆破。

该类爆破网络理论上起爆更安全，孔内便于使用低段位的雷管，可有效减少可能的重段情况。

(3) 根据爆破前后声波测试成果可知，左岸3次爆破影响深度范围为0.4～0.8m，松弛区波速变化率范围为0.14%～9.80%，满足设计要求。

右岸估计受岩层顺坡向发育节理、断层及结构面的影响，右岸3次爆破影响深度范围为0.4～1.4m，松弛区波速变化率范围为6.38%～25.47%，坝基岩体距孔口1m处的声波波速衰减率范围为0.00%～25.41%。初步分析主要原因有以下几个方面：

①右岸岩层顺坡向发育，局部岩层走向近似于与开挖边坡平行，同时右岸岩层2060m高程以上大块体较多，结构面与节理也较多，对爆破影响松弛深度及松弛区波速变化率衰减影响偏大，此为主要因素。

②右岸坝基开挖坡度较陡，加之右岸岩体块体较大，断层、结构面、节理较发育，开挖后易于卸荷松弛。可随开挖出渣时在坝基边坡增加部分锚杆进行锚固以减少卸荷松弛情况。

③开挖爆破参数及网络设计尚有优化空间，拟采取瘦身、预裂孔单独预裂成缝等方式优化爆破网络。

④爆破声波衰减孔检测，前期采用同一高程顺水流方向布置，代表性不全面，拟采取上、中、下三个高程分别钻孔进行检测，使得检测结果更具备代表性。

(4) 在后续施工中，在阴角部位的导向孔继续装少量炸药，导向孔线密度控制在正常预裂孔线密度的1/3～1/2（100～180g/m）。

(5) 预裂孔装药：通过爆破发现，预裂孔采用Φ32mm和Φ25mm药卷组合装药比只采用Φ32mm药卷装药更均匀，爆破效果更好，预裂面更平整，所以预裂孔底部继续采用Φ32mm药卷加强，上部采用Φ25mm药卷间隔装药可以提高爆破效果。根据以上6次预裂残孔爆破效果分析，预裂孔线装药密度必须根据钻孔时探明的断层、节理、结构面等情况，以及地质预报适时调整孔距、线装药密度等爆破参数，以达到最优爆破效果。

(6) 拱肩槽坝基开挖质量、技术、生产管理小组在现场管理中要做到严要求、勤检查、奖罚兑现，加强钻孔质量的过程管控。

左岸第1次成槽爆破后，个别预裂孔底部存在飘孔现象，经现场检查，判定为钻机钻至断层部位时钻机速率过快导致，后续施工中应加强质量管控和提高钻孔人员质量意识、并做好钻孔记录，在发现有断层时放慢钻机速度，保证预裂孔成孔质量。

(7) 从爆破后现场预裂孔成缝、相邻两炮孔间岩石不平整度、炮孔底部偏差情况等发现，影响预裂孔成孔质量的最大因素仍然为地质条件，后续爆破必须根据地质预报、钻孔揭露的地质情况进行爆破动态设计，尽量减小预裂孔线装药密度；减小缓冲孔、主爆孔炸药单耗、减小单孔装药量，以减少对坝基的扰动。

（8）经过对爆破参数、爆后效果、质点振动速度及声波监测结果的分析比较，考虑到低高程坝基开挖厚度越厚、岩层埋深越深，岩石性状将更好，建议拱肩槽及坝基边坡开挖按表 14.7.1－2 和表 14.7.1－3 爆破参数进行控制，实施过程中每茬炮根据上茬炮爆破参数及爆后效果、下一茬炮地质预报情况、钻工实际钻孔时探明的地质情况进行爆破参数微调。

表 14.7.1－2　坝肩槽槽坡开挖建议爆破参数

孔别	钻爆参数				装药参数				
	钻孔设备	孔径（mm）	孔深（m）	孔距（cm）	药径（mm）	线装药密度（g/m）	不耦合系数	单孔药量（kg）	堵塞长度（cm）
预裂	QZJ－100B	70	6.9～13.5	70	32（25）	240～280	2.8	2.4～4.8	150

孔别	钻爆参数						装药参数			
	钻孔设备	孔径（mm）	孔深（m）	间距（m）	距预裂孔（m）	距主爆孔（m）	药径（mm）	单孔药量（kg）	最大单响药量≤kg	堵塞长度（cm）
缓冲	D9（JK590）	90	4.8～15.5	1.8	1.5	3.0	32（70）	18～38	75	150

孔别	钻爆参数				装药参数				
	钻孔设备	孔径（mm）	孔深（m）	间排距（m）	药径（mm）	单耗（kg/m3）	单孔药量（kg）	最大单响药量≤kg	堵塞长度（cm）
主爆	D9（JK590）	102（90）	6.9～15.56	3.5×3.0	70	0.30～0.58	28～66	75	100～300

表 14.7.1－3　拱肩槽上下游侧边坡开挖建议爆破参数

孔别	钻爆参数				装药参数				
	钻孔设备	孔径（mm）	孔深（m）	孔距（cm）	药径（mm）	线装药密度（g/m）	不耦合系数	单孔药量（kg）	堵塞长度（cm）
预裂	QZJ－100B	90	6.9～15.56	80	32（25）	250～300	3.6	2.6～6.6	150

孔别	钻爆参数						装药参数			
	钻孔设备	孔径（mm）	孔深（m）	间距（m）	距预裂孔（m）	距主爆孔（m）	药径（mm）	单孔药量（kg）	最大单响药量≤kg	堵塞长度（cm）
缓冲	D9（JK590）	90	6.9～15.56	1.8	1.5	3.0	32（70）	18～38	150	150

续表14.7.1－3

孔别	钻爆参数				装药参数				
	钻孔设备	孔径（mm）	孔深（m）	间排距（m）	药径（mm）	单耗（kg/m3）	单孔药量（kg）	最大单响药量≤kg	堵塞长度（cm）
主爆	D9（JK590）	102（90）	6.9～15.56	3.5×3.0	70	0.38～0.58	28～66	150	250

14.7.2　左、右岸高程2070～2050m拱肩槽槽坡爆破开挖阶段总结

左、右岸高程2070～2050m拱肩槽槽坡共进行了4次预裂爆破施工，各次爆破效果及爆破监测对比情况详见表14.7.2－1。

表14.7.2－1　左、右岸高程2070～2050m拱肩槽槽坡开挖爆破对比

爆破部位	左岸坝肩边坡		右岸坝肩边坡	
高程（m）	EL.2070～EL.2060	EL.2060～EL.2050	EL.2070～EL.2060	EL.2060～EL.2050
桩号（m）	AL08～AL10（KO+000.000～KO+017.119）；BL13～BL11（KO+077.028～KO+092.342）；CL05～CL08（KO+010.197～KO+039.133）	AL08～AL10（KO+000.000～KO+017.119）；BL13～BL11（KO+077.028～KO+092.342）；CL05～CL08（KO+010.197～KO+039.133）	AR08～AR10（KO+000.000～KO+019.002）；B25～AR08（KO+069.622～KO+084.258）；C9～C27（KO+007.200～KO+020.000）	AR13～CR08（K0+001.600～K0+025.600）；AR11～AR13（K0+000.000～K0+021.304）；BR14～AR11（K0+065.334～K0+079.380）
预裂孔间距（cm）	70	70	70	70
孔深（m）	3.5～12.9	4.15～13.46	3.28～11.84	3.53～12.72
线装药密度（g/m）	256.4	256.4/200	256.4	250
药径（mm）	25（32）间隔装药	25（32）间隔装药	25（32）间隔装药	25（32）间隔装药
单孔药量（kg）	0.4～4.6	1.0～4.5	0.8～4.0	0.7～4.0
主爆孔最大单响药量≤kg	72	46	74	48.6
堵塞长度（cm）	150	150	150	150
地质类别	以Ⅲ1类岩体为主，沿断层f_{435}、f_{65-4}条带为Ⅲ2类	Ⅲ1类岩体	以Ⅲ1类为主，沿断层f_{60-5}、f_{404}、f_{438}、J_{402}条带为Ⅲ2类	Ⅲ1类岩体
坡面超欠（cm）	超挖≤50，无欠挖	超挖≤31，无欠挖	超挖≤39，无欠挖	超挖≤31，无欠挖
实测最大质点振动速度（cm/s）	—	9.4	—	9.62

续表14.7.2－1

爆破部位	左岸坝肩边坡		右岸坝肩边坡	
爆破影响测试深度（m）	—	1.0	—	0.6、2.0
松弛区波速变化率 η（%）	—	12、11.8、22.1、9.8、15.7	—	13.1、19.8、16.4
爆后1m处波速变化率（%）	—	12、11.8、22.1、9.8、15.7	—	—
自评	合格	合格	合格	合格

通过左右岸高程2070～2050m拱肩槽槽坡4次爆破，收集、整理所得的各项数据资料并进行分析总结，该4次爆破存在的主要问题如下：

（1）钻孔过程控制不严格，监管措施落实不到位，技术、质检人员、操作人员责任心不强、未认真履职，监控不到位，因此出现孔间距、角度与设计指标存在偏差，爆破后间距不均匀。

（2）作业平台受限，操作人员为操作方便，预留平台超过施工设计结构边线，爆破后又未及时处理，因此分层开挖操作平台超欠起伏较大。

（3）样架局部不稳定，造孔过程中未采取及时加固措施。

（4）个别岩块强度高、硬度大，爆破参数装药未正确按照地质状况进行调整，因此爆破中出现未碎裂情况，造成局部个别块体突出、欠挖。

（5）地质状况较差，松散块体较多，爆破后为确保安全，甩渣过程中主要采取反铲抠刨，未及时采取随机锚杆支护，造成基础面掉块、坍塌，残孔痕迹破坏、成型较差。

针对以上原因，在后续拱肩槽2050.00m高程以下可采取下列措施改进指导现场施工：

（1）在爆破网络连线时，缓冲孔、主爆孔孔内延期仍然要尽量采取低段位非电雷管，以避免重段情况发生。

（2）左右岸2070.00～2060.00m高程段爆破时未采集到质点振动数据和声波检测数据，后续施工将杜绝此类事件的发生，必须做到每炮一监测。

（3）对拱肩槽槽坡部位样架搭设、预裂孔造孔进行严格监督与考核，及时做好相应的钻孔记录，并在钻孔过程中定时对预裂孔方向与角度进行检查，避免出现飘孔、孔间距不均匀等情况。

（4）及时处理拱肩槽槽坡上下梯段之间因超欠平衡出现的小阶梯，保证坡面平整度。

（5）左右岸拱肩槽槽坡2050.00m高程以下爆破开挖仍然继续沿用上一层爆破参数，只根据在下一层地质预报情况、钻工实际钻孔时探明的地质情况下进行爆破参数微调。

14.8　拱坝河床坝基保护层开挖

杨房沟水电站拱坝左右岸坝基位于坝 0－022.50m～坝 0+018.80m，大面开挖到高程 1950.00m 后，建基面预留 3m 厚保护层，即高程 1950.00～1947.00m。同时，按照设计图纸要求，在大坝 9＃、10＃坝段上游部位布置有集水池，其设计结构尺寸为 10m×5m×2.5m，集水池顶部高程 1947.00m。基坑上下游边坡坡度为 1∶0.3，左右岸边坡均为垂直边坡。

保护层按照分区、分块、分层的方式进行开挖，底部水平预裂孔及垂直预裂孔均采用 QZJ－100B 潜孔钻机进行钻孔，各区以及开挖区周边均采用施工预裂，垂直主爆孔均采用 JK590 液压钻机或 D9 液压钻机进行钻孔，斜坡段及其他局部浅孔部位采用 YT－28 手风钻造孔。

在拱坝坝基轮廓线上下游侧分别各开挖一条宽度不少于 3.5m，底部高程为 1946.5m 的先锋槽。为使先锋槽爆破有临空面，先进行先锋井的开挖。先锋井可选择在集水池部位，平面尺寸为 6m×5m，分 2 层开挖，上层厚 3.5m，底层厚 2.0m，井的上层 3.5m 主要采用预裂爆破一次到底，下层 2.0m 采用 YT－28 手风钻钻孔，下层爆破后预留部分渣料作为后续的施工平台，完成先锋槽开挖出渣时将先锋井第二层爆破渣料同步完成。

先锋槽以 6m/段，分段推进。各段直接从先锋井部位分别向两侧方向推进，钻孔、出渣按照左右方向循环交替进行。先锋槽形成后，开挖分块已具有临空面，底部预裂孔为水平钻孔，主爆孔及施工预裂孔为垂直钻孔，主爆孔底部距建基面 1.0m，爆破及出渣完成后采用 YT－28 手风钻或风镐进行底部找平处理。

15 建基面岩体质量评价

15.1 岩体质量检查方法及标准

15.1.1.1 坝基岩体质量检查方法

坝基岩体质量分类主要考虑的工程地质因素有岩性、岩体风化卸荷、岩体结构、岩体完整性、地下水条件、钻孔声波波速等。为合理评价拱坝建基面岩体质量，根据实际开挖揭露的地质情况及物探检测成果，综合上述影响因素对岩体质量进行判断。

15.1.1.2 坝基岩体质量检查标准

根据拱坝建基面开挖揭示的地质条件、检测成果及前期岩体质量分类成果，同时考虑拱坝对基础综合变形模量的要求，提出杨房沟坝基开挖后各级岩体的声波波速验收标准，见表15.1－1。

表15.1－1 杨房沟拱坝建基面岩体质量验收声波波速标准

分区范围	岩体分类	纵波波速标准
0～3m	不区分岩体类别	高程2060m以上声波均值大于4000m/s，高程2060m以下声波均值大于4200m/s
>3m	Ⅱ	声波均值大于4700 m/s，小于4160m/s的不超过15%，且不集中
	Ⅲ1	声波均值大于4300 m/s，小于3700m/s的不超过15%，且不集中
	Ⅲ2	声波均值大于3700 m/s

15.2 岩体质量检查评价

15.2.1 建基面岩体质量总体评价

杨房沟拱坝建基面开挖揭露岩性为花岗闪长岩，弱风化下段～微风化，次块状～块状结构为主，岩体Ⅱ类岩体占60.6%，Ⅲ1类占34.3%，Ⅲ2类岩体占3.9%，Ⅳ类岩体占1.2%，与前期预测基本一致，变化为0.9%～3.5%。

坝基Ⅱ类岩体波速2685～6349m/s，均值5234m/s，小于4160m/s占比5.9%。Ⅲ1类岩体波速2667～6349m/s，均值4873m/s，小于3700m/s占比5.8%。Ⅲ2类岩体

波速 2469～6163m/s，平均波速值 4285m/s。坝基开挖后岩体质量较好，除少量Ⅳ类岩体外，各级岩体均满足建基面原岩声波波速验收标准。

坝基出露的Ⅳ类岩体、中下部Ⅲ2 类岩体、松弛带及低波速带等地质缺陷可采取槽挖、加强固结灌浆等基础处理措施。

声波检测结果表明，坝基开挖后表层岩体爆破影响深度均小于 3.0m，松弛岩体的时间效应不明显。

综上所述，杨房沟水电站建基面开挖揭示的岩性、地质构造及岩体质量等与前期预测基本一致，总体满足设计拟定的建基要求。

实际开挖揭露岩体分类与预测的对比见图 15.2.1－1～2 和表 15.2.1－1，建基面声波波速统计结果见表 15.2.1－2～3。

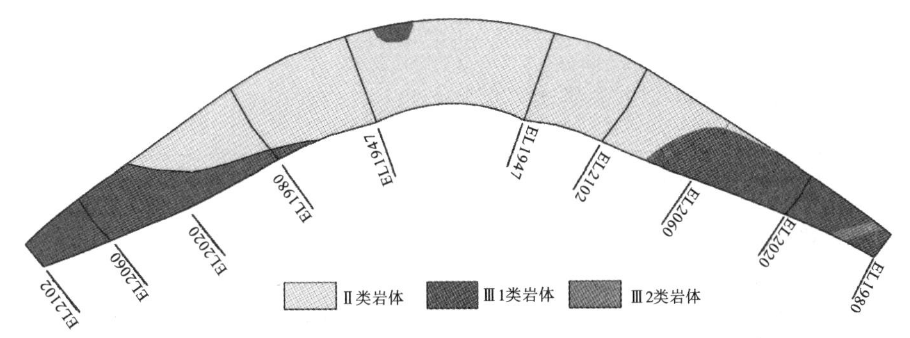

图 15.2.1－1　施工详图阶段（预测）拱坝建基面岩体质量分类图

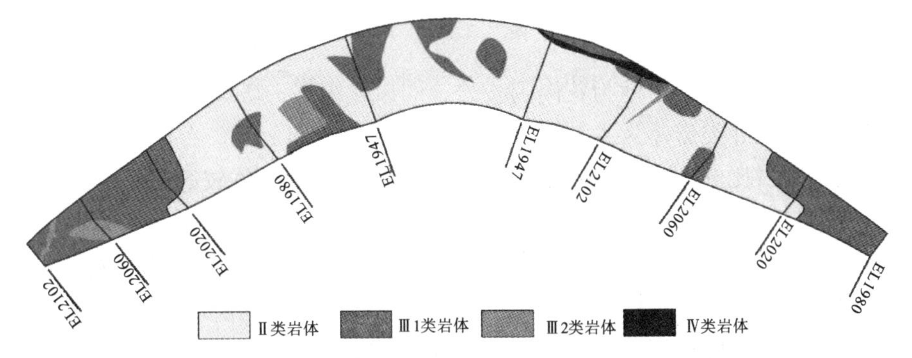

图 15.2.1－2　实际开挖揭露拱坝建基面岩体质量分类图

表 15.2.1－1　建基面实际开挖与预测岩体质量差异统计

岩体分类	施工详图阶段					
	预测面积（m^2）	实际面积（m^2）	实际增加（m^2）	预测占比（%）	实际占比（%）	实际占比增加（%）
Ⅱ	8384.0	7937.6	−446.4	64.1	60.6	−3.5
Ⅲ1	4614.8	4498.0	−116.8	35.2	34.3	−0.9
Ⅲ2	98.8	507.5	408.7	0.7	3.9	3.2
Ⅳ	0	154.5	154.5	0	1.2	1.2

表 15.2.1－2　建基面 0～3m 范围声波统计

高程（m）	深度（m）	波速范围（m/s）	平均波速（m/s）	评价
2060 以上	0～3	2326～5650	4274	满足标准要求
2060 以下	0～3	2299～6250	4469	满足标准要求

表 15.2.1－3　建基面 3m 以下岩体质量声波统计

岩体类别	分布	波速范围（m/s）	平均波速（m/s）	下限波速占比	评价
Ⅱ	主要分布于左岸坝基高程 2040m、右岸坝基高程 2030m 以下及河床 1947m 高程大部分区域	2685～6349	5234	小于 4160m/s 占比 5.9％	满足标准要求
Ⅲ1	主要分布于左岸坝基高程 2040m、右岸坝基高程 2030m 以上大部分区域	2667～6349	4873	小于 3700m/s 占比 5.8％	满足标准要求
Ⅲ2	主要分布右岸坝基高程 2075～2050m、1970～1960m 下游侧及局部断层影响带、蚀变岩体	2469～6163	4285	—	满足标准要求
Ⅳ	左岸坝基高程 1990～1947m 上游侧 f_{27} 蚀变条带	—	—	—	需处理

15.2.2　左岸建基面岩体质量评价

左岸坝基开挖揭露的岩性为花岗闪长岩，弱风化下段～微风化，次块状～块状结构为主。岩体类别以Ⅱ类岩体为主，占比 68.5％，其次为Ⅲ1 类，占比 28.0％，少量Ⅲ2 类、Ⅳ类，分别占比 0.7％、2.8％；左岸建基面岩体质量总体较好。

Ⅱ类岩体波速均值 5090m/s，小于 4160m/s 占比 6.2％；Ⅲ1 类岩体波速均值 4846m/s，小于 3700m/s 占比 3.9％。左岸坝基岩体总体满足建基面验收标准要求。

根据建基面利用原则及钻孔声波分析，坝体下部存在的断层 f_{529}、f_{13-2} 影响带为Ⅲ2 类岩体，需进行加强固结灌浆及铺设基础钢筋网处理。高程 1990～1947m 拱圈中心线上游侧 f_{27} 蚀变条带为Ⅳ类岩体，进行槽挖回填混凝土并加密灌浆、铺设钢筋网方式处理。高程 2020～2026m 拱圈中心线下游侧、1984～1990m 拱圈中心线、1970～1980m 拱圈中心线上游侧存在低波速带，对上述区域加强固结灌浆处理。

开挖揭露岩体分类与预测的对比见图 15.2.2－1 和表 15.2.2－1，建基面声波波速统计结果见表 15.2.2－2 和表 15.2.2－3。

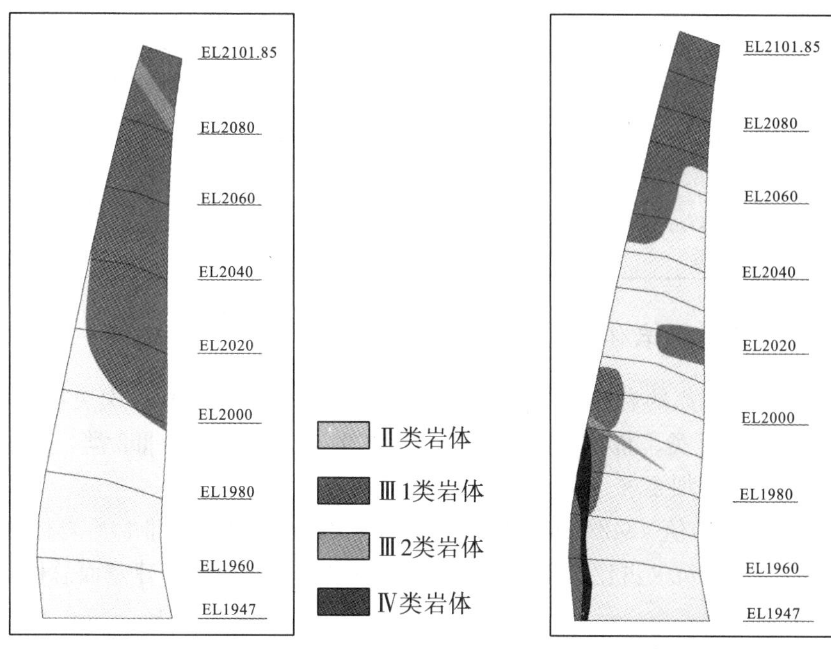

(a) 施工详图阶段（预测）　　(b) 施工详图阶段（实际开挖）

图 15.2.2-1　左岸建基面施工详图阶段预测与开挖岩体分类对比图

表 15.2.2-1　左岸建基面施工详图阶段实际开挖与预测岩体质量差异统计

岩体分类	施工详图阶段					
	预测面积（m^2）	实际面积（m^2）	实际增加（m^2）	预测占比（%）	实际占比（%）	实际占比增加（%）
Ⅱ	2915.2	3573.7	658.5	55.8	68.5	12.7
Ⅲ1	2210.1	1463.6	−746.5	42.3	28.0	−14.3
Ⅲ2	97.8	37.4	−60.4	1.9	0.7	−1.2
Ⅳ	0	148.4	148.4	0	2.8	2.8

表 15.2.2-2　左岸建基面 0~3m 声波波速统计

高程（m）	深度（m）	波速范围（m/s）	平均波速（m/s）	评价
2060 以上	0~3	3203~5650	4644	满足标准要求
2060 以下	0~3	2299~6061	4591	满足标准要求

表 15.2.2-3　左岸建基面 3m 以下岩体质量统计

岩体类别	分布	面积（m^2）	占比（%）	平均波速（m/s）	下限波速占比	评价
Ⅱ	主要分布于坝基高程 2040m 以下大部分区域	3573.7	68.5	5090	小于 4160m/s 占比 6.2%	满足标准要求
Ⅲ1	高程 2040m 以上大部分区域及高程 2010~1947m 拱圈中心线上游侧部分区域	1463.6	28.0	4846	小于 3700m/s 占比 3.9%	满足标准要求

续表15.2.2-3

岩体类别	分布	面积（m²）	占比（%）	平均波速（m/s）	下限波速占比	评价
Ⅲ2	高程 1985～1994m 拱圈中心线上游侧断层 f_{529}、f_{13-2}及影响带	37.4	0.7	—	—	需处理
Ⅳ	高程 1990～1947m 拱圈中心线上游侧 f_{27}蚀变条带	148.4	2.8	—	—	需处理

15.2.3 右岸建基面岩体质量评价

右岸坝基开挖揭露的岩性为花岗闪长岩，弱风化下段～微风化，次块状～块状结构为主。坝基岩体以Ⅱ类、Ⅲ1类岩体为主，占比 91.5%；少量为Ⅲ2类，占比 8.5%，岩体质量总体满足建坝要求。

Ⅱ类岩体波速均值 4842m/s，小于 4160m/s 占比 12.8%；Ⅲ1类岩体波速均值 4763m/s，小于 3700m/s 占比 7.7%。依据建基面验收标准，右岸建基面总体满足建基面原岩验收要求。

根据建基面利用原则，坝体中部高程 2052～2060m 及坝体下部高程 1960～1970m 下游侧存在Ⅲ2类岩体，需对坝体中部Ⅲ2类岩体进行加强固结灌浆处理，对 1960～1970m 下游侧浅表层蚀变岩体槽挖 1～1.5m 后加强固结灌浆并铺设基础钢筋网。通过钻孔声波分析，右岸坝基局部受断层及影响带影响，存在低波速带，深度 0.6～10.2m，对低波速区域加强固结灌浆处理。

开挖揭露岩体分类与预测的对比见图 15.2.3-1 和表 15.2.3-1，建基面声波波速统计结果见表 15.2.3-2 和表 15.2.3-3。

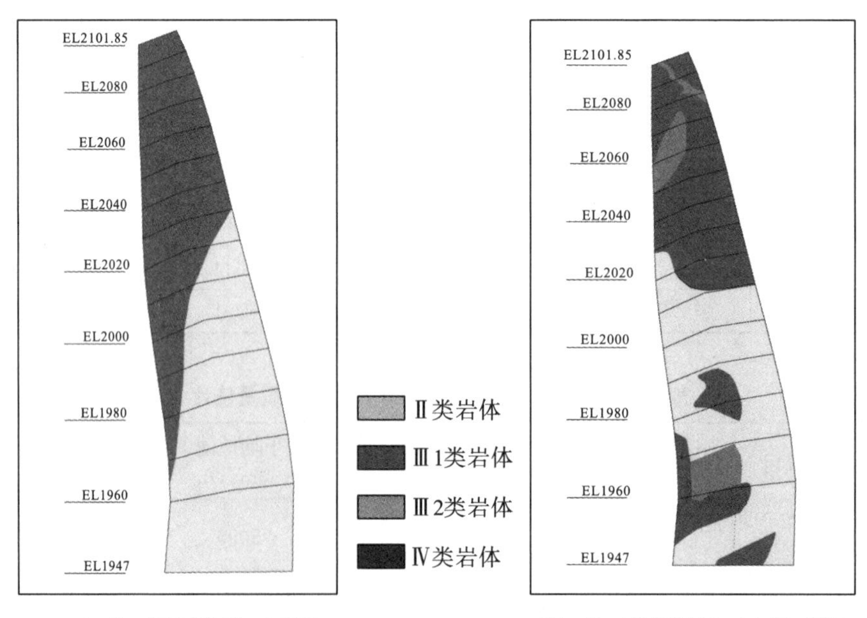

（a）施工详图阶段（预测）　（b）施工详图阶段（实际开挖）

图 15.2.3-1　右岸建基面施工详图阶段预测与开挖岩体分类对比图

表 15.2.3－1　右岸建基面施工详图阶段实际开挖与预测岩体质量差异统计

岩体分类	施工详图阶段					
	预测面积（m^2）	实际面积（m^2）	实际增加（m^2）	预测占比（%）	实际占比（%）	实际占比增加（%）
Ⅱ	3231.9	2619.9	－612	58.2	47.1	－11.1
Ⅲ1	2322.3	2465.8	143.5	41.8	44.4	2.6
Ⅲ2	1.5	470.0	468.5	0	8.5	8.5

表 15.2.3－2　右岸建基面岩体 0～3m 声波波速统计

高程（m）	深度（m）	波速范围（m/s）	平均波速（m/s）	评价
2060 以上	0～3	2326～5650	4023	满足标准要求
2060 以下	0～3	2299～6061	4270	满足标准要求

表 15.2.3－3　右岸建基面 3m 以下岩体质量统计

岩体类别	分布	面积（m^2）	所占比例（%）	平均波速（m/s）	下限波速占比	标准
Ⅱ	高程 2010m 以下大部分区域	2619.9	47.1	4842	小于 4160m/s 占比 12.8%	满足标准要求
Ⅲ1	高程 2010m 以上大部分区域及高程 1956～1980m 部分区域	2465.8	44.4	4763	小于 3700m/s 占比 7.7%	满足标准要求
Ⅲ2	高程 2050m 以上、1970～1960m 部分区域及断层影响带、蚀变带	470.0	8.5	4285	—	满足标准要求

15.2.4　河床建基面岩体质量评价

河床坝基岩性为花岗闪长岩，微风化为主，次块状～块状结构，岩体质量较好，坝基岩体以Ⅱ类岩体为主，占比 75.2%；岩体呈微风化，岩体次块状～块状结构。岩体波速 3361～6349m/s，均值 5570m/s，小于 4160m/s 占比 2.3%。Ⅲ1 类岩体占比 24.5%，岩体波速 2685～6349m/s，均值 5548m/s，小于 3700m/s 占比 0.8%。Ⅳ类岩体占比 0.3%。

河床建基面总体满足建基面验收标准要求，但左岸坡脚受断层 f_{27} 蚀变带影响存在Ⅳ类岩体，岩体质量差，对该区域蚀变岩体槽挖后加强固结灌浆并铺设钢筋网。通过钻孔声波及孔内电视分析，河床坝基局部受地下水的侵蚀作用，沿结构面存在局部侵蚀后形成的小空腔，揭露最大深度 13.0m，需进行加强固结灌浆处理。

开挖揭露岩体分类与预测的对比见图 15.2.4－1 和表 15.2.4－1，建基面声波波速统计结果见表 15.2.4－2。

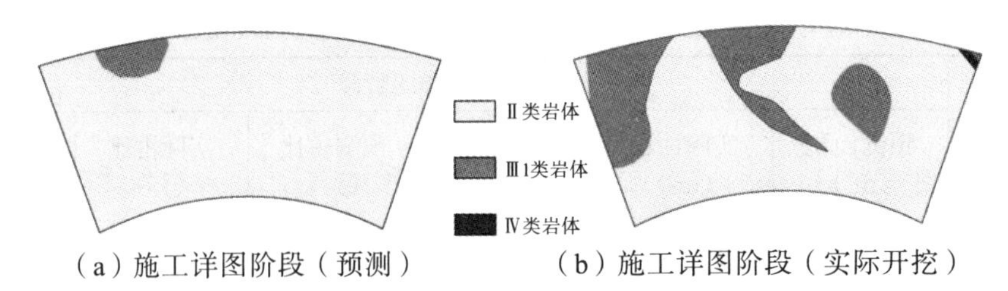

图 15.2.4-1　河床建基面施工详图阶段预测与开挖岩体分类对比图

表 15.2.4-1　河床建基面施工详图阶段实际开挖与预测岩体质量差异统计

岩体分类	施工详图阶段					
	预测面积（m^2）	实际面积（m^2）	实际增加（m^2）	预测占比（%）	实际占比（%）	实际占比增加（%）
Ⅱ	2239.2	1743.8	−495.4	96.6	75.2	−21.4
Ⅲ1	79.3	568.5	489.2	3.4	24.5	21.1
Ⅳ	0	6.2	6.2	0	0.3	0.3

表 15.2.4-2　河床建基面岩体质量统计

岩体类别	分布	面积（m^2）	所占比例（%）	平均波速（m/s）	下限波速占比	标准
Ⅰ	建基面 0～3m	—	—	4954	—	满足标准要求
Ⅱ	拱圈中心线下游侧大部分区域，上游侧部分区域	1743.8	75.2	5570	小于 4160m/s 占比 2.3%	满足标准要求
Ⅲ1	拱圈中心线上游侧部分区域	568.5	24.5	5548	小于 3700m/s 占比 0.8%	满足标准要求
Ⅳ	断层 f_{27} 及蚀变带	6.2	0.3	—	—	需处理

16　建基面缺陷处理

16.1　断层及影响带处理

16.1.1　建基面断层发育情况

根据前期勘察成果推测：坝基范围无大规模的断层，仅发育有Ⅲ级和Ⅳ级结构面及小规模的节理裂隙，其中Ⅲ级结构面为 F_2、f_{24}、f_{33}、f_{48}、f_{62}、f_{63}、f_{65}、f_{66}、f_{19-10} 共 9 条断层，宽度一般为 10～50cm，最大为 F_2，宽度可达 100cm，带内一般为碎块岩、片状岩及岩屑等，面多见铁锰渲染，其余均为Ⅳ级结构面。坝基范围出露的Ⅳ级结构面较多，如左岸 f_{1-1}、f_{24}、f_{19-3} 和右岸 f_{11}、f_{33}、f_{2-2}、f_{2-4}、f_{22-5} 等，其规模相对较小，宽度一般为 0.02～0.5m。根据断层规模及性状推测，需处理的断层共 8 条，包括 F_2、f_{24}、f_{33}、f_{48}、f_{63}、f_{66}、f_{19-10}、f_{2-4}。

建基面开挖后实际揭露情况：总体上建基面实际揭露的断层规模小且性状较好，其中，F_2 断层在建基面高程 2097～2100m 出露，宽度仅 2～3cm，带内为片状岩、岩屑填充，面见铁锰质渲染；f_{63}、f_{66} 未在建基面出露；f_{24}、f_{33}、f_{48}、f_{19-10}、f_{2-4} 在建基面出露，规模均较小，一般宽度 0.5～4cm。

另外，还揭露了新的断层，主要包括 f_{27}、f_{529}、f_{542} 等。建基面断层实际出露情况详述如下：坝基发育 95 条断层和 78 条挤压破碎带，带内一般为碎块岩、岩块岩屑，面多见铁锰质渲染，局部附钙质；断层及挤压带主要以走向 NNE、NWW 和 NEE 中陡倾角为主，缓倾角结构面较少发育。断层及挤压带规模一般较小及性状较好，其中宽度大于 20cm 的 2 条，15～20cm 的 1 条，10～15cm 的 2 条，5～10cm 的 14 条，小于 5cm 的 154 条。

其中宽度大于 20cm 的断层有：

(1) 左岸坝基高程 1985～1994m 中部发育断层 f_{529}，宽 5～15cm，影响带宽度 0.5～1.5m，影响带岩体较破碎～完整性差，属Ⅲ2 类岩体，见图 16.1.1－1。

(2) 左岸坝基高程 1947～1988m 上游侧发育断层 f_{27}，宽 10～15cm，局部影响带 20cm，沿断层面两侧分布蚀变岩体，上盘蚀变带宽 0.2～1.5m，下盘蚀变带宽 0.6～2.6m，属Ⅳ类岩体，见图 16.1.1－2。

图 16.1.1－1　左岸坝基断层 f_{529} 及影响带分布情况

图 16.1.1－2　断层 f_{27} 沿结构面分布蚀变岩体

16.1.2　断层及影响带处理原则及措施

断层及影响带处理原则：宽度在 20cm 以上或者断层下端出露在建基面且与建基面夹角小于 10°的断层，需进行槽挖并回填混凝土。

根据坝基开挖揭露的断层发育情况，明确坝基地质缺陷处理措施有以下几种：

(1) 左岸 f_{27} 断层处理：采取刻槽回填混凝土处理。

(2) 其余揭露的断层规模较小及性状较好，不进行断层槽挖及回填混凝土处理。

(3) 对与建基面小角度相交的断层，对表面呈薄片状以及尖角状突出的岩块进行清理。

(4) f_{529} 等断层根据需要采用加强固结灌浆或局部铺设基础钢筋的措施进行处理。

16.1.3　左岸坝基及上游拱肩槽边坡沿断层 f_{27} 局部蚀变岩体处理措施

（1）建基面蚀变岩体采取刻槽回填混凝土并加强固结灌浆，具体如下：

①高程 1947～1990m 断层 f_{27} 在建基面出露部位刻槽，刻槽宽度为断层 f_{27} 及两侧分布蚀变岩体，刻槽宽度 3～6m、深度 2～3m，刻槽尺寸根据实际地质情况由地质及水工工程师现场明确。刻槽内沿槽两侧壁交错布置插筋 Φ28，$L=3$m，@1m×1m，入岩 2m，底面布置插筋 Φ28，$L=4.5$m，@1m×1m，入岩 3.5m；

②回填混凝土采用 $C_{180}30$ 三级配，其外表面与建基面开挖面齐平，回填施工可在相邻部位大坝混凝土浇筑时与大坝混凝土一起浇筑。

③蚀变岩体及周边加强坝基固结灌浆，灌浆孔间排距在 3m×3m 基础上加密为 1.5m×1.5m，固结灌浆深度为 15m，固结灌浆孔位预埋 PVC 管，灌浆孔位根据刻槽开挖情况现场确定（见图 16.1.3－1）。

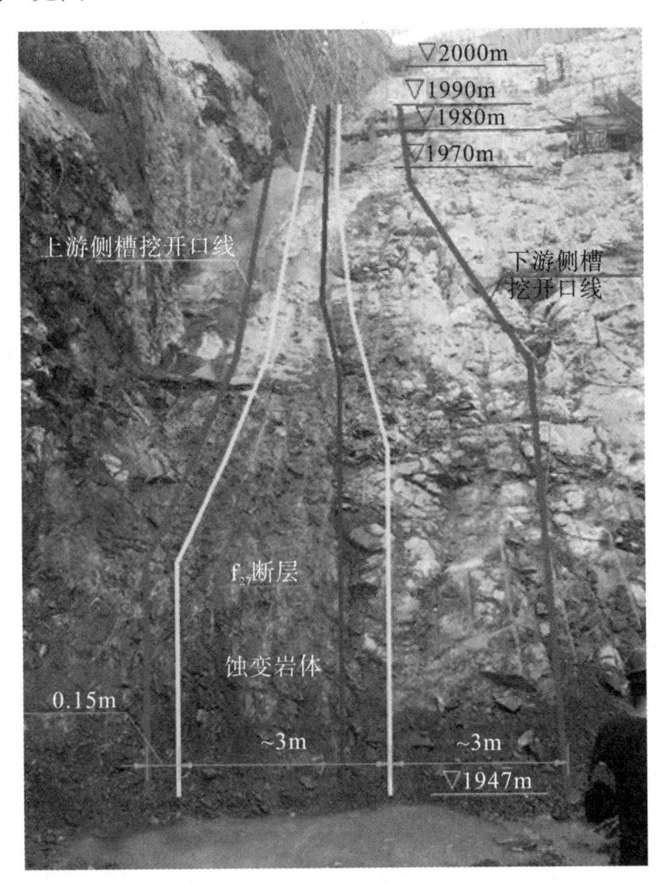

图 16.1.3－1　断层 f_{27} 出露位置建基面地质缺陷范围及槽挖范围示意图

（2）由于 f_{27} 断层穿过防渗帷幕，为避免蚀变岩体发生渗透破坏，在 f_{27} 断层与防渗帷幕距离较近的局部部位减小排水孔深度、增加排水孔间距或取消坝基排水孔。

（3）在 f_{27} 断层与防渗帷幕距离较近的部位加强帷幕灌浆。

16.1.4 右岸坝基断层 f_{542} 及 f_{562} 影响带表层蚀变岩体处理措施

右岸坝基高程 1960～1970m 下游侧发育断层 f_{542}、f_{562}，其中断层 f_{542} 产状为 N55°W NE∠50°～55°，宽 4～10cm，带内夹片状岩、岩屑，见铁锰质渲染，与建基面小角度相交，断层面上盘局部掉块后形成光面；断层 f_{562} 产状为 N80°E NW∠55°～60°，带宽 2～3cm，面起伏粗糙，岩体见蚀变现象（范围见图 16.1.4－1）。

根据实际揭露的地质条件，结合物探测试成果，明确高程 1960～1970m 建基面断层 f_{542} 及 f_{562} 影响带表层蚀变岩体进行清除，清除范围见图 16.1.4－1 所示，清除深度 1.0～1.5m，周边坡比 1∶0.4，具体开挖深度及范围调整由地质及设计工程师现场确定。清除后，对该范围加强固结灌浆并铺设基础钢筋。

图 16.1.4－1 断层 f_{542} 及 f_{562} 影响带表层蚀变岩体清除范围示意图

16.2 其他地质缺陷处理

其他地质缺陷包括：建基面局部Ⅲ2 类岩体、岩体低波速带及浅层岩体松弛岩体、河床局部地下水侵蚀，处理措施如下：

（1）对建基面局部Ⅲ2 类岩体、岩体低波速带及河床局部地下水侵蚀部位采用加强固结灌浆的措施。

（2）对浅层岩体松弛岩体按照建基面清理要求，对浅层松弛的岩块进行清理，并采用加强固结灌浆或局部铺设基础钢筋的措施进行处理。

17 拱坝变形及应力复核

17.1 建基面岩体质量复核

17.1.1 左岸建基面岩体质量复核

左岸坝基岩体类别以Ⅱ类为主，其次为Ⅲ1类，少量Ⅲ2及Ⅳ类，与预测大体一致，具体变化如下：

（1）Ⅱ类岩体比例增加12.7%，Ⅲ1类岩体比例降低14.3%，主要是建基面中部高程岩体的完整性比预测的要好。

（2）Ⅲ2类岩体比例略有减少，主要是断层F_2穿过左岸坝基时其宽度比预测的小，性状比预测的好。

（3）Ⅳ类岩体比例略有增加，主要是断层f_{27}在左岸坝基靠上游侧高程1990～1947m存在条带状蚀变现象，岩体类别降为Ⅳ类。

17.1.2 右岸建基面岩体质量复核

右岸坝基开挖揭露的岩体质量以Ⅱ类、Ⅲ1类为主，少量为Ⅲ2类，与预测大体一致，具体变化如下：

（1）Ⅱ类岩体比例减少11.1%，主要原因是右岸坝基开挖揭露的顺坡向小断层影响岩体结构及完整性，且局部存在低波速带分布，岩体类别降为Ⅲ1类。

（2）Ⅲ1类岩体比例增加2.6%，总体变幅不大。

（3）Ⅲ2类岩体比例增加8.5%，主要受断层与节理密集带影响，节理发育间距10～30cm，岩体呈镶嵌结构，且走向与建基面夹角小，局部浅表层岩体存在蚀变现象，岩体类别降为Ⅲ2类。

17.1.3 河床建基面岩体质量复核

河床坝基开挖揭露的岩体质量以Ⅱ类岩体为主，少量为Ⅳ类，具体变化如下：

（1）Ⅱ类岩体比例减少21.4%，Ⅲ1类岩体比例增加21.1%，主要原因是河床坝基靠上游侧节理、小断层较发育，影响岩体结构及完整性，岩体类别降为Ⅲ1类。

（2）Ⅳ类岩体比例增加0.3%，主要受断层f_{27}及蚀变带影响。

17.2 建基面综合变模复核

拱梁分载法中的坝基采用了比较粗略的伏格特地基模型，难以真实地反映拱坝坝基的复杂条件，有关研究表明：通过有限单元法建立地基模型进行坝基变形计算可更好地反映坝基变形条件。

坝基开挖后，根据揭露的坝基岩体质量及坝基断层分布发育情况，进行拱坝建基面综合变形模量计算分析复核。根据坝基声波统计资料以及声波与变模关系的拟合曲线（见图 17.2－1），坝基岩体计算参数取值表如下表所示，其中坝基附近的断层和上下游边坡的Ⅳ类岩体变形模量取值和表 17.2－1 一致。

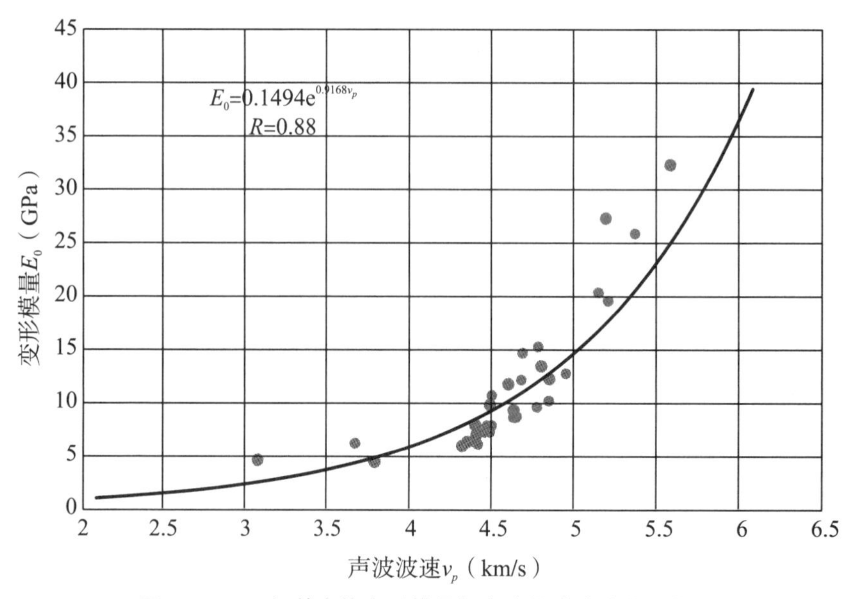

图 17.2－1　坝基岩体变形模量与声波纵波波速关系曲线

表 17.2－1　坝基开挖后坝基岩体变形模量计算参数取值

岸别	高程范围	Ⅱ类岩体		Ⅲ1 类岩体		Ⅲ2 类岩体	
		平均波速（m/s）	变形模量（GPa）	平均波速（m/s）	变形模量（GPa）	平均波速（m/s）	变形模量（GPa）
左岸	2102～2060m	5090	15.9	4890	13.2	—	—
	2060～2010m	5036	15.1	4870	13.0	—	—
	2010～1947m	5131	16.5	4868	13.0	—	—
右岸	2102～2060m	4842	12.7	4847	12.7	4237	7.3
	2060～2010m	4809	12.3	4739	11.5	4237	7.3
	2010～1947m	4846	12.7	4584	10.0	4237	7.3

图 17.2－2～3 为坝基拱向及梁向典型有限元计算模型图，经有限元计算，坝基左、右岸各特征高程综合变形模量设计取值见表 17.2－2。

由计算成果可看出，坝基开挖后，左岸坝基综合变形模量整体上有所增加，右岸坝基综合变形模量整体上有所减小。其中，左岸 2102m 高程坝基综合变形模量增加幅度为 18%，左岸 1980m 高程坝基综合变形模量由于 f_{27} 断层蚀变带影响降低幅度为 10%，右岸 1960～2040m 高程坝基综合变形模量减小幅度为 10%～13%（右岸 1960m 高程附近坝基下游侧局部受断层节理密集带影响，存在低波速带，综合变形模量减小幅度为 13%），其他高程坝基综合变形模量变化幅度均小于 10%。

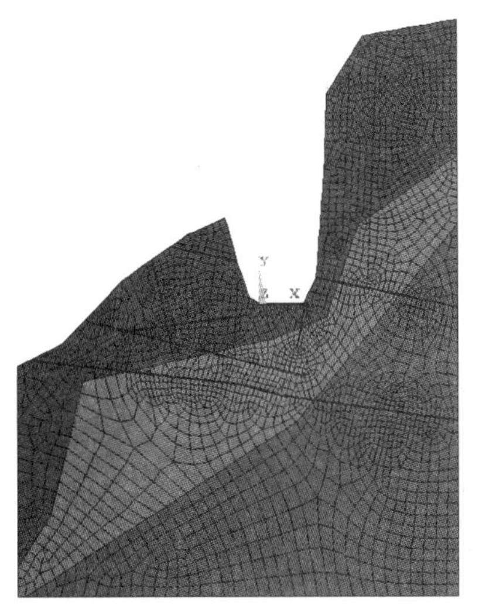

(a) 拱向　　(b) 梁向

图 17.2－2　左岸 2060m 高程坝基综合变模计算模型

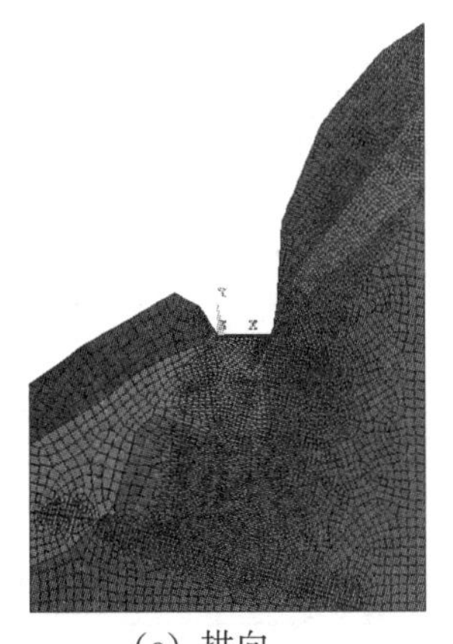

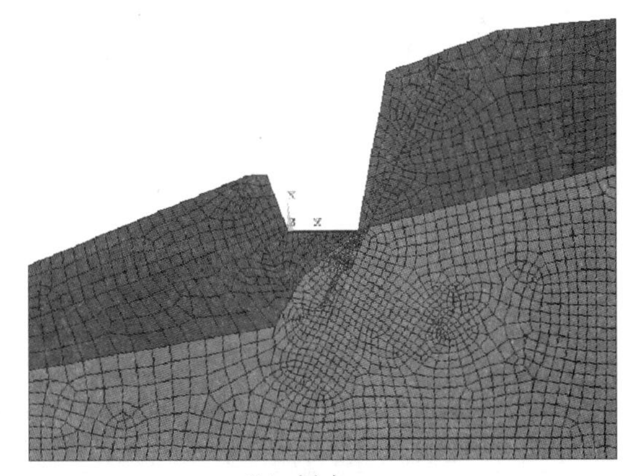

(a) 拱向　　(b) 梁向

图 17.2－3　左岸 1980m 高程坝基综合变模计算模型

表 17.2－2　各特征高程坝基综合变形模量设计取值表

单位：GPa

岸别	阶段	2102	2080	2060	2040	2020	2000	1980	1960	1947
左岸	施工图阶段	10.4	11.2	11.7	12.5	12.5	13.6	14.7	15.0	16.0
	坝基开挖后	12.3	12.2	12.8	13.3	13.4	14.8	13.2	15.4	16.0

续表17.2－2

岸别	阶段	2102	2080	2060	2040	2020	2000	1980	1960	1947
右岸	施工图阶段	10.7	11.4	12.1	12.4	12.6	13.3	13.6	13.9	16.0
	坝基开挖后	11.1	11.2	11.1	11.0	11.3	11.8	12.2	12.2	16.0

17.3 拱梁分载法坝体变形及应力复核

根据现行拱坝设计规范，基于开挖后的坝基综合变形模量计算成果，采用拱梁分载法进行坝体位移应力分析复核。计算程序采用浙江大学水工结构研究所编制的“拱坝分析与优化软件系统 ADAO”，采用全调整法进行计算分析。

17.3.1 坝体及基础位移分析

坝体及基础最大径向、切向位移成果见表 17.3.1－1 和表 17.3.1－2。

表 17.3.1－1 坝体最大位移成果

单位：cm

工况		位移	坝体最大径向位移		坝体最大切向位移	
		阶段	施工图阶段	坝基开挖后	施工图阶段	坝基开挖后
基本组合（持久状况）	基本组合 1（正常蓄水位＋温降）	数值	6.15	6.19	－1.23	－1.23
		部位	2102m 拱冠	2102m 拱冠	2102m 拱冠左侧	2102m 拱冠左侧
	基本组合 2（正常蓄水位＋温升）	数值	4.81	4.87	－1.18	－1.18
		部位	2060m 拱冠	2060m 拱冠	2102m 拱冠左侧	2102m 拱冠左侧
	基本组合 3（设计洪水位＋温升）	数值	5.09	5.15	－1.22	－1.21
		部位	2060m 拱冠	2060m 拱冠	2102m 拱冠左侧	2102m 拱冠左侧
	基本组合 4（死水位＋温降）	数值	5.03	5.07	－1.10	－1.10
		部位	2102m 拱冠	2102m 拱冠	2102m 拱冠左侧	2102m 拱冠左侧
	基本组合 5（死水位＋温升）	数值	4.05	4.11	－1.04	－1.04
		部位	2040m 拱冠	2040m 拱冠	2102m 拱冠左侧	2102m 拱冠左侧
基本组合（短暂状况）	基本组合 6（水垫塘检修）	数值	6.21	6.25	－1.25	－1.26
		部位	2102m 拱冠	2102m 拱冠	2102m 拱冠左侧	2102m 拱冠左侧
偶然组合（偶然状况）	偶然组合 1（校核洪水位＋温升）	数值	5.57	5.63	－1.30	－1.29
		部位	2060m 拱冠	2060m 拱冠	2102m 拱冠左侧	2102m 拱冠左侧

注：径向位移向下游为正，切向位移向右岸为正。

表 17.3.1－2 拱坝基础最大位移成果

单位：cm

工况		位移	基础最大径向位移		基础最大切向位移	
		阶段	施工图阶段	坝基开挖后	施工图阶段	坝基开挖后
基本组合（持久状况）	基本组合 1（正常蓄水位＋温降）	数值	0.82	0.90	－0.91	0.97
		部位	1960m 右拱端	1960m 右拱端	2020m 左拱端	2000m 右拱端
	基本组合 2（正常蓄水位＋温升）	数值	0.81	0.89	－0.91	0.98
		部位	1960m 右拱端	1960m 右拱端	2000m 左拱端	2000m 右拱端
	基本组合 3（设计洪水位＋温升）	数值	0.79	0.87	－0.93	1.00
		部位	1960m 右拱端	1960m 右拱端	2000m 左拱端	2000m 右拱端
	基本组合 4（死水位＋温降）	数值	0.79	0.86	－0.82	0.88
		部位	1960m 右拱端	1960m 右拱端	2000m 左拱端	2000m 右拱端
	基本组合 5（死水位＋温升）	数值	0.78	0.85	－0.83	0.89
		部位	1960m 右拱端	1960m 右拱端	2000m 左拱端	2000m 右拱端
基本组合（短暂状况）	基本组合 6（水垫塘检修）	数值	0.87	0.95	－0.92	0.99
		部位	1960m 右拱端	1960m 右拱端	2000m 左拱端	2000m 右拱端
偶然组合（偶然状况）	偶然组合 1（校核洪水位＋温升）	数值	0.81	0.89	－1.00	1.07
		部位	1960m 右拱端	1960m 右拱端	2020m 左拱端	2020m 右拱端

注：径向位移向下游为正，切向位移向右岸为正。

由上表可知，基本组合坝体最大径向位移为组合 6（正常蓄水位＋温降＋水垫塘检修工况），其值为 6.25cm，出现在高程 2102m 拱冠处；偶然组合 1（校核洪水位＋温升工况）坝体最大径向位移为 5.63cm，出现在高程 2060m 拱冠处。

基本组合坝体最大切向位移为组合 6（正常蓄水位＋温降＋水垫塘检修工况），其值为 1.26cm，出现在高程 2102m 拱冠左侧；偶然组合 1（校核洪水位＋温升工况）坝体最大切向位移为 1.29cm，出现在高程 2102m 拱冠左侧。

基础最大径向位移和最大切向位移 0.8～1.1cm，其中基础最大径向位移出现在 1960m 高程右拱端，基础最大切向位移出现在 2000～2020m 高程右拱端。

相对于施工图阶段拱坝体形结构优化设计成果，坝基开挖后坝体位移变化很小，变化幅度都在 2%以下，其中坝体径向位移略有增加，坝体切向位移基本无变化；开挖后，坝基位移有所增大，坝基径向位移增大幅度为 3%～10%，坝基切向位移增大幅度为 7%～9%。

坝面位移整体均匀，拱冠梁附近变位最大，向两岸逐渐变小，左右岸变形基本对称，且整个坝面变形较协调。

17.3.2 坝体应力分析

各工况下坝体上、下游面最大主拉、压应力见表17.3.2—1～表17.3.2—4。

表17.3.2—1 坝体上游面最大主拉应力成果

单位：MPa

设计状况、荷载组合		施工图阶段			坝基开挖后		
		设计值及出现部位		计算应力控制值	设计值及出现部位		计算应力控制值
		S(·)	部位	$\sigma_{拉}$	S(·)	部位	$\sigma_{拉}$
基本组合（持久状况）	基本组合1（正常蓄水位+温降）	0.72	1980m高程右拱端	1.2	0.76	1960m高程左拱端	1.2
	基本组合2（正常蓄水位+温升）	0.93	2000m高程右拱端	1.2	0.81	2020m高程右拱端	1.2
	基本组合3（设计洪水位+温升）	0.95	2000m高程右拱端	1.2	0.85	2020m高程右拱端	1.2
	基本组合4（死水位+温降）	0.62	2000m高程右拱端	1.2	0.57	1960m高程左拱端	1.2
	基本组合5（死水位+温升）	0.86	2000m高程右拱端	1.2	0.75	2000m高程右拱端	1.2
基本组合（短暂状况）	基本组合6（水垫塘检修）	0.74	1980m高程右拱端	1.35	0.79	1960m高程左拱端	1.35
偶然组合（偶然状况）	偶然组合1（校核洪水位+温升）	1.03	2000m高程右拱端	1.51	0.97	1960m高程左拱端	1.51

表17.3.2—2 坝体下游面最大主拉应力成果

单位：MPa

设计状况、荷载组合		施工图阶段			坝基开挖后		
		设计值及出现部位		计算应力控制值	设计值及出现部位		计算应力控制值
		S(·)	部位	$\sigma_{拉}$	S(·)	部位	$\sigma_{拉}$
基本组合（持久状况）	基本组合1（正常蓄水位+温降）	0.26	1960m高程拱冠右侧	1.2	0.33	1960m高程拱冠右侧	1.2
	基本组合2（正常蓄水位+温升）	0.00	—	1.2	0.00	—	1.2
	基本组合3（设计洪水位+温升）	0.00	—	1.2	0.00	—	1.2
	基本组合4（死水位+温降）	0.21	1960m高程拱冠右侧	1.2	0.28	1960m高程拱冠右侧	1.2
	基本组合5（死水位+温升）	0.00	—	1.2	0.01	2080m左拱端	1.2

续表17.3.2－2

设计状况、荷载组合		施工图阶段			坝基开挖后		
		设计值及出现部位		计算应力控制值	设计值及出现部位		计算应力控制值
		S(·)	部位	$\sigma_{拉}$	S(·)	部位	$\sigma_{拉}$
基本组合（短暂状况）	基本组合 6（水垫塘检修）	0.00	—	1.35	0.08	1960m 高程拱冠右侧	1.35
偶然组合（偶然状况）	偶然组合 1（校核洪水位＋温升）	0.00	—	1.51	0.00	—	1.51

由上表可知，基本组合、持久状况下坝体上游面最大主拉应力控制工况为基本组合 3，即设计洪水位温升，值为 0.85MPa，小于控制值 1.2MPa，出现在高程 2020m 右拱端；坝体下游面最大主拉应力控制工况为基本组合 1，即正常蓄水位温降，值为 0.33MPa，小于控制值 1.2MPa，出现在高程 1960m 拱冠右侧。基本组合、短暂工况（正常蓄水位温降＋水垫塘检修）坝体上游面最大主拉应力为 0.79MPa，小于控制值 1.35MPa，出现在高程 1960m 左拱端；坝体下游面最大主拉应力为 0.08MPa，出现在高程 1960m 拱冠右侧。

偶然组合 1 工况（校核洪水位温升）坝体上游面最大主拉应力为 0.97MPa，小于控制值 1.51MPa，出现在高程 1960m 左拱端；坝体下游面没有拉应力。

坝基开挖后，坝体上游面最大主拉应力总体上有所减小，基本组合减小幅度为 0.05～0.12MPa，占 8%～13%，基本组合 1 和 6 主拉应力增加幅度约为 6%；偶然组合减小幅度为 0.06MPa，约占 6%，最大主拉应力分布位置总体上由 2000m 高程右拱端调整到 1960m 高程左拱端。下游面最大主拉应力略有增加，但应力数值较小，均小于 0.4MPa。

表 17.3.2－3　坝体上游面最大主压应力成果

单位：MPa

设计状况、荷载组合		施工图阶段			坝基开挖后		
		设计值及出现部位		计算应力控制值	设计值及出现部位		计算应力控制值
		S(·)	部位	$\sigma_{压}$	S(·)	部位	$\sigma_{压}$
基本组合（持久状况）	基本组合 1（正常蓄水位＋温降）	4.15	2020m 高程拱冠	6.82	4.22	2040m 高程拱冠右侧	6.82
	基本组合 2（正常蓄水位＋温升）	3.39	2020m 高程拱冠右侧	6.82	3.47	2020m 高程拱冠右侧	6.82
	基本组合 3（设计洪水位＋温升）	3.49	2020m 高程拱冠右侧	6.82	3.57	2020m 高程拱冠右侧	6.82
	基本组合 4（死水位＋温降）	3.77	2020m 高程拱冠	6.82	3.82	2020m 高程拱冠右侧	6.82
	基本组合 5（死水位＋温升）	3.10	2102m 高程左拱端	6.82	3.28	2102m 高程左拱端	6.82

续表17.3.2-3

设计状况、荷载组合		施工图阶段			坝基开挖后		
		设计值及出现部位		计算应力控制值	设计值及出现部位		计算应力控制值
		S(·)	部位	$\sigma_{压}$	S(·)	部位	$\sigma_{压}$
基本组合（短暂状况）	基本组合6（水垫塘检修）	4.18	2020m高程拱冠	7.18	4.25	2040m高程拱冠右侧	7.18
偶然组合（偶然状况）	偶然组合1（校核洪水位+温升）	3.71	2020m高程拱冠右侧	8.02	3.79	2020m高程拱冠右侧	8.02

表17.3.2-4　坝体下游面最大主压应力成果

单位：MPa

设计状况、荷载组合		施工图阶段			坝基开挖后		
		设计值及出现部位		计算应力控制值	设计值及出现部位		计算应力控制值
		S(·)	部位	$\sigma_{压}$	S(·)	部位	$\sigma_{压}$
基本组合（持久状况）	基本组合1（正常蓄水位+温降）	5.48	2000m高程右拱端	6.82	5.85	2000m高程左拱端	6.82
	基本组合2（正常蓄水位+温升）	5.77	2000m高程右拱端	6.82	6.15	2000m高程左拱端	6.82
	基本组合3（设计洪水位+温升）	5.93	2020m高程左拱端	6.82	6.26	2000m高程左拱端	6.82
	基本组合4（死水位+温降）	4.99	2000m高程右拱端	6.82	5.34	2000m高程左拱端	6.82
	基本组合5（死水位+温升）	5.29	2000m高程右拱端	6.82	5.66	2000m高程左拱端	6.82
基本组合（短暂状况）	基本组合6（水垫塘检修）	5.56	2000m高程右拱端	7.18	5.94	2000m高程左拱端	7.18
偶然组合（偶然状况）	偶然组合1（校核洪水位+温升）	6.27	2020m高程左拱端	8.02	6.58	2000m高程左拱端	8.02

由上表可知，基本组合、持久状况下坝体上游面最大主压应力控制工况为基本组合1，即正常蓄水位温降，值为4.22MPa，小于控制值6.82MPa，出现在2040m高程拱冠右侧；坝体下游面最大主压应力控制工况为基本组合3，即设计洪水温升，值为6.26MPa，小于控制值6.82MPa，出现在2000m高程左拱端。基本组合、短暂工况（正常蓄水位温降+水垫塘检修）坝体上游面最大主压应力为4.25MPa，小于控制值7.18MPa，出现在2040m高程拱冠右侧；坝体下游面最大主压应力为5.94MPa，小于控制值7.18MPa，出现在2000m高程左拱端。

偶然组合1工况（校核洪水位温升）坝体上游面最大主压应力为3.79MPa，小于控制值8.02MPa，出现在2020m高程拱冠右侧；坝体下游面最大主压应力为

6.58MPa，小于控制值 8.02MPa，出现在 2000m 高程左拱端。

坝基开挖后，坝体上游面最大主压应力有所增大，增大幅度为 0.05～0.18MPa，增幅为 1%～6%；坝体下游面各工况最大主压应力有所增大，增大幅度为 0.31～0.38MPa，增幅为 5%～7%，应力极值总体上由坝基 2000m 高程右拱端向坝基 2000m 高程左拱端调整。

拱梁分载法应力复核成果表明：坝体最大主拉、压应力均满足规范要求。坝面应力分布较均匀，左右岸基本对称，应力极值点多出现在大坝与基础的连接处，分布范围较小。

17.3.3 坝基变模浮动分析

用拱梁分载法计算坝体应力时，根据基岩分区及其变形模量取值经计算得出的综合变形模量与实际情况可能存在一定的差异。因此，分析坝基变形模量浮动对坝体应力的影响是十分必要的，它可以检验拱坝对坝基变模变化的适应能力。

考虑到杨房沟拱坝坝址工程区岩性单一，坝基范围内没有发现明显的岩体质量缺陷，因此进行坝基变模整体浮动分析。在基本组合 1、2、3，偶然组合 1 工况下，进行以下各方案的坝基变模浮动计算分析：在坝基设计变模条件下，坝基变模分别整体下浮 20%、整体下浮 10%、整体上浮 10%、整体上浮 20%。计算成果见表 17.3.3−1。

表 17.3.3−1 坝基变模浮动应力成果

单位：MPa

计算工况	坝基变模浮动方案	上游最大主拉应力	上游最大主压应力	下游最大主拉应力	下游最大主压应力
基本组合 1（正常蓄水位+温降）	整体下浮 20%	0.56	4.36	0.53	5.65
	整体下浮 10%	0.67	4.29	0.42	5.76
	设计方案	0.76	4.22	0.33	5.85
	整体上浮 10%	0.85	4.17	0.25	5.92
	整体上浮 20%	0.93	4.12	0.19	5.99
基本组合 2（正常蓄水位+温升）	整体下浮 20%	0.64	3.63	0.06	5.94
	整体下浮 10%	0.73	3.54	0.00	6.06
	设计方案	0.81	3.47	0.00	6.15
	整体上浮 10%	0.90	3.41	0.00	6.23
	整体上浮 20%	0.97	3.35	0.00	6.31
基本组合 3（设计洪水位+温升）	整体下浮 20%	0.67	3.73	0.14	6.04
	整体下浮 10%	0.77	3.65	0.02	6.16
	设计方案	0.85	3.57	0.00	6.26
	整体上浮 10%	0.93	3.51	0.00	6.35
	整体上浮 20%	1.01	3.46	0.00	6.43

续表17.3.3-1

计算工况	坝基变模浮动方案	上游最大主拉应力	上游最大主压应力	下游最大主拉应力	下游最大主压应力
偶然组合1（校核洪水位+温升）	整体下浮20%	0.77	3.96	0.19	6.35
	整体下浮10%	0.88	3.87	0.07	6.47
	设计方案	0.97	3.79	0.00	6.58
	整体上浮10%	1.06	3.73	0.00	6.68
	整体上浮20%	1.14	3.68	0.00	6.76

由上表可知，随着坝基变模的整体上浮，坝体上游面最大主拉应力、下游面最大主压应力相应增大，上游面主拉应力相对增加明显，下游面主压应力则相对变化较小；上游面主压应力和下游面主拉应力略有减小。坝基变模整体上浮20%时，基本组合工况下，坝体上游面最大主拉应力均小于1.2MPa，下游面最大主压应力均小于6.82MPa，且有较大的安全裕度；偶然组合工况下，坝体上游面最大主拉应力小于1.51MPa，下游面最大主压应力小于8.02MPa，满足设计要求，且有较大的安全裕度。

随着坝基变模的整体下浮，坝体上游面最大主拉应力、下游面最大主压应力相应减小，上游面主拉应力相对减小明显，下游面主压应力则相对变化较小。

因此，坝基变形模量各浮动方案坝体应力满足设计要求，且有较大的安全裕度。由此可看出，杨房沟拱坝设计体形具有较强的适应坝基变模浮动变化的能力。

17.4 小结

根据坝基声波统计资料以及声波与变模关系的拟合曲线取得各类岩体的变形模量，通过平面线弹性有限元法对开挖后的坝基综合变形模量进行计算分析，并采用拱梁分载法对施工图阶段拱坝体形进行了坝体应力和变形的计算复核，得出主要结论如下：

（1）相对于施工图阶段拱坝体形结构优化设计成果，坝基开挖后，左岸坝基综合变形模量整体上有所增加，右岸坝基综合变形模量整体上有所减小。其中，左岸2102m高程坝基综合变形模量增加幅度为18%，左岸1980m高程坝基综合变形模量由于f_{27}断层蚀变带影响降低幅度为10%，右岸1960～2040m高程坝基综合变形模量减小幅度为10%～13%（右岸1960m高程附近坝基下游侧局部受断层节理密集带影响，存在低波速带，综合变形模量减小幅度为13%），其他高程坝基综合变形模量变化幅度均小于10%。

（2）采用坝基开挖后的综合变形模量进行拱梁分载法坝体变形应力复核分析表明：坝体位移、应力分布较好，左右岸基本对称，应力均小于应力控制标准，且有较大的安全裕度，满足设计要求。

（3）相对于施工图阶段拱坝体形结构优化设计成果，坝基开挖后坝体位移变化很小，变化幅度都在2%以下，其中坝体径向位移略有增加，坝体切向位移基本无变化；开挖后，坝基位移有所增大，坝基径向位移增大幅度为3%～10%，坝基切向位移增大幅度为7%～9%。

（4）坝基开挖后，坝体上游面最大主拉应力总体上有所减小，基本组合减小幅度为0.05～0.12MPa，占8%～13%，基本组合1和6主拉应力增加幅度约6%；偶然组合减小幅度为0.06MPa，约占6%，最大主拉应力分布位置总体上由2000m高程右拱端调整到1960m高程左拱端。下游面最大主拉应力略有增加，但应力数值较小，均小于0.4MPa。

（5）坝基开挖后，坝体上游面最大主压应力有所增大，增大幅度为0.05～0.18MPa，增幅为1%～6%；坝体下游面各工况最大主压应力有所增大，增大幅度为0.31～0.38MPa，增幅为5%～7%，应力极值总体上由坝基2000m高程右拱端向坝基2000m高程左拱端调整。

（6）坝基变模浮动敏感性分析表明，随着坝基综合变形模量的上浮20%、上浮10%、下浮10%和下浮20%，坝体应力均满足设计要求，且有较大的安全裕度，表明拱坝体形具有较强的适应坝基变模浮动变化的能力。

（7）通过与国内几座类似高拱坝拱梁分载法计算成果进行类比（见表17.4－1）。可以看出，杨房沟拱坝位移应力与同类高拱坝基本处于同一水平。

表17.4－1　国内部分高拱坝拱梁分载法计算成果

工程名称		李家峡	东风	东江	周公宅	江口	藤子沟	杨房沟
最大坝高（cm）		155	162	157	125	139	117	155
设计阶段		施工图	施工图	施工图	施工图	初设	施工图	施工图
正常蓄水位温降工况	上游面最大主拉应力（MPa）	0.97	1.03	1.17	0.95	1.42	0.95	0.76
	下游面最大主拉应力（MPa）	0.90	0.91	1.41	0.20	0.69	1.17	0.33
	上游面最大主压应力（MPa）	3.86	6.15	5.18	4.56	6.59	5.22	4.22
	下游面最大主压应力（MPa）	5.35	7.52	4.85	5.62	6.06	5.26	5.85
	最大径向位移（cm）	5.42			4.46			6.19
正常蓄水位温升工况	上游面最大主拉应力（MPa）	1.06	1.37	0.58	1.00	1.15	1.10	0.81
	下游面最大主拉应力（MPa）	0.88	1.27	1.08	0.17	0.60	1.04	0.00
	上游面最大主压应力（MPa）	3.76	7.92	5.09	3.45	5.01	3.70	3.47
	下游面最大主压应力（MPa）	5.62	5.19	4.29	5.78	6.60	5.79	6.15
	最大径向位移（cm）	4.05			3.72			4.87

综上所述，坝基开挖后，通过对坝基综合变形模量的计算分析以及坝体变形应力的复核，施工图阶段杨房沟拱坝体形可以满足坝体变形、应力要求，坝体应力小于应力控制标准值，且安全裕度较大。杨房沟拱坝位移应力与同类高拱坝基本处于同一水平，按国内高拱坝设计经验，可满足运行要求。

18 拱座稳定复核

18.1 拱坝坝肩地形地质条件

杨房沟坝址两岸主要为陡坡地形，左岸高程 2110m 以下坡度总体 45°～60°，高程 2110～2300m 局部为悬崖，右岸坡度 50°～70°，两岸地形较完整，局部坡稍显“凹”“凸”地形。

坝址区出露地层主要为燕山期花岗闪长岩，花岗闪长岩自侵入以来，长期处于造山隆起状态，生成的花岗岩体逐渐接近甚至暴露于浅表，在后期构造作用下，以脆性断裂变形为主。建基面岩体中无大规模断层分布，发育的小断层以Ⅳ级结构面为主，少量Ⅲ级结构面，断层宽度一般 3～5cm，带内充填碎块岩、岩块岩屑，两岸缓倾角断层及长大结构面不发育，建基面（坝肩）抗滑性能总体较好。但从结构面连续性及性状分析，部分断层可以构成底滑面，如断层 f_{1-1}、f_{19-10}、f_{72}/L_2、f_{2-4}、f_{38-3}等；侧向边界为建基面范围内的 NNE、NEE～NWW 向陡倾角断层，如 F_2、f_{24}、f_{19-13}、f_{33}、f_{48}等，有必要对抗滑稳定问题进行分析计算，根据分析计算成果如有必要采取适当的处理措施。

18.2 左岸坝肩块体三维抗滑稳定分析

18.2.1 可能的侧滑面分析

左岸坝肩侧裂面的不利方向为 N10°W～N25°E 向，可构成侧裂边界的断层分别为 F_2、f_{24}、f_{19-13}、f_{543}、f_{1-4}，其分布位置及特征见表 18.2.1－1。其中，断层 F_2、f_{24}、f_{19-13}分布位置及特征与可研阶段一致，断层 f_{543}、f_{1-4}为开挖后新增。

左岸坝肩岩体内的 N10°W～N25°E 向的基体裂隙较为发育，优势方位的裂隙也能构成坝肩抗力体的侧裂边界。可研阶段根据左岸坝肩抗力体内 N10°W～N25°E 向结构面连通率统计结果，左岸不同高程拱圈抗力体侧裂面连通率取值 52%～57%；施工详图阶段选取左坝肩抗力体范围内不同位置测窗进行侧裂面连通率复核，复核后连通率不大于 41%，小于可研阶段连通率（52%～57%），综上，左岸坝肩抗力体侧裂面连通率取值仍采用可研阶段成果（见表 18.2.1－2）。

表 18.2.1－1 左坝肩抗力体侧裂面特征

编号	侧裂面	总体产状	类型	详细描述	抗剪断强度		连通率（%）	出露高程（m）	与可研差异
					f'	C'（MPa）			
左①	F_2	N15°～25°E SE∠60°～75°	岩块岩屑型	宽0.5～100cm，带内为碎裂岩，局部片状岩，岩体蚀变，呈强风化状，面起伏光滑，见擦痕，铁锰质渲染严重	0.50～0.60	0.10～0.15	100	1965～2115	无变化
左②	f_{24}	N20°～30°E SE∠60°～70°	岩块岩屑型	宽1～3cm，带内为碎裂岩、片状岩充填，面平直，铁锰质渲染严重	0.50～0.60	0.10～0.15	100	2015～2063	无变化
左③	f_{19-13}	N5°～15°E NW（SE）∠85°	岩块岩屑型	宽0.5～2cm，带内片状岩、岩屑充填，强～弱风化状，面平直粗糙，铁锰质渲染	0.50～0.60	0.10～0.15	100	2063～2097	无变化
左④	f_{543}	N15°～25°E SE∠50°～60°	岩块岩屑型	宽3～5cm，影响带最大达20cm，夹片状岩、岩屑，面微扭曲	0.50～0.60	0.10～0.15	100	2005～2020	新增
左⑤	f_{1-4}	N20°E NW∠85°	岩块岩屑型	带宽4～10cm，夹碎裂岩、岩屑，面微起伏	0.50～0.60	0.10～0.15	100	2026～2032	新增
左⑥	优势节理	N10°W～N25°E	无充填型	面无充填或局部岩屑，铁锰质渲染或新鲜	0.60～0.65	0.15～0.20	57	2060～2100	无变化
							55	2010～2060	
							52	1947～2010	

表 18.2.1－2 左岸不同高程拱圈抗力体侧裂面连通率综合取值

高程	拱圈	连通率（%）
2060～2100m	高拱圈	57
2010～2060m	中拱圈	55
1940～2010m	低拱圈	52

18.2.2 可能的底滑面分析

从左岸坝肩岩体内结构面发育特征来看，能构成底滑面的结构面均为在坝肩抗力体部位连续分布或较大区域连续分布的小断层。根据左岸地表地质测绘、勘探平硐及开挖边坡揭露，左坝肩发育了少量缓倾断层，这些断层是构成抗力体底滑面的主要结构面。左岸坝肩可构成底滑面的小断层分别为 f_{1-1}、f_{1-3}、f_{19-3}、f_{19-10}、f_{71}与f_{657}组合、f_{72}/L_2与f_{667}组合、f_{529}、f_{31-4}及f_{104}，其特征见表 18.2.2－1。其中，断层 f_{1-1}、f_{1-3}、f_{19-3}、f_{19-10}、f_{71}与f_{657}组合、f_{72}/L_2与f_{667}组合、f_{31-4}及f_{104}分布位置及特征与可研阶段一致，断层f_{529}为开挖后新增。

表 18.2.2-1　左坝肩抗力体底滑面特征

编号	底滑面	总体产状	类型	详细描述	抗剪断强度		出露高程(m)	与可研差异
					f'	C'(MPa)		
左①	f_{1-1}	N60°W NE∠35°	岩块岩屑型	宽2～10cm，带内夹强风化碎裂岩，面铁锰质渲染，见擦痕	0.50～0.60	0.10～0.15	2010～2057	无变化
左②	f_{1-3}	EW N∠40°	岩块岩屑型	宽1～3cm，夹片状岩及岩屑，面平直粗糙，铁锰质渲染	0.50～0.60	0.10～0.15	2022～2073	无变化
左③	f_{19-3}	N30°～45°E SE∠25°	岩块岩屑型	宽5～10cm，带内为碎块岩，面起伏粗糙，见铁锰质渲染	0.50～0.60	0.10～0.15	2052～2076	无变化
左④	f_{19-10}	N45°～55°E SE∠25°～35°	岩块岩屑型	宽0.5～3cm，最大可达30cm，带内片状岩、岩屑充填，呈强风化，面起伏粗糙，铁锰质渲染	0.50～0.60	0.10～0.15	2066～2101	无变化
左⑤	f_{71}、f_{657}	N65°～70°E SE∠20°～30°	岩块岩屑型	宽1～3cm，带内为强风化碎裂岩夹岩屑，面铁锰质渲染	0.50～0.60	0.10～0.15	1977～2030	无变化
左⑥	f_{72}、L_2、f_{667}	N60°～70°E SE∠35°～40°	岩块岩屑型	宽1～3cm，最大可达15cm，带内为碎裂岩、岩屑填充，面平直粗糙，见铁锰质渲染	0.50～0.60	0.10～0.15	1965～2015	无变化
左⑦	f_{529}	N70°E SE∠25°～30°	岩块岩屑型	宽5～10cm，最大可达20cm，碎裂岩、岩屑充填，带内强风化，面见铁锰质渲染	0.50～0.60	0.10～0.15	1970～2000	新增
左⑧	f_{31-4}	N50°E SE∠20°	岩块岩屑型	宽1～3cm，带内为挤压片状岩，岩体蚀变，呈强～弱风化状，面平直光滑	0.50～0.60	0.10～0.15	—	无变化
左⑨	f_{104}	N82.3°W NE∠22.9°	岩块岩屑型	宽1～3cm，带内为蚀变岩、岩屑，面起伏，铁锰质渲染，见擦痕	0.50～0.60	0.10～0.15	—	无变化

18.2.3　左岸可能的滑动块体组合

左岸滑块①：底滑面 f_{19-3}、侧裂面 F_2 组合。侧裂面 F_2 边界明确，具贯通性。底滑面 f_{19-3}：N30°～45°E SE∠25°，总体倾向坡内偏下游，边界明确，按100%连通考虑，宽度0.05～0.1m，宽5～10cm，带内为碎块岩，面起伏粗糙，见铁锰质渲染。块体示意见图18.2.3-1。

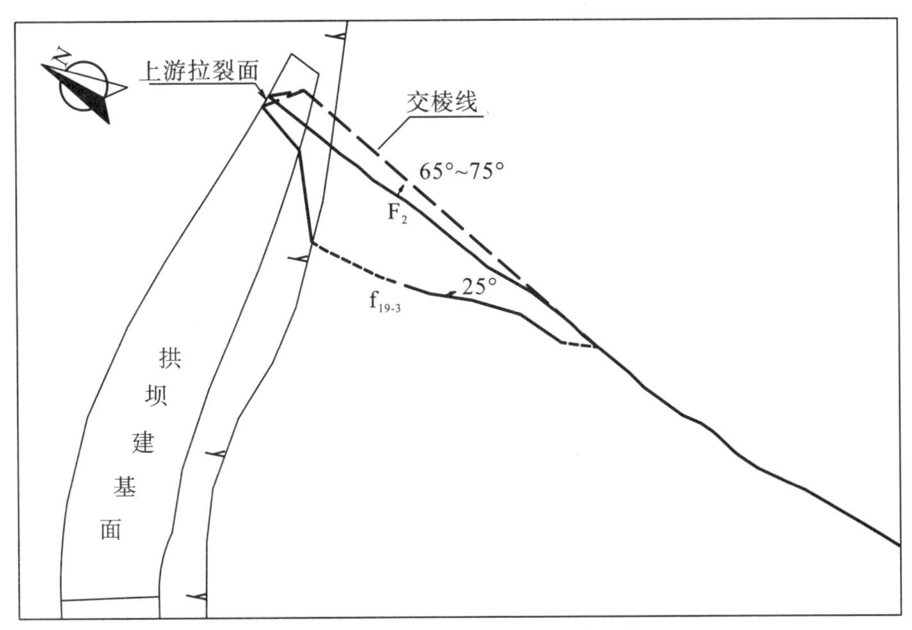

图 18.2.3－1 f_{19-3}＋F_2组合块体示意图

左岸滑块②：底滑面 f_{19-10}、侧裂面 NNE 向优势节理组合。侧裂面 NNE 向优势节理 Jx：N10°E NW∠75°，连通率地质建议值为 57%。底滑面 f_{19-10}：N45°～55°E SE∠25°～35°，总体倾向坡内偏下游，连通率按 100%考虑，宽 0.5～3cm，最大可达 30cm，带内片状岩、岩屑充填，呈强风化，面起伏粗糙，铁锰质渲染。块体示意见图 18.2.3－2。

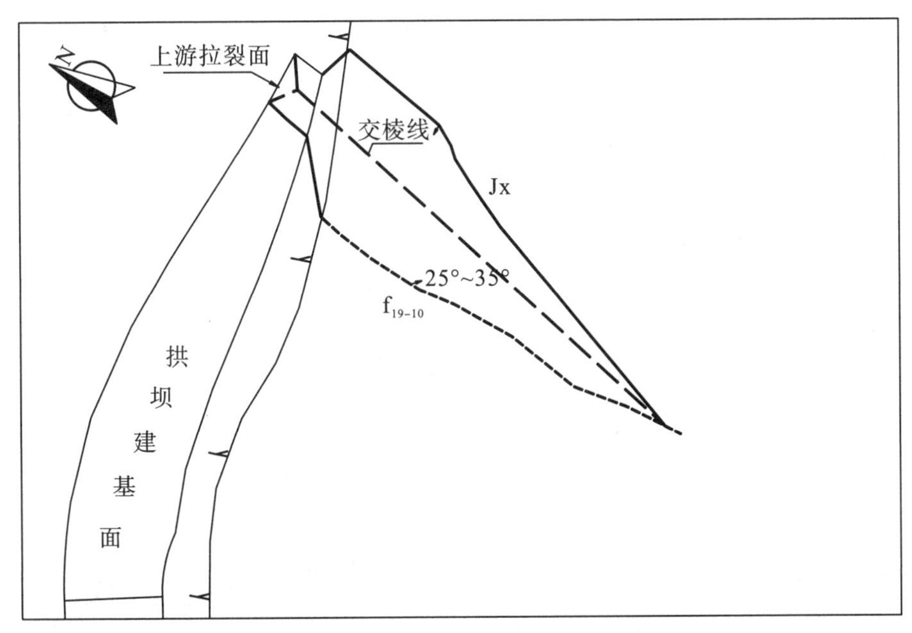

图 18.2.3－2 f_{19-10}＋Jx 组合块体示意图

左岸滑块③：底滑面 f_{31-4}、侧裂面 f_{24} 组合。侧裂边界明确，具贯通性，底滑面 f_{31-4}：N50°E SE∠20°，倾向下游偏山内，按块体底滑面面积的 100%连通考虑，宽度为 0.01～0.03m，压性结构面，带内为挤压片状岩，岩体蚀变，呈强～弱风化状，面平直光滑。本块体为抽屉式块体，块体示意见图 18.2.3－3。

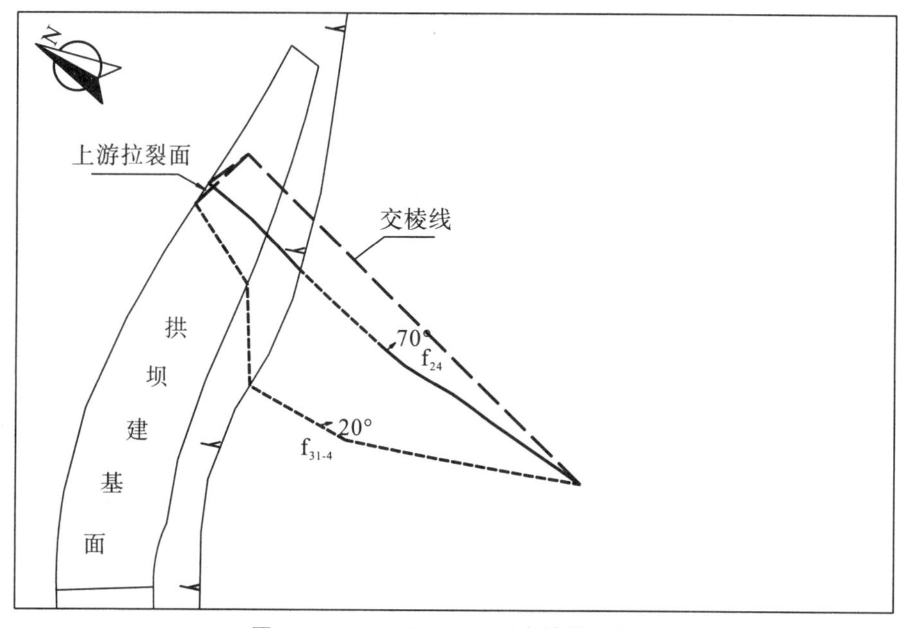

图 18.2.3－3　f_{31-4}＋f_{24}组合块体示意图

左岸滑块④：底滑面 f_{71}、侧裂面 F_2组合。侧裂面 F_2边界明确，具贯通性，底滑面 f_{71}边界相对明确，倾向下游偏坡外，鉴于 f_{71}发育较浅，未延伸到 F_2，出露在拱坝下游，延伸不长，按照其产状将其延伸向上游延伸形成底滑面，按其实际延伸情况，并考虑安全裕度，f_{71}按块体底滑面面积的 50％连通，底滑面抗剪断参数按 f_{71}与岩体的抗剪断参数进行面积加权取值。块体示意见图 18.2.3－4。

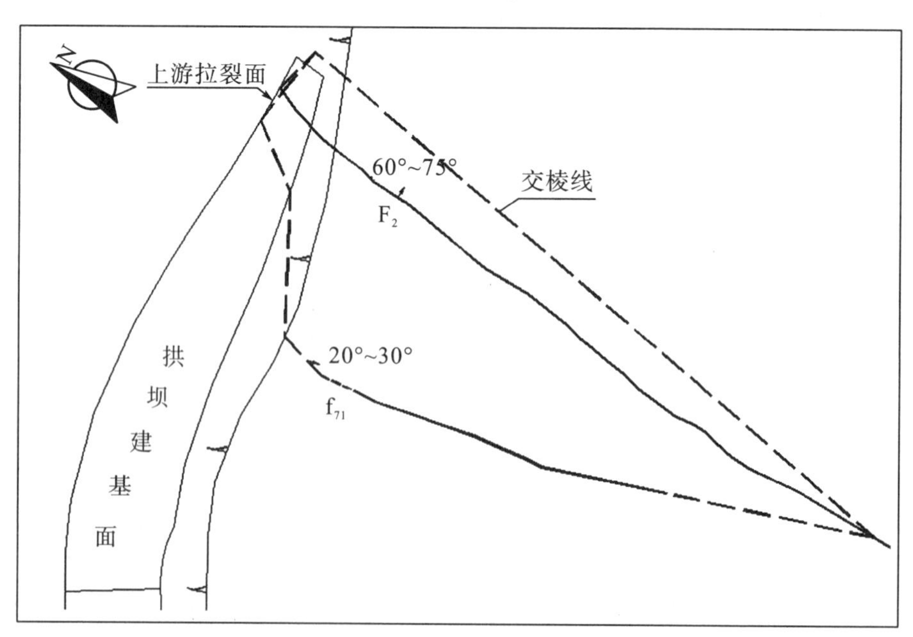

图 18.2.3－4　f_{71}＋F_2组合块体示意图

左岸滑块⑤：底滑面 f_{71}、侧裂面 NNE 向优势节理组合。侧裂面 NNE 向优势节理 Jx：N10°E NW∠75°，连通率地质建议值为 57%。底滑面 f_{71}：N65°～70°E SE∠20°～30°，倾向下游偏坡外，但未延伸至坝基范围，连通率按 70%考虑，宽 1～3cm，带内为强风化碎裂岩夹岩屑，面铁锰质渲染。块体示意见图 18.2.3－5。

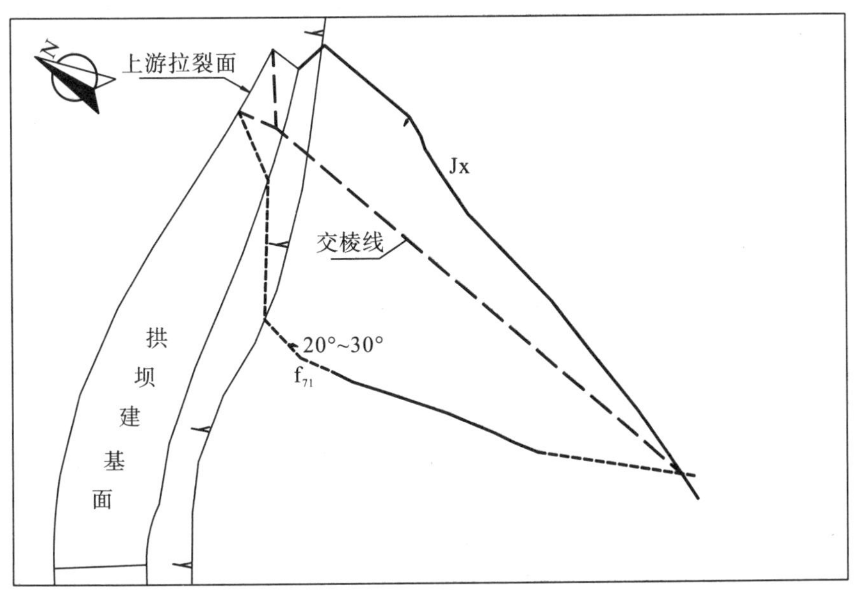

图 18.2.3－5　f_{71}＋Jx 组合块体示意图

左岸滑块⑥：底滑面 L_2（f_{72}、f_{667}）、侧裂面 f_{24} 组合。侧裂面 f_{24} 边界明确，底滑面 L_2（f_{72}、f_{667}）边界相对明确，倾向下游，由于 f_{24} 和 L_2（f_{72}、f_{667}）地表出露线未完全围合形成块体，按各自的产状延伸组合成块体后，f_{24} 按块体侧滑面面积的 70%考虑，L_2（f_{72}、f_{667}）按块体底滑面面积的 60%考虑。块体示意见图 18.2.3－6。

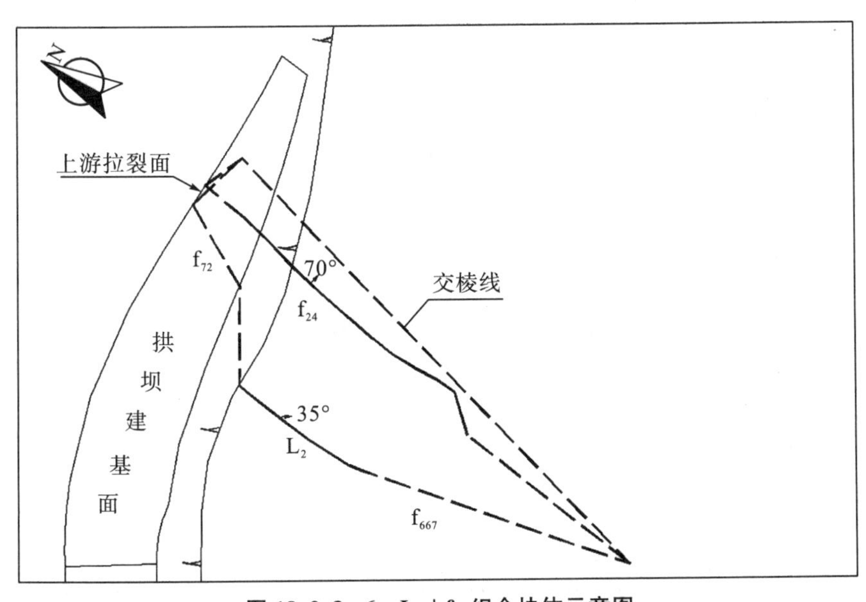

图 18.2.3－6　L_2＋f_{24} 组合块体示意图

左岸滑块⑦：底滑面 L_2（f_{72}、f_{667}）、侧裂面 NNE 向优势节理组合。侧裂面 NNE 向优势节理 Jx：N25°E NW∠75°，连通率地质建议值为 57%。底滑面 f_{72} 未完全延伸至坝基范围内，且延伸较短，下游侧与 L_2、f_{667} 组成底滑面，产状为 N60°～70°E SE ∠35°～40°，地表出露线断断续续，底滑面倾向下游，按块体底滑面面积的 70% 考虑，宽 1～3cm，最大可达 15cm，带内为碎裂岩、岩屑填充，面平直粗糙，见铁锰质渲染。块体示意见图 18.2.3－7。

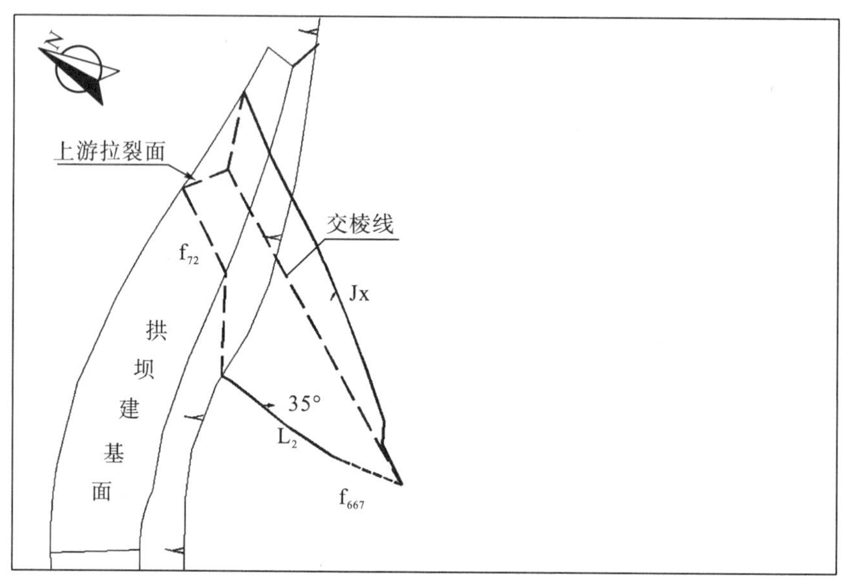

图 18.2.3－7　L_2＋Jx 组合块体示意图

左岸滑块⑧：底滑面 f_{19-3}、侧裂面 NNE 向优势节理组合。侧裂面 NNE 向优势节理 Jx：N10°E NW∠75°，连通率地质建议值为 57%。底滑面 f_{19-3}：N30°～45°E SE ∠25°，总体倾向坡内偏下游，边界明确，按 100%连通考虑，宽 5～10cm，带内为碎块岩，面起伏粗糙，见铁锰质渲染。块体示意见图 18.2.3－8。

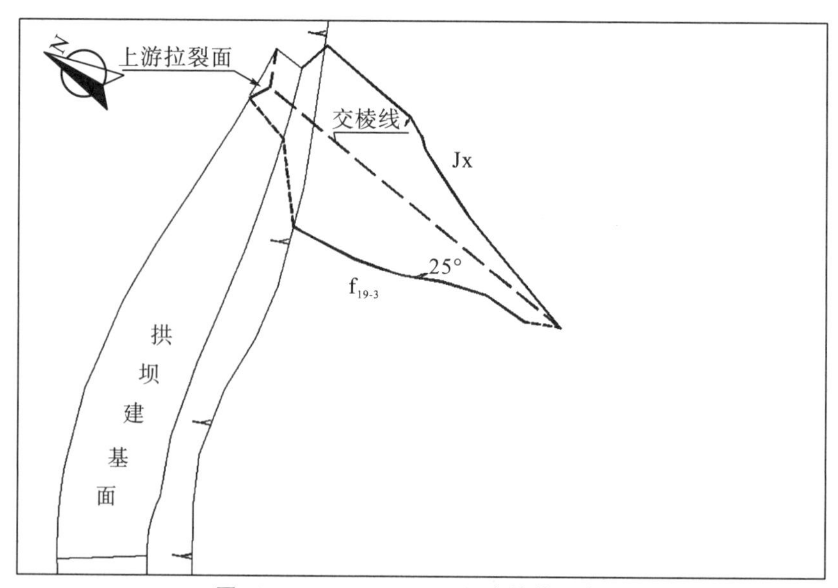

图 18.2.3－8　f_{19-3}＋Jx 组合块体示意图

左岸滑块⑨：底滑面 f_{529}、侧裂面 f_{543} 组合。侧裂面 f_{543} 产状：N15°～25°E SE∠50°～60°，仅在坝基范围延伸，下游侧未延伸至 f_{529} 相交，按占块体侧滑面面积的 40%考虑，宽 3～5cm，影响带最大达 20cm，夹片状岩、岩屑，面微扭曲。底滑面 f_{529} 产状：N70°E SE∠25°～30°，下游未与侧裂面 f_{543} 延伸段相交，按占块体底滑面面积的 80%考虑，宽 5～10cm，最大可达 20cm，碎裂岩、岩屑充填，带内强风化，面见铁锰质渲染。块体示意见图 18.2.3－9。

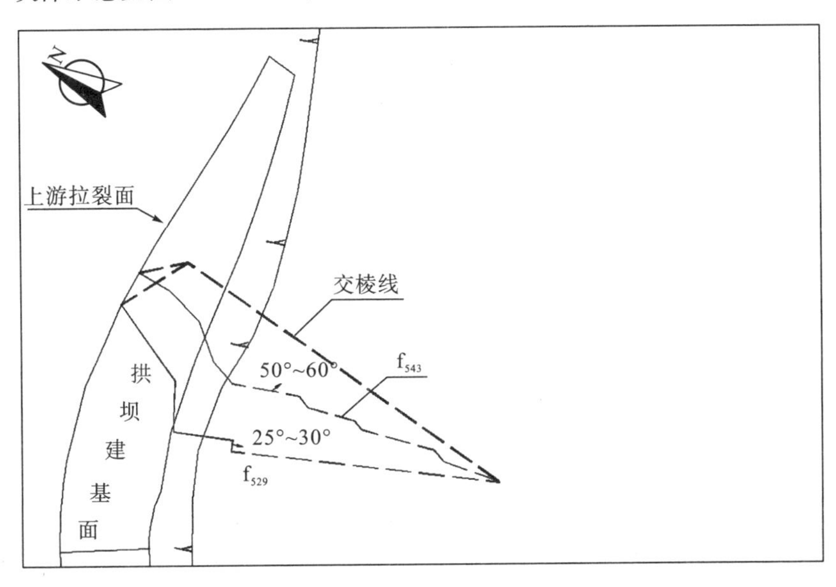

图 18.2.3－9　f_{529}＋f_{543} 组合块体示意图

左岸滑块⑩：底滑面 f_{529}、侧裂面 J_X 组合。侧裂面 NNE 向优势节理 Jx：N20°E NW∠75°，连通率地质建议值为 55%。底滑面 f_{529} 产状：N70°E SE∠25°～30°，下游未与侧裂面 f_{543} 延伸段相交，按占块体底滑面面积的 80%考虑，宽 5～10cm，最大可达 20cm，碎裂岩、岩屑充填，带内强风化，面见铁锰质渲染。块体示意见图 18.2.3－10。

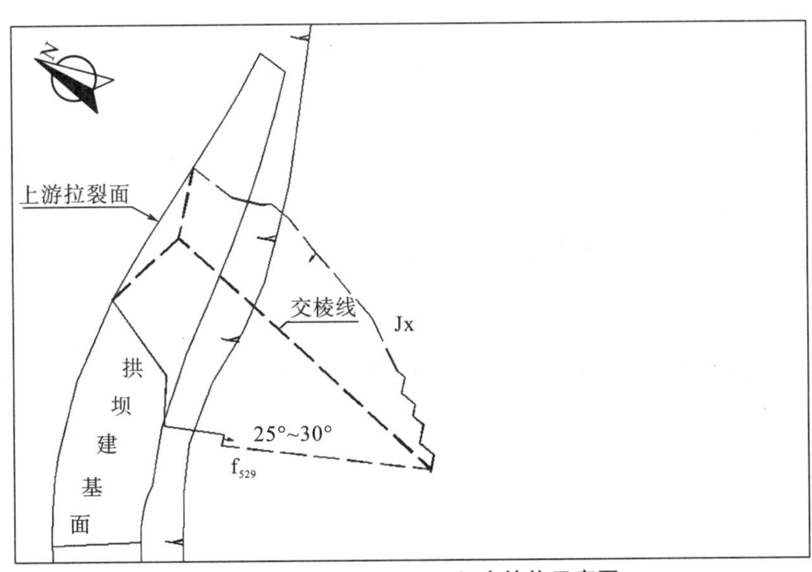

图 18.2.3－10　f_{529}＋Jx 组合块体示意图

左岸坝肩可能滑动块体结构面组合及结构面抗剪强度参数见表 18.2.3－1。

表 18.2.3－1　左坝肩可能滑动块体组合及结构面抗剪参数

滑块编号	底滑面			侧滑面		
	结构面	f'_1	C'_1（MPa）	结构面	f'_2	C'_2（MPa）
左滑①	f_{19-3} N30°～45°E SE∠25°	0.55	0.12	F_2 N15°～25°E SE∠60°～75°	0.55	0.12
左滑②	f_{19-10} N45°～55°E SE∠25°～35°	0.55	0.12	Jx N10°E NW∠75°	0.62	0.18
左滑③	f_{31-4} N50°E SE∠20°	0.55	0.12	f_{24} N20°～30°E SE∠60°～70°	0.55	0.12
左滑④	f_{71} N65°～70°E SE∠20°～30°	0.55	0.12	F_2 N15°～25°E SE∠60°～75°	0.55	0.12
左滑⑤	f_{71} N65°～70°E SE∠20°～30°	0.55	0.12	Jx N10°E NW∠75°	0.62	0.18
左滑⑥	L_2（f_{72}、f_{667}） N60°～70°E SE∠35°～40°	0.55	0.12	f_{24} N20°～30°E SE∠60°～70°	0.55	0.12
左滑⑦	L_2（f_{72}、f_{667}） N60°～70°E SE∠35°～40°	0.55	0.12	Jx N25°E NW∠75°	0.62	0.18
左滑⑧	f_{19-3} N30°～45°ESE∠25°	0.55	0.12	Jx N10°E NW∠75°	0.68	0.18
左滑⑨	f_{529} N70°E SE∠25°～30°	0.55	0.12	f_{543} N15°～25°E SE∠50°～60°	0.55	0.12
左滑⑩	f_{529} N70°E SE∠25°～30°	0.55	0.12	Jx N20°E NW∠75°	0.62	0.18

18.2.4　左岸可能的滑动块体抗滑稳定分析

左坝肩滑块的三维抗滑稳定分析采用刚体极限平衡法。计算简图见图 18.2.4－1。

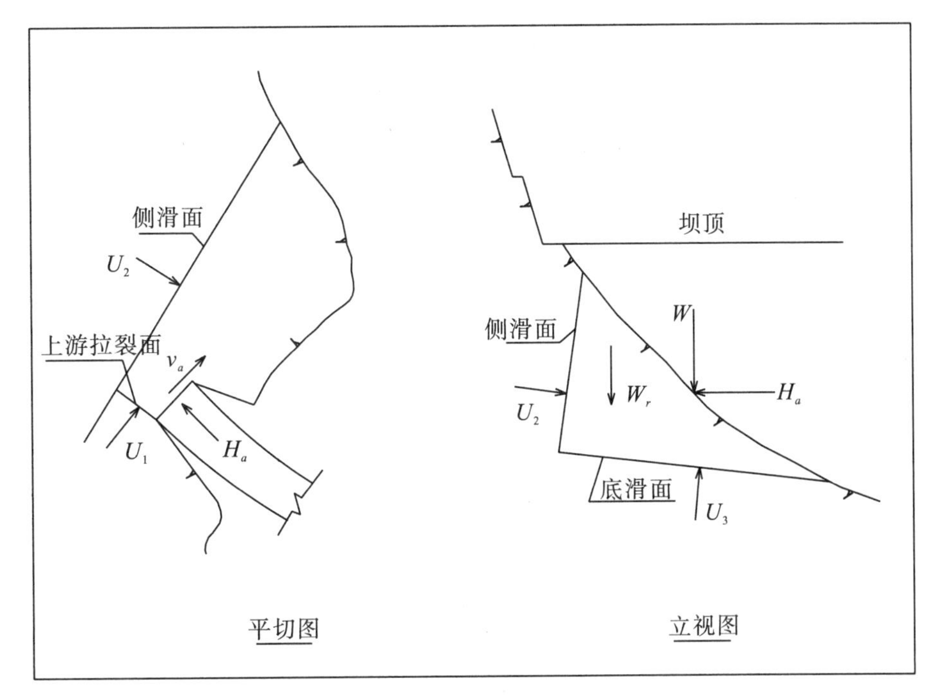

图 18.2.4－1　坝肩块体抗滑稳定计算简图

坝肩岩体稳定计算荷载主要有拱端力、岩体自重、扬压力，主要计算荷载组合如下：

基本组合 1：正常蓄水位温降工况的拱端推力+岩体自重+扬压力

基本组合 2：正常蓄水位温升工况的拱端推力+岩体自重+扬压力

基本组合 3：设计洪水位温升工况的拱端推力+岩体自重+扬压力

偶然组合 1：校核洪水位温升工况的拱端推力+岩体自重+扬压力

拱端推力采用拱梁分载法程序（ADAO）相应荷载组合工况下计算出的拱端力。岩体自重按天然重度 26.5kN/m^{3}计算。上游拉裂面扬压力取全水头，侧滑面和底滑面的渗径长度取为 3 倍拱端宽度，扬压力折减系数取 0.35。对于组合块体下游出露点高程低于下游水位时，已考虑了全渗径长度和下游出露点水头。

表 18.2.4－1～表 18.2.4－4 为左岸坝肩可能滑动块体各种工况组合下抗滑稳定计算成果，以及与《施工图阶段混凝土高拱坝体形结构深化研究报告》（2018 年 1 月）中坝肩抗滑稳定计算成果的对比。

表 18.2.4－1　左岸坝肩可能滑动块体基本组合 1 抗滑稳定计算成果

滑块编号	施工图阶段	坝基开挖后复核		
	计算值 K_n	滑动力（kN）$\gamma_0\psi\sum T$	抗力（kN）$\frac{1}{\gamma_{d1}}\left[\frac{\sum f_1 N}{\gamma_{m1f}}+\frac{\sum C_1 A}{\gamma_{m1c}}\right]$	计算值 K_n
左滑①	1.41	338810	900500	2.66
左滑②	3.01	336310	1011290	3.01
左滑③	1.40	1696630	2471600	1.46
左滑④	1.83	5732250	7848560	1.37
左滑⑤	1.31	3115030	4961390	1.59
左滑⑥	1.40	3595580	4711510	1.31
左滑⑦	1.91	1457490	2784630	1.91
左滑⑧	—	298880	1172850	3.92
左滑⑨	—	2553480	3343480	1.31
左滑⑩	—	4362700	5231200	1.20

表 18.2.4－2　左岸坝肩可能滑动块体基本组合 2 抗滑稳定计算成果

滑块编号	施工图阶段	坝基开挖后复核		
	计算值 K_n	滑动力（kN）$\gamma_0\psi\sum T$	抗力（kN）$\frac{1}{\gamma_{d1}}\left[\frac{\sum f_1 N}{\gamma_{m1f}}+\frac{\sum C_1 A}{\gamma_{m1c}}\right]$	计算值 K_n
左滑①	1.51	284530	937770	3.30
左滑②	3.41	298550	1031400	3.45
左滑③	1.42	1666950	2441200	1.46
左滑④	1.88	5595660	7875170	1.41
左滑⑤	1.40	2970310	4971870	1.67
左滑⑥	1.42	3555230	4684560	1.32
左滑⑦	1.94	1406030	2750330	1.96
左滑⑧	—	238830	1203920	5.04
左滑⑨	—	2536940	3349670	1.32
左滑⑩	—	4282100	5188670	1.21

表 18.2.4－3　左岸坝肩可能滑动块体基本组合 3 抗滑稳定计算成果

滑块编号	施工图阶段	坝基开挖后复核		
	计算值 K_n	滑动力（kN）$\gamma_0\psi\sum T$	抗力（kN）$\frac{1}{\gamma_{d1}}\left[\frac{\sum f_1 N}{\gamma_{m1f}}+\frac{\sum C_1 A}{\gamma_{m1c}}\right]$	计算值 K_n
左滑①	1.47	296950	944180	3.18
左滑②	3.40	300760	1034150	3.44
左滑③	1.40	1709960	2467680	1.44
左滑④	1.85	5681530	7903880	1.39
左滑⑤	1.40	2757130	4350560	1.58
左滑⑥	1.40	3587180	4706790	1.31
左滑⑦	1.77	1428340	2769350	1.94
左滑⑧	—	246920	1209180	4.90
左滑⑨	—	2565350	3360750	1.31
左滑⑩	—	4365250	5229080	1.20

表 18.2.4－4　左岸坝肩可能滑动块体偶然组合 1 抗滑稳定计算成果

滑块编号	施工图阶段	坝基开挖后复核		
	计算值 K_n	滑动力（kN）$\gamma_0\psi\sum T$	抗力（kN）$\frac{1}{\gamma_{d1}}\left[\frac{\sum f_1 N}{\gamma_{m1f}}+\frac{\sum C_1 A}{\gamma_{m1c}}\right]$	计算值 K_n
左滑①	1.67	266130	958150	3.60
左滑②	4.01	257630	1039910	4.04
左滑③	1.60	1500630	2511230	1.67
左滑④	2.14	4935520	7960050	1.61
左滑⑤	1.65	2636770	5028560	1.91
左滑⑥	1.62	3081580	4746310	1.54
左滑⑦	2.24	1227620	2799110	2.28
左滑⑧	—	219050	1220130	5.57
左滑⑨	—	2219790	3397400	1.53
左滑⑩	—	3791320	5296070	1.40

注：$K_n=\frac{\frac{1}{\gamma_{d1}}\left[\frac{\sum f_1 N}{\gamma_{m1f}}+\frac{\sum C_1 A}{\gamma_{m1c}}\right]}{\gamma_0 \psi \sum T}\geqslant 1$ 即满足规范要求。

由表 18.2.4－1～4 可知，基本组合控制块体为左滑⑩，在基本组合 1 工况下，K_n 最小，为 1.20，大于拱座稳定计算控制标准 1.0，满足规范要求；偶然组合控制块体为左滑⑩，K_n 值为 1.40，大于拱座稳定计算控制标准 1.0，满足规范要求。由此可见，左岸坝肩可能滑动块体抗滑稳定满足规范要求，且有较大的安全裕度。

18.3 右岸坝肩块体三维抗滑稳定分析

18.3.1 可能的侧滑面分析

右岸坝肩侧裂面的不利方向为 N65°W～N75°E 向，可构成侧裂边界的断层分别为 f_{33}、f_{6-4}、f_{11}、f_{48}、f_{62}，其分布位置及特征见表 18.3.1－1。断层 f_{33}、f_{6-4}、f_{11}、f_{48}、f_{62}分布位置及特征与可研阶段一致。

右岸坝肩岩体内的 N65°W～N75°E 向的基体裂隙较为发育，优势方位的裂隙也能构成坝肩抗力体的侧裂边界。可研阶段根据右岸坝肩抗力体内 N65°W～N75°E 向结构面连通率统计结果，右岸不同高程拱圈抗力体侧裂面连通率取值 52%～65%；施工详图阶段选取右坝肩抗力体范围内不同位置测窗进行侧裂面连通率复核，复核后连通率最大为 67%，大于可研阶段连通率（52%～65%）。综上所示，右岸坝肩抗力体侧裂面连通率取值采用施工详图阶段复核成果（见表 18.3.1－2）。

表 18.3.1－1　右坝肩抗力体侧裂面特征

编号	侧裂面	总体产状	类型	详细描述	抗剪断强度		连通率（%）	出露高程（m）	与可研差异
					f'	C'（MPa）			
右①	f_{33}	N65°W SW∠50°～60°	岩块岩屑型	带宽 1～4cm，最大达 20cm，夹碎裂岩，局部夹岩屑，呈强风化，面粗糙，见擦痕及铁锰质渲染	0.50～0.60	0.10～0.15	100	1965～2015	无变化
右②	f_{6-4}	EW N（S）∠85°～90°	岩块岩屑型	宽 1～2cm，带内为岩屑、片状岩，呈强风化状，面平直、粗糙，见铁锰质渲染及绿色矿物，上下盘面见蚀变现象，宽度为 1cm	0.50～0.60	0.10～0.15	100	1986～2101	无变化

续表18.3.1－1

编号	侧裂面	总体产状	类型	详细描述	抗剪断强度		连通率（%）	出露高程（m）	与可研差异
					f'	C'（MPa）			
右③	f_{11}	N80°～85°W NE∠80°～90°	岩块岩屑型	宽1～2cm，带内充填片状岩、岩屑，强～弱风化	0.50～0.60	0.10～0.15	100	2000～2050	无变化
右④	f_{48}	N80°～90°E NW/SE ∠80°～85°	岩块岩屑型	宽0.5～3cm，局部可达5cm，带内为碎块岩、片状岩，强～弱风化状，见铁锰质渲染	0.50～0.60	0.10～0.15	100	2000～2098	无变化
右⑤	f_{62}	N65°～75°E NW∠65°～75°	岩块岩屑型	宽5～10cm，带内充填片状岩、岩屑，呈强～弱风化状，铁锰质渲染严重，见擦痕	0.50～0.60	0.10～0.15	90	2010～2060	无变化
右⑥	优势节理	N65°W～N75°E	无充填型	面无充填或局部夹岩屑，面铁锰质渲染或新鲜	0.60～0.65	0.15～0.20	67	2060～2102 2010～2060 1947～2010	连通率稍高

表 18.3.1－2　右岸不同高程拱圈抗力体侧裂面连通率综合取值

高程	拱圈	连通率（%）
2060～2100m	高拱圈	67
2010～2060m	中拱圈	
1940～2010m	低拱圈	

18.3.2　可能的底滑面分析

从右岸坝肩岩体内结构面发育特征来看，能构成底滑面的结构面均为在坝肩抗力体部位连续分布或较大区域连续分布的小断层。根据右岸地表地质测绘、勘探平硐及开挖边坡揭露，右坝肩发育了少量缓倾断层，这些断层是构成抗力体底滑面的主要结构面。右岸坝肩可构成底滑面的小断层分别为 f_{2-4}、f_{22-5}、f_{38-3}、f_{580}、f_{618}、f_{632}，其特征见表18.3.2－1。其中，断层 f_{2-4}、f_{22-5}、f_{38-3} 分布位置及特征与可研阶段一致，断层 f_{580}、f_{618}、f_{632} 为开挖后新增，原可研阶段底滑面断层 f_{2-2} 已被挖除。

表 18.3.2-1　右岸坝肩抗力体底滑面特征

编号	底滑面	总体产状	类型	详细描述	抗剪断强度		出露高程（m）	与可研差异
					f'	C'		
右①	f_{2-4}	N80°W NE∠40°	岩屑夹泥型	宽 1～3cm，带内为片状岩、岩屑，面较平直，局部附泥膜，局部宽度 5～10cm	0.35～0.40	0.05～0.10	2024～2027	无变化
右②	f_{22-5}	N70°W SW∠40°	岩块岩屑型	宽 2～5cm，带内由碎裂岩、岩屑组成，呈强风化状，面见铁锰质渲染	0.50～0.60	0.10～0.15	2047～2082	无变化
右③	f_{38-3}	N55°E SE∠35°～40°	岩块岩屑型	宽 1～2cm，最大 6cm，带内片状岩、岩屑充填，强～弱风化，面平直粗糙，铁锰质渲染	0.50～0.60	0.10～0.15	1993～2060	无变化
右④	f_{580}	N55°W NE∠20°	岩块岩屑型	宽 1～2cm，带内夹片状岩、岩屑，面平直粗糙	0.50～0.60	0.10～0.15	1975～1977	新增
右⑤	f_{618}	N80°W SW∠20°～30°	岩块岩屑型	宽 2～5cm，带内碎裂岩、岩屑充填，面平直粗糙，局部铁锰质渲染	0.50～0.60	0.10～0.15	1981～1988	新增
右⑥	f_{632}	N50°W SW∠15°～20°	岩块岩屑型	宽 2～5cm，带内碎裂岩、岩屑充填，面平直粗糙	0.50～0.60	0.10～0.15	1945～1958	新增

18.3.3　右岸可能的滑动块体组合

右岸滑块①：底滑面 f_{2-4}，侧裂面 f_{6-4}组合。侧裂面 f_{6-4}：EW N（S）∠85°～90°，边界明确，具贯通性，连通率按100%考虑，宽1～2cm，带内为岩屑、片状岩，呈强风化状，面平直、粗糙，见铁锰质渲染及绿色矿物，上下盘面见蚀变现象，宽度为1cm。底滑面 f_{2-4}：N80°W NE∠40°，总体倾向坡外偏上游，平面上仅坝基上游部分局部出露，未延伸到下游与侧裂面 f_{6-4}形成临空面，经分析，并考虑安全裕度，按其占块体底滑面面积的50%考虑，底滑面抗剪断参数按 f_{2-4}与岩体的抗剪断参数进行面积加权取值。断层宽 1～3cm，带内为片状岩、岩屑，面较平直，局部附泥膜，局部宽度 5～10cm。块体示意见图 18.3.3-1。

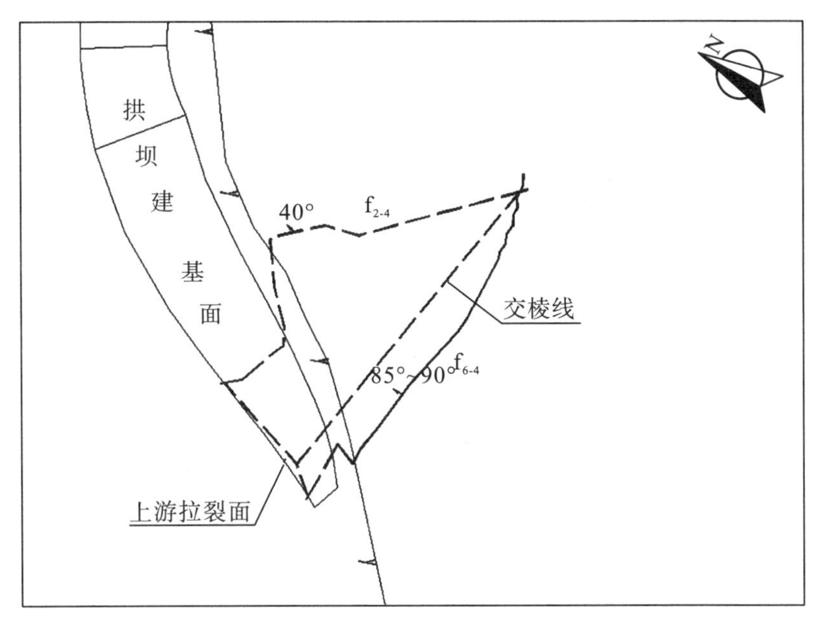

图 18.3.3－1　f_{2-4}＋f_{6-4}组合块体示意图

右岸滑块②：底滑面 f_{2-4}、侧裂面 EW 向优势节理组合。底滑面 f_{2-4}：N80°W NE∠40°，总体倾向坡外偏上游，平面上仅坝基上游部分局部出露，未延伸到下游与侧裂面 f_{6-4}形成临空面，经分析，并考虑安全裕度，按其占块体底滑面面积的 50%考虑，底滑面抗剪断参数按 f_{2-4}与岩体的抗剪断参数进行面积加权取值。断层宽 1～3cm，带内为片状岩、岩屑，面较平直，局部附泥膜，局部宽度 5～10cm。侧裂优势节理 Jx：N80°E NW∠90°，根据地质建议，连通率取 67%。块体示意见图 18.3.3－2。

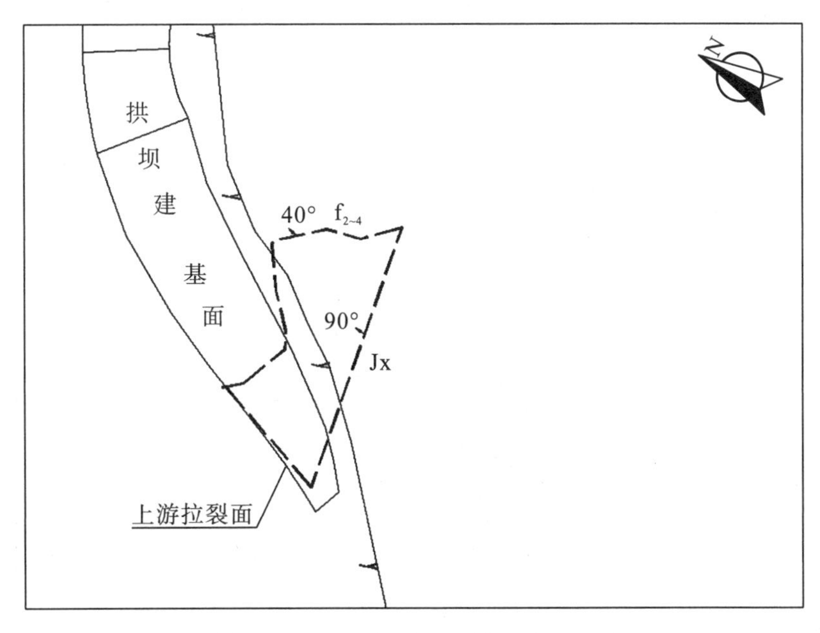

图 18.3.3－2　f_{2-4}＋Jx 组合块体示意图

右岸滑块③：底滑面 f_{2-4}，侧裂面 f_{48} 组合。侧裂面 f_{48}：产状 N80°～90°E NW/SE ∠80°～85°，宽 0.5～3cm，局部可达 5cm，带内为碎块岩、片状岩，强～弱风化状，见铁锰质渲染。边界明确，具贯通性。底滑面 f_{2-4} 描述同上。块体示意见图 18.3.3－3。

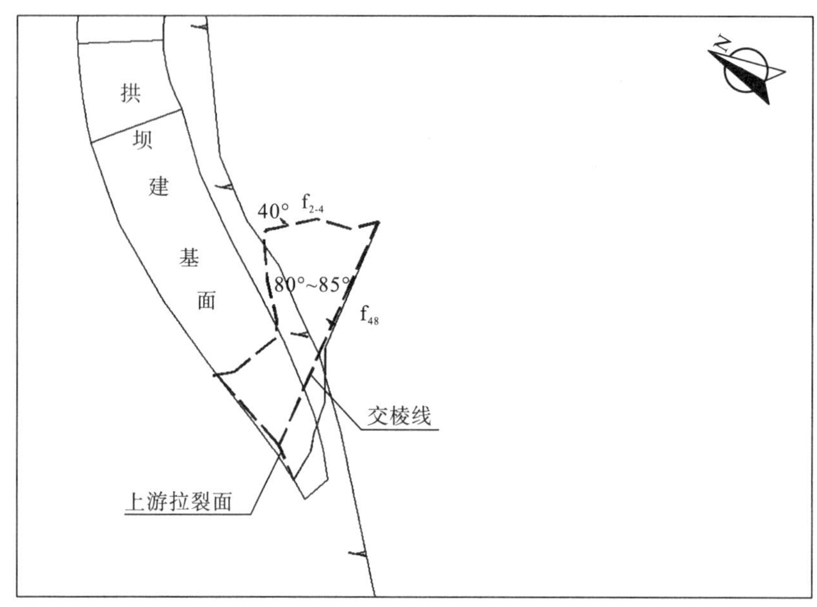

图 18.3.3－3　$f_{2-4}+f_{48}$ 组合块体示意图

右岸滑块④：底滑面 f_{38-3}、侧裂面侧裂面 f_{6-4} 组合。侧裂面，具有贯通性，描述同上。底滑面 f_{38-3}：N55°E SE∠35°～40°，边界明确，总体倾向下游，具有贯通性，但坡面出露线未与侧滑面相交，按其占块体底滑面面积的 80％考虑，结构面宽 1～2cm，最大 6cm，带内片状岩、岩屑填充，强～弱风化，面平直粗糙，铁锰质渲染。块体示意见图 18.3.3－4。

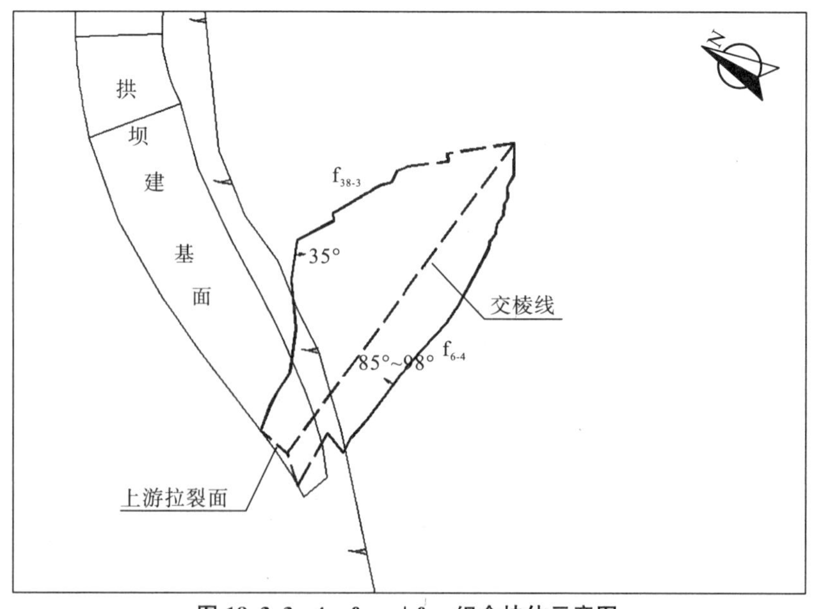

图 18.3.3－4　$f_{38-3}+f_{6-4}$ 组合块体示意图

右岸滑块⑤：底滑面 f_{38-3}、侧裂面 f_{48} 组合。侧裂面 f_{48}，具有贯通性，描述同上。底滑面 f_{38-3} 描述同上，具有贯通性。块体示意见图 18.3.3－5。

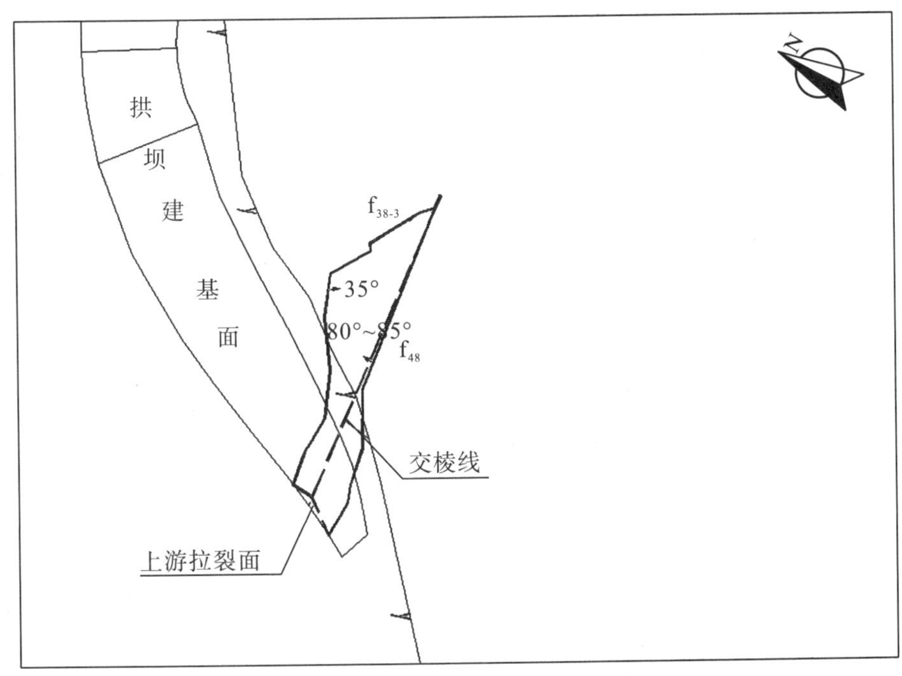

图 18.3.3－5　$f_{38-3}+f_{48}$ 组合块体示意图

右岸滑块⑥：底滑面 f_{38-3}、侧裂面 Jx 组合。侧裂面 Jx：N80°E NW∠90°，根据地质建议值连通率取 67%。底滑面 f_{38-3} 描述同上，具有贯通性。块体示意见图 18.3.3－6。

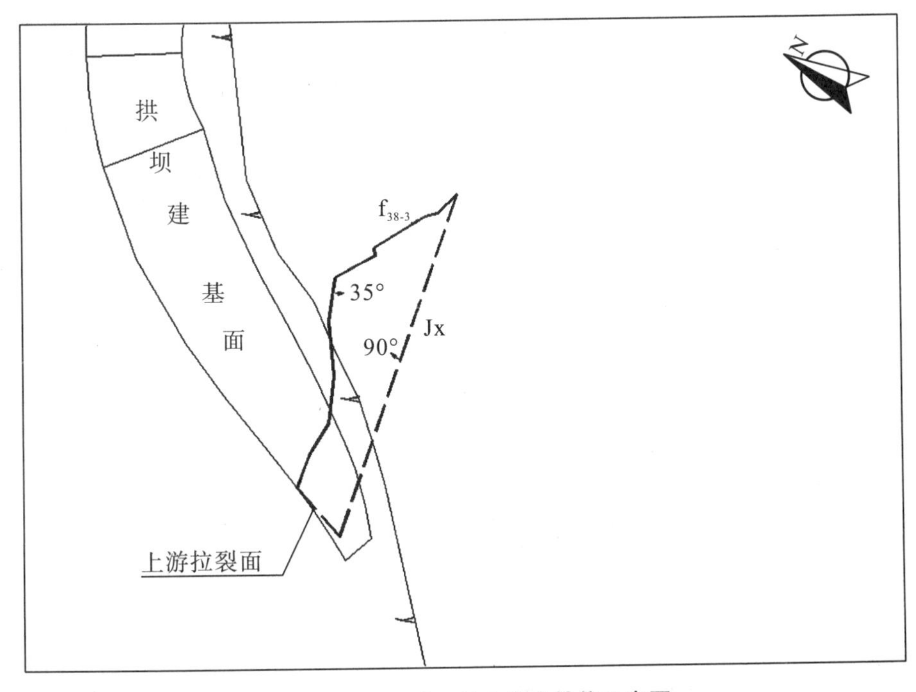

图 18.3.3－6　$f_{38-3}+J_X$ 组合块体示意图

右岸滑块⑦：底滑面 f_{580}、侧裂面 f_{48} 组合。侧裂面 f_{48} 描述同上，具有贯通性。底滑面 f_{580} 产状：N55°W NE∠20°，倾向河床偏上游，仅在坝基下游部分及坝趾附近出露，未延伸至侧裂面 f_{48}，按其占块体底滑面面积的 50%考虑，结构面宽 1～2cm，带内夹片状岩、岩屑，面平直粗糙。块体示意见图 18.3.3-7。

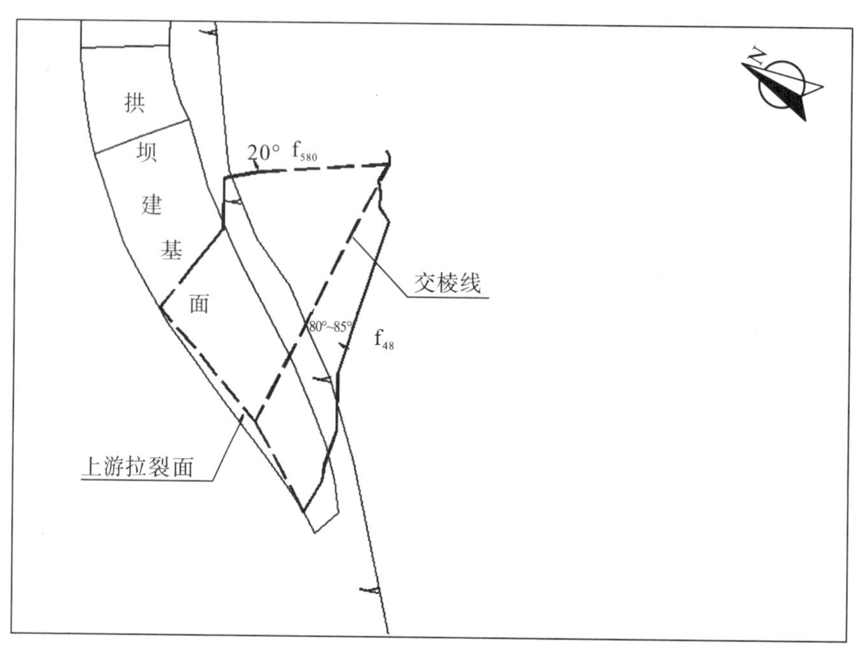

图 18.3.3-7　$f_{580}+f_{48}$ 组合块体示意图

右岸滑块⑧：底滑面 f_{580}、侧裂面 Jx 组合。侧裂面 Jx：EW NE∠90°，根据地质建议值连通率取 67%。底滑面 f_{580} 描述同上，仅在坝基下游部分及坝趾附近出露，未延伸至侧裂面 J_x，按其占块体底滑面面积的 40%考虑。块体示意见图 18.3.3-8。

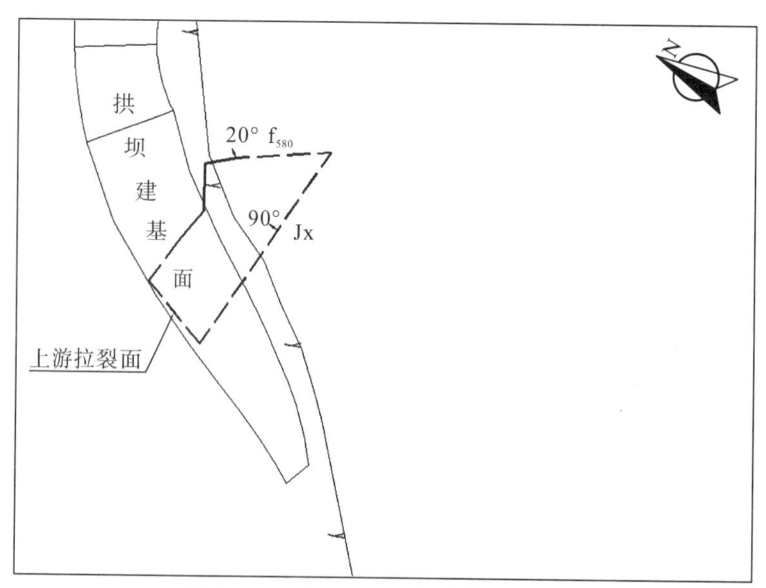

图 18.3.3-8　f_{580}+Jx 组合块体示意图

右岸滑块⑨：底滑面 f_{618}、侧裂面 f_{48}组合。侧裂面 f_{48}描述同上，具有贯通性。底滑面 f_{618}产状：N80°W SW∠20°～30°，倾向下游偏山内，仅在坝基下游坝址附近出露，未延伸至侧裂面 f_{48}，也未延伸到坝基范围，按其占块体底滑面面积的50%考虑，结构面宽 2～5cm，带内碎裂岩、岩屑充填，面平直粗糙，局部铁锰质渲染。块体示意见图 18.3.3−9。

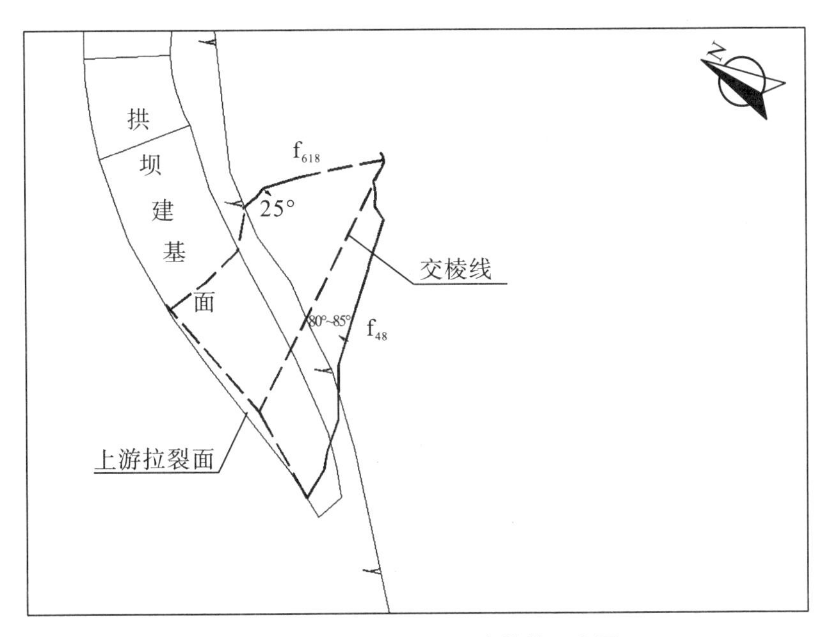

图 18.3.3−9 f_{618}+f_{48}组合块体示意图

右岸滑块⑩：底滑面 f_{618}、侧裂面 Jx 组合。侧裂面 Jx：EW NE∠90°，描述同上。底滑面 f_{618}描述同上，按其占块体底滑面面积的40%考虑。块体示意见图 18.3.3−10。

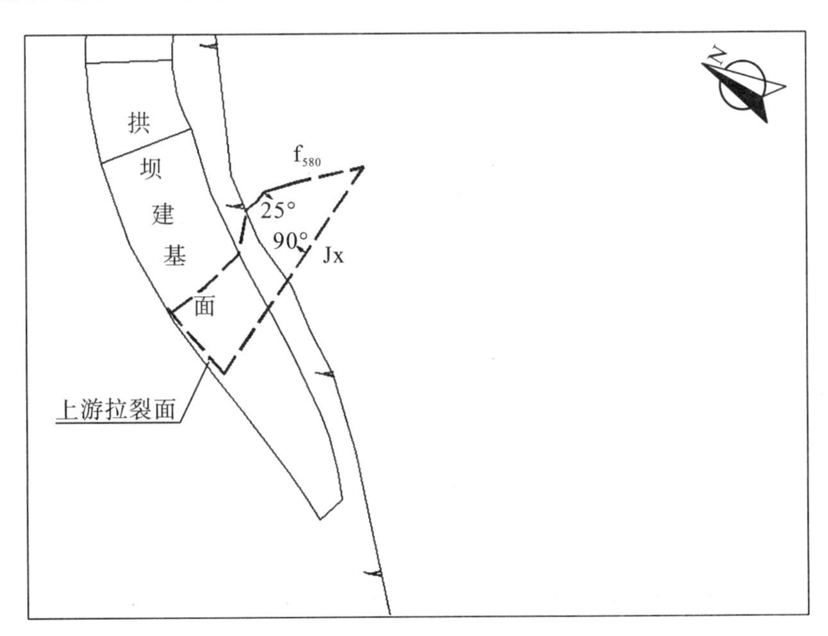

图 18.3.3−10 f_{618}+Jx 组合块体示意图

右岸滑块⑪：底滑面 f_{632}、侧裂面 Jx 组合。侧裂面 Jx：EW NE∠90°，描述同上。底滑面 f_{632}产状：N50°W SW∠15°～20°，倾向山内，仅在坝基下游坝址附近出露，未延伸至侧裂面 Jx，也未延伸到坝基范围，按其占块体底滑面面积的 40%考虑，结构面宽 2～5cm，带内碎裂岩、岩屑充填，面平直粗糙。

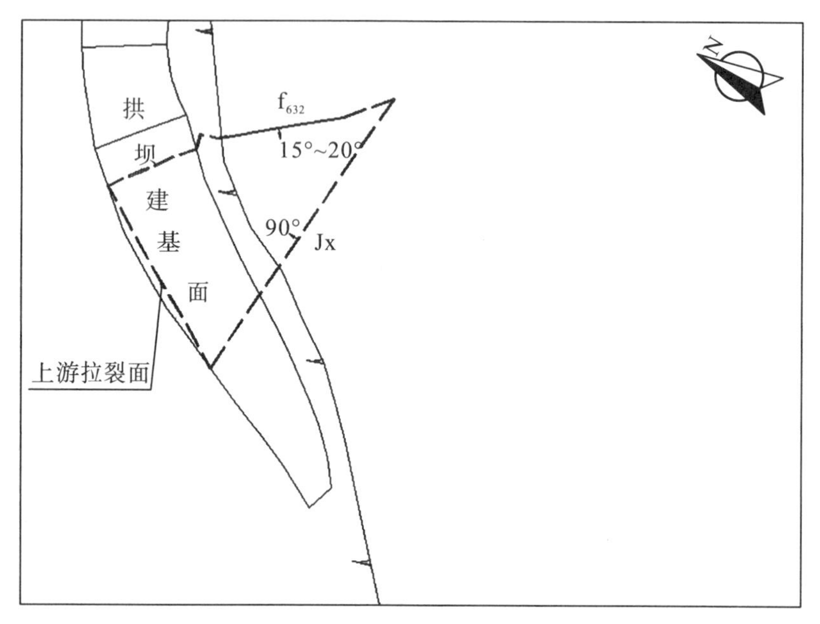

图 18.3.3－11　f_{632}＋Jx 组合块体示意图

右坝肩可能滑动块体组合及结构面抗剪参数见表 18.3.3－1。

表 18.3.3－1　右坝肩可能滑动块体组合及结构面抗剪参数

滑块编号	底滑面			侧滑面		
	结构面	f'_1	C'_1 (MPa)	结构面	f'_2	C'_2 (MPa)
右滑①	f_{2-4} N80°W NE∠40°	0.38	0.08	f_{6-4} EW N（S）∠85°～90°	0.55	0.12
右滑②	f_{2-4} N80°W NE∠40°	0.38	0.08	Jx N80°E NW∠90°	0.62	0.18
右滑③	f_{2-4} N80°W NE∠40°	0.38	0.08	f_{48} N80°～90°E NW/SE∠80°～85°	0.55	0.12
右滑④	f_{38-3} N55°E SE∠35°～40°	0.55	0.12	f_{6-4} EW N（S）∠85°～90°	0.55	0.12
右滑⑤	f_{38-3} N55°E SE∠35°～40°	0.55	0.12	f_{48} N80°～90°E NW/SE∠80°～85°	0.55	0.12
右滑⑥	f_{38-3} N55°E SE∠35°～40°	0.55	0.12	Jx N80°E NW∠90°	0.62	0.18

续表18.3.3-1

滑块编号	底滑面			侧滑面		
	结构面	f'_1	C'_1 (MPa)	结构面	f'_2	C'_2 (MPa)
右滑⑦	f_{580} N55°W NE∠20°	0.55	0.12	f_{48} N80°～90°E NW/SE∠80°～85°	0.55	0.12
右滑⑧	f_{580} N55°W NE∠20°	0.55	0.12	Jx EW N∠90°	0.62	0.18
右滑⑨	f_{618} N80°W SW∠20°～30°	0.55	0.12	f_{48} N80°～90°E NW/SE∠80°～85°	0.55	0.12
右滑⑩	f_{618} N80°W SW∠20°～30°	0.55	0.12	Jx EW N∠90°	0.62	0.18
右滑⑪	f_{632} N50°W SW∠15°～20°	0.55	0.12	Jx EW N∠90°	0.62	0.18

18.3.4 右岸可能的滑动块体抗滑稳定分析

表18.3.4-1～表18.3.4-4为右岸坝肩可能滑动块体各种工况组合下抗滑稳定计算成果（工况组合划分与左岸一致），以及与《施工图阶段混凝土高拱坝体形结构深化研究报告》（2018年1月）中坝肩抗滑稳定计算成果的对比。

表18.3.4-1　右岸坝肩可能滑动块体基本组合1抗滑稳定计算成果

滑块编号	施工图阶段	坝基开挖后复核		
	计算值 K_n	滑动力（kN） $\gamma_0\psi\sum T$	抗力（kN） $\frac{1}{\gamma_{d1}}\left[\frac{\sum f_1 N}{\gamma_{m1f}}+\frac{\sum C_1 A}{\gamma_{m1c}}\right]$	计算值 K_n
右滑①	4.33	150190	2023020	13.47
右滑②	17.33	—	—	超稳
右滑③	—	—	—	超稳
右滑④	—	1733020	2714780	1.57
右滑⑤	—	—	—	超稳
右滑⑥	—	—	—	超稳
右滑⑦	—	2574400	3796510	1.47
右滑⑧	—	1412990	1852990	1.31
右滑⑨	—	1268090	5359710	4.23
右滑⑩	—	873210	2325510	2.66
右滑⑪	—	3378950	6752360	2.00

表 18.3.4−2　右岸坝肩可能滑动块体基本组合 2 抗滑稳定计算成果

滑块编号	施工图阶段	坝基开挖后复核		
	计算值 K_n	滑动力（kN） $\gamma_0\psi\sum T$	抗力（kN） $\frac{1}{\gamma_{d1}}\left[\frac{\sum f_1 N}{\gamma_{m1f}}+\frac{\sum C_1 A}{\gamma_{m1c}}\right]$	计算值 K_n
右滑①	9.93	35190	1996340	56.72
右滑②	超稳	—	—	超稳
右滑③	—	—	—	超稳
右滑④	—	1630460	2707780	1.66
右滑⑤	—	—	—	超稳
右滑⑥	—	—	—	超稳
右滑⑦	—	2429530	3751580	1.54
右滑⑧	—	1384670	1851250	1.34
右滑⑨	—	1206930	5276880	4.37
右滑⑩	—	858660	2314700	2.70
右滑⑪	—	3295450	6772670	2.06

表 18.3.4−3　右岸坝肩可能滑动块体基本组合 3 抗滑稳定计算成果

滑块编号	施工图阶段	坝基开挖后复核		
	计算值 K_n	滑动力（kN） $\gamma_0\psi\sum T$	抗力（kN） $\frac{1}{\gamma_{d1}}\left[\frac{\sum f_1 N}{\gamma_{m1f}}+\frac{\sum C_1 A}{\gamma_{m1c}}\right]$	计算值 K_n
右滑①	13.24	66500	2023570	30.43
右滑②	超稳	—	—	超稳
右滑③	—	—	—	超稳
右滑④	—	1642230	2719890	1.66
右滑⑤	—	—	—	超稳
右滑⑥	—	—	—	超稳
右滑⑦	—	2501710	3801920	1.52
右滑⑧	—	1409850	1867150	1.32
右滑⑨	—	1280520	5343020	4.17
右滑⑩	—	878130	2337920	2.66
右滑⑪	—	3338960	6790830	2.03

表 18.3.4－4　右岸坝肩可能滑动块体偶然组合 1 抗滑稳定计算成果

滑块编号	施工图阶段	坝基开挖后复核		
	计算值 K_n	滑动力（kN）$\gamma_0\psi\sum T$	抗力（kN）$\frac{1}{\gamma_{d1}}\left[\frac{\sum f_1 N}{\gamma_{m1f}}+\frac{\sum C_1 A}{\gamma_{m1c}}\right]$	计算值 K_n
右滑①	59.61	74850	2068630	27.64
右滑②	超稳	—	—	超稳
右滑③	—	—	—	超稳
右滑④	—	1399070	2741100	1.96
右滑⑤	—	—	—	超稳
右滑⑥	—	—	—	超稳
右滑⑦	—	2169170	3885730	1.79
右滑⑧	—	1222550	1903500	1.56
右滑⑨	—	1158400	5436510	4.69
右滑⑩	—	770980	2375420	3.08
右滑⑪	—	2948410	6854820	2.32

注：$K_n=\frac{\frac{1}{\gamma_{d1}}\left[\frac{\sum f_1 N}{\gamma_{m1f}}+\frac{\sum C_1 A}{\gamma_{m1c}}\right]}{\gamma_0\psi\sum T}\geqslant 1$ 即满足规范要求。

由表 18.3.4－1～4 可知，基本组合控制块体为右滑⑧，在基本组合 1 工况下抗滑稳定计算值 K_n 为 1.31，大于拱座稳定计算控制标准 1.0，满足规范要求；偶然组合控制块体为右滑⑧，抗滑稳定计算值 K_n 为 1.56，大于拱座稳定计算控制标准 1.0，满足规范要求。右岸坝肩可能滑动块体抗滑稳定满足规范要求，且有较大的安全裕度。

18.4　小结

采用三维刚体极限平衡法对杨房沟拱坝两岸坝肩可能滑动块体进行分析，计算结果表明两岸坝肩可能滑动块体抗滑稳定安全性满足规范要求，抗力与滑动力比值 K_n 均大于 1.2，大于规范要求的 1.0，且有较大的安全裕度。

chapter 4

第四篇

拱肩槽边坡陡倾角断层加固技术

杨房沟水电站左岸拱肩槽上游侧边坡自 2017 年 12 月开始从坝顶高程 2101.85m 爆破开挖，2018 年 4 月 23 日开挖至高程 2015m，2018 年 5 月 13 日开挖至高程 2000m。2018 年 4 月 28 日左岸坝顶及卸料平台垫层混凝土面发现 3 条裂缝，裂缝宽 1～2mm，5 月 14 日发现新增 4 条裂缝，随后裂缝数量、宽度均有所增加，裂缝宽度最宽 10mm。裂缝宽度测值与多点位移计 Mbj－2－1 成果相关性较好。截至 2018 年 6 月 26 日，多点位移计 Mbj－2－1 累计位移 9.50mm。监测成果显示，绝大部分变形发生于 2018 年 5 月 31 日之前，2018 年 6 月 1 日之后变形量很小。2018 年 5 月 14 日～5 月 31 日变形边坡范围共实施张拉 15 根 2000kN 预应力锚索。截至 2018 年 7 月 25 日，多点位移计、锚索测力计、表观点、测缝计等各项监测数据测值稳定。

自发现裂缝后，为进一步查明左岸拱肩槽上游侧边坡主要结构面的规模、性状、空间展布及边坡岩体结构特征，开展了专门性补充勘察工作；同时增设了变形监测并加密观测频次，开展了边坡稳定性计算复核、处理方案比选等工作。经综合分析，明确了变形机制，提出了以锚索锚固为主＋局部抬高马道高程＋探洞封堵回填的综合处理方案。

19　左岸拱肩槽上游侧边坡工程地质条件

19.1　左岸拱肩槽上游侧边坡专门性地勘工作

左岸拱肩槽上游侧边坡自2017年12月开始从坝顶高程2101.85m爆破开挖，2018年5月13日开挖至高程2000m。随着边坡开挖，边坡岩体应力进行调整，逐渐出现卸荷松弛变形。2018年4月28日，卸料平台素混凝土垫层上出现3条微裂纹，裂纹宽度一般小于2mm，主要见于垫层中、上部，未贯穿至底部，下伏基岩未见张裂，5月13日下午边坡底部高程2015～2000m进行了爆破开挖，5月14日早上发现新增了4条裂缝，原卸料平台素混凝土垫层的3条裂缝张裂宽度明显增大，最大达7mm，下伏基岩未见张裂。

左岸拱肩槽上游侧边坡开挖揭示小断层和挤压带较发育，其中规模较大的f_{27}断层，断层走向与工程边坡小角度相交，断层倾角55°～60°，小于工程边坡开挖坡角，对边坡局部稳定不利。为进一步查明左岸拱肩槽上游侧边坡主要结构面的规模、性状、空间展布及边坡岩体结构特征，对左岸拱肩槽上游侧边坡开展专门性补充地勘工作（见图19.1－1），具体工作内容如下：

（1）对左岸拱肩槽上游侧自然边坡发育的结构面进行工程地质测绘及复核，查明结构面的性状及延伸情况。

（2）对左岸高程2101.85m卸料平台基础进行跟踪地质素描，查明平台结构面的性状及延伸情况。

（3）对左岸拱肩槽上游侧边坡揭露前期探洞PD15（高程2070.60m）、PD35（高程2056.80m）、PD13（高程1996.70m）、PD21（高程2002.20m）和工程边坡揭露地质资料进行工程地质复核，分析查明边坡和卸料平台主要结构面延伸情况。

（4）为查明断层f_{27}的空间展布及性状，在左岸拱肩槽上游边坡高程2000m布置3个水平钻孔ZK1～ZK3（地质钻孔），孔深均为20m，同时在边坡高程2000m平台布置2个铅直钻孔ZK4～ZK5（地质钻孔），孔深均为40m，并进行孔内全景摄像工作；同时结合边坡高程2035m的2个水平钻孔ZKf－1、ZKf－2（冲击钻孔）、高程2015m多点位移计Mbj－z1－3、高程2040m多点位移计Mbj－2－2、高程2045m多点位移计Mbj－z1－2、高程2070m多点位移计Mbj－1－2、高程2080m锚索孔103＃和115＃钻孔电视摄像，进一步查明边坡岩体结构特征。

图 19.1－1　左岸拱肩槽上游侧边坡专门性补充地勘工作布置示意图

19.2　工程地质条件

19.2.1　地形地貌

左岸拱肩槽上游侧边坡高程 2101.85m 为斜坡地形，坡面略有起伏，边坡走向大致为 N30°W，地形坡度 50°～60°。

图 19.2.1－1　左岸拱肩槽上游侧边坡当时开挖面貌（2018 年 5 月）

工程边坡自2017年12月开始从高程2101.85m爆破开挖，2018年5月13日开挖至高程2000m。高程2000～2101.85m段开挖坡比1∶0.2～1∶0.4，高程2000m、2030m、2060m、2080m设置宽3m马道，2097m设置宽4m吊罐停靠平台，开挖边坡走向N60°～80°W，顺河向长度83～117m，边坡水平开挖深度20～40m。其中，左岸坝顶平台高程2101.85m，设有施工期卸料平台、平台宽18～58m（见图19.2.1—1）。

19.2.2　地层岩性

左岸拱肩槽上游高程2101.85～2000m段开挖边坡岩性为花岗闪长岩，深灰～浅灰色，花岗结构为主，块状构造，其矿物成分由普通角闪石、黑云母、斜长石、钾长石、石英等组成。开挖边坡岩体呈弱风化，近坝基部位部分微风化，岩体以次块状结构为主，局部镶嵌结构，受小断层、节理裂隙等因素控制，岩体完整性差～较完整为主，局部较破碎。

19.2.3　地质构造

19.2.3.1　左岸拱肩槽上游侧边坡

左岸拱肩槽上游侧边坡小断层和挤压带发育，共发育45条断层、56条挤压带和1条裂隙，结构面宽度一般以2～5cm为主，带内一般充填碎裂岩、岩屑、片状岩等，面见铁锰质渲染。

左岸拱肩槽上游侧边坡节理发育，主要发育5组：①N60°～80°W SW∠55°～70°，顺坡节理，面平直粗糙，延伸较长～长，发育间距0.5～1m/条；②N10°W SW∠40°，面平直粗糙，局部见铁锰质渲染；③N5°W SW∠80°，面平直粗糙，局部见铁锰质渲染；④N85°W NE∠85°，面平直粗糙，局部见铁锰质渲染；⑤N70°E NW∠70°，面平直粗糙，局部见铁锰质渲染。节理多以中高倾角节理为主，其中节理①走向与边坡走向夹角小，对边坡稳定不利。

19.2.3.2　左岸卸料平台

左岸卸料平台小断层和挤压带发育，共发育38条断层和61条挤压带，结构面宽度一般以1～5cm为主，局部最大可达20cm，带内一般充填碎裂岩、岩屑、片状岩等，面见铁锰质渲染。

左岸卸料平台节理较发育，主要发育4组：①N55°～60°W SW∠55°～60°，顺坡节理，面平直粗糙，局部见铁锰质渲染，延伸较长～长，发育间距1～2m/条；②N10°W SW∠85°，面平直粗糙，延伸较长，局部见铁锰质渲染；③N20°W SW∠60°，闭合，面平直粗糙，断续延伸长，局部见铁锰质渲染；④N70°～80°E NW∠70°～80°，面平直粗糙，延伸较长，见铁锰质渲染。

综上所述，左岸拱肩槽上游侧边坡和左岸卸料平台小断层和挤压带发育，其发育规律及特征如下：

断层和挤压带走向主要为NNE及NWW向，其次为NE及近NEE向，NNW～NW向相对发育较少，其中，NNE走向约占30.6%，倾向以SE为主，NWW走向约占27.0%，倾向以SW为主（见图19.2.3−1），并以中高倾角为主（见图19.2.3−2），占91.3%，缓倾角相对不发育，仅占8.7%。断层和挤压带的总体特征是：带内一般充填碎裂岩、岩屑、片状岩等，面见铁锰质渲染，平直粗糙，局部面见擦痕。

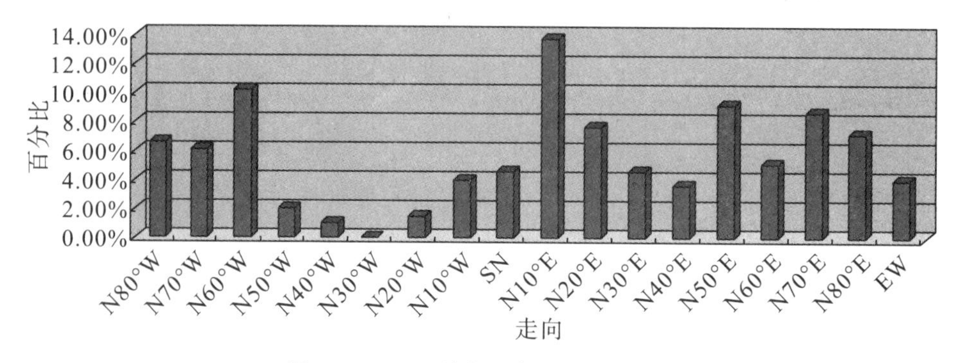

图19.2.3−1　结构面走向统计直方图

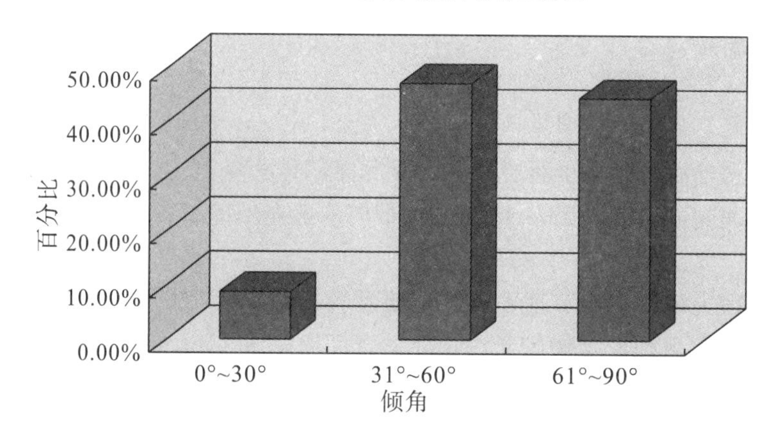

图19.2.3−2　结构面倾角统计直方图

19.2.3.3　f_{27}断层

左岸拱肩槽上游边坡小断层和挤压带较发育，其中规模较大的f_{27}断层，其走向与工程边坡小角度相交，断层倾角55°～60°，小于工程边坡开挖坡角，对边坡局部稳定不利。

1）f_{27}断层分布及特征

（1）地表出露情况。

断层f_{27}在高程2101.85m卸料平台已揭露，经上游侧坡向雅砻江边延伸，距拱肩槽上游开口线25～30m（见图19.2.3−3）；断层f_{27}在上游地表的产状为N85°W SW∠55°～65°，往下游延伸时产状渐变为产状N50°～85°W SW∠55°～65°，并从高往低倾角逐渐变陡（见图19.2.3−4）。断层f_{27}在卸料平台揭露桩号分别为：上游侧桩号KX0+13m、桩号KY0−40m，坝肩边坡坡脚桩号KX0+19m、桩号KY0+17m，宽3～20cm，带内由片状岩、碎块岩、岩屑组成，铁锰质渲染较严重，呈强～弱风化，面扭曲延伸（见图19.2.3−5）。

图 19.2.3－3　左岸拱肩槽现场施工面貌及 f_{27} 断层出露轨迹线

图 19.2.3－4　左岸拱肩槽现场施工面貌及 f_{27} 断层出露轨迹线

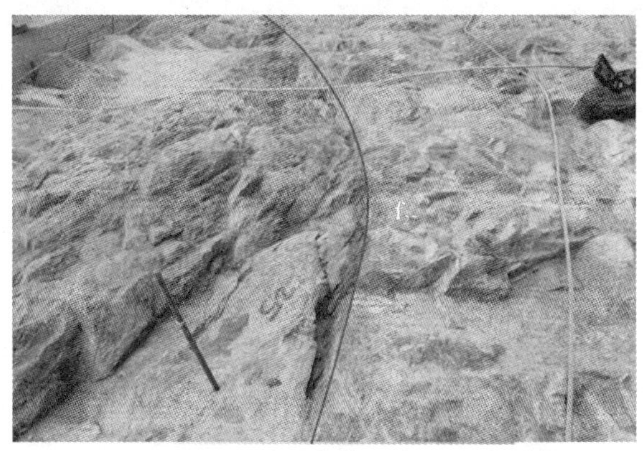

图 19.2.3－5　左岸卸料平台 f_{27} 断层性状

(2) 探洞出露情况。

断层 f_{27} 在左岸拱肩槽上游边坡高程 2070.6m 上的前期探洞 PD15 洞深桩号 29.0m（洞口桩号为 2.8m）的位置上揭露（见图 19.2.3－6）；高程 2056.8m 上的前期探洞 PD35 在洞深桩号 47.0m（洞口桩号为 27.7m）的位置上揭露（见图 19.2.3－7）；高程 2002.2m 上的前期探洞 PD21 在洞深桩号 63.5m（洞口桩号为 53.5m）的位置上揭露；高程 1996.7m 上的前期探洞 PD13 在洞深桩号 28.0m（洞口未开挖）的位置上揭露（见图 19.2.3－8）。探洞揭露断层 f_{27} 性状见表 19.2.3－1。

表 19.2.3－1　左岸拱肩槽上游侧边坡探洞揭露断层 f_{27} 一览表

编号	揭露位置	产状	宽度（cm）	地质描述
f_{27}	高程 2070.6m 探洞 PD15 桩号 29.0m	N65°W SW∠65°	5～10	带内为片状岩、岩屑，强风化，微张
	高程 2056.8m 探洞 PD35 桩号 47.0m	N60°W SW∠60°	10～20	带内为片状岩、岩屑，微张
	高程 2002.2m 探洞 PD21 桩号 63.5m	N60°W SW∠60°	3～5	带内为碎裂岩、蚀变岩，呈强～弱风化，面平直粗糙，铁锰质渲染
	高程 1996.7m 探洞 PD13 桩号 28.0m	N70°W SW∠60°	5～10	带内为片状岩、岩屑，呈强风化，微张

图 19.2.3－6　探洞 PD15 内 f_{27} 断层性状

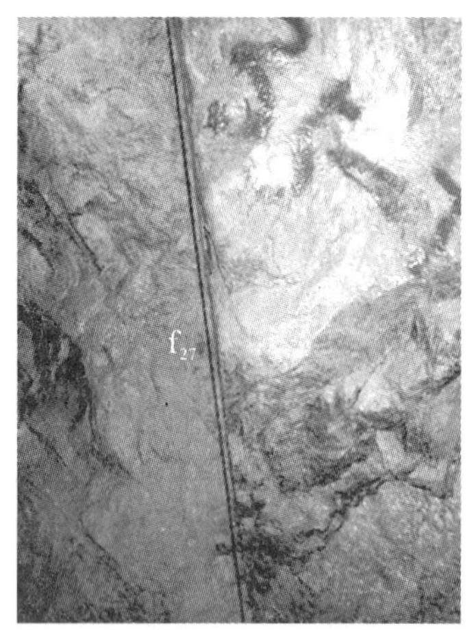

图 19.2.3－7　探洞 PD35 内 f_{27} 断层性状

图 19.2.3－8　探洞 PD13 洞深约 28m 处 f_{27} 断层性状

(3) 钻孔出露情况。

为了准确判断 f_{27} 断层分布及产状，在左岸拱肩槽上游边坡高程 2035m 和高程 2000m 分别布置 2 个水平钻孔 ZKf－1、ZKf－2（冲击钻孔）和 3 个水平钻孔 ZK1～ZK3（地质钻孔），孔深均为 20m；同时在边坡高程 2000m 平台布置 2 个铅直钻孔 ZK4～ZK5（地质钻孔），孔深均为 40m，并进行孔内全景摄像。

经解译及分析判断，断层 f_{27} 在钻孔 ZKf－1 孔深 15.4m 位置揭露（见图 19.2.3－

9)；在钻孔 ZKf－2 孔深 12.0m 位置揭露（见图 19.2.3－9)；在钻孔 ZK1 孔深 9.0m 位置揭露（见图 19.2.3－10)；在钻孔 ZK2 孔深 7.4m 位置揭露（见图 19.2.3－10)；在钻孔 ZK3 孔深 7.4m 位置揭露（见图 19.2.3－10)；在钻孔 ZK4 孔深 24.5m 位置揭露（见图 19.2.3－11)；在钻孔 ZK5 孔深 25.7m 位置揭露（见图 19.2.3－11)。钻孔揭露断层 f_{27} 性状见表 19.2.3－2。

表 19.2.3－2　左岸拱肩槽上游侧边坡钻孔揭露断层 f_{27} 一览

编号	揭露位置	产状	宽度（cm）	地质描述
f_{27}	高程 2035m 水平钻孔 ZKf－1	N60°～75°W SW∠55°～65°	10	带内为片状岩、岩屑组成，铁锰质浸染
	高程 2035m 水平钻孔 ZKf－2		10	带内由片状岩、岩屑组成，铁锰质浸染严重
	高程 2000m 水平钻孔 ZK1		5	带内为碎裂岩、岩屑，面见铁锰质渲染
	高程 2000m 水平钻孔 ZK2		10～20	带内为碎裂岩、岩屑，面见铁锰质渲染
	高程 2000m 水平钻孔 ZK3		1～3	带内为片状岩、岩屑
	高程 2000m 垂直钻孔 ZK4		2～3	带内为片状岩，岩屑，面见铁锰质渲染
	高程 2000m 垂直钻孔 ZK3		2～4	带内为碎裂岩、岩屑，局部铁锰质渲染

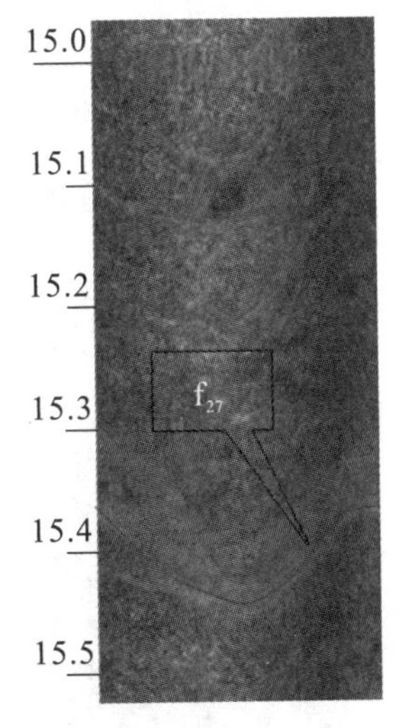

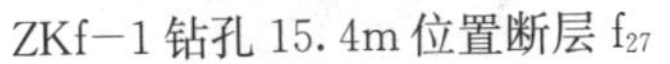
ZKf－1 钻孔 15.4m 位置断层 f_{27}

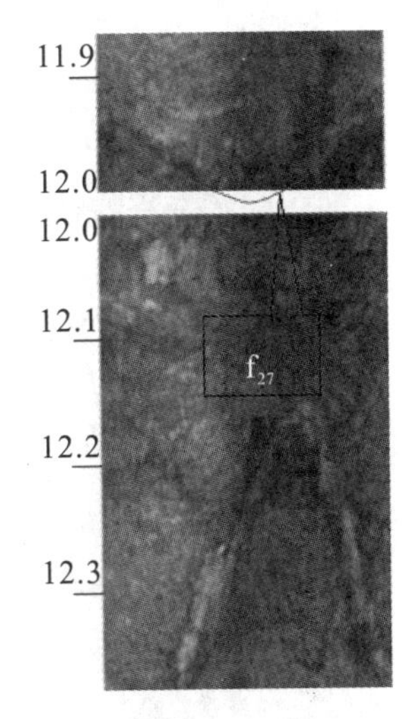

ZKf－2 钻孔 12.0m 位置断层 f_{27}

图 19.2.3－9　ZKf－1 钻孔、ZKf－2 钻孔揭露断层 f_{27} 全景图像

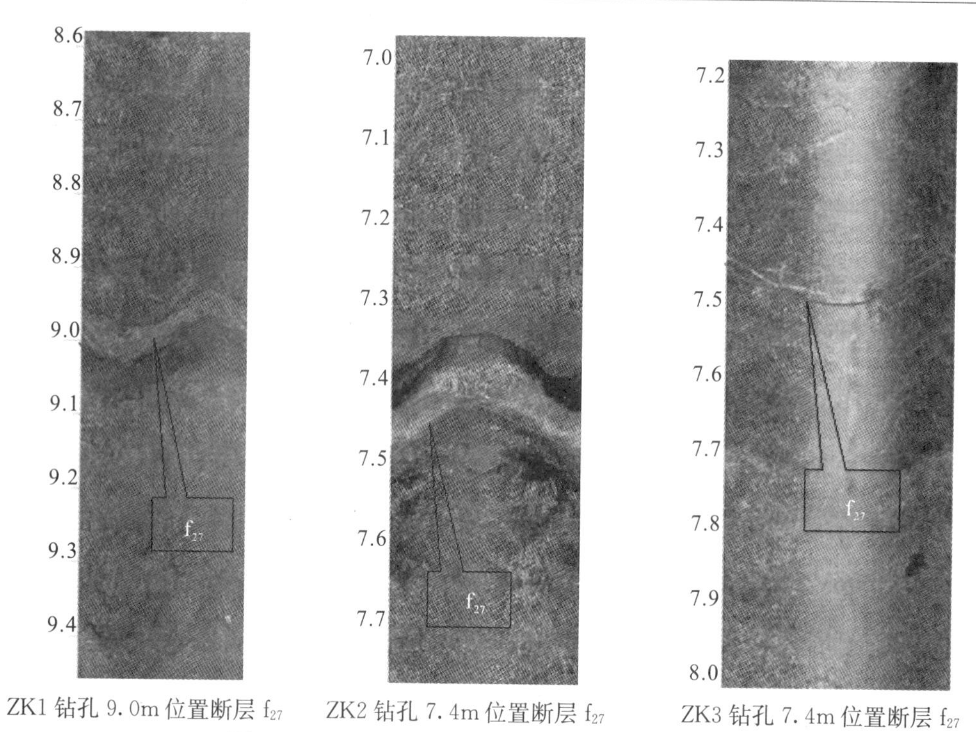

ZK1 钻孔 9.0m 位置断层 f_{27}　　ZK2 钻孔 7.4m 位置断层 f_{27}　　ZK3 钻孔 7.4m 位置断层 f_{27}

图 19.2.3－10　ZK1～ZK3 钻孔揭露断层 f_{27} 全景图像

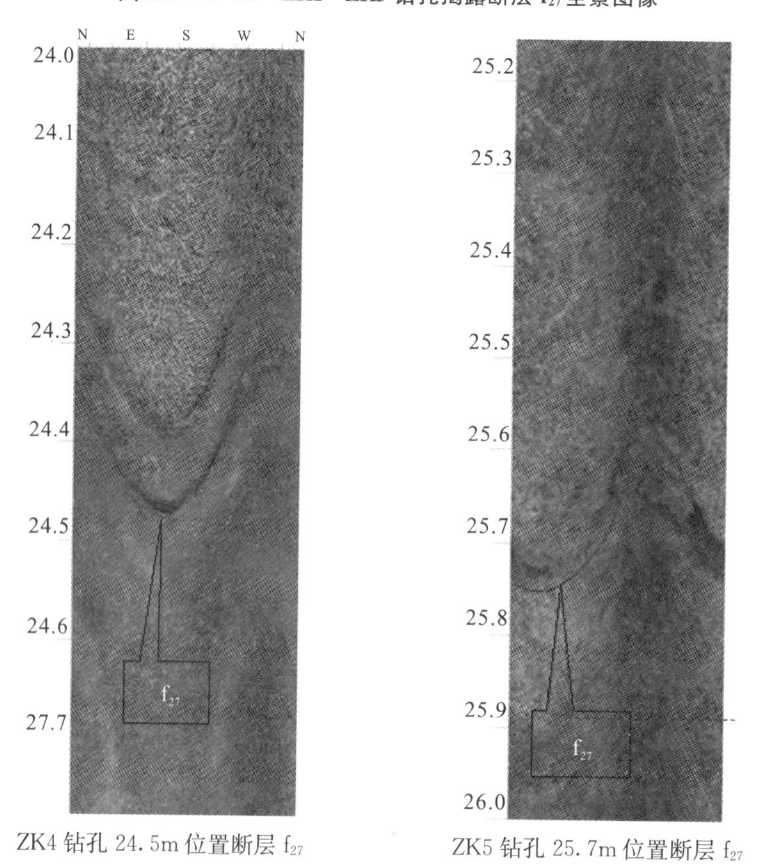

ZK4 钻孔 24.5m 位置断层 f_{27}　　ZK5 钻孔 25.7m 位置断层 f_{27}

图 19.2.3－11　ZK4～ZK5 钻孔揭露断层 f_{27} 全景图像

2）f_{27}断层参数建议值

根据断层揭露性状，结合前期勘探试验成果（见表19.2.3－3）和可研阶段坝址区岩体结构面力学指标建议值，并参考相关规范，断层f_{27}参数建议值如下：$f'=0.45$，$C'=0.08$MPa。

表19.2.3－3　现场结构面抗剪断试验成果

编号	类别	位置	产状	宽度（cm）	充填物性质	抗剪断（岩/岩）		备注
						f'	C'（MPa）	
f_{1-3}	小断层	PD1硐深30～32m	EW N∠40°	1～4	充填岩块、岩屑，无泥质	0.51	0.48	岩块岩屑型
F_2	断层	PD5硐深39～40m	N10°E SE∠65°～75°	0.5～100	碎块岩、局部夹片状岩，呈强风化蚀变状，面起伏扭曲光滑，铁锰质渲染	0.57	0.11	岩块岩屑型
f_{19-10}	小断层	PD19－1硐深25°～28m	N45°E SE∠25～35°	20～30	面铁锰质渲染，带内岩体蚀变，呈强风化状，局部夹石英脉	0.61	0.05	岩块岩屑型

19.2.4　边坡岩体质量分类

左岸拱肩槽上游侧边坡（高程2101.85～2000m）段开挖边坡走向N60°～80°W，岩性为花岗闪长岩，呈弱风化，近坝基部位部分微风化，边坡岩体以完整性差～较完整为主，局部较破碎，呈次块状～镶嵌结构，以Ⅲ类岩体为主（见图19.2.4－1），高程2080m以下上游开口线附近3～12m岩体呈强卸荷，属Ⅳ类岩体。

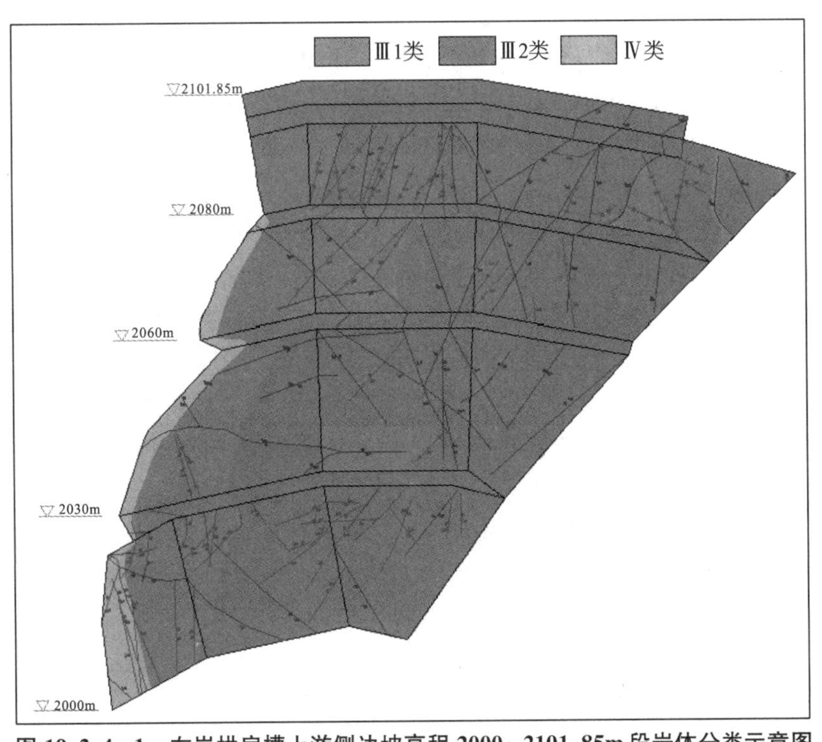

图19.2.4－1　左岸拱肩槽上游侧边坡高程2000～2101.85m段岩体分类示意图

左岸卸料平台高程 2101.85m 岩性为花岗闪长岩，呈弱风化，岩体完整性差～较完整为主，上游边缘少量较破碎，岩体以Ⅲ类岩体为主（见图 19.2.4－2），上游边缘少量Ⅳ类岩体。

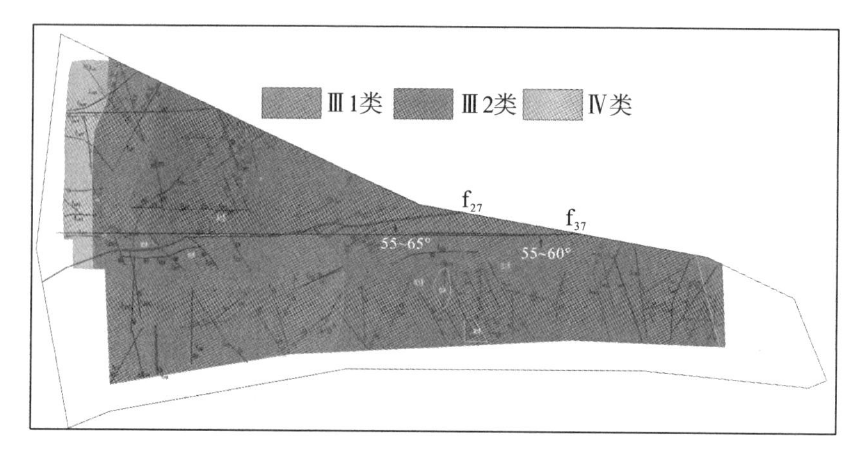

图 19.2.4－2　左岸高程 2101.85m 卸料平台素描岩体分类示意图

19.3　块体分析及块体特征

19.3.1　赤平投影分析

左岸拱肩槽上游侧边坡，2000m 高程以上，分为 2101.85～2080m 高程、2080～2060m 高程、2060～2030m 高程、2030～2000m 高程 4 个梯级开挖，对每个梯级边坡主要结构面与边坡典型组合进行赤平投影分析，分述如下：

（1）左岸拱肩槽上游边坡高程 2101.85～2080m 段工程边坡主要断层与边坡典型组合关系见赤平投影图 19.3.1－1。从赤平投影图可以看出，断层 f_{15-1} 和断层 f_{15-4}、断层 f_{411} 和断层 f_{21} \ f_{413}、断层 f_{403} 和断层 f_{19-10}、断层 f_{19-10} 和断层 f_{25} \ f_{26} \ f_{433}、断层 f_{433} 和挤压带 J_{437}、断层 f_{431} 和断层 f_{433}、断层 f_{15-1} 与其他结构面易形成楔形体、断层 f_{15-4} 与其他结构面易形成楔形体，顺坡成组节理①与其他结构面易形成楔形体，对工程边坡局部稳定不利。

（2）左岸拱肩槽上游边坡高程 2080～2060m 段工程边坡主要断层与边坡典型组合关系见赤平投影图 19.3.1－2。从赤平投影图可以看出，断层 f_{15-1} \ f_{425} \ f_{445} 和挤压带 J_{413} \ J_{415} \ J_{443}、断层 f_{35-3} 和断层 f_{15-1}、断层 f_{15-1} \ f_{425} \ f_{445} 和断层 f_{25} \ f_{425} \ J_{451}、断层 f_{15-4} 和挤压带 J_{527}、断层 f_{27} 和断层 f_{25}、断层 f_{15-4} 和挤压带 J_{345}、断层 f_{15-4} 和断层 f_{15-1}、断层 f_{15-4} 和断层 f_{15-1} \ f_{425} \ f_{445}、断层 f_{15-4} 和断层 f_{25} \ f_{425} \ f_{35-3}、断层 f_{15-4} 和挤压带 J_{447} \ J_{451}，顺坡成组节理①与其他结构面易形成楔形体，对工程边坡局部稳定不利。

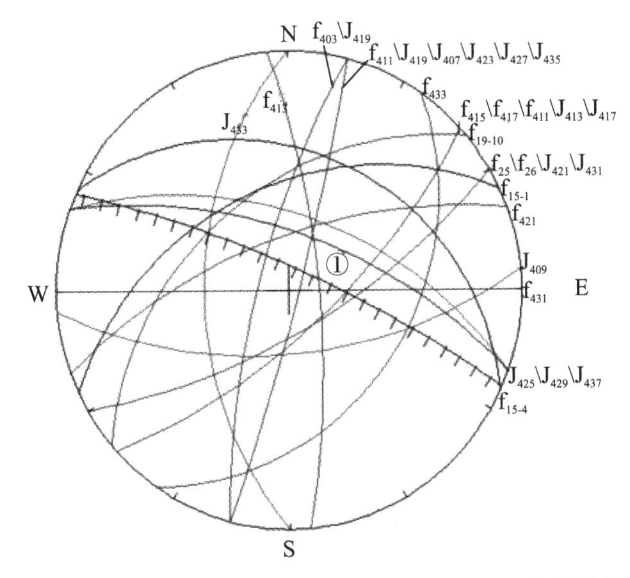

图 19.3.1－1　左岸拱肩槽上游边坡高程 2101.85～2080m 段典型赤平投影图

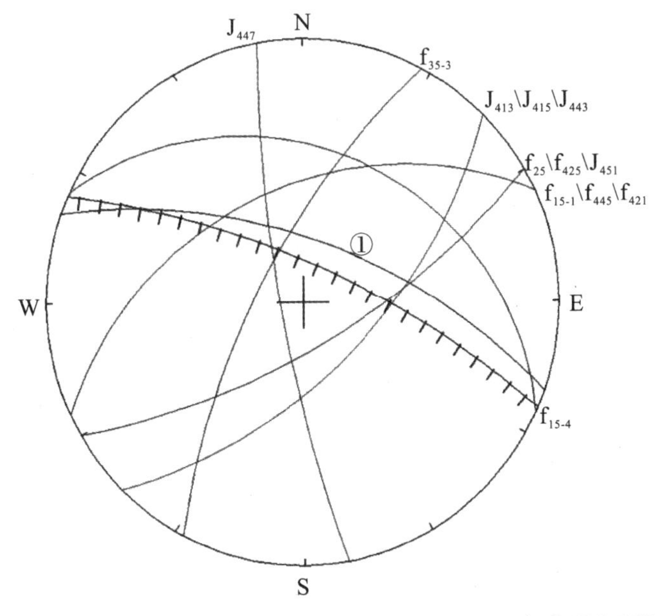

图 19.3.1－2　左岸拱肩槽上游边坡高程 2080～2060m 段典型赤平投影图

（3）左岸拱肩槽上游边坡高程 2060～2030m 段工程边坡主要断层与边坡典型组合关系见赤平投影图 19.3.1－3。从赤平投影图可以看出，断层 f_{15-1} \ f_{459} 和挤压带 J_{453}、断层 f_{15-1} \ f_{445} \ f_{459} 和断层 f_{483}、断层 f_{15-1} \ f_{445} 和断层 f_{463} \ f_{25} \ f_{481} \ f_{35-3}，顺坡成组节理①与其他结构面易形成楔形体，对工程边坡局部稳定不利。

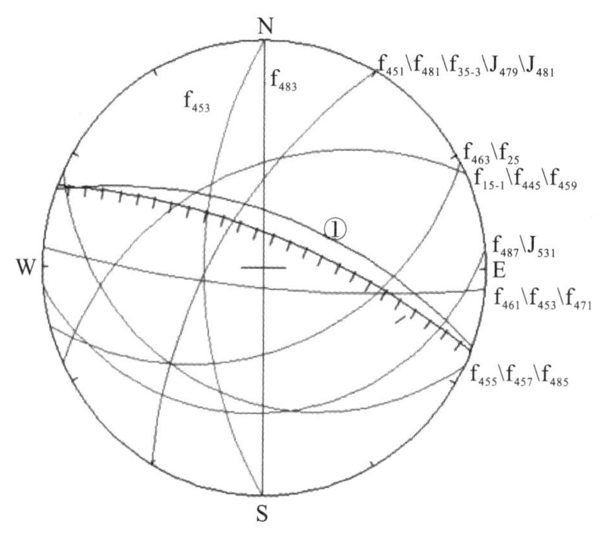

图 19.3.1－3　左岸拱肩槽上游边坡高程 2060～2030m 段典型赤平投影图

（4）左岸拱肩槽上游边坡高程 2030～2000m 段工程边坡主要断层与边坡典型组合关系见赤平投影图 19.3.1－4。从赤平投影图可以看出，断层 f_{491} 和断层 f_{75}、断层 f_{491} 和挤压带 J_{533}、断层 f_{491} 和挤压带 J_{487} \ J_{489} \ J_{533}、断层 f_{499} 和断层 f_{501}、断层 f_{501} 和挤压带 J_{525}、断层 f_{501} 和挤压带 J_{523} \ J_{543}、断层 f_{501} 和断层 f_{493}，顺坡成组节理①与其他结构面易形成楔形体，对工程边坡局部稳定不利。

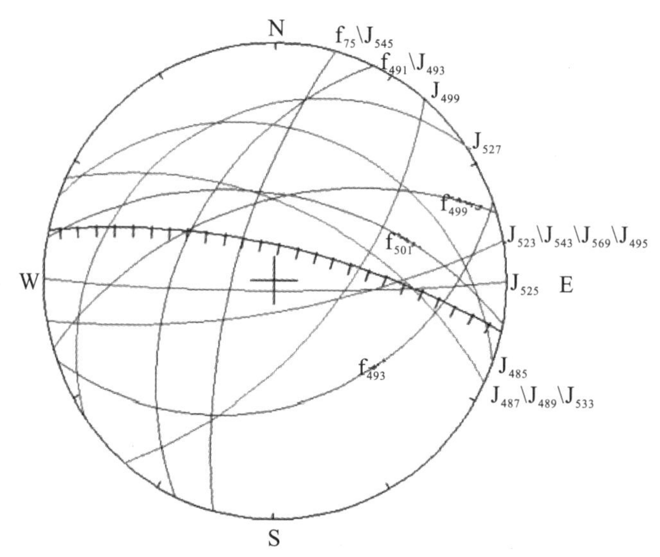

图 19.3.1－4　左岸拱肩槽上游边坡高程 2030～2000m 段典型赤平投影图

（5）左岸拱肩槽上游 2101.85～2000m 段工程边坡主要断层与边坡典型组合关系见赤平投影图 19.3.1－5。从赤平投影图可以看出，断层 f_{27} 和断层 f_{15-4} \ f_{35-8}、断层 f_{27} 和断层 f_{15-1}、断层 f_{27} 和挤压带 J_{345}、断层 f_{27} 和挤压带 J_{527}、断层 f_{27} 和断层 f_{25}、断层 f_{15-4} \ f_{35-8} 和挤压带 J_{345}、断层 f_{15-4} \ f_{35-8} 和断层 f_{15-1}、断层 f_{15-4} \ f_{35-8} 和断层 f_{25}、断层 f_{15-1} 和断层 f_{25}、断层 f_{15-1} 和挤压带 J_{345}、断层 f_{499} 和断层 f_{27}、断层 f_{499} 和断层 f_{15-4} \ f_{35-8}、

断层 f_{499} 和断层 f_{25}、顺坡成组节理①与所有其他结构面易形成楔形体，对工程边坡局部稳定不利。

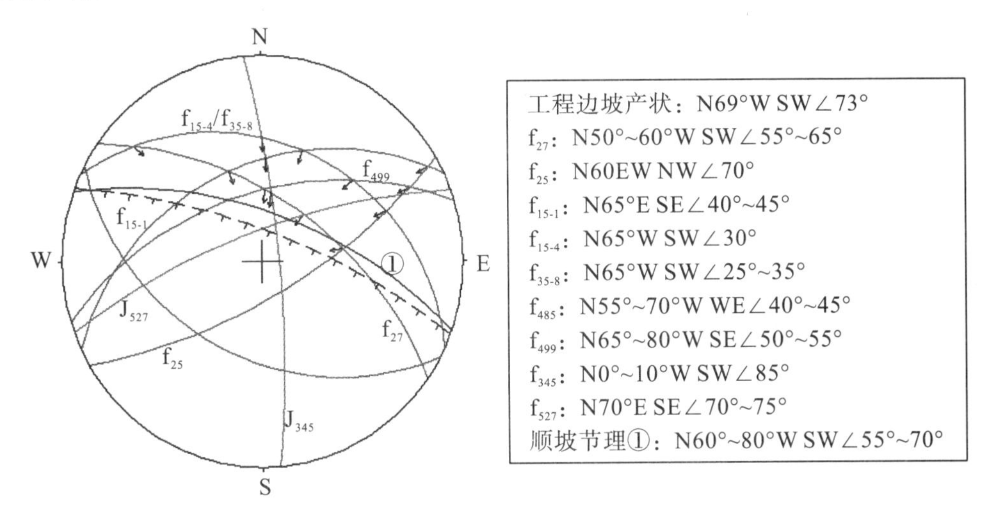

图 19.3.1－5　左岸拱肩槽上游边坡高程 2101.85～2000m 段典型赤平投影图

19.3.2　块体分析及块体特征

19.3.2.1　块体边界分析

左岸拱肩槽上游边坡高程 2000～2101.85m 范围内，f_{27} 断层上盘出露 f_{15-1} 断层、f_{15-4} 断层、f_{35-8} 断层、f_{25} 断层、f_{499} 断层、J_{325} 挤压带和 J_{345} 挤压带等主要不利长大结构面。经分析，左岸拱肩槽上游侧边坡分布的结构面中，可构成块体边界的结构面分别如下。

1）底边界

可构成块体底边界的结构面有断层 f_{27}、断层 f_{15-4}、断层 f_{35-8}、断层 f_{15-1} 和断层 f_{499}，其分布位置及特征见表 19.3.2－1。

2）侧边界

可构成块体侧边界的结构面有断层 f_{25}、断层 f_{15-1}、挤压带 J_{345} 和挤压带 J_{325}，其分布位置及特征见表 19.3.2－2。

3）后缘边界

可构成块体后缘边界结构面为断层 f_{27}，产状 N50°～85°W SW∠50°～65°，宽 3～20cm，带内由片状岩、碎块岩、岩屑组成，铁锰渲染较严重，呈强～弱风化，面扭曲延伸。

表 19.3.2－1 左岸拱肩槽上游边坡块体底边界特征

底边界	总体产状	类型	详细描述	抗剪断强度		连通率(%)	分布高程(m)
				f'	C' (MPa)		
f_{27}	N50°～85°W，SW∠50°～65°	岩块岩屑型	宽3～20cm，带内由片状岩、碎块岩、岩屑组成，铁锰渲染较严重，呈强～弱风化，面扭曲延伸	0.45	0.08	100	1990～2155
f_{15-4}	N65°W SW∠30°	岩块岩屑型	宽1～1.5cm，带内为片状岩、碎裂岩及岩屑，呈强风化状，面见擦痕，出露在PD15硐深38m处，开挖边坡无出露	0.50～0.60	0.10～0.15	85	2055～2075
f_{35-8}	N65°W SW∠25°～35°	岩块岩屑型	宽4～15cm，带内为片状岩、碎块岩、蚀变岩，强～弱风化状，面平直光滑，铁锰质渲染严重，出露在PD35硐深64m处，开挖边坡未出露	0.50～0.60	0.10～0.15	65	2045～2070
f_{15-1}	N65°E SE∠40°～45°	岩块岩屑型	宽2～3cm，夹碎裂岩、岩屑，面见铁锰质渲染	0.50～0.60	0.10～0.15	100	2035～2090
f_{499}	N65°～80°E SE∠50°～55°	岩块岩屑型	宽1～3cm，夹碎裂岩、片状岩、少量岩屑，面扭曲，面微张	0.50～0.60	0.10～0.15	100	2000～2019

表 19.3.2－2 左岸拱肩槽上游边坡块体侧边界特征

侧边界	总体产状	类　型	详细描述	抗剪断强度		连通率(%)	分布高程(m)
				f'	C' (MPa)		
f_{25}	N60°E NW∠70°	岩块岩屑型	宽2～5cm，夹碎裂岩、岩屑，面见铁锰质渲染，强～弱风化状	0.50～0.60	0.10～0.15	75	2048～2090
f_{15-1}	N65°E SE∠40°～45°	岩块岩屑型	宽2～3cm，夹碎裂岩、岩屑，面见铁锰质渲染	0.50～0.60	0.10～0.15	100	2035～2090
J_{345}	N0°～10°W SW∠85°	岩块岩屑型	宽0.5～2cm，带内充填碎裂岩、岩屑，强～弱风化，出露在卸料平台上	0.50～0.60	0.10～0.15	75	2102

续表19.3.2-2

侧边界	总体产状	类型	详细描述	抗剪断强度		连通率（%）	分布高程（m）
				f'	C'（MPa）		
J_{325}	N5°E NW∠80°	岩块岩屑型	宽0.5～3cm，带内充填碎裂岩、岩屑，面平直粗糙，出露在卸料平台上	0.50～0.60	0.10～0.15	75	2102

19.3.2.2 块体特征

根据左岸拱肩槽上游边坡高程2000～2101.85m范围内底边界、侧边界和后缘边界结构面的规模、空间分布特征，边坡可能形成的不利块体有8个，分别为：f_{27}断层、f_{25}断层组合形成不利块体ZKT1；f_{27}断层、J_{345}挤压带和f_{15-4}断层组合形成不利块体ZKT2；f_{27}断层、f_{15-1}断层和f_{15-4}断层组合形成不利块体ZKT3；f_{27}断层、f_{25}断层和f_{15-4}断层组合形成不利块体ZKT4；f_{27}断层、J_{345}挤压带和f_{35-8}断层组合形成不利块体ZKT5；f_{27}断层、J_{345}挤压带和f_{15-1}断层组合形成不利块体ZKT6；f_{27}断层、J_{325}挤压带和f_{15-1}断层组合形成不利块体ZKT7；f_{27}断层、f_{25}断层和f_{499}断层组合形成不利块体ZKT8。不利块体边界组成见表19.3.2-3。不利块体基本特征见表19.3.2-4～表19.3.2-11。

表19.3.2-3　左岸拱肩槽上游侧边坡高程2000～2101.85m段不利块体发育一览

不利块体编号	块体边界
ZKT1	底边界f_{27}+侧边界f_{25}
ZKT2	后缘边界f_{27}+侧边界J_{345}+底边界f_{15-4}
ZKT3	后缘边界f_{27}+侧边界f_{15-1}+底边界f_{15-4}
ZKT4	后缘边界f_{27}+侧边界f_{25}+底边界f_{15-4}
ZKT5	后缘边界f_{27}+侧边界J_{345}+底边界f_{35-8}
ZKT6	后缘边界f_{27}+侧边界J_{345}+底边界f_{15-1}
ZKT7	后缘边界f_{27}+侧边界J_{325}+底边界f_{15-1}
ZKT8	后缘边界f_{27}+侧边界f_{25}+底边界f_{499}

表 19.3.2-4　不利块体 ZKT1 基本特征一览

	边界编号	结构面特征
构成边界及特征	f_{27}	N50°～85°W SW∠50°～65°，面扭曲，宽 3～20cm，夹碎块岩、碎裂岩、岩屑，面见铁锰质渲染，面见擦痕，呈强～弱风化
	Jx	在 f_{27} 推测剪出口上游部分，由于 f_{27} 未出露，无法形成块体边界，假设存在 Jx 与 f_{15-4} 同组，产状 N65°W SW∠30°，形成剪出口
	f_{25}	N60°E NW∠70°，宽度 2～5cm，带内为碎裂岩，岩屑充填，面见铁锰质渲染，呈强～弱风化状
块体模型图	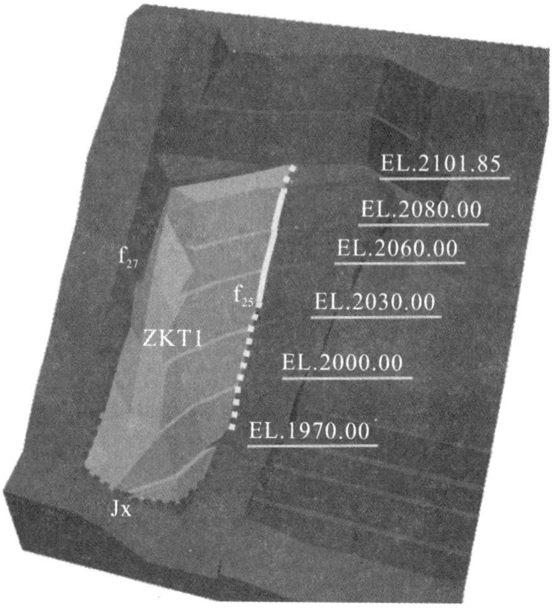	
几何特征	f_{27} 面积（m^2）	10594
	f_{25} 面积（m^2）	1726
	块体体积（万 m^3）	14.97

表 19.3.2－5　不利块体 ZKT2 基本特征一览

	边界编号	结构面特征
构成边界及特征	f_{27}	N50°～85°W SW∠50°～65°，面扭曲，宽 3～20cm，夹碎块岩、碎裂岩、岩屑，面见铁锰质渲染，面见擦痕，呈强～弱风化
	J_{345}	N0°～10°W SW∠85°，宽度 0.5～2cm，带内充填碎裂岩、岩屑，呈强～弱风化
	f_{15-4}	N65°W SW∠30°，宽度 1～1.5cm，带内为片状岩、碎裂岩及岩屑，呈强风化状，面见擦痕
块体模型图	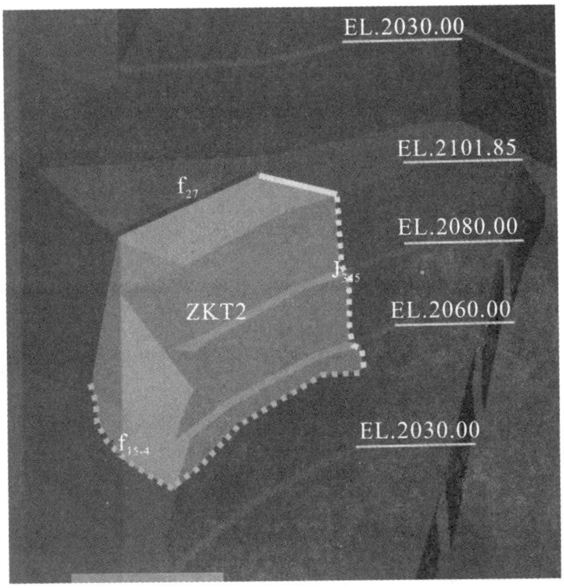	
几何特征	f_{27}面积（m^2）	2091
	J_{345}面积（m^2）	1061
	f_{15-4}面积（m^2）	2433
	块体体积（万 m^3）	5.23

表 19.3.2-6　不利块体 ZKT3 基本特征一览

	边界编号	结构面特征
构成边界及特征	f_{27}	N50°～85°W SW∠50°～65°，面扭曲，宽 3～20cm，夹碎块岩、碎裂岩、岩屑，面见铁锰质渲染，面见擦痕，呈强～弱风化
	f_{15-1}	N65°E SE∠40°～45°，宽 2～3cm，带内为碎裂岩、岩屑，面见铁锰质渲染
	f_{15-4}	N65°W SW∠30°，宽度 1～1.5cm，带内为片状岩、碎裂岩及岩屑，呈强风化状，面见擦痕
块体模型图		
几何特征	f_{27}面积（m^2）	935
	f_{15-1}面积（m^2）	1216
	f_{15-4}面积（m^2）	1622
	块体体积（万 m^3）	1.78

表 19.3.2−7 不利块体 ZKT4 基本特征一览

<table>
<tr><td rowspan="4">构成边界及特征</td><td>边界编号</td><td colspan="2">结构面特征</td></tr>
<tr><td>f_{27}</td><td colspan="2">N50°～85°W SW∠50°～65°，面扭曲，宽 3～20cm，夹碎块岩、碎裂岩、岩屑，面见铁锰质渲染，面见擦痕，呈强～弱风化</td></tr>
<tr><td>f_{25}</td><td colspan="2">N60°E NW∠70°，宽度 2～5cm，带内为碎裂岩，岩屑，面见铁锰质渲染，强～弱风化状</td></tr>
<tr><td>f_{15-4}</td><td colspan="2">N65°W SW∠30°，宽度 1～1.5cm，带内为片状岩、碎裂岩及岩屑，呈强风化状，面见擦痕</td></tr>
<tr><td>块体模型图</td><td colspan="3"> 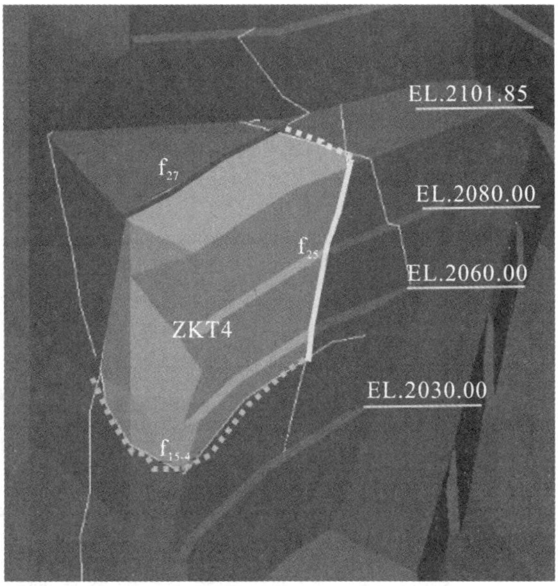</td></tr>
<tr><td rowspan="4">几何特征</td><td colspan="2">f_{27}面积（m^2）</td><td>2688</td></tr>
<tr><td colspan="2">f_{25}面积（m^2）</td><td>860</td></tr>
<tr><td colspan="2">f_{15-4}面积（m^2）</td><td>2121</td></tr>
<tr><td colspan="2">块体体积（万 m^3）</td><td>3.26</td></tr>
</table>

表 19.3.2-8　不利块体 ZKT5 基本特征一览

<table>
<tr><td rowspan="4">构成边界及特征</td><td>边界编号</td><td colspan="2">结构面特征</td></tr>
<tr><td>f_{27}</td><td colspan="2">N50°～85°W SW∠50°～65°，面扭曲，宽 3～20cm，夹碎块岩、碎裂岩、岩屑，面见铁锰质渲染，面见擦痕，呈强～弱风化</td></tr>
<tr><td>J_{345}</td><td colspan="2">N0°～10°W SW∠85°，宽度 0.5～2cm，带内充填碎裂岩、岩屑，呈强～弱风化</td></tr>
<tr><td>f_{35-8}</td><td colspan="2">N65°W SW∠25～35°，宽 4～15cm，带内为片状岩、碎块岩、蚀变岩，呈强～弱风化状，面平直光滑，铁锰质渲染严重
考虑其占滑面面积的 65%</td></tr>
<tr><td>块体模型图</td><td colspan="3">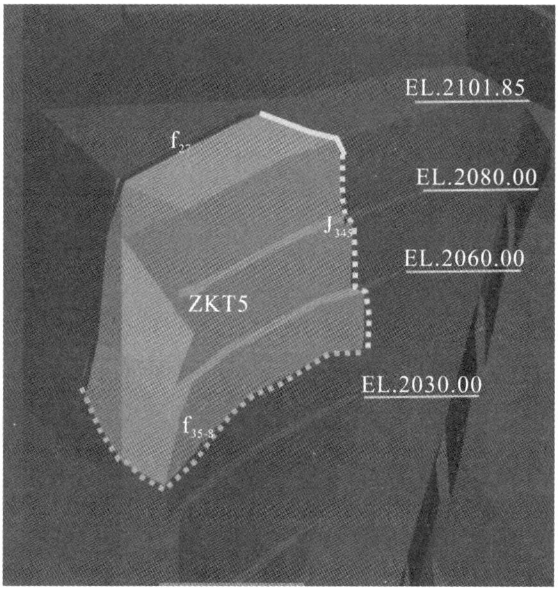
</td></tr>
<tr><td rowspan="4">几何特征</td><td colspan="2">f_{27}面积（m^2）</td><td>3535</td></tr>
<tr><td colspan="2">J_{345}面积（m^2）</td><td>1238</td></tr>
<tr><td colspan="2">f_{35-8}面积（m^2）</td><td>2400</td></tr>
<tr><td colspan="2">块体体积（万 m^3）</td><td>6.90</td></tr>
</table>

表 19.3.2-9 不利块体 ZKT6 基本特征一览

<table>
<tr><td rowspan="4">构成边界及特征</td><td>边界编号</td><td colspan="2">结构面特征</td></tr>
<tr><td>f_{27}</td><td colspan="2">N50°～85°W SW∠50°～65°，面扭曲，宽 3～20cm，夹碎块岩、碎裂岩、岩屑，面见铁锰质渲染，面见擦痕，呈强～弱风化</td></tr>
<tr><td>J_{345}</td><td colspan="2">N0°～10°W SW∠85°，宽度 0.5～2cm，带内充填碎裂岩、岩屑，呈强～弱风化</td></tr>
<tr><td>f_{15-1}</td><td colspan="2">N65°E SE∠40°～45°，宽 2～3cm，带内充填碎裂岩、岩屑，面见铁锰质渲染</td></tr>
<tr><td>块体模型图</td><td colspan="3"> 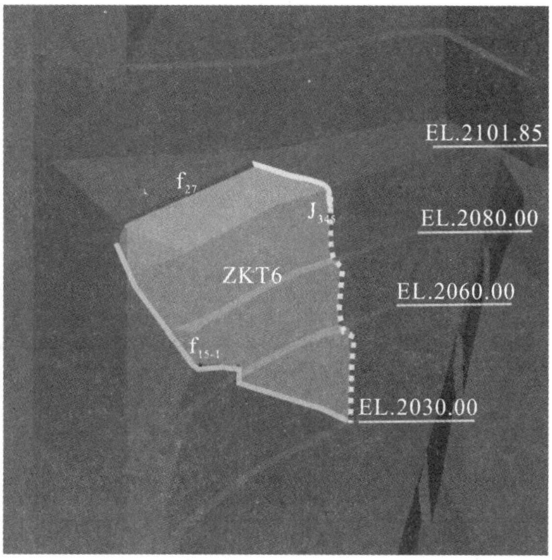</td></tr>
<tr><td rowspan="4">几何特征</td><td colspan="2">f_{27}面积（m^2）</td><td>1568</td></tr>
<tr><td colspan="2">J_{345}面积（m^2）</td><td>1214</td></tr>
<tr><td colspan="2">f_{15-1}面积（m^2）</td><td>1825</td></tr>
<tr><td colspan="2">块体体积（万 m^3）</td><td>4.30</td></tr>
</table>

表 19.3.2—10　不利块体 ZKT7 基本特征一览

	边界编号	结构面特征
构成边界及特征	f_{27}	N50°～85°W SW∠50°～65°，面扭曲，宽 3～20cm，夹碎块岩、碎裂岩、岩屑，面见铁锰质渲染，面见擦痕，呈强～弱风化
	J_{325}	N5°E NW∠80°，宽度 0.5～3cm，带内充填碎裂岩、岩屑，面平直粗糙
	f_{15-1}	N65°E SE∠40°～45°，宽 2～3cm，带内充填碎裂岩、岩屑，面见铁锰质渲染
块体模型图		EL.2101.85 f_{27} EL.2080.00 J_{325} ZKT7 EL.2060.00 f_{15-1} EL.2030.00 EL.2000.00
几何特征	f_{27} 面积（m^2）	828
	J_{325} 面积（m^2）	934
	f_{15-1} 面积（m^2）	1431
	块体体积（万 m^3）	2.25

表 19.3.2－11　不利块体 ZKT8 基本特征一览

	边界编号	结构面特征
构成边界及特征	f_{27}	N50°～85°W SW∠50°～65°，面扭曲，宽 3～20cm，夹碎块岩、碎裂岩、岩屑，面见铁锰质渲染，面见擦痕，呈强～弱风化
	f_{25}	N60°E NW∠70°，宽度 2～5cm，带内充填碎裂岩，岩屑，面见铁锰质渲染，呈强～弱风化
	f_{499}	N65°～80°E SE∠50°～55°，宽度 1～3cm，夹碎裂岩、片状岩、少量岩屑，面扭曲
块体模型图	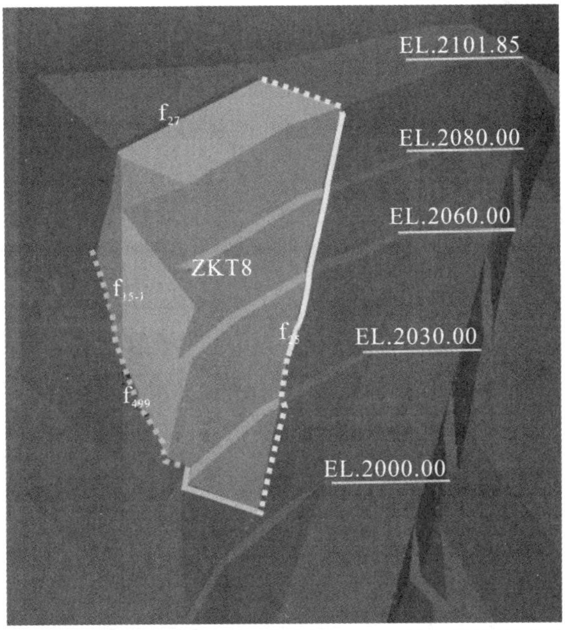 EL.2101.85 EL.2080.00 EL.2060.00 EL.2030.00 EL.2000.00 f_{27} $f_{15\text{-}3}$ ZKT8 f_{25} f_{499}	
几何特征	f_{27} 面积（m^2）	4853
	f_{25} 面积（m^2）	1355
	f_{499} 面积（m^2）	1726
	块体体积（万 m^3）	8.12

19.4　边坡稳定性评价

左岸拱肩槽上游边坡（高程 2101.85～2000m）段开挖边坡走向 N32°～80°W，岩性为花岗闪长岩，主要呈弱风化状，近坝基部位部分微风化，边坡岩体以完整性差～较完整为主，局部较破碎，呈次块状～镶嵌结构，以Ⅲ类岩体为主，高程 2080m 以下上游开口线附近 3～12m 岩体呈强卸荷，属Ⅳ类岩体。

左岸拱肩槽上游边坡小断层和挤压带较发育，主要以走向 NNE、NE～NEE、NWW 向中陡倾角为主，缓倾角结构面较少发育。结构面宽度一般 1～5cm 为主，带内一般充填碎裂岩、岩屑、片状岩等，面见铁锰质渲染，其中规模较大的 f_{27} 断层，断层走向与工程边坡小角度相交，断层倾角 55°～60°，小于工程边坡开挖坡角，对边坡稳定不利，根据现场揭露的断层轨迹线分析，断层 f_{27} 随着工程上游边坡下挖将在高程 1947～1978m 逐渐出露，对工程边坡的局部稳定性影响将越来越突出。边坡中发育的节理主要有 NWW、NNW 和 NEE 向三组，以中、高倾角为主，面平直粗糙，局部见铁锰质渲染，其中 NWW 向顺坡倾外结构面走向与边坡走向夹角小，对边坡局部稳定不利。

随着边坡开挖，边坡岩体应力进行调整，逐渐出现卸荷松弛变形。2018 年 4 月 28 日，卸料平台素混凝土垫层上出现 3 条微裂纹，裂纹宽度一般小于 2mm，主要见于垫层中、上部，未贯穿至底部，下伏基岩未见张裂，5 月 13 日下午边坡底部高程 2015～2000m 进行了开挖，5 月 14 日早上发现新增了 4 条裂缝，原卸料平台素混凝土垫层的 3 条裂缝张裂宽度明显增大，最大达 7mm，从剖面上看有上大下小的特征，下伏基岩未见张裂。3 月 5 日，左岸缆机平台基础开始浇筑，浇筑过程使用的冷却水沿坡面下渗到 f_{27}、f_{15-1} 等结构面，在前期探洞 PD15、PD35 中见渗、滴水现象，沿 PD15 探洞的 f_{15-1} 结构面可见流水现象；5 月 23 日，对施工用水采取导流措施，避免了水对结构面的影响，5 月 25 日，PD15 探洞沿结构面的流水点得到了控制；期间两个多月施工用水入渗，对结构面的力学强度有所影响。

边坡 2060m 高程以上至供料平台局部出现压致－剪切位移现象，属剪切变形初期阶段，边坡中的卸荷松弛及压致－剪切位移尚未发展到剪断岩桥、裂隙贯通形成滑面的阶段。边坡经过加强支护处理后处于稳定状态。下一阶段开挖施工，应控制爆破，并加强边坡排水。

20　左岸拱肩槽上游侧边坡变形情况及监测分析

20.1　左岸拱肩槽上游侧边坡开挖支护施工情况

截至2018年5月24日，左岸拱肩槽上游边坡开挖至2000m高程；之后，左岸拱肩槽边坡、进水口边坡、左岸水垫塘边坡、左岸灌排洞等均暂停爆破开挖。

2018年4—6月左岸拱肩槽上游侧边坡主要施工作业情况见表20.1−1和表20.1−2。

表20.1−1　2018年4—6月左岸拱肩槽上游侧边坡主要施工作业情况

序号	时间	左岸施工部位	最大单响药量（kg）	总装药量（kg）	爆破质点振动速度（cm/s）
1	4月23日	拱肩槽上游边坡Ⅰ区高程2030～2015m（成型）	77	5952.2	—
2	4月27日	建基面高程2030～2020m（成型）	46	1594.3	9.57
3	5月6日	拱肩槽上游边坡Ⅰ区高程2015～2000m（瘦身）	77	7785	—
4	5月7日	拱肩槽下游边坡Ⅱ区高程2020～2010m（成型）	48	1255	—
5	5月10日	建基面高程2020～2010m（瘦身）	48	1020	—
6	5月13日	拱肩槽上游边坡Ⅰ区高程2015～2000m（成型）	77	5517.9	—
7	5月14日	建基面高程2020～2010m（成型）	42	1341.3	6.73
8	5月18日	进水口下游侧高程2081～2057m（成型）	80	4221.2	—
9	4月28日～5月23日	高程2102m灌排洞共爆破36次	40	90	—
10	4月28日～5月23日	高程2054m灌排洞共爆破19次	40	94	—
11	5月10日～5月23日	高程2054m灌排洞共爆破3次	40	98	—
12	5月24日～7月15日	拱肩槽边坡、进水口边坡、左岸水垫塘边坡、左岸灌排洞均暂停爆破开挖	—	—	—

表 20.1-2　左岸坝肩边坡锚索施工情况统计

高程部位	设计承载力（kN）	孔深（m）	高程	锚索数量（束）	最晚张拉力日期
2080～2097m	1000	25.0	2085m	11	3月19日
	1000	35.0	2085m	10	
	1000	25.0	2090m	11	4月21日
	1000	35.0	2090m	11	
	1500	35.0	2093m	3	3月25日
	1500	35.0	2095m	3	3月12日
	1500	35.0	2099m	3	3月11日
	1500	25.0	2099m	1	
2060～2080m	1000	25.0	2065m	6	4月19日
	1000	35.0	2065m	7	
	1000	25.0	2063m	1	4月9日
	1000	35.0	2063m	1	
	1000	25.0	2070m	8	4月15日
	1000	35.0	2070m	7	
	1000	25.0	2075m	3	4月19日
	1000	35.0	2075m	3	
2030～2060m	1000/2000	25.0/35.0	2040	13	5月14日
2030～2080m新增	2000	30.0/40.0	2074m	2	5月14日～5月31日新增
	2000	30.0/40.0	2055m	5	
	2000	30.0/40.0	2035m	8	

20.2　左岸拱肩槽上游侧边坡裂缝发展情况

2018年4月28日，左岸坝顶卸料平台混凝土面上发现3条裂缝（编号L1～L3），裂缝宽1～2mm，经查监测数据，无异常。

5月14日，左岸坝顶卸料平台混凝土面上发现4条裂缝（编号L4～L7），原有3条裂隙宽度发展为4～6mm，最宽处达7mm，其中6条裂缝斜穿 f_{27} 断层附近发育。

5月21日，左岸拱肩槽上游侧边坡2060～2080m高程混凝土喷层上发现3条裂缝（编号L8～L10）。

5月23日，左岸坝顶卸料平台混凝土面上发现6条裂缝（编号L11～L15、L18），其中L18为上游侧制浆站底板混凝土分缝裂缝，左岸拱肩槽上游侧边坡2060～2080m高程发现2条裂缝（编号L16～L17）。

6月13日，左岸卸料平台上游侧混凝土面上发现1条细小裂缝（编号L19），宽约1mm，延伸约5m（见图20.2-1）。

左岸拱肩槽上游侧边坡裂缝位置及性状见表20.2-1。

表 20.2-1 左岸卸料平台及拱肩槽上游侧边坡裂缝位置及性状

裂缝编号	位置		宽度(mm)	长度(m)	高差(mm)	内/外高	初现日期
L1	卸料平台	KX0+12, KY0-22~KX0+13, KY0-37	2~4	15.13	1~2	外高	4.28
L2		KX0+12, KY0-17~KX0+15, KY0-24	3~7	7.97	1~2	内高	4.28
L3		KX0+13, KY0-11~KX0+17, KY0-21	1~4	9.52	1~2	外高	4.28
L4		KX0+12, KY0-24~KX0+14, KY0-33	1~2	9.58	1~2	内高	5.14
L5		KX0+13, KY0-19~KX0+15, KY0-27	1~4	7.69	1~2	内高	5.14
L6		KX0+15, KY0-11~KX0+16, KY0-13	1~2	2.40	1~2	内高	5.14
L7		KX0-1, KY0+18~KX0+10, KY0+8	1~3	16.50	1	内高	5.14
L11		KX0-2, KY0-9~KX0+6, KY0-15	1~2	9.98	1~2		5.23
L12		KX0+12, KY0-5~KX0+15, KY0-11	1~2	6.26	1~2		5.23
L13		KX0+11, KY0+5~KX0+18, KY0-8	1~2	15.12	1~2		5.23
L14		KX0+8, KY0+11~KX0+11, KY0+10	1~2	3.14	1~2		5.23
L15		KX0+5, KY0+21~KX0+12, KY0+22	1~2	6.72	1~2		5.23
L18		KX0+9, KY0-26~KX0+9, KY0-35	5~10	9.4	10	内高	5.23
L19		KX0+18, KY0-40~KX0+21, KY0-45	1	5			6.13
L8	边坡	高程 2066~2082m, 桩号 KS0+73	1~2	16 (7.5+11.5)			5.21
L9		高程 2069~2072m, 桩号 KS0+64	1~2	3			5.21
L10		高程 2076~2079m, 桩号 KS0+58	1~2	3			5.21
L16		高程 2074~2077m, 桩号 KS0+53	1~2	3			5.23
L17		高程 2066~2077m, 桩号 KS0+44	1~2	11			5.23

图 20.2-1 卸料平台高程 2101.85m 垫层混凝土裂缝

左岸坝顶卸料平台混凝土面上分布有14条裂缝，其中有8条裂缝（L1～L6、L12～L13）斜穿f_{27}断层附近发育，4条裂缝（L7、L11、L14、L15）位于平台中、下游侧，L18为混凝土分缝部位裂缝，L19位于平台上游侧边缘。其中L19裂缝呈NWW向展布，锯齿状，裂缝宽约1mm，延伸长约5m，断面上呈“上大下小”。初步分析裂缝主要受左岸拱肩槽上游自然边坡发育的不利块体KZ140轻微松弛剪切变形所致（见图20.2-2），现场针对不利块体KZ140采取锚固措施。

图20.2-2　左岸拱肩槽上游自然边坡高程2092～2102m发育不利块体KZ140

20.3　左岸拱肩槽上游侧边坡监测分析

20.3.1　监测仪器布置

f_{27}部位变形发生后，为探明变形块体边界，左岸拱肩槽上游侧边坡共布置Mbj-1-1～3、Mbj-2-1～3、Mbj-2-1、Mbj-z1-1～3、Mbj-z2-1等11套多点位移计，在2101.85m平台布置了2根测斜管IN_{f27}-1-1、IN_{f27}-2-1和2个表面变形测点TP_{f27}-1-1、TP_{f27}-2-1；同时为了解支护锚索受力情况，布置了3台1000kN锚索测力计（DPbj-1-1～2、DPbj-2-1），3台2000kN锚索测力计（编号为DPbj-z1-1～2、DPbj-1-2），12台3000kN锚索测力计（编号为DPbj-2095-1、DPbj-2082-1～2、DPbj-2062-1、DPbj-2058-1～2、DPbj-2026-1～2、DPbj-2022-1、DPbj-2014-1、DPbj-2010-1、DPbj-2005-1），5支锚杆应力计（编号为Rbj-1-1～2、Rbj-2-1～2、Rbj-3-1）。截至2018年6月26日，上述仪器中已经完成施工的监测仪器有多点位移计Mbj-1-1～3、Mbj-2-1～3、Mbj-3-1、Mbj-z1-1～3，锚索测

力计 DPbj－1－1～2、DPbj－2－1～2、DPbj－z1－1～2，锚杆应力计 Rbj－1－1～2、Rbj－2－1～2。

2018 年 5 月 14 日，在 2101.85m 平台针对开裂部位布置 11 个砂浆条测点和 1 个测缝计测点，测点编号分别为 LS1～LS11，JL－1。

2018 年 5 月 19 日，在高程 2075m 探洞和高程 2060m 探洞各增加 2 组测缝计，测点编号为 Jtd15－1、Jtd15－2、Jtd35－1、Jtd35－2；其后布置有 Jtd15－3～6 等 4 组测缝计。在左岸坝顶平台边缘共安装埋设 3 个表面外观点 TPbj－ls－1～3，于 5 月 20 日始测，测量精度为±3mm。

2018 年 5 月 21 日在上游侧坝基边坡裂缝位置布置了 5 个砂浆条测点，编号分别为 LF2078－1、LF2074－1、LF2070－1～2、LF2062－1。

20.3.2　监测数据分析

20.3.2.1　坝顶平台

左岸坝顶卸料平台高程 2101m 埋设 1 支测缝计，于 2018 年 5 月 15 日始测，埋设 11 个砂浆条观测点，于 5 月 14 日始测。在左岸坝顶平台边缘共安装埋设 3 个表面外观点，于 5 月 20 日始测，测量精度为±3mm。其中，砂浆条测点 LS5 遭碾压破坏，其余砂浆条测点均在 2018 年 6 月 1 日受防水布遮盖影响，无法继续观测，监测数据截止时间为 2018 年 5 月 31 日 16：00。

截至 2018 年 6 月 26 日 15：00，测缝计累计开合度为－0.07mm，基本未反应出变形。

截至 2018 年 5 月 31 日 16：00，砂浆条带测点累计开合测值为 0.02～6.46mm，变化最大的测点是 LS11，累计开合测值为 6.46mm，其次 LS4、LS9、LS10 等测点变化也较明显。测值与多点位移计 Mbj－2－1 成果相关性较好。

3 个表面外观点目前测值均在 5mm 以内，由于表面变形观测精度相对其他仪器较差，中误差为±3mm，目前测值仍在误差（一般认为 2 倍中误差）范围内。

监测数据统计见表 20.3.2－1、表 20.3.2－2 和图 20.3.2－1。

表 20.3.2－1　测缝计测点、砂浆条测点测值一览

编号	始测时间	观测方法	累计开合度（mm）（除测缝计 JL－1 数据截至 2018－6－26 外，其余测点截至 2018－5－31）
JL－1	2018－5－15	测缝计	－0.07
LS1	2018－5－14	砂浆条	0.70
LS2	2018－5－14	砂浆条	1.41
LS3	2018－5－14	砂浆条	1.46
LS4	2018－5－14	砂浆条	2.77
LS5	2018－5－14	砂浆条	碾压破坏
LS6	2018－5－14	砂浆条	1.80

续表20.3.2−1

编号	始测时间	观测方法	累计开合度（mm）（除测缝计 JL−1 数据截至 2018−6−26 外，其余测点截至 2018−5−31）
LS7	2018−5−14	砂浆条	0.82
LS8	2018−5−14	砂浆条	1.28
LS9	2018−5−14	砂浆条	3.64
LS10	2018−5−14	砂浆条	3.21
LS11	2018−5−14	砂浆条	6.46

表 20.3.2−2　表面变形测点 TPbj−ls−1～3 测值一览

监测部位	测点编号	高程	始测日期	方向	位移量（mm）（数据截至 2018−6−12）
左岸坝顶平台	TPbj−ls−1	2101	5 月 20 日	X	4.7
				Y	3.5
				H（垂直向）	2.9
	TPbj−ls−2	2101	5 月 20 日	X	2.6
				Y	3.4
				H（垂直向）	3.9
	TPbj−ls−3	2101	5 月 20 日	X	4.2
				Y	2.7
				H（垂直向）	3.6

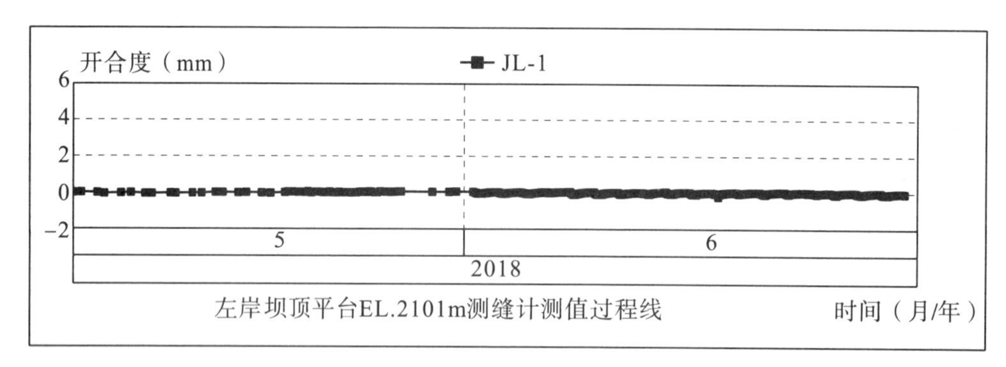

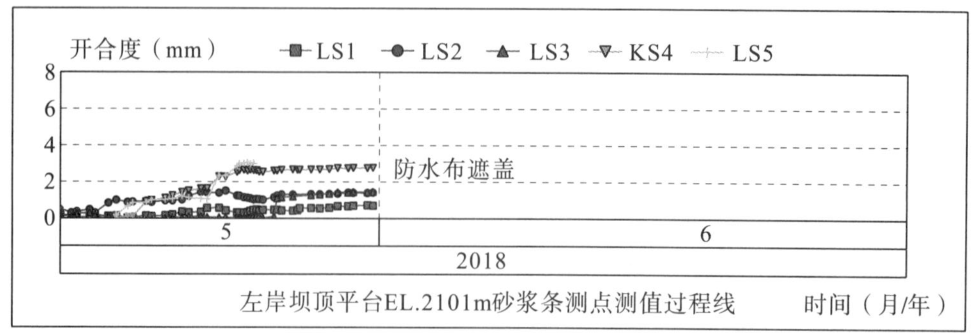

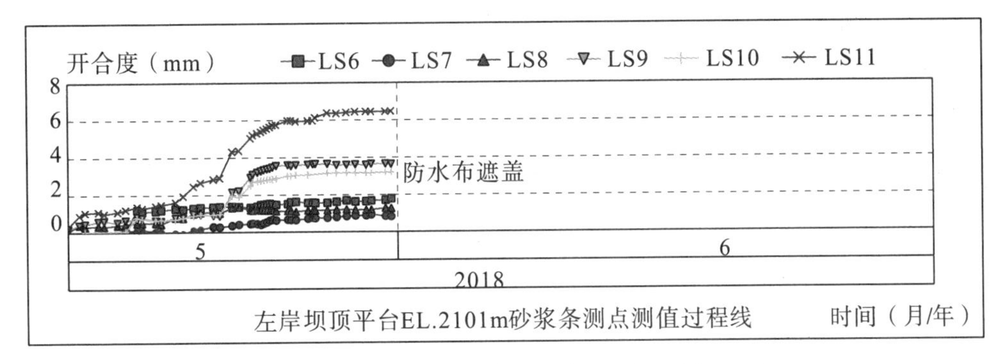

图 20.3.2-1 左岸坝顶平台砂浆条及测缝计测值过程线

20.3.2.2 拱肩槽上游侧边坡

1）深层变形—多点位移计

投入观测的多点位移计主要为 Mbj—1—1～3、Mbj—2—1～3、Mbj—3—1、Mbj—z1—1～3，埋设在 2090m、2085m、2074m、2070m、2045m、2040m、2015m、2005m 等高程，其中 Mbj—1—1、Mbj—2—1 于 2018 年 4 月 8 日取得初始值，Mbj—1—3、Mbj—2—2、Mbj—z1—2 于 2018 年 5 月 26 日～29 日取得初始值，其余 5 套在 2018 年 6 月 13 日～17 日取得初始值。

截至 2018 年 6 月 26 日，拱肩槽上游侧边坡多点位移计测值在－0.07～9.50mm（Mbj—1—1）之间，由于 Mbj—1—1、Mbj—2—1 埋设时间最早，完整获得了 f_{27} 断层开裂部位的变形数据，因此分析以这两套多点位移计为主。监测数据统计见表 20.3.2—3～4 和图 20.3.2—2。

（1）从多点位移计测值过程线看，5 月 6 日～5 月 10 日测值受爆破影响较小，日均速率 0.06mm/d；5 月 13 日左岸上游边坡（1 区）爆破后，于 5 月 14 日实测 Mbj—1—1 孔口测值增加了 1.34mm，Mbj—2—1 孔口测值增加了 1.79mm。

（2）5 月 14 日以后进行加密观测。5 月 15 日～5 月 22 日期间，Mbj—1—1 孔口、Mbj—2—1 孔口测值分别增加了 1.11mm、1.72mm，位移速率分别为 0.16mm/d、0.25mm/d。

（3）5 月 22 日～5 月 24 日期间，测值增长速率变大，Mbj—1—1 孔口、Mbj—2—1 孔口测值分别增加 0.69mm、2.29mm，位移速率分别达到 0.34mm/d、1.15mm/d。5 月 26 日～6 月 1 日期间，Mbj—1—1 测值增长 0.29mm，Mbj—2—1 测值增长约 0.50mm，变形增长速率分别为 0.05mm/d、0.08mm/d。

（4）6 月 1 日～6 月 26 日期间，Mbj—1—1 孔口、Mbj—2—1 孔口测值分别变化－0.11mm和 0.22mm，变形速率均不到 0.01mm/d，测值已基本收敛。

（5）5 月 26 日之后埋设的多点位移计中，仅 Mbj—2—2、Mbj—2—3 测值超过了 1mm，从过程线看，Mbj—2—2 测值主要发生于 5 月 30 日之前，之后测值稳定；Mbj—2—3 埋设于 6 月 13 日，6 月 14 日～6 月 19 日测值增长 0.88mm，增长速率为 0.15mm/d，6 月 19 日～6 月 26 日测值增长 0.55mm，增长速率为 0.08mm/d，变形主要发生于距坡面 16m 深度以内。由于 Mbj—2—3 观测时段短，尚需继续观测以查看测值发展趋势。

（6）从多点位移计各不同深度测点测值过程线看，Mbj－1－1 位移计 3＃测点（据孔口 17m）变形量仅 1mm，推测 6～17m 范围内存在不利结构面；而 Mbj－2－1 明显受结构面影响，且结构面深度超过 17m，结合钻孔摄像及地质情况，推测为受 f_{27} 断层影响。

表 20.3.2－3　左岸拱肩槽上游侧多点位移计测值统计（截至 2018 年 6 月 26 日）

设计编号	埋设高程（m）	始测日期	测点	测点深度（m）	累计位移（mm）
Mbj－1－1	2090	2018－4－8	孔口	40	5.82
			1＃	2	5.72
			2＃	6	5.05
			3＃	17	0.59
Mbj－1－3	2045	2018－5－29	孔口	40	0.76
			1＃	2	0.77
			2＃	11	0.49
			3＃	17	0.49
Mbj－1－2	2070	2018－6－17	孔口	40	0.15
			1＃	2	0.13
			2＃	8	0.13
			3＃	12	－0.07
Mbj－2－1	2085	2018－4－8	孔口	40	9.50
			1＃	2	9.50
			2＃	6	9.48
			3＃	17	8.53
Mbj－2－2	2040	2018－5－26	孔口	40	1.28
			1＃	2	1.14
			2＃	13	0.21
			3＃	23	0.18
Mbj－2－4	2015	2018－6－13	孔口	40	1.81
			1＃	2	1.22
			2＃	16	0.29
			3＃	23	0.20
Mbj－3－1	2005	2018－6－13	孔口	40	0.49
			1＃	2	0.45
			2＃	6	0.36
			3＃	17	0.06

续表20.3.2－3

设计编号	埋设高程（m）	始测日期	测点	测点深度（m）	累计位移（mm）
Mbj－z1－1	2074	2018－6－16	孔口	40	0.25
			1#	2	0.25
			2#	16	0.21
			3#	22	0.04
Mbj－z1－2	2045	2018－5－29	孔口	40	0.49
			1#	2	0.30
			2#	12	0.40
			3#	17	0.27
Mbj－z2－1	2085	2018－6－16	孔口	40	0.27
			1#	7	0.20
			2#	15	0.31
			3#	26	0.27

表20.3.2－4　左岸拱肩槽上游侧多点位移计Mbj－1－1、Mbj－2－1观测数据统计

设计编号	测点	测点深度（m）	累计位移（mm）	5月13日～5月14日增量（mm）	5月15日～5月22日		5月22日～5月24日		5月24日～5月26日		5月26日～6月26日	
					增量（mm）	速率（mm/d）	增量（mm）	速率（mm/d）	增量（mm）	速率（mm/d）	增量（mm）	速率（mm/d）
Mbj－1－1	孔口	40	5.82	1.33	1.11	0.16	0.69	0.34	0.29	0.15	0.12	0.00
	1#	2	5.72	1.32	1.15	0.16	0.69	0.35	0.29	0.15	0.06	0.00
	2#	6	5.05	1.21	0.99	0.14	0.62	0.31	0.28	0.14	－0.04	0.00
	3#	17	0.59	0.22	0.36	0.05	0.22	0.11	－0.31	－0.16	－0.45	－0.01
Mbj－2－1	孔口	40	9.50	1.79	1.72	0.25	2.29	1.15	0.80	0.40	0.63	0.02
	1#	2	9.50	1.77	1.78	0.25	2.30	1.15	0.82	0.41	0.57	0.01
	2#	6	9.48	1.75	1.77	0.25	2.31	1.15	0.82	0.41	0.59	0.01
	3#	17	8.53	1.62	1.67	0.24	2.23	1.12	0.76	0.38	0.44	0.01

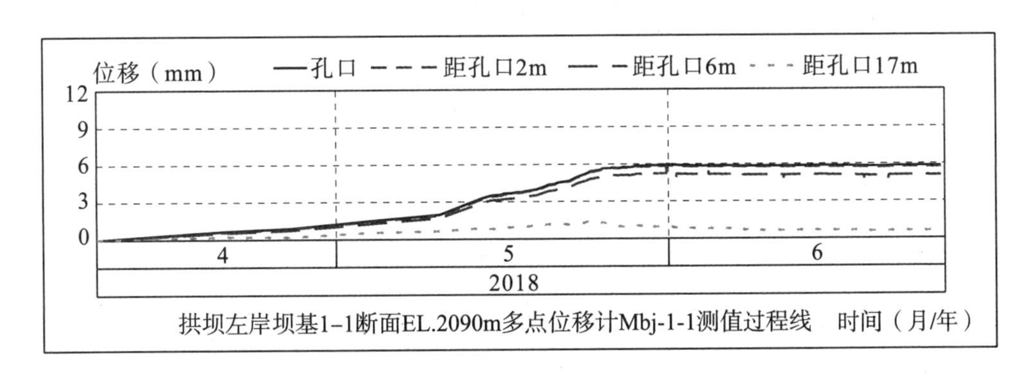

拱坝左岸坝基1-1断面EL.2090m多点位移计Mbj-1-1测值过程线

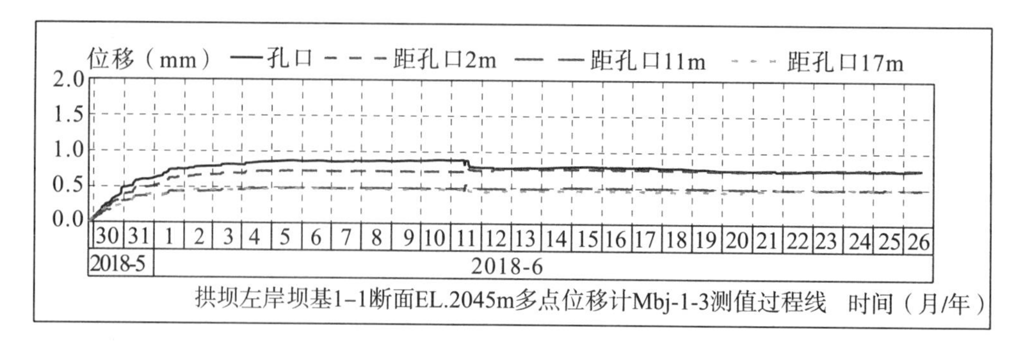

拱坝左岸坝基1–1断面EL.2045m多点位移计Mbj-1-3测值过程线 时间（月/年）

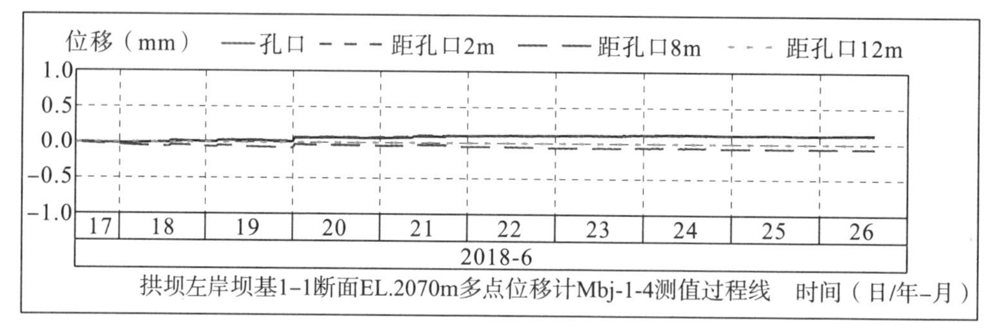

拱坝左岸坝基1–1断面EL.2070m多点位移计Mbj-1-4测值过程线 时间（日/年–月）

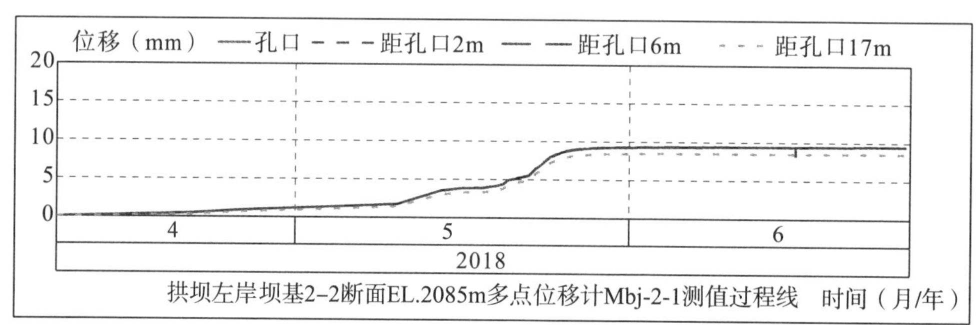

拱坝左岸坝基2–2断面EL.2085m多点位移计Mbj-2-1测值过程线 时间（月/年）

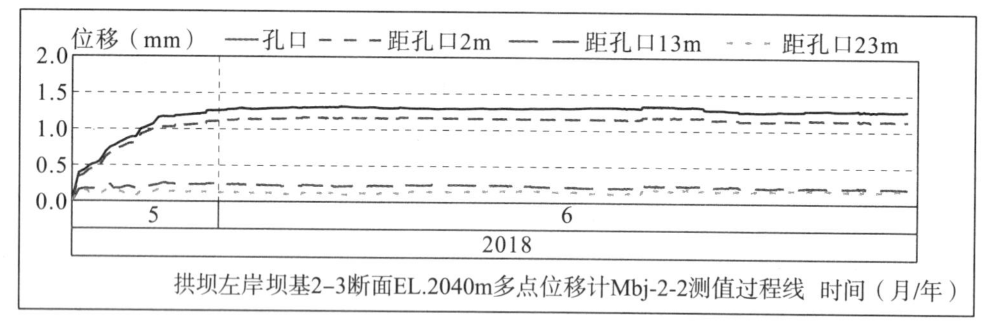

拱坝左岸坝基2–3断面EL.2040m多点位移计Mbj-2-2测值过程线 时间（月/年）

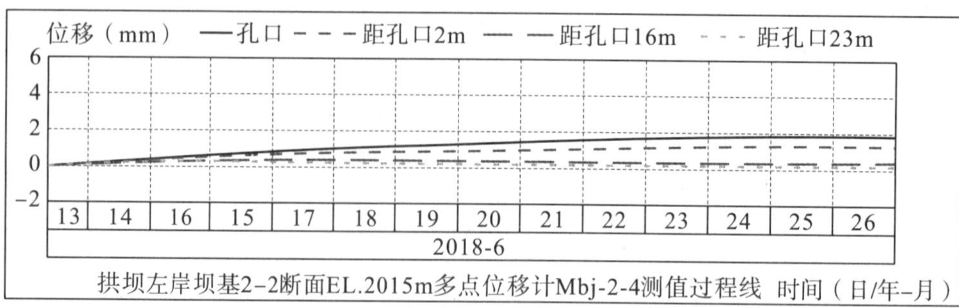

拱坝左岸坝基2–2断面EL.2015m多点位移计Mbj-2-4测值过程线 时间（日/年–月）

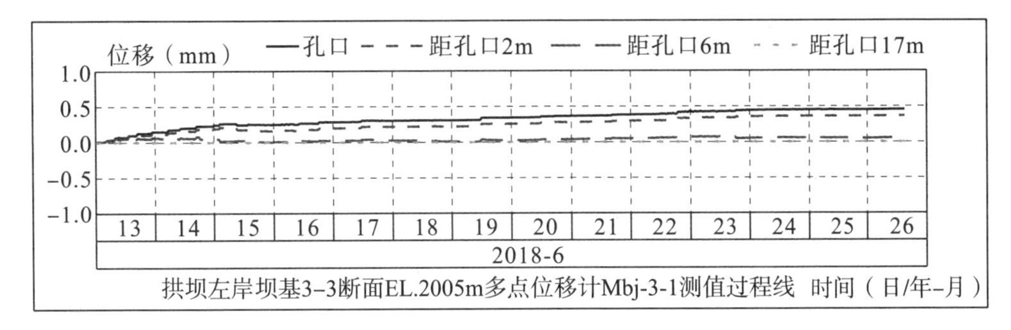

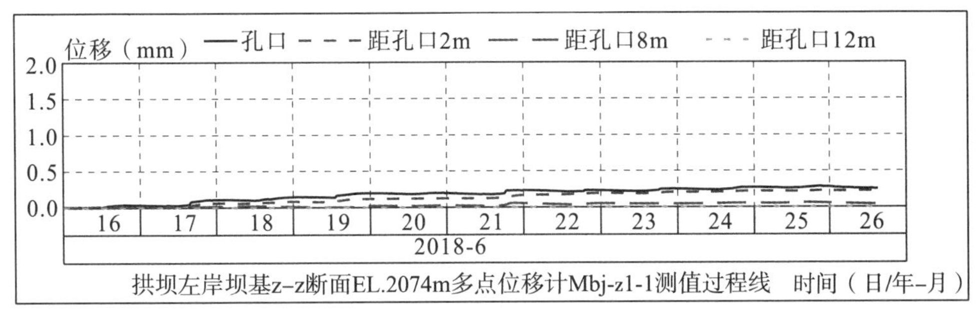

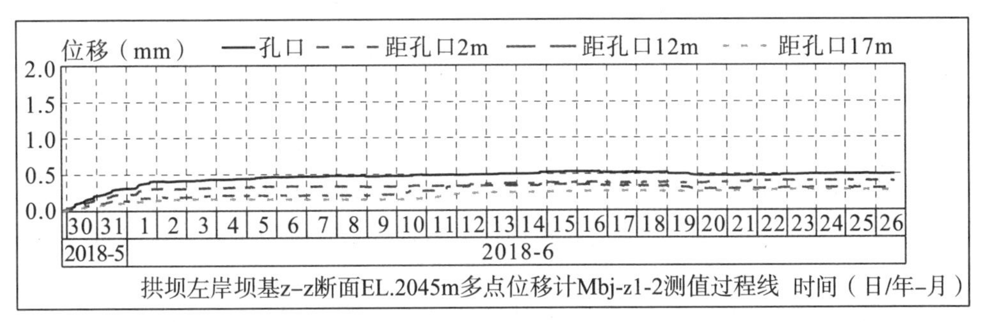

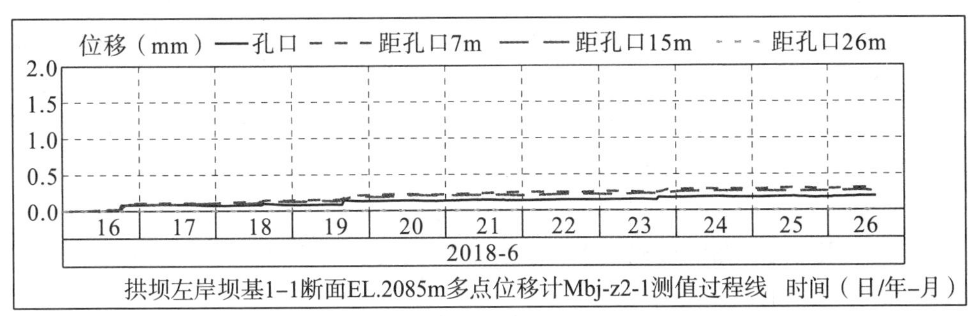

图 20.3.2－2 左岸坝肩上游侧边坡多点位移计测值过程线

2）表面变形－砂浆条带

左岸拱肩槽边上游侧坡高程 2062～2078m 共安装埋设 5 个砂浆条测点，于 5 月 21 日始测，利用游标卡尺观测裂缝两侧钢标变化。截至 2018 年 6 月 12 日，各测点测值为 0.47～0.90mm（LF2062－1），从过程线看，变形主要发生于 5 月 31 日之前，其后测值变化很小。监测数据统计见表 20.3.2－5 和图 20.3.2－3。

表 20.3.2—5　砂浆条测点测值一览表（截至 2018 年 6 月 12 日）

编号	始测时间	观测方法	开合度（mm）
LF2078—1	2018—5—21	砂浆条	0.47
LF2074—1	2018—5—21	砂浆条	0.44
LF2070—1	2018—5—21	砂浆条	0.55
LF2070—2	2018—5—21	砂浆条	0.54
LF2062—1	2018—5—21	砂浆条	0.90

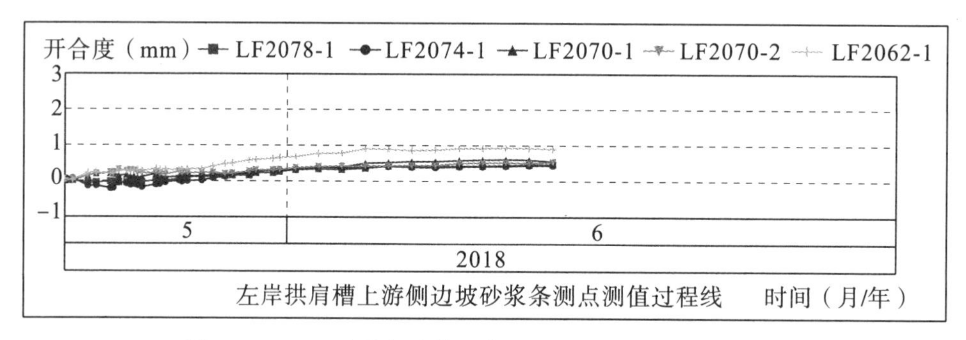

图 20.3.2—3　左岸坝肩槽上游侧边坡砂浆条带测值过程线

3）支护受力—锚索测力计、锚杆应力计

投入观测的有 DPbj—1—1～2、DPbj—2—1～2、DPbj—z1—1～2 等 6 台锚索测力计，以及 Rbj—1—1～2、Rbj—2—1～2 等 4 组锚杆应力计。锚索测力计和锚杆应力计埋设参数及测值见表 20.3.2—6 和表 20.3.2—7，过程线见图 20.3.2—4。

（1）从测值看，1000kN 锚索测力计荷载为 995.80～1085.54kN，锚索测力计 DPbj—1—1、DPbj—2—1 均较锁定荷载变化不大，仅 DPbj—2—2 测值略大于锁定荷载 7t；2000kN 锚索测力计荷载为 2000.72～2035.17kN，由于 2000kN 锚索测力计安装较晚，因此测值均较锁定荷载变化不大，测值分别为 1992.52kN 和 2026.99kN；而锚杆应力计由于位于浅表层，变形发生于深部 f_{27} 断层位置，因此测值均很小，为 —2.83～6.83MPa。

（2）从锚索测力计测值过程线看，在变形增长较多的 5 月 10 日～5 月 14 日期间，仅 DPbj—2—2 测值有所增加。

在 5 月 16 日～5 月 19 日期间，DPbj—1—1 测值增加约 13kN，DPbj—2—1 测值增加约 22kN，而 DPbj—2—2 测值基本没有变化；其后测值整体较稳定，没有明显的增长趋势。

6 月安装的 3 台锚索测力计，整体处于刚张拉后有轻微应力损失，尚未出现测值增长的情况。

（3）锚索荷载基本均处在锁定荷载附近，整体变化量值较小。

表 20.3.2—6　锚索测力计测值一览（截至 2018 年 6 月 26 日）

设计编号	始测时间	埋设高程	设计荷载（kN）	锁定荷载（kN）	当前荷载（kN）
DPbj—1—1	2018—3—14	EL. 2090	1000	1047.69	995.80
DPbj—1—2	2018—6—18	EL. 2045	2000	2008.53	1989.57
DPbj—2—1	2018—3—19	EL. 2085	1000	1067.86	1041.42
DPbj—2—2	2018—5—10	EL. 2040	1000	1013.32	1085.54
DPbj—z1—1	2018—6—5	EL. 2074	2000	2028.83	1992.52
DPbj—z1—2	2018—6—18	EL. 2045	2000	2039.31	2026.99

表 20.3.2—7　锚杆应力计测值一览

设计编号	始测时间	埋设部位	测点	测点深度（m）	当前应力（MPa）
Rbj—1—1	2018—4—8	EL. 2092	1#	2	6.38
Rbj—1—2	2018—5—29	EL. 2050	1#	2	—2.83
Rbj—2—1	2018—4—8	EL. 2087	1#	2	—0.17
			2#	4	0.53
Rbj—2—2	2018—5—26	EL. 2042	1#	2	6.83

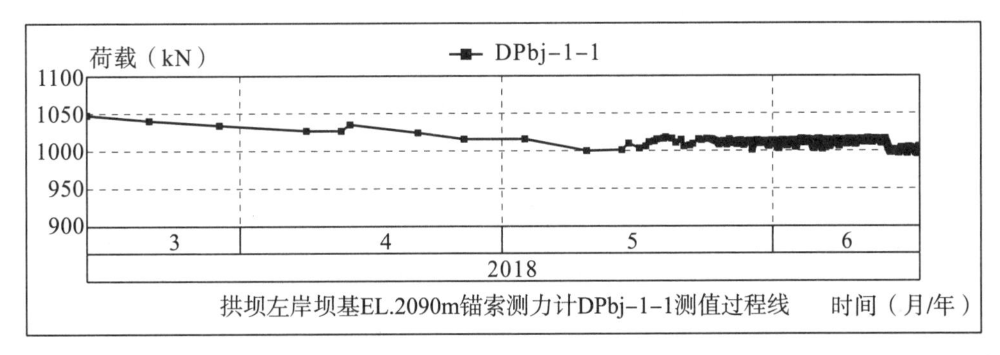

拱坝左岸坝基EL.2090m锚索测力计DPbj-1-1测值过程线

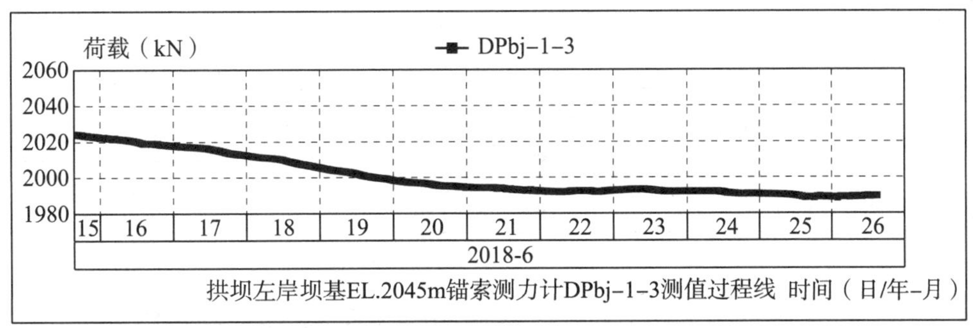

拱坝左岸坝基EL.2045m锚索测力计DPbj-1-3测值过程线

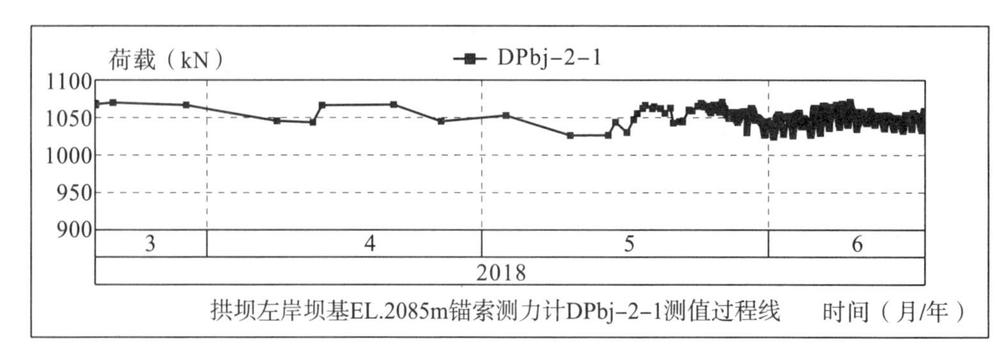

拱坝左岸坝基EL.2085m锚索测力计DPbj-2-1测值过程线

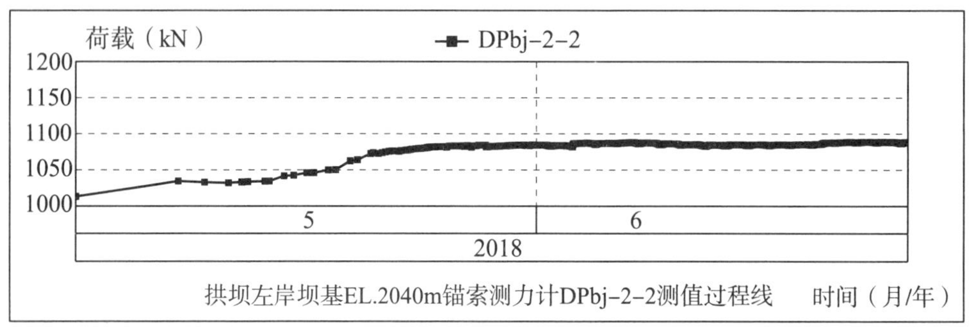

拱坝左岸坝基EL.2040m锚索测力计DPbj-2-2测值过程线

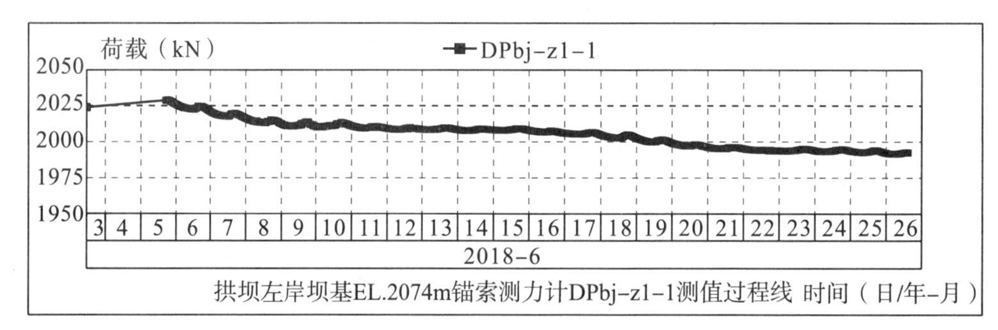

拱坝左岸坝基EL.2074m锚索测力计DPbj-z1-1测值过程线

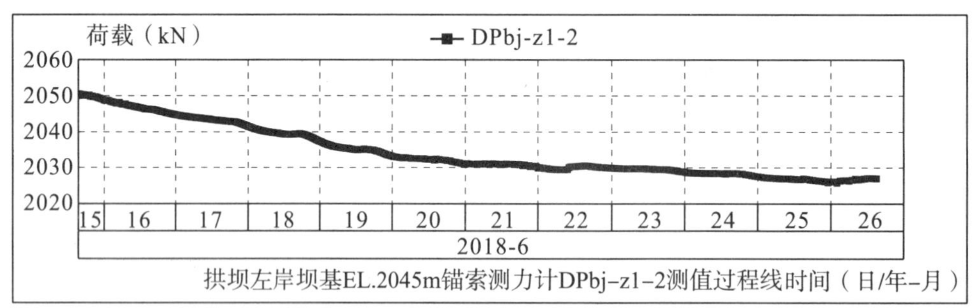

拱坝左岸坝基EL.2045m锚索测力计DPbj-z1-2测值过程线

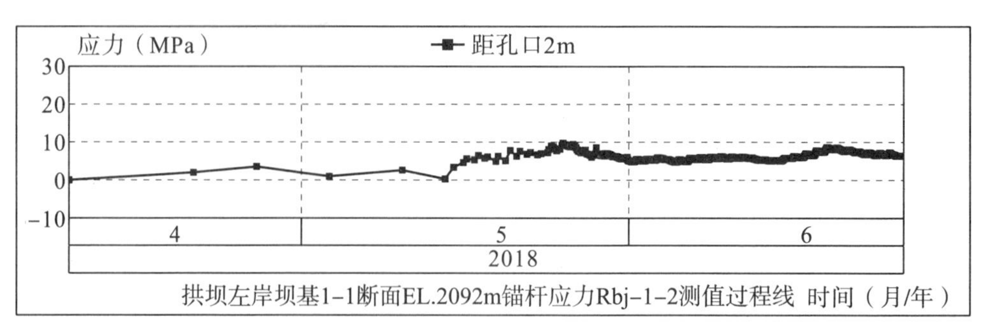

拱坝左岸坝基1-1断面EL.2092m锚杆应力Rbj-1-2测值过程线

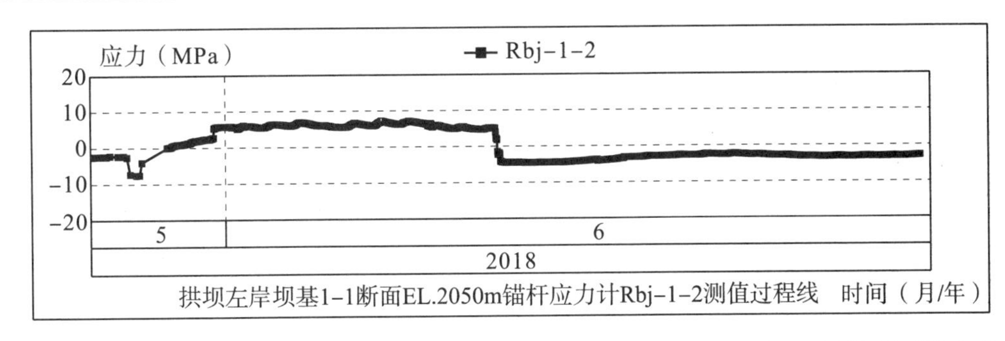

拱坝左岸坝基1-1断面EL.2050m锚杆应力计Rbj-1-2测值过程线　时间（月/年）

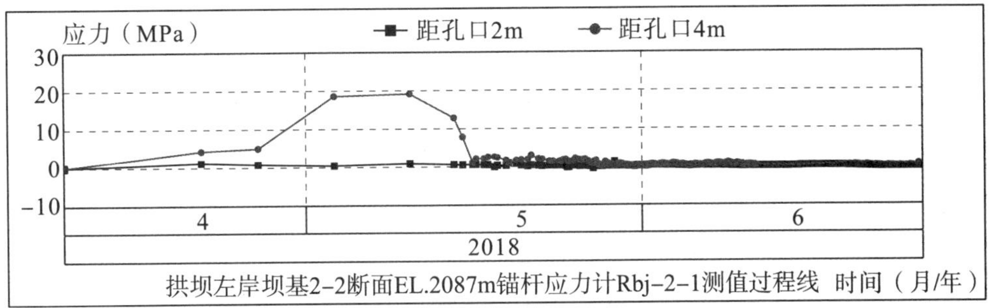

拱坝左岸坝基2-2断面EL.2087m锚杆应力计Rbj-2-1测值过程线　时间（月/年）

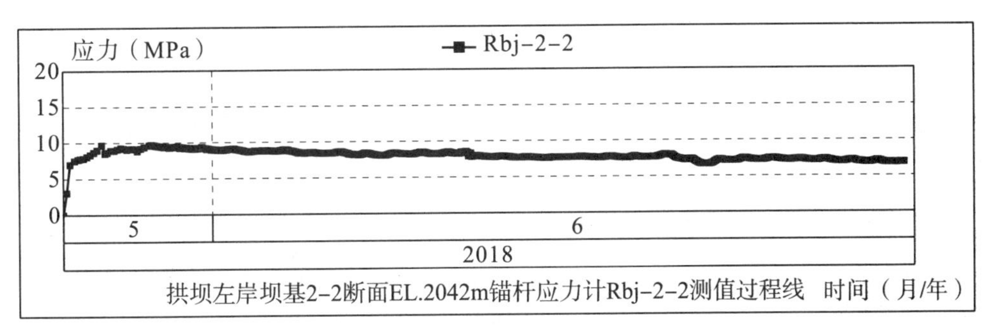

拱坝左岸坝基2-2断面EL.2042m锚杆应力计Rbj-2-2测值过程线　时间（月/年）

图 20.3.2-4　锚索测力计及锚杆应力计测值过程线

20.3.2.3　探洞

为监测 15＃探洞及 35＃探洞内 f_{27} 断层裂缝开合情况，分别于 2018 年 5 月 19 日在 2 个探洞内各布置 2 支测缝计。5 月 19 日～5 月 26 日，测值最大的为 Jtd15－2，测值为 3.77mm，其余 3 支测缝计测值很小。截至 2018 年 6 月 26 日 15：00，测值最大的仍为 Jtd15－2，测值为 3.93mm，较 5 月 26 日增长 0.15mm，说明 5 月 26 日之后测值基本稳定。从过程线看，Jtd15－2 与多点位移计具有较好的相关性。监测数据统计见表 20.3.2－8 和图 20.3.2－5。

表 20.3.2－8　探洞内测缝计测点测值一览

编号	始测时间	埋设位置	开合度（mm）
Jtd15－1	2018－5－19	2075m 探洞，桩号 0＋30，上游侧，据坡面 25m	0.67
Jtd15－2	2018－5－19	2075m 探洞，桩号 0＋30，下游侧，据坡面 25m	3.93
Jtd15－3	2018－5－28	距坡面 25m，下游侧	0.45
Jtd15－4	2018－5－28	距坡面 25m，下游侧	0.03

续表20.3.2－8

编号	始测时间	埋设位置	开合度（mm）
Jtd15－5	2018－5－28	距坡面 18m，下游侧	－0.02
Jtd15－6	2018－5－28	距坡面 12m，下游侧	－0.04
Jtd35－1	2018－5－19	2060m 探洞，桩号 0+47，上游侧，据坡面 12m	0.04
Jtd35－2	2018－5－19	2060m 探洞，桩号 0+47，下游侧，据坡面 12m	－0.17

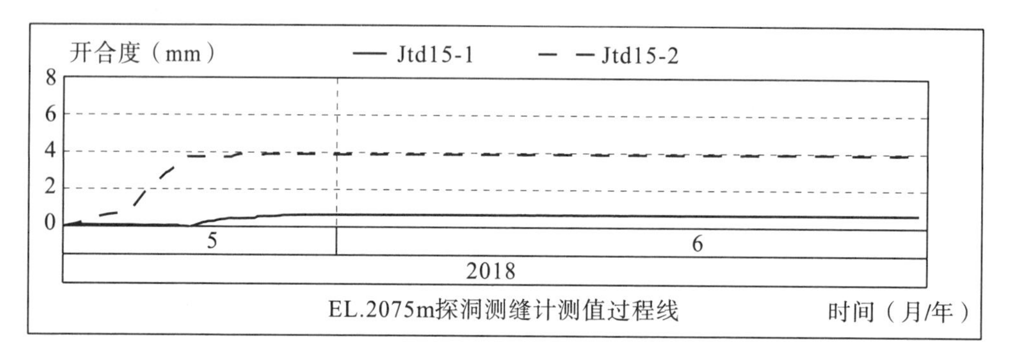

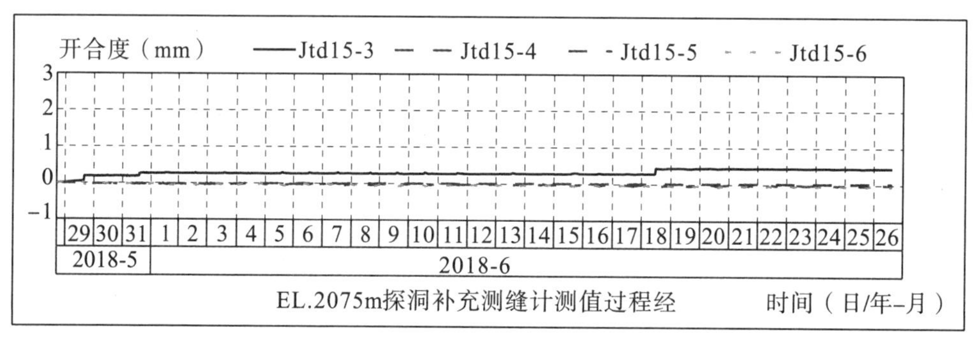

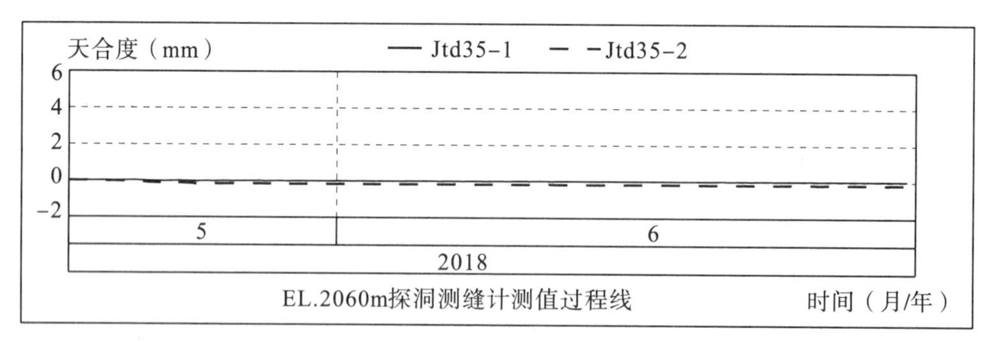

图 20.3.2－5　探洞内 f_{27} 断层测缝计测值过程线

20.3.2.4　成果小结

变形监测成果表明，坝顶平台砂浆条带测点累计开合最大值为 6.46mm，3 个表面外观点测值均在 5mm 以内。

多点位移计数据表明变形主要起始于 5 月 10 日～5 月 14 日期间；5 月 22 日～5 月 24 日变形速率增加较明显，最大为 1.15mm/d；停止现场爆破后，最大变形测点 Mbj－

2－1在5月26日～6月19日期间最大变形速率降为0.02mm/d，多数测点变形速率也很小。

从变形时间上看，绝大部分变形发生于2018年5月31日之前，2018年6月1日之后变形量很小。

支护受力监测成果表明，锚杆应力均很小，锚索测力计仅DPbj－2－2测值在快速变形期间有所增加，但受力整体变化不大，新增2000kN锚索测力计也未见增长，基本均处在锁定荷载附近。

21 左岸拱肩槽上游侧边坡稳定性分析及变形机制

21.1 变形机制分析

左岸拱肩槽上游侧工程边坡中近顺坡向中、陡倾角结构面较发育，随着边坡的开挖、新的临空面形成，边坡岩体沿结构面逐渐开始产生卸荷、松弛变形，后缘控制边界为 f_{27} 断层。边坡向下开挖至 2030m 高程附近，供料平台开始出现张开裂缝，与 f_{27} 和 f_{35-8}、f_{15-4} 断层等结构面组合，以及卸荷松弛密切相关。2060m 高程以上至供料平台边坡岩体除卸荷、松弛变形外，局部还出现压致—剪切位移现象，主要表现为供料平台上张开裂缝外侧略有下沉，形成小错台。2060m 高程以下边坡岩体仅表现为卸荷、松弛变形。

综合分析，即随着边坡的下挖，边坡岩体产生应力调整和向临空方向的卸荷松弛，沿 f_{27} 断层等顺坡向陡倾坡外结构面产生张开变形和局部压致—剪切变形。

拱肩槽上游侧边坡卸荷松弛的影响因素主要为：边坡开挖形成新的临空面，引起边坡岩体应力重分布，为边坡岩体卸荷、松弛提供了空间和应力条件；施工用水和降雨的入渗降低了结构面的力学强度，对边坡岩体的卸荷、松弛产生促进作用。

2060m 高程以上至供料平台局部出现压致—剪切位移现象，属剪切变形初期发生，边坡整体基本稳定，但是对已经出现的边坡变形问题，须及时采取加强措施控制边坡变形，提高边坡稳定安全裕度，以满足永久边坡安全标准。

21.2 边坡稳定性分析

从左岸坝顶卸料平台混凝土面上分布的 14 条裂缝情况来看，其中有 8 条裂缝斜穿 f_{27} 断层附近发育，同时左岸拱肩槽边坡出露的前期探洞 PD13、PD15 和 PD35 内断层 f_{27} 沿结构面卸荷微张，结合左岸拱肩槽上游侧边坡探洞和补勘钻孔、多点位移计、锚索孔钻孔电视资料，断层 f_{27} 下盘岩体无大规模同组断层发育，仅左岸卸料平台桩号 KX0+33 发育断层 f_{383}、探洞 PD35 洞深 51m 处发育断层 f_{35-6}、探洞 PD13 洞深 32m 处发育断层 f_{13-9}、探洞 PD13 洞深 33～53m 段发育 NWW 向优势节理，以上结构面产状与断层 f_{27} 近平行，但结构面延伸短，规模小，贯通性差，面呈闭合状态，未见裂隙张开现象，边坡的卸荷松弛变形后缘主要受断层 f_{27} 控制。

其中，边坡高程 2000m 附近钻孔 ZK1 孔深 11.0～12.3m 段（断层 f_{27} 下盘）孔壁见掉块现象，结合钻孔 ZK1 附近探洞 PD13 情况来看，该孔段位于探洞 PD13 顶拱约 2m

处，且对应探洞 PD13 桩号 30－32m 洞段发育小断层 f_{13-9} 和 NE 向缓倾角、SN 向陡倾角等结构面，结构面闭合，受以上结构面密集切割影响，岩体破碎，致钻孔 ZK1 对应孔段孔壁掉块。

基于以上分析判断，边坡稳定性分析思路如下：

（1）搜索与 f_{27} 组合形成潜在不稳定块体的结构面，提出可能的块体边界及滑动模式，并沿块体主滑方向切剖面，按平面极限平衡法进行稳定性分析。

（2）假设块体目前处于临界稳定状态，按安全系数为 0.98～0.99 反演结构面综合参数，反演时考虑在 2018 年 5 月 14 日（边坡变形监测数据突变日期）以前已实施的预应力锚索锚固力。

（3）按各块体反演参数确定锚固力，确定加固方案，使锚固后各块体在各工况下均满足稳定要求。

21.2.1　块体边界及滑动模式

根据实际揭露的地质条件进行分析，与 f_{27} 组合形成潜在不稳定块体有 8 块。采用平面刚体极限平衡法进行计算时，仅考虑底滑面，而不考虑侧滑面，故可将 8 个三维块体概化为 4 个平面块体进行计算，与 f_{27} 组合的结构面分别为 f_{35-8}、f_{15-4}、f_{499}，以及 f_{27} 单滑面滑动。各三维块体与平面计算块体结构面对应情况见表 21.2.1－1，平面稳定计算块体见表 21.2.1－2。

表 21.2.1－1　三维块体与平面计算块体结构面对应表

三维不利块体编号	三维块体边界	二维平面计算块体边界	对应二维块体编号	备注
ZKT1	底滑 f_{27}＋侧滑面 f_{25}	f_{27}	KT4	
ZKT2	拉裂面 f_{27}＋侧滑面 J_{345}＋底滑面 f_{15-4}	$f_{27}+f_{15-4}$	KT2	
ZKT3	拉裂面 f_{27}＋侧滑面 f_{15-1}＋底滑面 f_{15-4}			
ZKT4	拉裂面 f_{27}＋侧滑面 f_{25}＋底滑面 f_{15-4}			
ZKT5	拉裂面 f_{27}＋侧滑面 J_{345}＋底滑面 f_{35-8}	$f_{27}+f_{35-8}$	KT1	
ZKT6	拉裂面 f_{27}＋侧滑面 J_{345}＋底滑面 f_{15-1}	$f_{27}+f_{15-1}$	—	该块体较小，由地质剖面图可知，当 f_{15-1} 作为底滑面的块体在二维计算时，可由 $f_{27}+f_{15-4}$ 的块体代表，不是控制性块体，故不对其重复计算
ZKT7	拉裂面 f_{27}＋侧滑面 J_{325}＋底滑面 f_{15-1}		—	
ZKT8	拉裂面 f_{27}＋侧滑面 f_{25}＋底滑面 f_{499}	$f_{27}+f_{499}$	KT3	

表 21.2.1-2　二维平面稳定计算块体列表

块体编号	块体边界	计算剖面	备注
KT1	$f_{27}+f_{35-8}$	B6－B6	断层 f_{35-8}、f_{15-4} 均未在开挖边坡出露，计算中按偏安全考虑，将其延伸至开挖坡面
KT2	$f_{27}+f_{15-4}$	B7－B7	
KT3	$f_{27}+f_{499}$	B7－B7	
KT4	f_{27}	B7－B7	断层 f_{27} 暂未在开挖边坡出露，推测随着边坡下挖，f_{27} 将在高程 1995m 逐渐出露

21.2.2　块体稳定性计算

1）计算方法

平面刚体极限平衡法。对复合形滑面的岩质边坡，采用《水电水利工程边坡设计规范》（DL/T 5353—2006）推荐使用的摩根斯坦—普莱斯法。该方法为下限解法，既考虑力矩平衡又考虑力平衡，属于严格解法。

2）计算软件

Rocscience 系列软件之 Slide、Excel 计算表。

3）计算模型

计算模型见图 21.2.2-1～图 21.2.2-4。

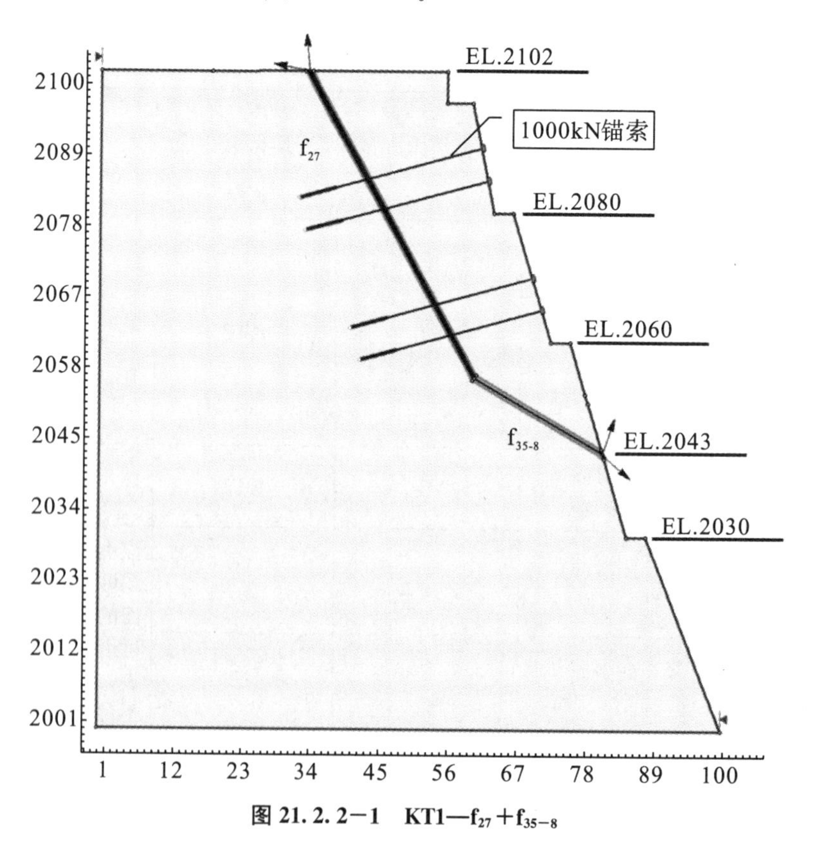

图 21.2.2-1　KT1—$f_{27}+f_{35-8}$

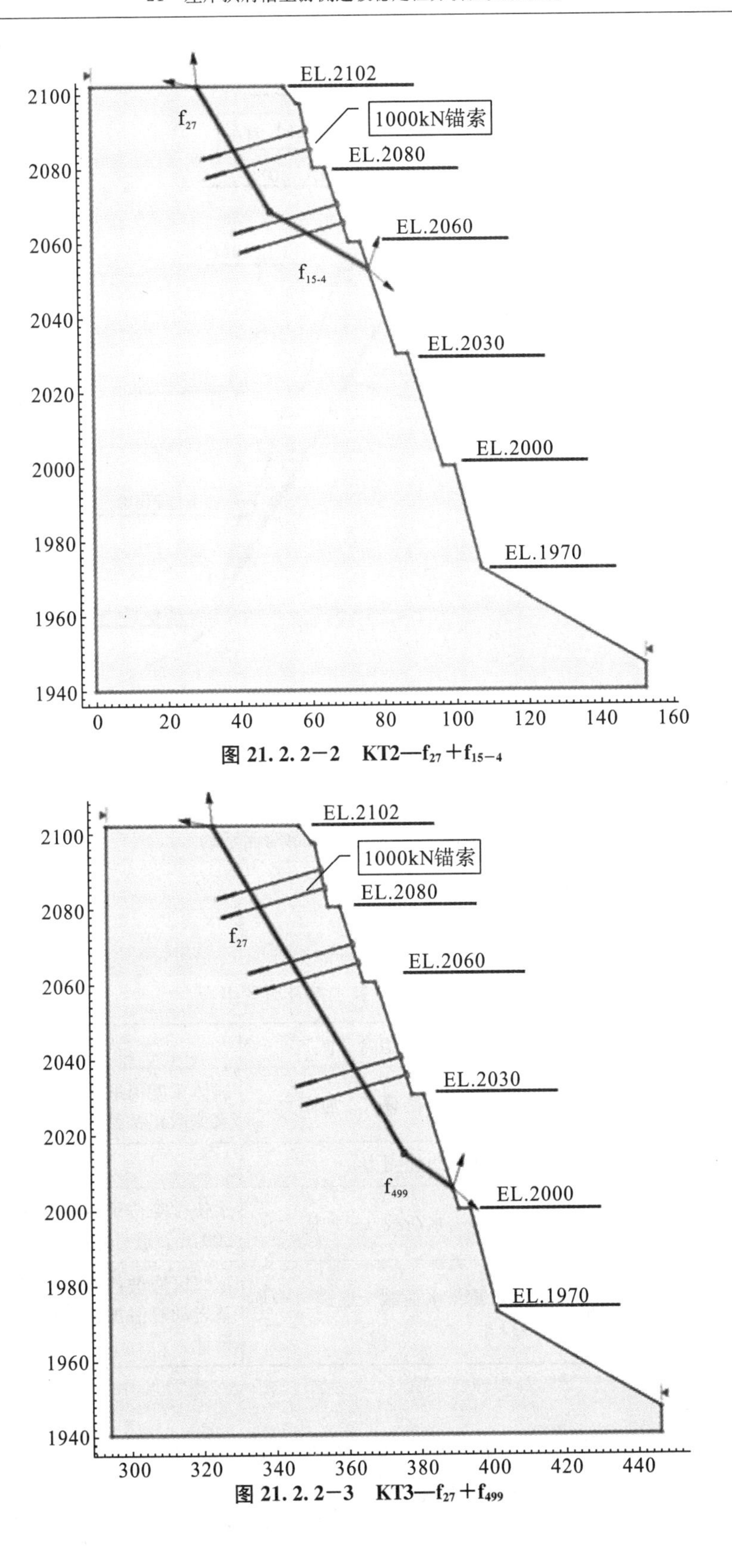

图 21.2.2－2　KT2—$f_{27}+f_{15-4}$

图 21.2.2－3　KT3—$f_{27}+f_{499}$

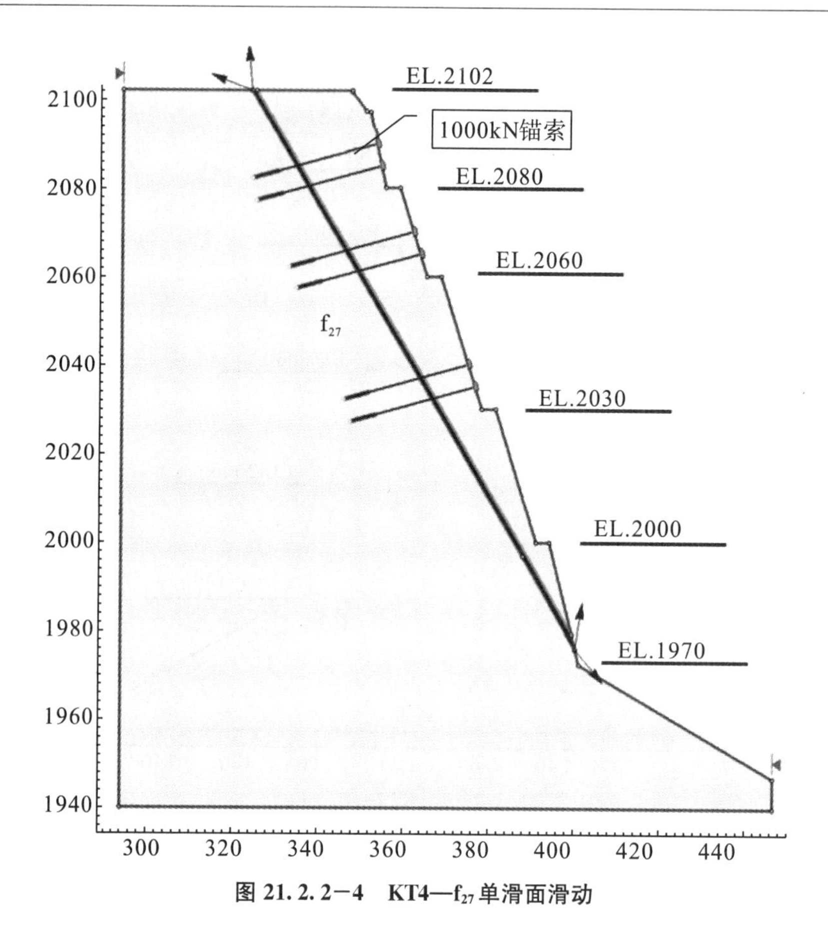

图 21.2.2－4　KT4—f_{27} 单滑面滑动

4）计算工况及荷载组合

计算工况及荷载组合见表 21.2.2－1。

表 21.2.2－1　计算工况及荷载组合

工况	荷载组合	说明
持久状况（蓄水工况）	岩体自重＋水荷载（＋加固力）	岩体重度值取为 26.5kN/m^3； 水位取正常蓄水位 2094m
短暂状况（施工期工况）	岩体自重（＋加固力）	
短暂状况（水位骤降工况）	岩体自重＋水荷载（＋加固力）	水位骤降按坡内水位为正常蓄水位 2094m，坡外水位为死水位 2088m
偶然状况（蓄水＋地震工况）	岩体自重＋水荷载＋地震（＋加固力）	枢纽区边坡按 50 年超越概率 5%的基岩动峰值加速度值 191.5gal 进行设计

5）参数反演

按块体目前处于临界稳定进行参数反演，反演计算方法如下：

（1）反演稳定安全系数按保守考虑，取 0.98～0.99。

（2）反演计算时，考虑了在 2018 年 5 月 14 日（边坡变形监测数据突变日期）以前已实施的预应力锚索锚固力。

(3) 反演计算中，对复合形滑面块体 KT1、KT2、KT3，f_{27}参数取值为 f=0.45、C=80kPa，其余滑面综合参数通过反演计算获得；对 f_{27}单滑面滑动块体 KT4，f_{27}综合参数通过反演计算获得。

(4) 后续加固处理方案计算分析中，计算参数均采用反演获得的综合参数。

需要说明的是，采用上述方法进行参数反演并确定设计加固力是偏于安全的，理由如下：

①通过地质情况及三维块体分析可知，可能导致边坡变形的 8 块潜在不稳定块体的边界，除断层 f_{27}外，其余结构面延伸范围均有限，并未相互贯通或延伸至开挖坡面，目前概化为平面计算时，假设结构面相互贯通并延伸至开挖坡面。

②对高程 2000m 以上的块体 KT1、KT2、KT3 已开挖揭露，边坡虽发生了变形，但并未失稳，其稳定安全系数至少为 1.0～1.05，而在反演计算时，均按 0.98～0.99 考虑。

③对块体局部位于高程 2000m 以下、未完全开挖揭露的 ZKT1（即平面计算的 KT4），通过地质情况及三维块体分析可知，该块体属于半确定性块体，仅由揭露的断层 f_{27}、f_{25}两个结构面无法组成确定的滑动块体。同时，根据现场实际情况及地质推测，f_{27}在开挖边坡出露范围有限（约 37m），可宏观判断，高程 1997～2000m 开挖且 f_{27}出露后，虽会对边坡稳定造成一定不利影响，但该块体至少处于临界稳定状态。为计算其稳定性，目前根据实际地质情况，按偏保守的原则，在上游侧假设一个与 f_{15-4}同组的结构面 Jx，以形成完整的块体边界，且在计算中结构面 Jx 抗剪参数 f'、C'值均取 0。三维块体稳定计算成果表明，该块体施工期稳定安全系数为 1.18，与上述宏观判断基本相符。

④若假设 KT4 沿底滑面 f_{27}“抽屉式”滑动，块体长度按 f_{27}推测出露长度 37m 计，f_{27}参数取 f=0.45、C=80kPa，在考虑 5 月 14 日前已实施的 6 排 1000kN 锚索情况下，按块体临界稳定，仅考虑 1 个侧滑面提供黏聚力，不考虑 f 值，反算此侧滑面需提供的黏聚力。经计算，侧滑面 C=350kPa 时，块体稳定系数为 1.0，可见侧滑面仅需提供较小的黏聚力，即可使块体处于临界稳定状态而不会失稳。该块体三维效应明显，而根据实际揭露的地质条件，该假设的侧滑面是不存在的，该侧岩体足以提供 350kPa 的黏聚力，故可判断高程 1997～2000m 开挖且 f_{27}出露后 KT4 至少处于临界稳定。

经计算，各块体结构面参数反演结果见表 21.2.2-2。

表 21.2.2-2　按块体临界稳定进行结构面综合参数反演成果

<table>
<tr><th>块体编号</th><th>块体边界</th><th>滑动方向（计算剖面）</th><th>反演稳定安全系数</th><th>f_{27}参数取值</th><th>反演滑面综合参数</th><th>备　注</th></tr>
<tr><td>KT1</td><td>$f_{27}+f_{35-8}$</td><td>B6－B6</td><td>0.99</td><td rowspan="3">$f=0.45$、$C=80$kPa</td><td>$f''=0.6$，$C'=200$kPa</td><td rowspan="2">断层 f_{35-8}、f_{15-4} 参数为 $f'=0.45$，$C'=80$kPa，两断层均未在开挖边坡出露，计算中按偏安全考虑，将其延伸至坡面，反演综合参数考虑岩桥作用</td></tr>
<tr><td>KT2</td><td>$f_{27}+f_{15-4}$</td><td>B7－B7</td><td>0.98</td><td>$f''=0.45$，$C'=90$kPa</td></tr>
<tr><td>KT3</td><td>$f_{27}+f_{499}$</td><td>B7－B7</td><td>0.98</td><td>$f'=1.0$，$C'=550$kPa</td><td>断层 f_{499} 参数为 $f'=0.45$，$C'=80$kPa，其延伸长度有限，反演综合参数较高，表明此块体三维效应明显，反演得到的综合参数本质上考虑了两侧岩体岩桥作用</td></tr>
<tr><td>KT4</td><td>f_{27}单滑面</td><td>B7－B7</td><td>0.99</td><td>—</td><td>$f''=0.6$，$C'=160$kPa</td><td>断层 f_{27}参数为 $f'=0.45$，$C'=80$kPa，单滑模式反演综合参数较高，表明此块体三维效应明显，反演得到的综合参数本质上考虑了两侧岩体岩桥作用</td></tr>
</table>

22　左岸拱肩槽上游侧边坡加固方案

22.1　边坡设计安全标准

根据《水电水利工程边坡设计规范》(DL/T 5353—2006)，考虑杨房沟工程为一等工程，两岸拱肩槽边坡为A类（枢纽工程区）Ⅰ级边坡，边坡设计安全系数均取上限值，持久工况取1.30，短暂工况取1.20，偶然工况取1.10。施工期设计安全系数取短暂工况下限值1.15。

22.2　计算依据

《水电水利工程边坡设计规范》(DL/T 5353—2006)；
《水工建筑物荷载设计规范》(DL 5077—1997)；
《水电工程预应力锚固设计规范》(DL/T 5176—2003)；
《岩土锚杆与喷射混凝土支护工程技术规范》(GB 50086—2015)。

22.3　加固处理方案

22.3.1　满足运行期及施工期稳定加固措施

(1) 经计算分析，满足运行期稳定要求的加固措施如下：

①高程2030.00～2080.00m边坡的高程2045.00m、2050.00m、2055.00m、2074.00m、2078.00m位置增加5排预应力锚索，锚索吨位2000kN，L=30m/40m间隔布置，间距5m，下倾15°。

②高程2080.00～2101.57m边坡的高程2082.50m、2095.00m位置增加2排预应力锚索，锚索吨位3000kN，L=50m/60m间隔布置，间距2.5m，下倾5°。

③边坡高程2058.00m、2062.50m位置增加2排预应力锚索，锚索吨位3000kN，L=40m/50m间隔布置，间距2.5m，下倾15°。

④高程2000.00～2030.00m边坡的高程2005.00m、2010.00m、2014.50m、2018.50m、2022.50m、2026.50m位置布置6排预应力锚索，锚索吨位3000kN，L=40m/50m间隔布置，间距3.5m，下倾5°。

共增加 2000kN 锚索 94 束，3000kN 锚索 243 束。

（2）经计算分析，为满足施工期稳定要求的加固措施如下：在以上新增的 2000kN 锚索施工完成后，对新增的 3000kN 锚索分两期施工，高程 2005.00m、2010.00m、2014.50m、2018.50m、2058.00m、2062.50m、2082.50m、2095.00m、2092.50m、2091.50m 位置的共 8 排 3000kN 锚索为一期，高程 2022.50m、2026.50m 位置的共 2 排 3000kN 锚索为二期。在完成一期锚索施工的情况下，左岸拱肩槽 2000m 高程以下边坡方可继续下挖施工。应适当优化调整爆破参数和爆破梯段，尽量减小对 2000m 高程以上边坡的扰动。

（3）探洞 PD15、PD35、PD13、PD21 采用混凝土回填，其中 f_{27}、f_{15-4}、f_{35-8} 等断层出露位置 6m 范围采用钢筋混凝土回填。该措施作为安全储备，边坡稳定计算中暂未计入。考虑以上探洞可为边坡变形观测、地质分析判断提供非常有利的条件，故回填施工可适当推迟。

鉴于锚索锚固措施可使边坡满足稳定要求，沿 f_{27} 布置抗剪洞方案必要性不大；同时上游拱肩槽边坡 f_{27} 断层上盘岩体水平厚度较薄，抗剪洞爆破施工可能对边坡稳定造成不利影响，且锚索间排距较小、抗剪洞会与已完成的锚索产生交叉，故没有必要再沿 f_{27} 出露部位增加抗剪洞。

（4）加强支护施工顺序如下：

①中上部边坡（高程 2030m 以上）已经处于剪切变形初期阶段，该区域边坡需尽快完成加强支护，因为若岩质边坡持续充分变形将会进一步削弱边坡岩体结构面强度，滑动面的演化进入不可逆转的状态，将导致边坡失稳。

②由于边坡还需要下挖约 50m 高度，控制性结构面 f_{27} 将进一步切脚出露，高程 2030～2000m 梯段边坡的卸荷松弛必须预先得到有效抑制，因此在进一步下挖前，还必须完成高程 2030～2000m 梯段边坡满足 1.15 安全系数要求的 4 排 3000kN 预应力锚索支护，限制该段边坡岩体和结构面。特别是 f_{27} 的松弛损伤，应尽可能地维持 f_{27} 结构面的力学性能和 f_{27} 上盘薄层岩体的承载能力，承上启下地保证左岸拱肩槽上游侧边坡稳定安全。

22.3.2 加固后块体安全系数

采用上述加固措施进行处理后，各块体稳定性均满足要求且有一定安全裕度，稳定计算成果见表 22.3.2－1、表 22.3.2－2 和图 22.3.2－1～3。

表 22.3.2－1 采用满足永久运行期稳定加固措施处理后块体稳定安全系数

块体编号	块体边界	蓄水工况	施工期工况	水位骤降工况	蓄水＋地震工况
KT1	$f_{27}+f_{35-8}$	1.69≥1.3	1.26≥1.15	1.54≥1.20	1.59≥1.1
KT2	$f_{27}+f_{15-4}$	1.79≥1.3	1.37≥1.15	1.52≥1.20	1.62≥1.1
KT3	$f_{27}+f_{499}$	1.70≥1.3	1.19≥1.15	1.63≥1.20	1.61≥1.1
KT4	f_{27}	1.70≥1.3	1.25≥1.15	1.52≥1.20	1.63≥1.1

表 22.3.2-2　采用满足施工期稳定加固措施处理后块体稳定安全系数

块体编号	块体边界	施工期工况
KT1	$f_{27}+f_{35-8}$	1.26≥1.15
KT2	$f_{27}+f_{15-4}$	1.37≥1.15
KT3	$f_{27}+f_{499}$	1.15≥1.15
KT4	f_{27}	1.21≥1.15

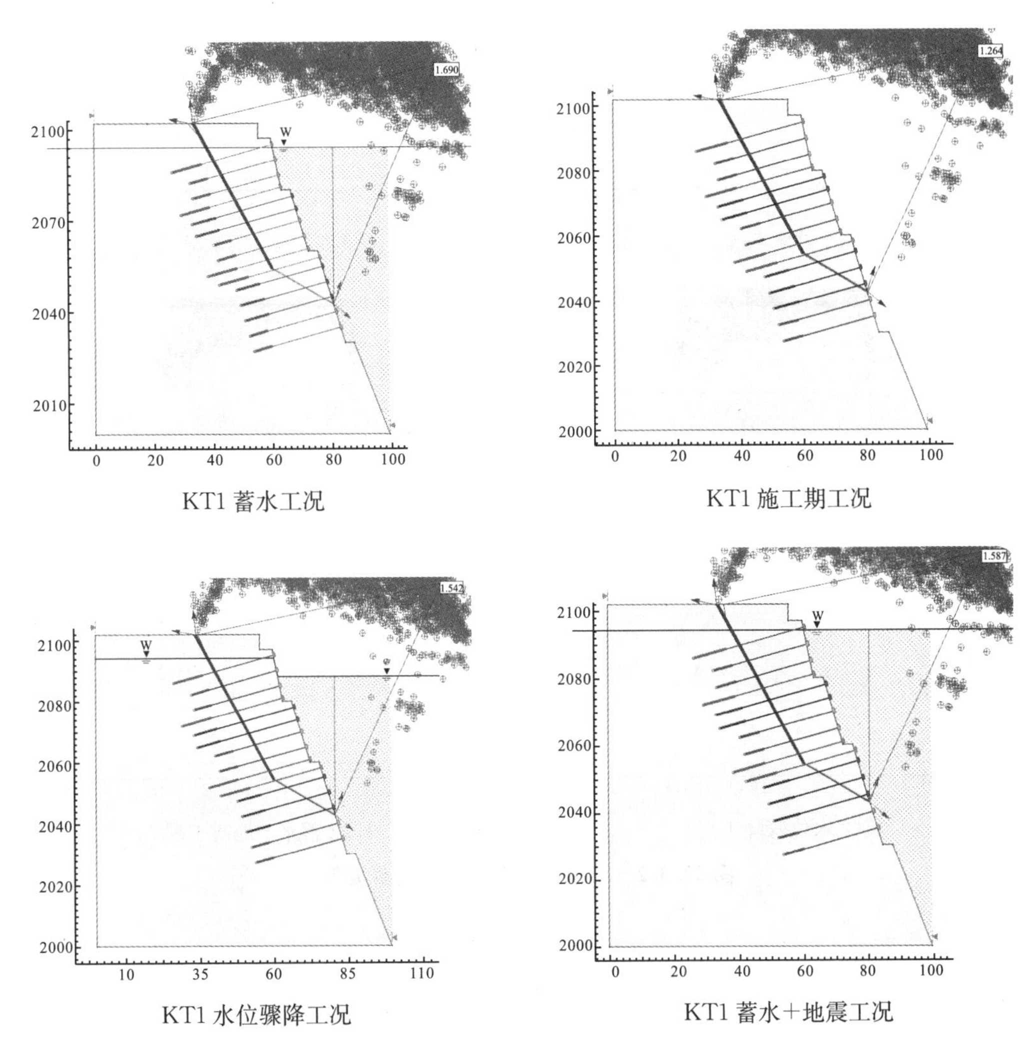

图 22.3.2-1　KT1 加固后稳定计算成果

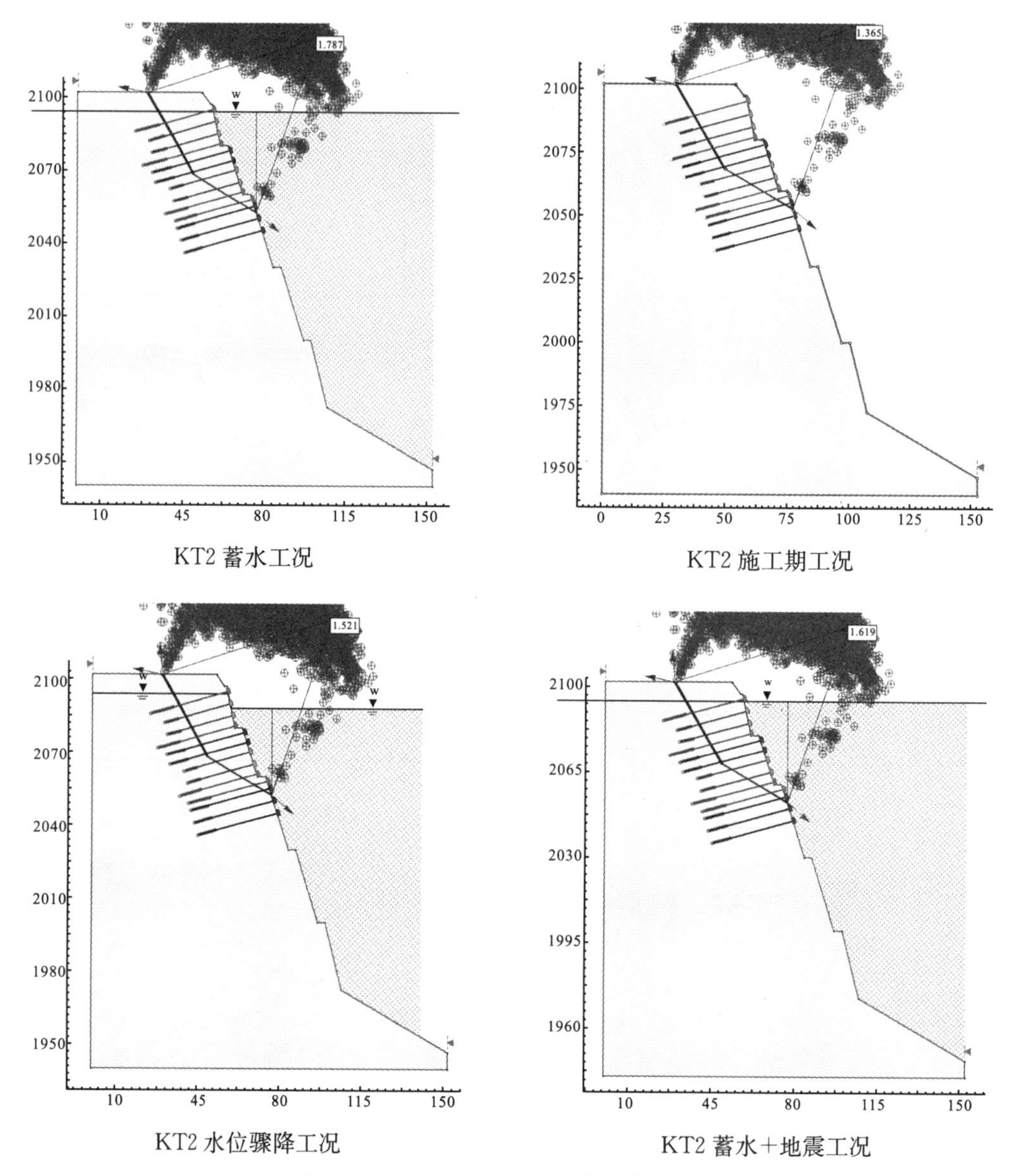

图 22.3.2-2　KT2 加固后稳定计算成果

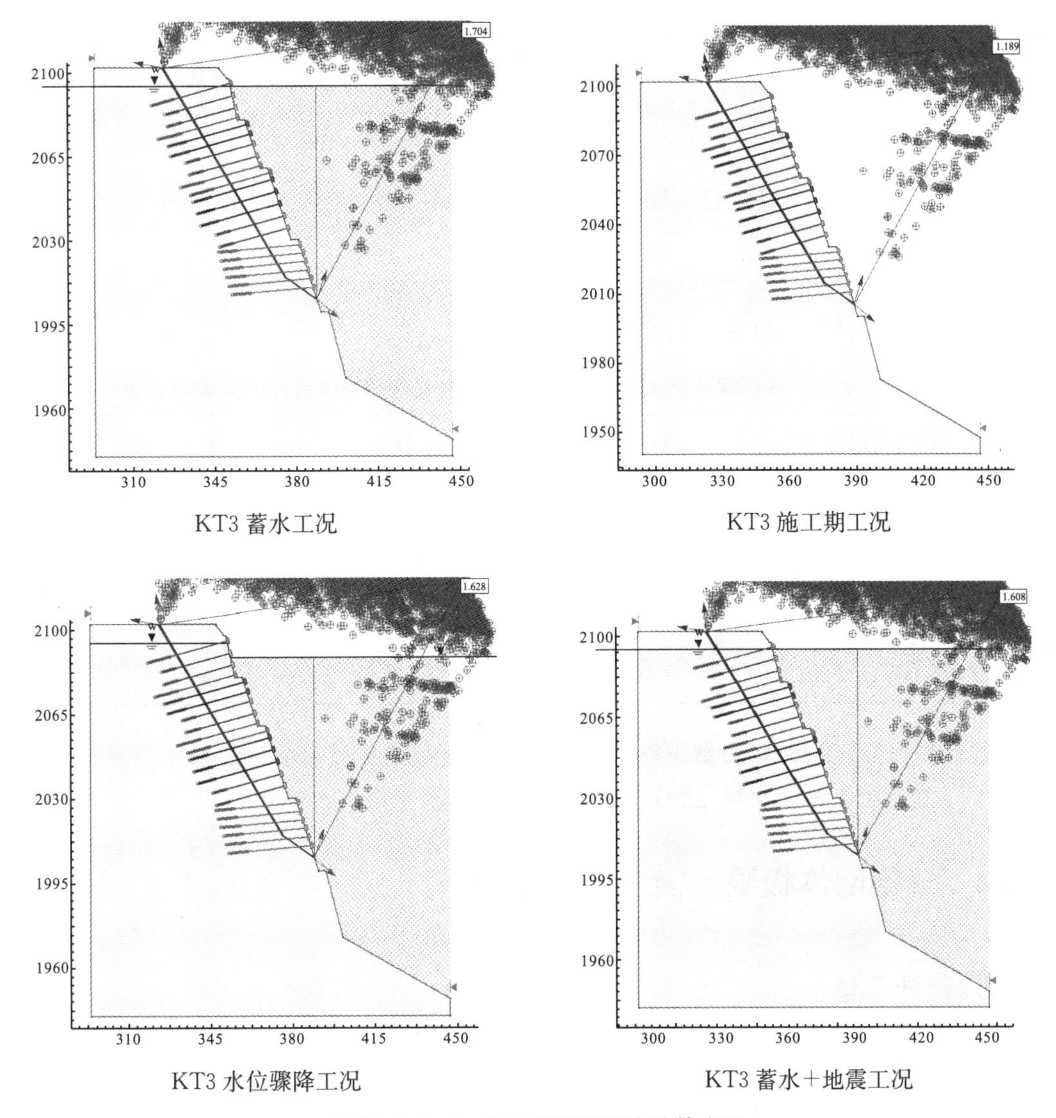

图 22.3.2－3　KT3 加固后稳定计算成果

22.3.3　f_{27}断层参数敏感性分析

对复合形滑面块体 KT1、KT2、KT3 稳定计算时，f_{27}参数取值为 $f=0.45$、$C=80\text{kPa}$，其余滑面综合参数通过反演计算获得，为确定 f_{27}参数弱化对块体稳定的影响，对其进行敏感性分析如下：

（1）取控制性块体 KT3，在 f_{27}参数取值为 $f=0.45$、$C=80\text{kPa}$ 的基础上，对 f_{27}参数分别下浮 5%、下浮 10%，按块体处于临界稳定状态反演 f_{499}的综合参数。

（2）按反演的综合参数，考虑加固力后，计算永久运行期块体稳定安全系数。

（3）对计算结果进行比较分析，判断 f_{27}参数取值对块体稳定安全系数的影响及锚固措施是否满足稳定要求。

参数反演成果见表 22.3.3－1。

表 22.3.3－1　按 KT3 块体临界稳定（K=0.98）进行结构面综合参数反演成果

f_{27}参数取值	反演 f_{499}综合参数
f=0.45，C=80kPa	f'=1.0，C'=550kPa
下浮 5%后，f=0.43，C=76kPa	f'=1.04，C'=550kPa
下浮 10%后，f=0.41，C=72kPa	f'=1.11，C'=559kPa

块体稳定性计算结果见表 22.3.3－2。

表 22.3.3－2　采用满足永久运行期稳定加固措施处理后块体 KT3 稳定安全系数

f_{27}参数取值	蓄水工况	水位骤降工况	蓄水＋地震工况
f=0.45，C=80kPa	1.70≥1.3	1.63≥1.20	1.61≥1.1
下浮 5%后， f=0.43，C=76kPa	1.68≥1.3	1.61≥1.20	1.58≥1.1
下浮 10%后， f=0.41，C=72kPa	1.66≥1.3	1.59≥1.20	1.56≥1.1

经计算可知，随着 f_{27}参数下浮，KT3 稳定安全系数略有减小，在 f_{27}参数下浮 10%后，KT3 稳定安全系数仍满足稳定要求，且有一定安全裕度。

22.4　三维刚体极限平衡法稳定复核

22.4.1　计算模型

根据地质资料分析，搜索出左岸拱肩槽上游侧边坡 8 个潜在不稳定块体，见表 22.4.1－1～表 22.4.1－8。

表 22.4.1－1 ZKT1 块体计算模型

<table>
<tr><td rowspan="5">构成边界及特征</td><td rowspan="2">边界编号</td><td rowspan="2">结构面特征</td><td colspan="2">抗剪断参数取值</td></tr>
<tr><td>f'</td><td>C'（MPa）</td></tr>
<tr><td>f_{27}</td><td>N50°～85°W SW∠50°～65°，面扭曲，宽 3～20cm，夹碎块岩、碎裂岩、岩屑，面见铁锰质渲染，面见擦痕，呈强～弱风化</td><td>0.45</td><td>0.08</td></tr>
<tr><td>Jx</td><td>在 f_{27} 推测剪出口上游部分，由于 f_{27} 未出露，无法形成块体边界，假设存在 Jx 与 f_{15-4} 同组，产状 N65°W SW∠30°，形成剪出口</td><td>0</td><td>0</td></tr>
<tr><td>f_{25}</td><td>N60°E NW∠70°，宽度 2～5cm，带内为碎裂岩、岩屑，面见铁锰质渲染，呈强～弱风化。考虑其占侧滑面面积的 75%，岩桥采用Ⅲ2 类岩体（$f'=1.0$，$C'=0.9$MPa），考虑岩桥后滑面综合参数为 $f'=0.63$，$C'=0.30$MPa</td><td>0.50</td><td>0.10</td></tr>
<tr><td>块体模型图</td><td colspan="4"> 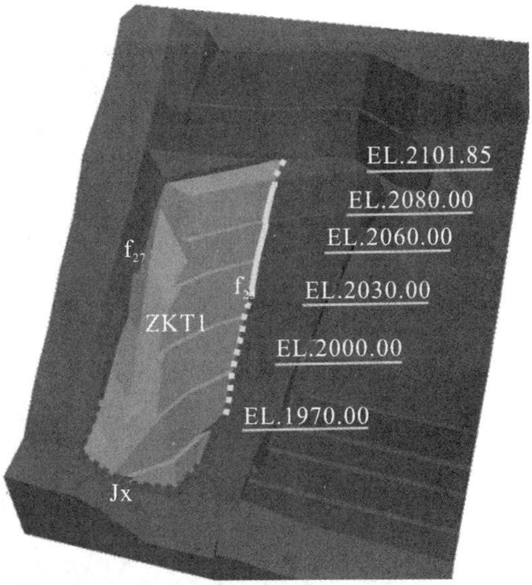</td></tr>
<tr><td rowspan="3">几何特征</td><td colspan="2">f_{27} 面积（m^2）</td><td colspan="2">10594</td></tr>
<tr><td colspan="2">f_{25} 面积（m^2）</td><td colspan="2">1726</td></tr>
<tr><td colspan="2">块体体积（万 m^3）</td><td colspan="2">14.97</td></tr>
</table>

表 22.4.1－2　ZKT2 块体计算模型

<table>
<tr><td rowspan="5">构成边界及特征</td><td rowspan="2">边界编号</td><td rowspan="2">结构面特征</td><td colspan="2">抗剪断参数取值</td></tr>
<tr><td>f'</td><td>C'（MPa）</td></tr>
<tr><td>f_{27}</td><td>N50°～85°W SW∠50°～65°，面扭曲，宽 3～20cm，夹碎块岩、碎裂岩、岩屑，面见铁锰质渲染，面见擦痕，呈强～弱风化</td><td>0.45</td><td>0.08</td></tr>
<tr><td>J_{345}</td><td>N0°～10°W SW∠85°，宽度 0.5～2cm，带内充填碎裂岩、岩屑，呈强～弱风化。考虑其占滑面面积的 75%。岩桥采用Ⅲ2 类岩体（f'=1.0，C'=0.9MPa），考虑岩桥后滑面综合参数为 f'=0.63，C'=0.30MPa</td><td>0.50</td><td>0.10</td></tr>
<tr><td>f_{15-4}</td><td>N65°W SW∠30°，宽度 1～1.5cm，带内为片状岩、碎裂岩及岩屑，呈强风化状，面见擦痕。考虑其占滑面面积的 85%。
岩桥采用Ⅲ2 类岩体（f'=1.0，C'=0.9MPa），考虑岩桥后滑面综合参数为 f'=0.46，C'=0.19MPa</td><td>0.37</td><td>0.07</td></tr>
<tr><td>块体模型图</td><td colspan="4">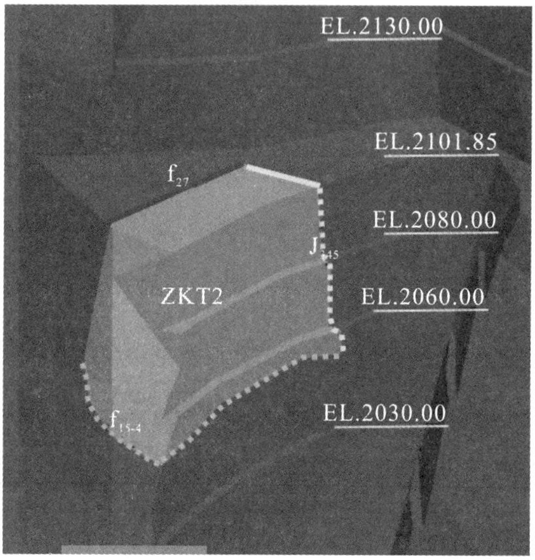
</td></tr>
<tr><td rowspan="4">几何特征</td><td colspan="2">f_{27}面积（m^2）</td><td colspan="2">2091</td></tr>
<tr><td colspan="2">J_{345}面积（m^2）</td><td colspan="2">1061</td></tr>
<tr><td colspan="2">f_{15-4}面积（m^2）</td><td colspan="2">2433</td></tr>
<tr><td colspan="2">块体体积（万 m^3）</td><td colspan="2">5.23</td></tr>
</table>

表 22.4.1－3 ZKT3 块体计算模型

<table>
<tr><td rowspan="5">构成边界及特征</td><td rowspan="2">边界编号</td><td rowspan="2">结构面特征</td><td colspan="2">抗剪断参数取值</td></tr>
<tr><td>f'</td><td>C'（MPa）</td></tr>
<tr><td>f_{27}</td><td>N50°～85°W SW∠50°～65°，面扭曲，宽 3～20cm，夹碎块岩、碎裂岩、岩屑，面见铁锰质渲染，面见擦痕，呈强～弱风化</td><td>0.45</td><td>0.08</td></tr>
<tr><td>f_{15-1}</td><td>N65°E SE∠40°～45°，宽 2～3cm，带内为碎裂岩、岩屑，面见铁锰质渲染</td><td>0.50</td><td>0.10</td></tr>
<tr><td>f_{15-4}</td><td>N65°W SW∠30°，宽度 1～1.5cm，带内为片状岩、碎裂岩及岩屑，呈强风化状，面见擦痕。考虑其占滑面面积的 85%。
岩桥采用Ⅲ2 类岩体（f'=1.0，C'=0.9MPa），考虑岩桥后滑面综合参数为 f'=0.46，C'=0.19MPa</td><td>0.37</td><td>0.07</td></tr>
<tr><td>块体模型图</td><td colspan="4">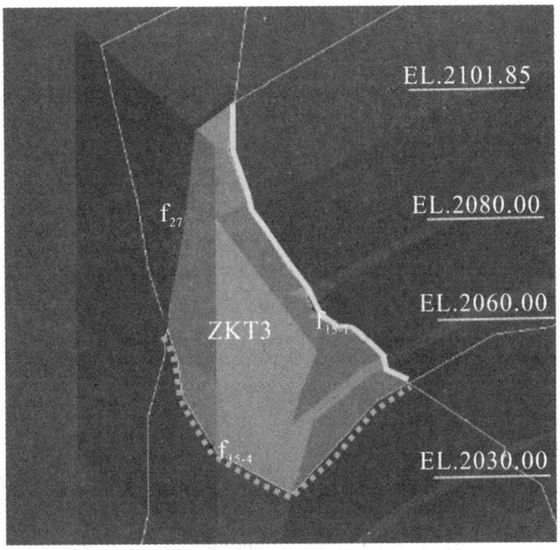
</td></tr>
<tr><td rowspan="4">几何特征</td><td colspan="2">f_{27} 面积（m^2）</td><td colspan="2">935</td></tr>
<tr><td colspan="2">f_{15-1} 面积（m^2）</td><td colspan="2">1216</td></tr>
<tr><td colspan="2">f_{15-4} 面积（m^2）</td><td colspan="2">1622</td></tr>
<tr><td colspan="2">块体体积（万 m^3）</td><td colspan="2">1.78</td></tr>
</table>

表 22.4.1-4　ZKT4 块体计算模型

<table>
<tr><td rowspan="2"></td><td rowspan="2">边界编号</td><td rowspan="2">结构面特征</td><td colspan="2">抗剪断参数取值</td></tr>
<tr><td>f'</td><td>C'（MPa）</td></tr>
<tr><td rowspan="3">构成边界及特征</td><td>f_{27}</td><td>N50°～85°W SW∠50°～65°，面扭曲，宽 3～20cm，夹碎块岩、碎裂岩、岩屑，面见铁锰质渲染，面见擦痕，呈强～弱风化</td><td>0.45</td><td>0.08</td></tr>
<tr><td>f_{25}</td><td>N60°E NW∠70°，宽度 2～5cm，带内为碎裂岩、岩屑，面见铁锰质渲染，呈强～弱风化状</td><td>0.50</td><td>0.10</td></tr>
<tr><td>f_{15-4}</td><td>N65°W SW∠30°，宽度 1～1.5cm，带内为片状岩、碎裂岩及岩屑，呈强风化，面见擦痕。考虑其占滑面面积的 85%。
岩桥采用Ⅲ2 类岩体（$f'=1.0$，$C'=0.9$MPa），考虑岩桥后滑面综合参数为 $f'=0.46$，$C'=0.19$MPa</td><td>0.37</td><td>0.07</td></tr>
<tr><td>块体模型图</td><td colspan="4"> 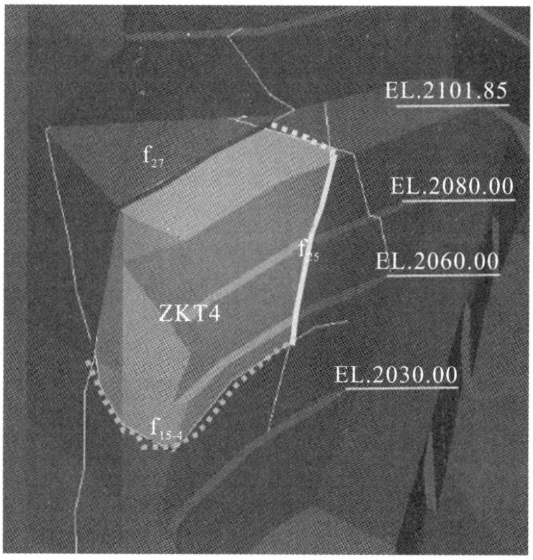</td></tr>
<tr><td rowspan="4">几何特征</td><td colspan="2">f_{27} 面积（m^2）</td><td colspan="2">2688</td></tr>
<tr><td colspan="2">f_{25} 面积（m^2）</td><td colspan="2">860</td></tr>
<tr><td colspan="2">f_{15-4} 面积（m^2）</td><td colspan="2">2121</td></tr>
<tr><td colspan="2">块体体积（万 m^3）</td><td colspan="2">3.26</td></tr>
</table>

表 22.4.1－5　ZKT5 块体计算模型

	边界编号	结构面特征	抗剪断参数取值	
			f'	C'（MPa）
构成边界及特征	f_{27}	N50°～85°W SW∠50°～65°，面扭曲，宽 3～20cm，夹碎块岩、碎裂岩、岩屑，面见铁锰质渲染，面见擦痕，呈强～弱风化	0.45	0.08
	J_{345}	N0°～10°W SW∠85°，宽度 0.5～2cm，带内充填碎裂岩、岩屑，呈强～弱风化。考虑其占滑面面积的 75%。岩桥采用Ⅲ2 类岩体（$f'=1.0$，$C'=0.9$MPa），考虑岩桥后滑面综合参数为 $f'=0.63$，$C'=0.30$MPa	0.50	0.10
	f_{35-8}	N65°W SW∠25°～35°，宽 4～15cm，带内为片状岩、碎块岩、蚀变岩，呈强～弱风化，面平直光滑，铁锰质渲染严重。 考虑其占滑面面积的 65%。岩桥采用Ⅲ2 类岩体（$f'=1.0$，$C'=0.9$MPa），考虑岩桥后滑面综合参数为 $f'=0.59$，$C'=0.36$MPa	0.37	0.07
块体模型图	EL.2101.85 f_{27} EL.2080.00 J_{345} EL.2060.00 ZKT5 EL.2030.00 f_{35-8}			
几何特征	f_{27} 面积（m^2）	3535		
	J_{345} 面积（m^2）	1238		
	f_{35-8} 面积（m^2）	2400		
	块体体积（万 m^3）	6.90		

表 22.4.1－6　ZKT6 块体计算模型

<table>
<tr><td rowspan="5">构成边界及特征</td><td rowspan="2">边界编号</td><td rowspan="2" colspan="2">结构面特征</td><td colspan="2">抗剪断参数取值</td></tr>
<tr><td>f'</td><td>C'（MPa）</td></tr>
<tr><td>f_{27}</td><td colspan="2">N50°～85°W SW∠50°～65°，面扭曲，宽 3～20cm，夹碎块岩、碎裂岩、岩屑，面见铁锰质渲染，面见擦痕，呈强～弱风化</td><td>0.45</td><td>0.08</td></tr>
<tr><td>J_{345}</td><td colspan="2">N0°～10°W SW∠85°，宽度 0.5～2cm，带内充填碎裂岩、岩屑，呈强～弱风化。考虑其占滑面面积的 75%。岩桥采用Ⅲ2 类岩体（$f'=1.0$，$C'=0.9$MPa），考虑岩桥后滑面综合参数为 $f'=0.63$，$C'=0.30$MPa</td><td>0.50</td><td>0.10</td></tr>
<tr><td>f_{15-1}</td><td colspan="2">N65°E SE∠40°～45°，宽 2～3cm，带内充填碎裂岩、岩屑，面见铁锰质渲染</td><td>0.50</td><td>0.10</td></tr>
<tr><td>块体模型图</td><td colspan="5"> 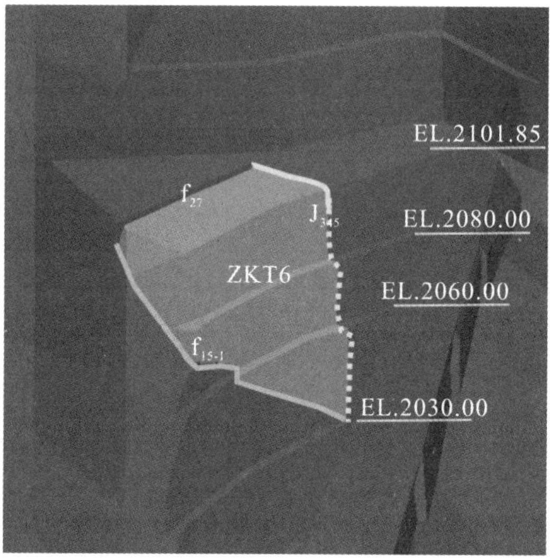</td></tr>
<tr><td rowspan="4">几何特征</td><td colspan="2">f_{27} 面积（m^2）</td><td colspan="3">1568</td></tr>
<tr><td colspan="2">J_{345} 面积（m^2）</td><td colspan="3">1214</td></tr>
<tr><td colspan="2">f_{15-1} 面积（m^2）</td><td colspan="3">1825</td></tr>
<tr><td colspan="2">块体体积（万 m^3）</td><td colspan="3">4.30</td></tr>
</table>

表 22.4.1－7 ZKT7 块体计算模型

<table>
<tr><td rowspan="2"></td><td rowspan="2">边界编号</td><td rowspan="2">结构面特征</td><td colspan="2">抗剪断参数取值</td></tr>
<tr><td>f'</td><td>C'（MPa）</td></tr>
<tr><td rowspan="3">构成边界及特征</td><td>f_{27}</td><td>N50°～85°W SW∠50°～65°，面扭曲，宽 3～20cm，夹碎块岩、碎裂岩、岩屑，面见铁锰质渲染，面见擦痕，呈强～弱风化</td><td>0.45</td><td>0.08</td></tr>
<tr><td>J_{325}</td><td>N5°E NW∠80°，宽度 0.5～3cm，带内充填碎裂岩、岩屑，面平直粗糙。考虑其占滑面面积的 75%。岩桥采用Ⅲ2 类岩体（f'=1.0，C'=0.9MPa），考虑岩桥后滑面综合参数为 f'=0.63，C'=0.30MPa</td><td>0.50</td><td>0.10</td></tr>
<tr><td>f_{15-1}</td><td>N65°E SE∠40°～45°，宽 2～3cm，带内充填碎裂岩、岩屑，面见铁锰质渲染</td><td>0.50</td><td>0.10</td></tr>
<tr><td>块体模型图</td><td colspan="4">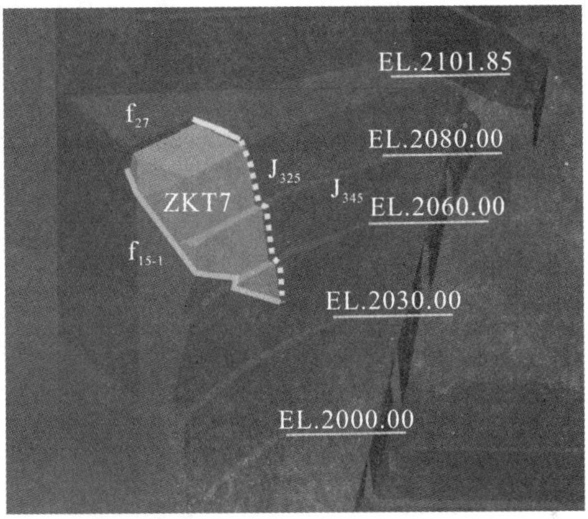
</td></tr>
<tr><td rowspan="4">几何特征</td><td colspan="2">f_{27} 面积（m^2）</td><td colspan="2">828</td></tr>
<tr><td colspan="2">J_{325} 面积（m^2）</td><td colspan="2">934</td></tr>
<tr><td colspan="2">f_{15-1} 面积（m^2）</td><td colspan="2">1431</td></tr>
<tr><td colspan="2">块体体积（万 m^3）</td><td colspan="2">2.25</td></tr>
</table>

表 22.4.1−8　ZKT8 块体计算模型

	边界编号	结构面特征	抗剪断参数取值	
			f'	C'（MPa）
构成边界及特征	f_{27}	N50°～85°W SW∠50°～65°，面扭曲，宽 3～20cm，夹碎块岩、碎裂岩、岩屑，面见铁锰质渲染，面见擦痕，呈强～弱风化	0.45	0.08
	f_{25}	N60°E NW∠70°，宽度 2～5cm，带内为碎裂岩、岩屑，面见铁锰质渲染，呈强～弱风化	0.50	0.10
	f_{499}	N65°～80°E SE∠50°～55°，宽度 1～3cm，夹碎裂岩、片状岩、少量岩屑，面扭曲	0.50	0.10
块体模型图	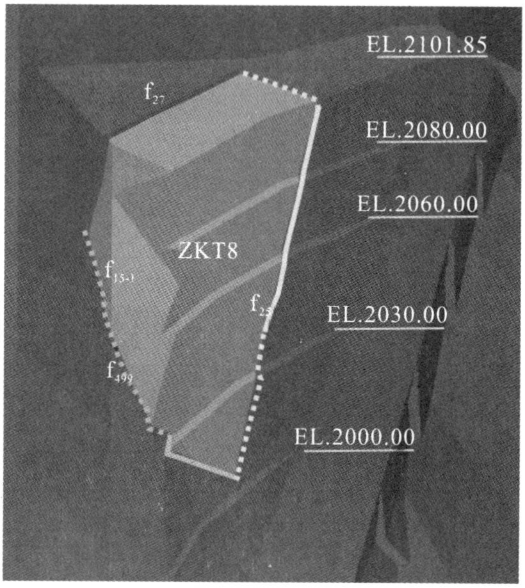			
几何特征	f_{27}面积（m^2）	4853		
	f_{25}面积（m^2）	1355		
	f_{499}面积（m^2）	1726		
	块体体积（万 m^3）	8.12		

22.4.2　边坡加固后块体稳定性复核

左岸坝顶平台垫层混凝土裂缝于 5 月 14 日开始扩展，此时，左岸拱肩槽上游侧开挖边坡 2030～2102m 高程已施工完成 5 排 1000kN 预应力锚索，考虑 5 月 14 日已施工完成的锚索的加固力的作用之后，各三维潜在不稳定块体抗滑稳定安全系数见表 22.4.2−1。

同时，经过计算分析，5 月 31 日，增加了 94 束 2000kN 预应力锚索和 243 束 3000kN 预应力锚索。考虑 5 月 14 日已经施工完成的和新增的预应力锚索加固作用后，各三维潜在不稳定块体抗滑稳定安全系数见表 22.4.2−1。

为分析 f_{27} 断层抗剪断强度参数下浮对各块体稳定安全系数的影响，在其抗剪断强

度参数取值为 $f=0.45$，$C=80\text{kPa}$ 的基础上下浮 10%，各三维潜在不稳定块体抗滑稳定安全系数见表 22.4.2−1。

表 22.4.2−1　各潜在不稳定块体抗滑稳定安全系数计算成果

块体编号	计算工况	滑动模式	5 月 14 日稳定安全系数	加固完成后稳定安全系数	f_{27} 参数下浮 10% 加固完成后稳定安全系数	稳定安全控制标准	锚固力(kN)
ZKT1 块体：(底滑 f_{27}＋假设边界 J_x＋侧滑面 f_{25})	持久工况(蓄水工况)	沿着底滑面和侧滑面双滑	1.46	1.63	1.52	≥1.30	785000
	短暂工况(施工期)		1.18	1.27	1.20	≥1.15	
	短暂工况(蓄水位骤降)		1.31	1.44	1.35	≥1.20	
	偶然工况(蓄水＋地震)		1.36	1.52	1.42	≥1.10	
ZKT2 块体：(拉裂面 f_{27}＋侧滑面 J_{345}＋底滑面 f_{15-4})	持久工况(蓄水工况)	沿着底滑面单滑	1.41	4.65	4.65	≥1.30	364000
	短暂工况(施工期)		1.16	2.18	2.18	≥1.15	
	短暂工况(蓄水位骤降)		1.25	2.91	2.91	≥1.20	
	偶然工况(蓄水＋地震)		1.29	3.85	3.85	≥1.10	
ZKT3 块体：(拉裂面 f_{27}＋侧滑面 f_{15-1}＋底滑面 f_{15-4})	持久工况(蓄水工况)	沿着底滑面和侧滑面双滑	2.81	2.90	2.90	≥1.30	6000
	短暂工况(施工期)		2.08	2.12	2.12	≥1.15	
	短暂工况(蓄水位骤降)		2.36	2.42	2.42	≥1.20	
	偶然工况(蓄水＋地震)		2.56	2.64	2.64	≥1.10	
ZKT4 块体：(拉裂面 f_{27}＋侧滑面 f_{25}＋底滑面 f_{15-4})	持久工况(蓄水工况)	沿着底滑面和侧滑面双滑	3.08	25.44	25.44	≥1.30	346000
	短暂工况(施工期)		2.41	6.07	6.07	≥1.15	
	短暂工况(蓄水位骤降)		2.61	10.97	10.97	≥1.20	
	偶然工况(蓄水＋地震)		2.70	12.09	12.09	≥1.10	

续表22.4.2－1

块体编号	计算工况	滑动模式	5月14日稳定安全系数	加固完成后稳定安全系数	f_{27}参数下浮10%加固完成后稳定安全系数	稳定安全控制标准	锚固力（kN）
ZKT5块体：（拉裂面 f_{27}＋侧滑面 J_{345}＋底滑面 f_{35-8}）	持久工况（蓄水工况）	沿着底滑面单滑	2.02	4.38	4.38	≥1.30	364000
	短暂工况（施工期）		1.64	2.55	2.55	≥1.15	
	短暂工况（蓄水位骤降）		1.76	3.15	3.15	≥1.20	
	偶然工况（蓄水＋地震）		1.85	3.80	3.80	≥1.10	
ZKT6块体：（拉裂面 f_{27}＋侧滑面 J_{345}＋底滑面 f_{15-1}）	持久工况（蓄水工况）	沿着底滑面和侧滑面双滑	1.96	3.91	3.91	≥1.30	368000
	短暂工况（施工期）		1.26	2.06	2.06	≥1.15	
	短暂工况（蓄水位骤降）		1.68	2.97	2.97	≥1.20	
	偶然工况（蓄水＋地震）		1.82	3.57	3.57	≥1.10	
ZKT7块体：（拉裂面 f_{27}＋侧滑面 J_{325}＋底滑面 f_{15-1}）	持久工况（蓄水工况）	沿着底滑面和侧滑面双滑	2.76	2.84	2.84	≥1.30	8000
	短暂工况（施工期）		2.05	2.08	2.08	≥1.15	
	短暂工况（蓄水位骤降）		2.35	2.41	2.41	≥1.20	
	偶然工况（蓄水＋地震）		2.57	2.64	2.64	≥1.10	
ZKT8块体：（拉裂面 f_{27}＋侧滑面 f_{25}＋底滑面 f_{499}）	持久工况（蓄水工况）	沿着底滑面和侧滑面双滑	9.53	超稳	超稳	≥1.30	178000
	短暂工况（施工期）		8.33	超稳	超稳	≥1.15	
	短暂工况（蓄水位骤降）		8.08	超稳	超稳	≥1.20	
	偶然工况（蓄水＋地震）		6.90	超稳	超稳	≥1.10	

由上述计算分析成果表明：

考虑5月14日已经施工完成的和新增的预应力锚索加固施工完成后，以及考虑主控断层 f_{27} 抗剪断强度参数下浮10%后，各三维潜在不稳定块体在持久、短暂、偶然工况下抗滑稳定安全系数均满足规范要求，且有较大的安全裕度。

22.4.3　块体结构面参数反演分析

左岸坝顶平台垫层混凝土裂缝于5月14日开始扩展，此时，左岸拱肩槽上游侧边坡2030～2102m高程已施工完成5排1000kN预应力锚索，考虑已施工完成的锚索的加固力的作用之后，按控制性的三维潜在不稳定块体处于临界稳定状态考虑；根据边坡岩体变形程度，按稳定安全系数处于1.00～1.05来进行反演结构面参数，其中断层抗剪断参数f_{27}取地质建议值，其他结构面按占侧滑面（底滑面）比例进行试算，反演得出结构面连通率。

各三维块体结构面反演参数见表22.4.3－1，其中ZKT1、ZKT2、ZKT5、ZKT6为控制性的块体，按稳定安全系数处于1.00～1.05来进行反演结构面连通率，其余块体结构面连通率均按100%考虑。

表22.4.3－1　各三维块体结构面反演参数

潜在块体	正算参数	反演连通率
ZKT1	f_{25}：f'=0.5，C'=100kPa，75%连通率，考虑岩桥后滑面综合参数为f'=0.63，C'=0.30MPa	f_{25}：f'=0.5，C'=100kPa，95%连通率，考虑岩桥后滑面综合参数为f'=0.53，C'=0.14MPa
ZKT2	J_{345}：f'=0.5，C'=100kPa，75%连通率，考虑岩桥后滑面综合参数为f'=0.63，C'=0.30MPa。 f_{15-4}：f'=0.37，C'=70kPa，85%连通率，考虑岩桥后滑面综合参数为f'=0.46，C'=0.19MPa	J_{345}：f'=0.5，C'=100kPa，100%连通率。 f_{15-4}：f'=0.37，C'=70kPa，98%连通率，考虑岩桥后滑面综合参数为f'=0.38，C'=0.09MPa
ZKT3	f_{15-4}：f'=0.37，C'=70kPa，85%连通率，考虑岩桥后滑面综合参数为f'=0.46，C'=0.19MPa	f_{15-4}：f'=0.37，C'=70kPa，100%连通率
ZKT4	f_{15-4}：f'=0.37，C'=70kPa，85%连通率，考虑岩桥后滑面综合参数为f'=0.46，C'=0.19MPa	f_{15-4}：f'=0.37，C'=70kPa，100%连通率
ZKT5	J_{345}：f'=0.5，C'=100kPa，75%连通率，考虑岩桥后滑面综合参数为f'=0.63，C'=0.30MPa。 f_{35-8}：f'=0.37，C'=70kPa，65%连通率，考虑岩桥后滑面综合参数为f'=0.59，C'=0.36MPa	J_{345}：f'=0.5，C'=100kPa，100%连通率。 f_{35-8}：f'=0.37，C'=70kPa，95%连通率，考虑岩桥后滑面综合参数为f'=0.40，C'=0.11MPa
ZKT6	J_{345}：f'=0.5，C'=100kPa，75%连通率，考虑岩桥后滑面综合参数为f'=0.63，C'=0.30MPa	J_{345}：f'=0.5，C'=100kPa，100%连通率
ZKT7	J_{325}：f'=0.5，C'=100kPa，75%连通率，考虑岩桥后滑面综合参数为f'=0.63，C'=0.30MPa	J_{325}：f'=0.5，C'=100kPa，100%连通率
ZKT8	各结构面均按100%连通率考虑	各结构面均按100%连通率考虑

22.4.4 反演参数下边坡加固后块体稳定性复核

考虑5月14日已施工完成的锚索的加固力的作用之后，按控制性的三维潜在不稳定块体处于临界稳定状态考虑，根据边坡岩体变形程度，按稳定安全系数处于1.00～1.05来进行反演，各三维块体结构面反演参数见表22.4.3－1。

考虑5月14日已经施工完成的和新增的预应力锚索加固作用后，各三维潜在不稳定块体抗滑稳定安全系数见表22.4.4－1。

表22.4.4－1 各潜在不稳定块体抗滑稳定安全系数计算成果

块体编号	计算工况	滑动模式	加固完成后稳定安全系数	稳定安全控制标准	锚固力（kN）
ZKT1块体：（底滑 f_{27}＋假设边界Jx＋侧滑面 f_{25}）	持久工况（蓄水工况）	沿着底滑面和侧滑面双滑	1.49	≥1.30	785000
	短暂工况（施工期）		1.15	≥1.15	
	短暂工况（蓄水位骤降）		1.31	≥1.20	
	偶然工况（蓄水＋地震）		1.38	≥1.10	
ZKT2块体：（拉裂面 f_{27}＋侧滑面 J_{345}＋底滑面 f_{15-4}）	持久工况（蓄水工况）	沿着底滑面单滑	4.12	≥1.30	364000
	短暂工况（施工期）		1.91	≥1.15	
	短暂工况（蓄水位骤降）		2.57	≥1.20	
	偶然工况（蓄水＋地震）		3.41	≥1.10	
ZKT3块体：（拉裂面 f_{27}＋侧滑面 f_{15-1}＋底滑面 f_{15-4}）	持久工况（蓄水工况）	沿着底滑面和侧滑面双滑	2.51	≥1.30	6000
	短暂工况（施工期）		1.82	≥1.15	
	短暂工况（蓄水位骤降）		2.08	≥1.20	
	偶然工况（蓄水＋地震）		2.28	≥1.10	

续表22.4.4－1

块体编号	计算工况	滑动模式	加固完成后稳定安全系数	稳定安全控制标准	锚固力（kN）
ZKT4 块体：（拉裂面 f_{27}＋侧滑面 f_{25}＋底滑面 f_{15-4}）	持久工况（蓄水工况）	沿着底滑面和侧滑面双滑	21.98	≥1.30	346000
	短暂工况（施工期）		5.09	≥1.15	
	短暂工况（蓄水位骤降）		9.15	≥1.20	
	偶然工况（蓄水＋地震）		9.75	≥1.10	
ZKT5 块体：（拉裂面 f_{27}＋侧滑面 J_{345}＋底滑面 f_{35-8}）	持久工况（蓄水工况）	沿着底滑面单滑	2.74	≥1.30	364000
	短暂工况（施工期）		1.62	≥1.15	
	短暂工况（蓄水位骤降）		1.99	≥1.20	
	偶然工况（蓄水＋地震）		2.38	≥1.10	
ZKT6 块体：（拉裂面 f_{27}＋侧滑面 J_{345}＋底滑面 f_{15-1}）	持久工况（蓄水工况）	沿着底滑面和侧滑面双滑	2.96	≥1.30	368000
	短暂工况（施工期）		1.69	≥1.15	
	短暂工况（蓄水位骤降）		2.28	≥1.20	
	偶然工况（蓄水＋地震）		2.69	≥1.10	
ZKT7 块体：（拉裂面 f_{27}＋侧滑面 J_{325}＋底滑面 f_{15-1}）	持久工况（蓄水工况）	沿着底滑面和侧滑面双滑	1.95	≥1.30	8000
	短暂工况（施工期）		1.52	≥1.15	
	短暂工况（蓄水位骤降）		1.70	≥1.20	
	偶然工况（蓄水＋地震）		1.81	≥1.10	

续表22.4.4－1

块体编号	计算工况	滑动模式	加固完成后稳定安全系数	稳定安全控制标准	锚固力（kN）
ZKT8 块体：（拉裂面 f_{27}＋侧滑面 f_{25}＋底滑面 f_{499}）	持久工况（蓄水工况）	沿着底滑面和侧滑面双滑	31.67	≥1.30	178000
	短暂工况（施工期）		14.26	≥1.15	
	短暂工况（蓄水位骤降）		16.37	≥1.20	
	偶然工况（蓄水＋地震）		14.29	≥1.10	

由上述反演分析成果表明：

考虑5月14日已施工完成的锚索的加固力的作用之后，ZKT1、ZKT2、ZKT5、ZKT6块体在施工期短暂工况下稳定安全系数在1.01～1.03，处于临界稳定状态。

考虑5月14日已经施工完成的预应力锚索和新增的预应力锚索加固作用后，各三维潜在不稳定块体在持久、短暂、偶然工况下抗滑稳定安全系数均满足规范要求。

22.4.5 小结

考虑5月14日已施工完成的锚索的加固力的作用之后，各三维潜在不稳定块体在持久、短暂、偶然工况下抗滑稳定安全系数均满足规范要求。考虑5月14日已经施工完成的预应力锚索，新增的预应力锚索加固施工完成后，以及考虑主控断层 f_{27} 抗剪断强度参数下浮10%后，各三维潜在不稳定块体在持久、短暂、偶然工况下抗滑稳定安全系数均满足规范要求，且有较大的安全裕度。

为安全起见，考虑5月14日已施工完成的锚索的加固力的作用之后，按控制性的三维潜在不稳定块体处于临界稳定状态考虑，根据边坡岩体变形程度，按稳定安全系数处于1.00～1.05来进行反演结构面参数。经过三维刚体极限平衡法分析，考虑5月14日已经施工完成的预应力锚索，以及新增的预应力锚索加固作用后，各三维潜在不稳定块体在持久、短暂、偶然工况下抗滑稳定安全系数均满足规范要求。

22.5 3DEC离散元法稳定性复核

22.5.1 边坡开挖变形响应特征（高程2102～2000m）

根据现场已开挖揭示的地质条件，在统筹考虑变形原因机制分析认识后，建立能够基本反映左岸拱肩槽上游侧边坡变形开裂成因的三维数值计算模型，并据此开展拱肩槽上游侧边坡开挖变形响应特征和稳定性的复核分析工作，为预测和评估边坡潜在工程问题与处理措施提供参考依据。

1）边坡高程 2102～2030m 开挖阶段

图 22.5.1－1 和图 22.5.1－2 给出了左岸拱肩槽上游侧边坡高程 2102～2030m 开挖阶段的变形增量分布特征，此阶段坝顶平台部位岩体卸荷回弹变形为主，变形增量一般在 6～16mm，断层 f_{27} 两侧岩体未见明显非连续变形特征。

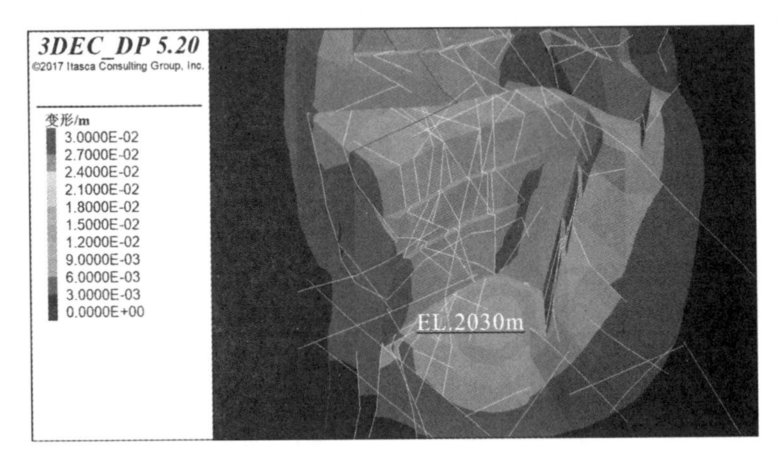

图 22.5.1－1　边坡高程 2102～2030m 开挖阶段的变形增量分布特征

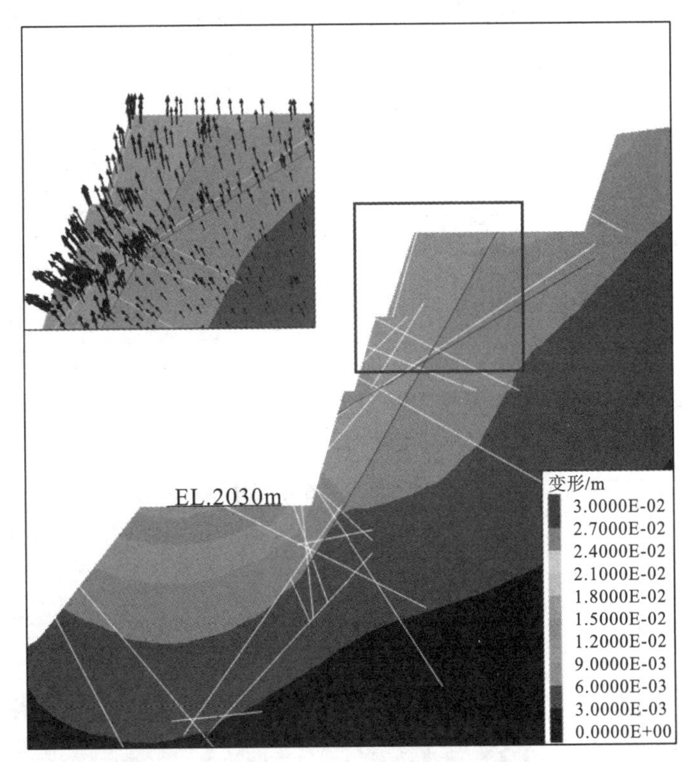

图 22.5.1－2　边坡高程 2102～2030m 开挖阶段的变形增量与矢量分布特征（典型剖面）

2）边坡高程 2030～2000m 开挖阶段

图 22.5.1－3 给出了左岸拱肩槽上游侧边坡高程 2102～2000m 区段开挖的累计变形分布情况，图 22.5.1－4 和图 22.5.1－5 给出了边坡高程 2030～2000m 梯段开挖的变形

增量分布情况。其中三维计算模型考虑了边坡此阶段开挖中主要开挖变形影响区的控制性结构面如 f_{27}、f_{15-4}、f_{15-1}、J_{345}、f_{499} 等，在开挖卸荷松弛变形及其他不利因素综合影响下的强度弱化或损伤，实际计算中按地质建议参数的 0.85～0.95 倍进行适当折减（折减范围限于卸荷变形或松弛变形较大区域或受外界不利因子影响相对明显的部位），以间接反映现场边坡开挖后的变形和可能存在的变形损伤效应。

在边坡中上部，边坡高程 2030～2000m 梯段切脚开挖期间，坝顶平台靠上游侧的变形较内侧明显，呈现“外大内小的渐变式”变形特征，变形量一般在 6～12mm，坝顶变形区主要控制边界为断层 f_{27}、f_{15-4}、f_{15-1}、J_{345} 等。上述变形模式基本可以解释在坝顶平台现阶段出现的有规律性的变形开裂现象，但实际上由于三维数值模型概化了很多岩体结构面，甚至很多隐伏性的结构面也不能纳入计算，因此上述结果并不能完全反映边坡变形响应特征的细部特征。

在边坡坡脚部位，边坡高程 2030～2000m 梯段开挖期间，岩体变形响应模式以卸荷回弹变形为主，变形增量一般在 8～15mm，局部表现出岩体和结构面的卸荷松弛变形特征，如倾坡外断层 f_{499}、反倾断层 f_{485} 及多条挤压破碎带的卸荷变形较显著，可达到 20～30mm。

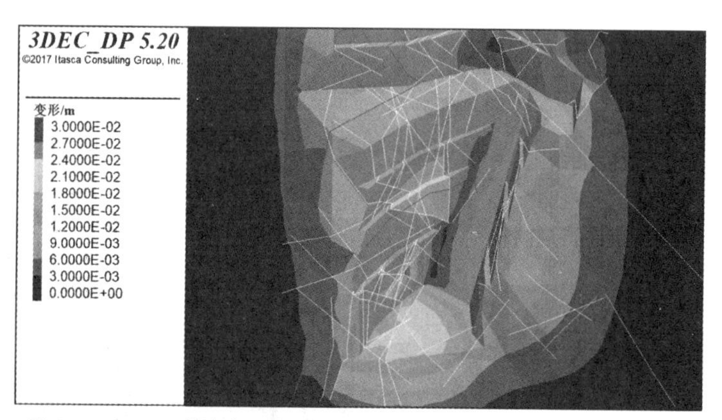

图 22.5.1－3　边坡高程 2102～2000m 开挖的累计变形量分布情况
（考虑开挖卸荷＋部分结构面损伤）

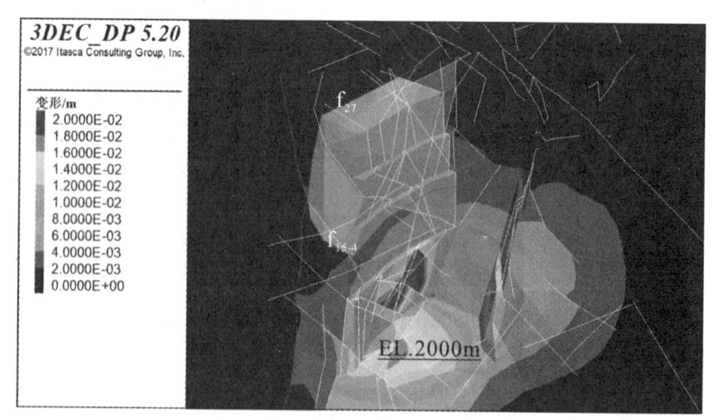

图 22.5.1－4　边坡高程 2030～2000m 梯段开挖的变形增量分布情况
（考虑开挖卸荷＋部分结构面损伤）

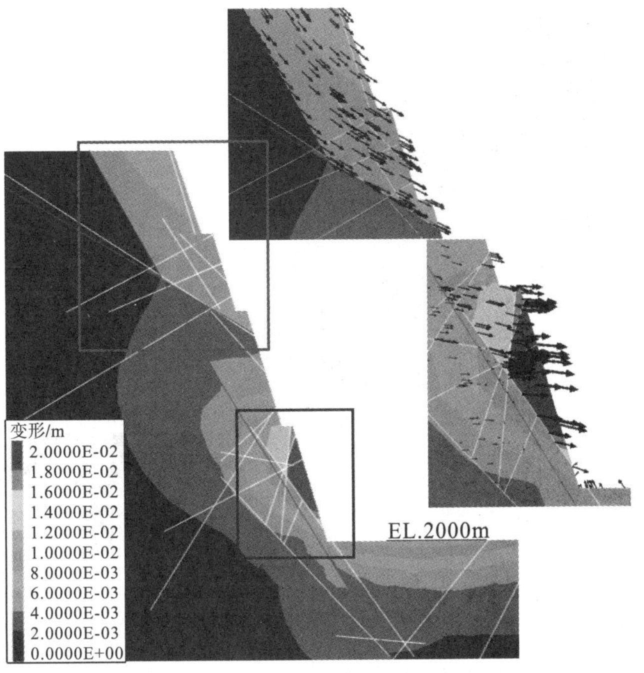

图 22.5.1−5　边坡高程 2030～2000m 梯段开挖的变形增量分布情况（典型断面）

图 22.5.1−6 和图 22.5.1−7 给出了边坡最大、最小主应力分布情况，边坡浅表层存在明显的开挖卸荷松弛特征，局部受不利结构面影响，卸荷深度较深，其中断层 f_{27}、f_{15-4}等对坝顶平台开挖岩体卸荷松弛影响明显。而坡脚存在一定应力集中，最大主应力为 8～12MPa。

此梯段开挖断层 f_{27} 在坡面虽未揭示，但其在坡脚上盘岩体渐变单薄、承载能力降低，岩体的卸荷松弛问题相对突出，加之坡脚应力集中，存在持续松弛变形发展的可能，现场应及时施作系统支护。

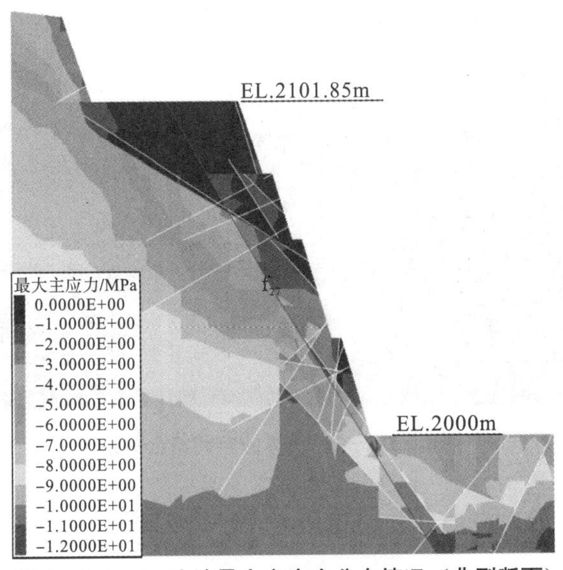

图 22.5.1−6　边坡最大主应力分布情况（典型断面）

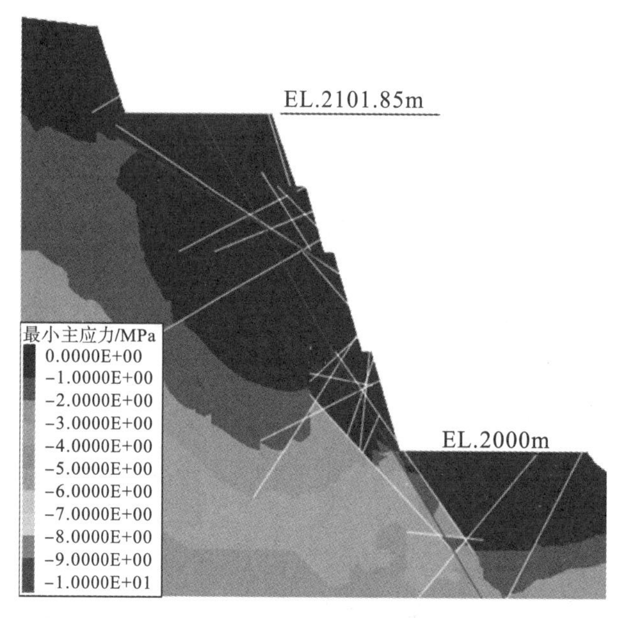

图 22.5.1-7　边坡最小主应力分布情况（典型断面）

22.5.2　坝顶平台以下断层 f_{27} 潜在组合块体稳定性分析

1）块体组合与破坏模式

根据开挖揭露和前期勘探平洞揭示的岩体结构特征，不利断层组合后可能在坝顶平台以下边坡形成多个潜在组合块体。通过数值计算分析，其中块体 ZKT1、ZKT2、块体 ZKT6 与边坡的变形开裂响应机制具有密切相关性，因此主要针对 ZKT1、ZKT2、ZKT6 展开加强支护方案下的稳定性分析评价工作。

块体 ZKT1 由断层 f_{27}、f_{25}、J_{345} 以及假设的 f_{15-4} 同组结构面 J_x 组合而成，块体 ZKT2 由断层 f_{27}、f_{15-4}、J_{345} 组合而成，块体 ZKT6 由断层 f_{27}、f_{15-1}、J_{345} 组合而成，三个块体潜在破坏模式均为复合型滑移式破坏。块体的空间分布特征见图 22.5.2-1，块体的基本特征见表 22.5.2-1。

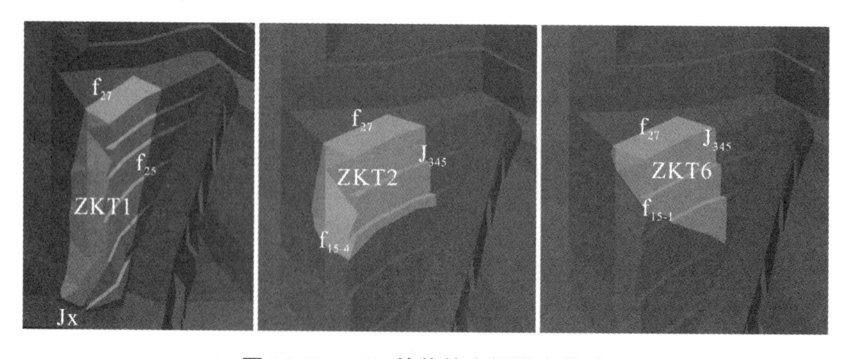

图 22.5.2-1　块体的空间组合关系

表 22.5.2-1　块体组合关系

	组合块体 ZKT1	组合块体 ZKT2	组合块体 ZKT6
组合关系	f_{27}、f_{25}、J_{345}、Jx	f_{27}、f_{15-4}、J_{345}	f_{27}、f_{15-1}、J_{345}
块体分布高程	2102～1955m	2102～2055m	2102～2030m
块体大小	14.9 万 m^3	5.2 万 m^3	4.3 万 m^3

2）组合块体边界的力学参数取值

基于对边坡整体稳定性的基本认识，采取偏于保守的思路，组合块体按临界稳定状态（FOS=1.0）进行参数反演分析（包括高程 2060m 以上已实施的原系统锚索）。经反演计算获得上述组成块体的岩体结构面力学参数取值见表 22.5.2-2。

表 22.5.2-2　组合块体 ZKT1、ZKT2 和 ZKT6 的岩体结构面力学参数反演值

块体编号	断层	综合参数		备注
		持久工况下（FOS=1.0）		
		黏聚力 C'（MPa）	摩擦系数 f'	
ZKT1	f_{27}	0.08	0.45	
	f_{25}	0.30	0.63	75%连通率
	J_{345}	0.10	0.50	
	Jx	0.16	0.55	
ZKT2	J_{345}	0.10	0.50	
	f_{27}	0.08	0.45	
	f_{15-4}	0.06	0.45	
ZKT6	J_{345}	0.10	0.50	
	f_{27}	0.08	0.45	
	f_{15-1}	0.05	0.42	

3）边坡系统锚索加固处理方案分析评价

根据加固支护方案（计算中仅考虑预应力锚索的加固效果，其他支护如喷层挂网、锚杆、锚筋桩等均作为安全储备暂不纳入计算模型），计算得到了各种工况下组合块体 ZKT1、ZKT2、ZKT6 的安全系数，见表 22.5.2-3～5。

在当时边坡条件下（包括 2018.5.13 之前高程 2060m 以上已实施 4～5 排 100t 系统锚索），组合块体 ZKT1、ZKT2、ZKT6 处于临界稳定状态，以此为基准进行加强锚固方案的分析计算。对于组合块体 ZKT1，在完成加强支护措施后，此时块体 ZKT1 在施工期的安全系数为 1.17，在蓄水运行期及地震状态下的安全系数分别为 1.40、1.26，均满足规范要求。对于组合块体 ZKT2，在完成相应加强支护措施后，此时块体 ZKT2 在施工期的安全系数为 1.58，在蓄水运行期及地震状态下的安全系数分别为 1.82、1.68，均满足规范要求。对于组合块体 ZKT6，在完成相应加强支护措施后，此时块体 ZKT6 在施工期状态下的安全系数分别为 1.63，在蓄水运行期及地震状态下的安全系

数分别为1.88、1.75，均满足规范要求。

表22.5.2－3　组合块体ZKT1的稳定系数汇总（系统锚固方案）

工程方案	计算工况或荷载	阶段	安全标准	安全系数
当时边坡（临界稳定） 已实施4～5排1000kN锚索		施工期	—	1.00
加强支护措施	天然		1.15	1.17
	蓄水	运行期	1.30	1.40
	蓄水＋地震		1.10	1.26

表22.5.2－4　组合块体ZKT2的稳定系数汇总（系统锚固方案）

工程方案	计算工况或荷载	阶段	安全标准	安全系数
当时边坡（临界稳定） 已实施4～5排1000kN锚索		施工期	—	1.00
加强支护措施	天然		1.15	1.58
	蓄水	运行期	1.30	1.82
	蓄水＋地震		1.10	1.68

表22.5.2－5　组合块体ZKT6的稳定系数汇总（系统锚固方案）

工程方案	计算工况或荷载	阶段	安全标准	安全系数
当时边坡（临界稳定） 已实施4～5排1000kN锚索		施工期	—	1.00
加强支护措施	天然		1.15	1.63
	蓄水	运行期	1.30	1.88
	蓄水＋地震		1.10	1.75

22.5.3　后续边坡开挖响应特征预测分析（高程2000～1947m）

图22.5.3－1给出了加强锚索支护方案下，边坡高程2000～1947m梯段开挖的变形增量特征情况。随着加强支护的实施，边坡安全系数得到有效提升，受下部后续开挖影响，坝顶平台部位断层f_{27}影响区域岩体变形量值明显降低，变形增量一般为2～4mm，表明加强支护方案对该边坡岩体后续松弛变形会起到较好的控制作用。

综上所述，从计算获得的该边坡后续开挖变形响应特征来看，加强预应力锚索支护方案具有一定的合理性。当然，后续边坡开挖过程中，仍可能会揭示新的不利结构面或可能形成的新的潜在不利块体，应继续加强施工地质预测预报、现场巡视、安全监测和动态反馈分析等工作，重点关注断层f_{27}的空间分布特征及其与不利结构面组合可能导致的潜在块体稳定问题，以便及时调整和优化爆破开挖和支护设计方案，做到动态设计，确保工程安全与稳定。

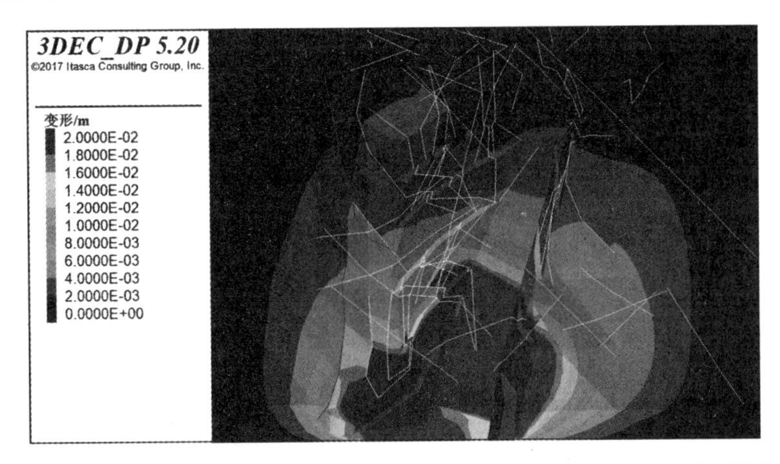

图 22.5.3－1　加强支护条件下边坡后续高程 2000～1947m 梯段开挖的变形增量情况

22.5.4　小结

根据开挖揭露地质情况、现场响应特征、安全监测数据，结合数值仿真模拟计算，对左岸拱肩槽上游侧边坡的开挖变形响应特征及其潜在块体稳定特征进行深入分析，并对加固处理方案进行复核论证，主要认识如下。

（1）边坡开挖变形响应特征：边坡高程 2102～2030m 区段开挖过程中，顺坡向陡倾角断层 f_{27} 未在开挖面揭示，坡体此开挖阶段主要表现为卸荷回弹变形特征；在边坡高程 2030～2000m 梯段开挖中，边坡中上部靠上游侧的变形较内侧明显，变形量一般为 6～12mm，呈现"外大内小的渐变式"变形特征，坝顶变形区主要控制边界为断层 f_{27}、f_{15-4}、f_{15-1}、J_{345} 等，这样的变形模式基本可以解释在坝顶平台出现的有规律性的变形开裂现象；边坡高程 2000～1947m 梯段开挖阶段，随着加强支护的实施，边坡安全系数得到有效提升，受下部后续开挖影响，坝顶平台部位断层 f_{27} 影响区域岩体变形量值明显降低，变形增量一般为 2～4mm，表明加强支护方案对该边坡岩体后续松弛变形会起到较好的控制作用。

（2）块体稳定性分析及加固处理方案：①对于组合块体 ZKT1，在完成加强支护措施后，此时块体 ZKT1 在施工期的安全系数为 1.17，在蓄水运行期及地震状态下的安全系数分别为 1.40、1.26，均满足规范要求；②对于组合块体 ZKT2，在完成相应加强支护措施后，此时块体 ZKT2 在施工期的安全系数为 1.58，在蓄水运行期及地震状态下的安全系数分别为 1.82、1.68，均满足规范要求；③对于组合块体 ZKT6，在完成相应加强支护措施后，此时块体 ZKT6 在施工期状态下的安全系数分别为 1.63，在蓄水运行期及地震状态下的安全系数分别为 1.88、1.75，均满足规范要求。

（3）综合评价与建议：①从计算获得的该边坡开挖变形响应特征和稳定性计算成果看，加强预应力锚索支护方案具有一定的合理性和可行性，对该边坡后续变形及稳定性起到了较理想的变形控制及锚固效果，现场应抓紧时间实施相关区域的预应力锚索深层支护；②在该边坡后续下挖阶段，现场应严格控制爆破开挖，及时跟进坡面系统支护，严格控制边坡的卸荷松弛变形，必要时还需进一步研究针对性加强支护措施；③后续边坡开挖过程中，仍可能会揭示新的不利结构面或可能形成的新的潜在不利块体，应继续加强施工地质预测预报、现场巡视、安全监测和动态反馈分析等工作，重点关注断层f_{27}的空间分布特征及其与不利结构面组合可能导致的潜在块体稳定问题，以便及时调整和优化爆破开挖和支护设计方案，做到动态设计，确保工程安全与稳定。

22.6 后续安全监测布置

左岸拱肩槽上游侧边坡原设计有13套监测仪器，包括4套多点位移计、5支锚杆应力计、4台锚索测力计。

为探明变形块体边界，同时观测施工期及运行期间左岸拱肩槽上游侧边坡稳定情况，在该部位新增7套四点式多点位移计；同时为了解新增支护锚索支护效果，在该部位新增锚索上布置15台锚索测力计。

22.7 高程2000m以下边坡加固处理方案

在完成高程2000m以上边坡的加固处理措施之后，边坡各组合块体满足施工期和运行期的稳定安全要求。在边坡继续下挖过程中，为尽量减小f_{27}对边坡稳定的不利影响，将边坡1970m马道高程抬高到1980m，马道高程抬高后，边坡开挖到1980m马道时，f_{27}还未开挖揭露，此时f_{27}距离坡脚水平距离4～13m（马道未抬高时在1970m马道附近出露)。f_{27}水平埋深厚度有所增加，边坡开挖到1980m高程后有条件起排架对2000～1980m高程边坡进行加固处理施工，增加预应力锚索，通过“固脚”进一步提高边坡稳定安全裕度。

左岸拱肩槽上游边坡2000m高程以下稳定性分析及加强支护措施如下。

22.7.1 块体边界及滑动模式

按f_{27}断层上盘岩体高程2000m以下部分和上方块体脱开，单滑面滑动进行计算分析。

22.7.2 计算参数

考虑断层带岩体受局部蚀变的影响，本计算中底滑面f_{27}断层2000m高程以下参数有所降低，取值为$f'=0.4$，$C'=60\text{kPa}$。

22.7.3 稳定性计算成果

采用平面刚体极限平衡法对块体进行计算，成果见表22.7－1。由计算可知，高程2000m以下f_{27}断层上盘岩体在无支护情况下短暂工况安全系数为1.05，不满足规范要求，在采用4排2000kN预应力锚索锚固后（单宽锚固力1600kN/m)，短暂工况安全系数提高至1.45，满足要求，且有一定安全裕度。

表 22.7－1 f_{27}断层上盘岩体高程 2000m 以下部分单滑计算结果

工况	荷载	边坡设计安全系数	无支护	加强支护后	加固后是否满足规范要求
持久工况（蓄水工况）	岩体自重＋水荷载（＋加固力）	1.30	1.55	2.19	满足
短暂工况（施工期工况）	岩体自重（＋加固力）	1.15	1.05	1.45	满足
偶然工况（蓄水期＋地震）	岩体自重＋水荷载＋地震（＋加固力）	1.10	1.45	2.06	满足

22.7.4 加强支护措施

1）高程 1970～2000m 加强支护措施（见图 22.7.4－1）

（1）锚筋桩及锚杆加密：在高程 1972.50m、1978.00m 各增加 1 排锚筋桩 3Φ32，L＝12m@2m；在高程 1970.00～1980.00m 范围内 f_{27}出露迹线上游侧 2m 处增加一列锁口锚筋桩 3Φ32，L＝12m@2m；高程 1975.00～1980.00m 范围内 f_{27}迹线和 f_{551}迹线范围内系统锚杆加密为 Φ28，L＝6m/C25，L＝6m，间排距 1m×1m。

（2）增设预应力锚索：在高程 1995.00m、1990.00m、1985.00m 布置 3 排 2000kN 预应力锚索，L＝30m/40m 间隔布置，间距 5m；断层 f_{551}出露迹线位置上游侧高程 1973.00m 增加一排 2000kN 预应力锚索，L＝30m/40m 间隔布置，间距 4m；共布置锚索 42 根。

2）高程 1947～1970m 加强支护措施

（1）增设系统锚筋桩：3Φ32，L＝12m，间排距 2m×2m。

（2）增设预应力锚索：高程 1955m、1960m、1965m 增设 3 排 2000kN 预应力锚索，L＝30m/40m 间隔布置，间距 4m。

（3）高程 1947～1990m 增设锚拉板、预应力锚杆

左岸拱肩槽上游边坡断层 f_{27}出露迹线部位布置钢筋混凝土锚拉板加强支护，布置高程 1947～1990m，板宽度 10～24m，厚度 60cm，锚拉板总长度约 65m。锚拉板系统布置 120kN 预应力锚杆，长度 L＝12m，间排距 3m（见图 22.7.4－2）。

图 22.7.4－1　左岸拱肩槽上游侧高程 1970～2000m 边坡加强支护示意图

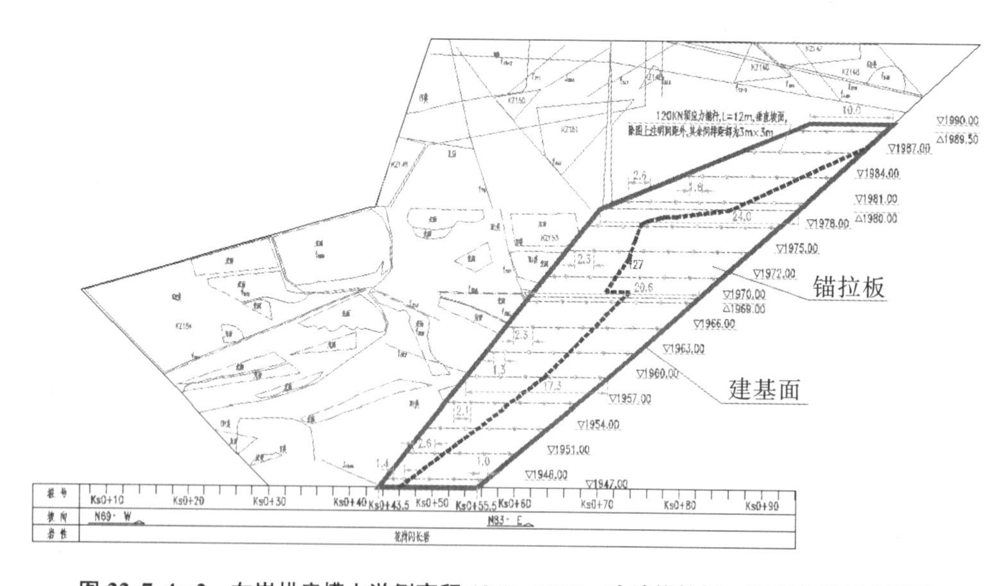

图 22.7.4－2　左岸拱肩槽上游侧高程 1947～1990m 边坡锚拉板、预应力锚杆布置图

22.8　高程 2000m 以下边坡开挖支护主要技术要求

（1）爆破影响限制及爆破振动监测要求。

①左岸拱肩槽上游高程 2000m 边坡后续开挖初期，爆破质点振动速度允许值（距

爆区边缘 10m 处）按 5cm/s 控制，爆破梯段不宜大于 10m。后期可根据初期爆破振动监测、边坡变形监测成果进行综合分析后进行适当调整。

②严格控制爆破单段起爆药量，加强爆破振动监测，及时分析监测成果（特别是多点位移计和锚索测力计爆破前后对比分析），反馈指导爆破施工。针对每次爆破均应进行爆破振动监测，监测区域包括爆破区及高程 2101.85m 卸料平台两个位置，爆破区在距爆区边缘 10m 处设置测点，高程 2101.85m 卸料平台在 f_{27} 断层出露迹线中部，上、下盘距断层出露迹线垂直距离 2m 处分别设置测点。

（2）边坡开挖与支护施工的相互关系：左岸拱肩槽上游边坡高程 1980～2000m 锚杆、锚筋桩进行随层支护；边坡开挖过程中，在边坡变形监测、爆破振动监测不出现异常的前提下，预应力锚索支护可在开挖至高程 1980m 马道后尽快实施，高程 1980m 以上的锚索应在边坡开挖至高程 1960m 以下前完成；边坡开挖过程中若出现开裂、变形速率增加等异常情况时，应立即暂停开挖，完成开挖面以上支护后再进行下挖。

（3）后续开挖施工过程中，除了利用已有的多点位移计、测缝计、锚索测力计等进行监测分析外，还需安排专职安全员进行爆前爆后及日常现场安全巡视及安全管理。

23 施工期安全警戒及风险防范措施

23.1 边坡安全警戒等级及变形管理标准

根据杨房沟工程现场实际情况，为确保左岸拱肩槽上游侧边坡影响区域后续施工安全，建立边坡安全警戒等级和变形管理标准如下。

一级：已经发现并确认边坡变形异常，个别加固结构发生破坏，如个别预应力锚索崩断、混凝土喷层开裂贯穿等。应暂停下部开挖、加快支护，加密监测次数，必要时增加监测项目，加强日常巡视。

二级：边坡变形不收敛或进入加速变形，局部区域加固结构破坏，确认边坡已经进入渐进破坏过程，可能发生滑动。仅对特征点进行连续远距离监测，发出公开警报，边坡破坏可能影响范围内的人员全部撤离。

边坡位移速率、累积变形量与警戒要求管理标准控制见表 23.1－1。

表 23.1－1　边坡位移速率、累积变形量与警戒要求管理标准控制表

警戒等级	位移速率Δ（mm/d）	警戒要求
一级	3>Δ ≥1	暂停左岸下部开挖爆破、加快支护，加密监测、加强巡视
二级	Δ ≥3	发出警报，全部撤离，远距离连续监测

注：执行过程中，应根据安全监测成果、现场巡视情况进行分析，结合边坡实际变形破坏特征（如拉裂、局部滑移、掉块、裂缝突然增多等异常情况），进行必要调整。

此外，为减小对左岸拱肩槽上游侧边坡的扰动，要求左岸拱肩槽上游高程 2000m 以下边坡后续开挖初期，爆破质点振动速度允许值（距爆区边缘 10m 处）按 5cm/s 控制，爆破梯段适当减小或采用数码电子雷管，严格控制爆破单段起爆药量，加强爆破振动监测，及时分析监测成果，反馈指导爆破施工。同时，按照设计要求做好边坡地表截水和排水系统，避免施工用水、降雨入渗等对左岸拱肩槽上游侧边坡产生的不利影响。

23.2 风险防范措施

根据上述警戒等级标准，在以下应急响应、应急处置措施建议的基础上进一步细化、深化，编制左岸拱肩槽上游侧边坡专项应急预案，明确应急组织机构及职责、应急处置程序、应急处置措施、应急保障措施、安全教育培训及应急演练等，并报监理、业主，经批准后实施。

23.2.1 应急响应

1）一级预警应急响应

当达到一级警戒标准时，安全部门启动一级响应程序，并立即向应急领导小组报告。立即停止左岸下部开挖爆破、加快支护施工，加密监测，加强左岸拱肩槽上游侧边坡区域的巡视与警戒，做好施工人员撤离至安全避险区域的准备。由应急领导小组统一指挥和调配有效资源进行应急处理。

2）二级预警应急响应

当达到二级警戒标准时，应急领导小组向业主、监理及后方总部报告后，由业主启动二级响应程序。现场临近工作面停止施工，所有施工人员、设备撤离至安全避险区域。并在卸料平台交通洞、上坝交通洞、进水口、上下游围堰设置岗哨，禁止人员、设备进入危险区域。应急领导小组、应急突击队人员到位，调动场内有效资源，先期开展现场应急工作。

3）停工期间安全管理

在二级应急响应程序启动后，左岸拱肩槽上游侧边坡工作面停工期间，应采取以下措施保障现场安全：

（1）在卸料平台交通洞、上坝交通洞、进水口、上下游围堰设置岗哨，安排专人值守，禁止人员、设备进入危险区域，并配合业主设置危险告知牌。

（2）封存现场后，切断施工中的临时电源，关闭施工用水的总阀门。

（3）岗哨值班人员不得擅自离岗，交接班必须在现场进行，并做好值班记录。

23.2.2 应急处置措施

边坡滑坡险情发生后，应立即采取以下应急处置措施：

（1）由项目部应急领导小组向业主、监理、后方公司总部报告；必要时，由业主向地方政府进行报告。

（2）现场工作面停止施工，所有施工人员、设备撤离至安全避险区域，工作面包括：大坝基坑、水垫塘、上游围堰、进水口以及其他需要撤离的施工工作面。

（3）调动场内有效资源，开展现场应急工作。应急办公室及时掌握事态发展和现场情况，并及时向各方汇报现场进展情况。